EINFÜHRUNG
IN DIE
THEORETISCHE PHYSIK

mit besonderer Berücksichtigung ihrer modernen Probleme

von

ARTHUR HAAS
Dr. phil., a. o. Professor an der Universität Leipzig

Zweiter Band

Mit 30 Abbildungen im Text

Erste und zweite Auflage

BERLIN UND LEIPZIG 1921
VEREINIGUNG WISSENSCHAFTLICHER VERLEGER
WALTER DE GRUYTER & CO.
VORMALS G. J. GÖSCHEN'SCHE VERLAGSHANDLUNG :: J. GUTTENTAG, VERLAGSBUCHHANDLUNG :: GEORG REIMER :: KARL J. TRÜBNER :: VEIT & COMP.

Druck von Metzger & Wittig in Leipzig.

Vorwort zum zweiten Bande.

In dem zweiten Bande des Buches werden die theoretisch-physikalischen Probleme behandelt, die ihre Entstehung letzten Endes der atomistisch-statistischen Auffassung der Physik, der PLANCKschen Hypothese des elementaren Wirkungsquantums und dem EINSTEINschen Relativitätsprinzip verdanken. Eine zusammenhängende Darstellung der sogenannten Quantentheorie wird absichtlich vermieden. Wohl brachte es die geschichtliche Entwicklung mit sich, daß die Bedeutung des elementaren Wirkungsquantums zunächst bei den komplizierteren statistischen Problemen offenbar wurde und erst nachträglich bei den ungleich einfacheren Erscheinungen des einzelnen Atoms. Die übliche Darstellung entspricht der geschichtlichen Entwicklung; aber der methodisch und didaktisch richtigere Weg dürfte wohl der entgegengesetzte sein. Darum wird in diesem Buche die Quantentheorie als solche überhaupt nicht behandelt, sondern das Quantenprinzip mittels der durch die Erfahrung gut bestätigten Lichtquantenhypothese in die Spektraltheorie und damit in die Atomtheorie eingeführt. Auf die Erkenntnisse, die durch die Röntgenspektroskopie gewonnen werden, wird dann die Theorie der Grundstoffe aufgebaut.

Durch die wunderbaren und quantitativ auf das genaueste erfüllten Gesetzmäßigkeiten, die die moderne Theorie in den Spektralerscheinungen aufgedeckt und richtig gedeutet hat, erscheint heute die Existenz der Atome als eine völlig sichere Erkenntnis der Physik und keineswegs mehr als bloße Arbeitshypothese wie vielleicht noch vor einem Vierteljahrhundert. Die statistische Deutung der Wärmeerscheinungen erscheint darum heute nicht mehr als eine unter mehreren möglichen Deutungen, sondern als die durch die Tatsachen geforderte; wie denn umgekehrt auch wiederum eine physikalische Interpretation der Gesetzmäßigkeiten notwendig wird, die sich nach allgemein statistischen Methoden für die individuelle Energieverteilung ergeben. Die Thermodynamik wird darum in diesem Buche rein statistisch begründet, und zwar in einer möglichst allgemeinen Form, die keine speziellen Voraussetzungen über die Art der individuell verteilten Energie erfordert und darum zu den beiden Hauptsätzen in allgemeiner Gültigkeit führt. Die spezielle Anwendung aber einerseits auf translatorische Bewegungsenergie, andererseits auf quantenhafte Schwingungsenergie, sowohl mechanischer als auch elektromagnetischer Natur, ergibt die Gesetzmäßigkeiten der Gase, der extrem kalten Körper und der Wärmestrahlung. Wenn auch die statistische

Ableitung der thermodynamischen Hauptsätze derzeit noch wesentliche Mängel aufweist, so glaubte ich mich gleichwohl für die statistische Methode und keineswegs für die phänomenologische entscheiden zu müssen, weil nur durch die statistische Methode sich die Wärmelehre in das einheitliche System der modernen Physik einfügt, weil nur durch die statistische Methode die sonst unverständliche Irreversibilität begreifbar werden kann, weil endlich nur die statistische Methode der Forderung gerecht wird, daß sich die fortschreitende theoretische Physik völlig loslösen müsse von allen menschlich-subjektiven Gesichtspunkten.

In den beiden Kapiteln, die die spezielle und die allgemeine Relativitätstheorie behandeln, wurde absichtlich vieles vermieden, was nach der Meinung zahlreicher Autoren die Relativitätstheorie anschaulich machen soll, bei vielen Lesern aber wohl gerade das Gegenteil bewirkt; so wird z. B. nirgends von „Uhren“ gesprochen. Im übrigen wurde eine möglichst exakte Ableitung der relativitätstheoretischen Ergebnisse angestrebt, und nur in den letzten Abschnitten wurden, um die Geduld des Lesers nicht zu erschöpfen, einige äußerst langwierige, rein mathematische Ableitungen weggelassen und nur deren Resultat mitgeteilt.

Da der erste Band des Buches bereits in zweiter Auflage erscheinen mußte, bevor noch der zweite Band zum ersten Male veröffentlicht wurde, und da daher die erste und zweite Auflage des Buches untereinander völlig übereinstimmen müssen, so mußte leider eine Umarbeitung einzelner Abschnitte des ersten Bandes (namentlich in der Elektronentheorie) auf eine etwaige dritte Auflage verschoben werden.

Bei der Fertigstellung des zweiten Bandes haben mich in freundlicher Weise unterstützt die Herren Universitätsdozent Dr. Adolf Smekal in Wien und Universitätsprofessor Dr. Hans Thirring in Wien, die das Manuskript sehr eingehend durchsahen; ferner die Herren cand. math. Emil Artin in Leipzig, Dr. Rudolf Schmid in Wien und Dr. Harry Schmidt in Altona, die die Korrekturbogen einer gründlichen Durchsicht unterzogen. Für ihre große Mühe und für die vielen so wertvollen Verbesserungsvorschläge sei all diesen Herren auch an dieser Stelle auf das herzlichste gedankt. Für freundliche Hilfe muß ich ferner bestens danken Herrn Universitätsdozenten Dr. med. Fritz Lotmar in Bern und Herrn Dr. Robert W. Lawson von der Universität Sheffield. Aufrichtigen Dank schulde ich endlich auch dem Verlage dafür, daß er auch bei der Vollendung des zweiten Bandes alle meine Wünsche bereitwillig erfüllte.

Wien, Ostern 1921.

Arthur Haas.

Inhalt.

XI. Kapitel. Theorie der Spektren.

Seite

§ 78. Die Lichtquanten 3
§ 79. Die Anwendung des Quantenprinzips auf periodische Bewegungen . 6
§ 80. Das Bohrsche Modell des Wasserstoffatoms 8
§ 81. Die Spektralformel von Bohr 9
§ 82. Die Linienspektren des Wasserstoffs und des Heliums 11
§ 83. Die spektroskopische Bestimmung der physikalischen Fundamentalkonstanten 14
§ 84. Die Mitbewegung des Atomkerns 17
§ 85. Die Feinstruktur der Spektrallinien 22
§ 86. Die Erweiterung des Bohrschen Atommodells 28
§ 87. Die zentralen Serien (die Röntgenspektren) 29
§ 88. Die peripheren Serien (die optischen Spektren) 34
§ 89. Rotations- und Bandenspektrum 37
§ 90. Das Kernmodell als Umkehrung des Atommodells 40

XII. Kapitel. Theorie der Grundstoffe.

§ 91. Die natürliche Reihe der Grundstoffe 43
§ 92. Die Valenz 47
§ 93. Die chemische Periodizität 52
§ 94. Affinität und Molekelbildung 56
§ 95. Die Isotopie 60
§ 96. Das Verschiebungsgesetz der Grundstoffverwandlungen 64
§ 97. Zerlegung und Struktur der Grundstoffkerne 67

XIII. Kapitel. Statistik.

§ 98. Die statistische Wahrscheinlichkeit 71
§ 99. Der Verteilungsmodul 76
§ 100. Die kanonische Verteilung der Energie 79
§ 101. Gleichgewicht und Ausgleich 82
§ 102. Das homogene System 84
§ 103. Der Kreisprozeß 86
§ 104. Der Gleichverteilungssatz 90
§ 105. Das Prinzip von Rayleigh und Jeans 93
§ 106. Das statistische Gleichgewicht eines schwingenden Systems 97

XIV. Kapitel. Thermodynamik.

§ 107. Die Temperaturskala 102
§ 108. Die Kalorimetrie 105
§ 109. Die beiden Hauptsätze der Thermodynamik 106

Seite
§ 110. Die Irreversibilität 109
§ 111. Die freie Energie und das thermodynamische Potential 111
§ 112. Die Zustandsänderungen eines homogenen Systems 113
§ 113. Der Versuch von THOMSON und JOULE 119
§ 114. Die Koexistenz der Phasen 122
§ 115. Die vollkommenen Gase 127
§ 116. Die Zustandsgleichung von VAN DER WAALS 137
§ 117. Die spezifische Wärme fester Körper 141
§ 118. Der Wärmesatz von NERNST 145
§ 119. Die Hohlraumstrahlung 147
§ 120. Das Strahlungsgesetz von PLANCK 152

XV. Kapitel. Die Relativitätstheorie.

§ 121. Der Versuch von MICHELSON 157
§ 122. Das Relativitätsprinzip von EINSTEIN 161
§ 123. Die LORENTZ-Transformation 163
§ 124. Die Relativität des Zeit- und des Längenmaßes 169
§ 125. Die Zusammensetzung der Geschwindigkeiten 173
§ 126. Der Versuch von FIZEAU 175
§ 127. Das DOPPLERsche Prinzip und die Aberration des Lichtes 176
§ 128. Weltlinie und Eigenzeit 180
§ 129. Die relativistische Dynamik 188
§ 130. Die träge Masse der Energie 194
§ 131. Der Materietensor 197
§ 132. Viererstrom und elektromagnetischer Feldtensor 200

XVI. Kapitel. Theorie der Gravitation.

§ 133. Das Gravitationsgesetz als Verallgemeinerung des Beharrungsgesetzes 206
§ 134. Der metrische Fundamentaltensor 215
§ 135. Die geodätische Linie 223
§ 136. Der RIEMANNsche Tensor 226
§ 137. Das EINSTEINsche und das NEWTONsche Gravitationsgesetz 230
§ 138. Die räumliche und zeitliche Metrik im Gravitationsfelde 236
§ 139. Die empirische Bestätigung der EINSTEINschen Gravitationstheorie . . 240
§ 140. Größe und Masse des Universums 242

Anhang.

Zusammenfassung des Inhalts des zweiten Bandes 245
Übersicht über die häufigsten Bezeichnungen des zweiten Bandes 261
Die universellen Konstanten der Physik 263
Chronologische Übersicht 264
Literaturübersicht 269
Namenverzeichnis zum ersten und zweiten Bande 270
Sachverzeichnis zum zweiten Bande 284

Zweiter Band.

Atomtheorie, statistische Wärmelehre und Relativitätstheorie.

XI. Kapitel.

Theorie der Spektren.

§ 78. Die Lichtquanten.

Die Elektronenhypothese führt zu drei universellen Konstanten, dem elektrischen Elementarquantum, der Masse des negativen Elektrons und der Masse des positiven Elektrons.[1] Zu diesen drei Konstanten fügt nun die moderne Theorie noch eine vierte hinzu. Hatten sich jene drei durch eine Anwendung des atomistischen Gedankens auf die Gegenstände des physikalischen Geschehens ergeben, so ergibt sich die neue vierte Konstante durch eine Übertragung des atomistischen Prinzipes auf die physikalischen Prozesse selbst. Die neue Konstante ist das Elementarquantum der Wirkung. Schon in der klassischen Physik hatte die Wirkung, die durch das Produkt aus einer Energiemenge und einer Zeit gemessen wird, eine große Rolle gespielt (vgl. § 19). Noch deutlicher wird ihre große Wichtigkeit durch die (später zu besprechende) Relativitätstheorie, in der die Wirkung eigentlich dieselbe Rolle spielt wie in der klassischen Physik die Energie.[2]

Die erste wichtige Folgerung, die die Theorie aus der Hypothese des elementaren Wirkungsquantums zog, war die Annahme, daß sich Schwingungsenergie aus Energieelementen zusammensetze, deren Größe durch folgende Forderung bestimmt sein soll: Es soll das Produkt aus einem Energieelement und aus der Zeit seiner Schwingungsperiode gleich sein dem elementaren Wirkungsquantum. Diese Folgerung sieht die moderne Theorie sowohl für mechanische Schwingungen als auch für elektromagnetische als gültig an.

---

[1] Praktisch gleichbedeutend ist mit der Masse des positiven Elektrons die des Wasserstoffatoms, die nur um etwa 1/1840 größer ist.

[2] Vom Standpunkte der modernen Nahewirkungstheorie erscheint nämlich ursprünglicher als der Begriff der Energie der Begriff der Energiedichte. Energie ist das Raumintegral der Energiedichte. Nach der Relativitätstheorie kommt aber nun dem Raume gar keine absolute Bedeutung zu; eine solche kann nur das Integral der Energiedichte über ein vierdimensionales Übervolumen der Minkowski-Welt haben (s. § 128). Dieses Integral müßte gleich sein dem Produkte aus einer Energie und einer Zeit (noch multipliziert mit der konstanten Lichtgeschwindigkeit). So tritt in der Relativitätstheorie an die Stelle des Begriffs der Energie der Begriff der Wirkung.

Da zu der Schwingungsperiode die Schwingungszahl reziprok ist, so muß somit jedes Energieelement gleich sein dem Produkte aus dem elementaren Wirkungsquantum und aus der Schwingungszahl. Bezeichnet man, wie dies heute allgemein üblich ist, das elementare Wirkungsquantum mit dem Buchstaben h und die Schwingungszahl mit ν, so sind also die Energieelemente durch das Produkt $h\nu$ dargestellt. Die Energieelemente, die man nach dieser Auffassung bei dem Lichte (im weitesten Sinne dieses Wortes) annehmen muß, bezeichnet man als Lichtquanten.

Die für die moderne Physik grundlegende Hypothese des elementaren Wirkungsquantums ist eine Schöpfung PLANCKS. Er stellte diese Hypothese im Jahre 1900 auf und gelangte (wovon später noch ausführlich die Rede sein soll) durch sie zur Lösung eines schwierigen Grundproblems der Theorie der Wärmestrahlung. In Erweiterung der PLANCKschen Idee schuf im Jahre 1905 EINSTEIN die Vorstellung der Lichtquanten und gewann dadurch das fundamentale Gesetz, das die gegenseitige Umwandlung zwischen korpuskularer Strahlung und elektromagnetischer Wellenstrahlung regelt.

Ebenso nämlich wie die elektromagnetische Schwingungsenergie eine elementare Struktur besitzen soll, so setzt sich ja auch die Energie der korpuskularen Strahlung aus Energieelementen zusammen, deren jedes gleich ist der lebendigen Kraft eines einzelnen Strahlteilchens. Diese lebendige Kraft ist aber wiederum gleich dem Produkte aus der Ladung des Strahlteilchens und aus der elektrostatischen Potentialdifferenz, aus der Spannung, die es durchlaufen hat.[3] Wie das Energieelement der Wellenstrahlung dargestellt ist durch das Produkt $h\nu$, so ist also das Energieelement der korpuskularen Strahlung dargestellt durch das Produkt eV, wenn e das elektrische Elementarquantum und V die „Röhrenspannung" bedeutet. Der Grundgedanke der EINSTEINschen Auffassung ist nun der, daß bei jeder Umwandlung ein Energieelement der einen Art aus je einem Energieelement der anderen Art entstehe.

Das wichtigste Beispiel für die Umwandlung von korpuskularer Strahlung in Wellenstrahlung bildet die Erregung von Röntgenstrahlen durch Kathodenstrahlen bei deren Auftreffen auf die Antikathode einer Röntgenröhre. Nach dem EINSTEINschen Gesetz muß dann die Beziehung bestehen

$$h\nu_{\max} = eV \tag{1}$$

oder

$$h\nu = eV_{\min}. \tag{2}$$

Nach diesen beiden Gleichungen entspricht jedem Werte der Frequenz ein bestimmter Wert der Spannung und umgekehrt. Bei gegebener

[3] Die Arbeit, die bei dem Durchlaufen einer Potentialdifferenz verrichtet wird, wird ja gemessen durch das Produkt aus der Ladung und aus dem als Spannung bezeichneten Potentialunterschied (s. Gl. 9 des § 39).

Spannung kann keine größere Frequenz erzeugt werden; Strahlung von gegebener Frequenz aber kann durch keine geringere Spannung erregt werden. Gl. 1 bestimmt bei gegebener Spannung der Röntgenröhre die Grenze des kontinuierlichen Röntgenspektrums, die in der Tat auf der Seite der kürzeren Wellenlängen scharf ausgebildet wahrgenommen wird.[4] Gl. 2 bestimmt für eine gegebene Wellenlänge (eine gegebene „Härte") die sogenannte Anregungsspannung.[5] Beide Gleichungen zeigen sich auf das genaueste erfüllt[6]; so haben insbesondere Duane und Hunt (1915) die Gl. 2 bis zu Spannungen von 40000 Volt so genau erfüllt gefunden, daß auf ihre Messungen eine genaue Bestimmung des elementaren Wirkungsquantums gegründet werden konnte.[7]

Die Umwandlung von Wellenstrahlung in korpuskulare Strahlung findet statt bei dem sogenannten lichtelektrischen Effekt.[8] Er besteht darin, daß unter der Einwirkung von Röntgenstrahlen oder von ultraviolettem Licht aus der Oberfläche von Körpern negative Elektronen mit beträchtlicher Geschwindigkeit losgerissen werden. Die Geschwindigkeit der losgerissenen Elektronen ist dieselbe wie die von Kathodenstrahlen, die in einer Kathodenröhre von einer Spannung V erzeugt werden, die wiederum durch das Einsteinsche Gesetz bestimmt ist. Es gilt nämlich die Beziehung

$$V = \frac{h\nu}{e} - V_0, \tag{3}$$

wobei V_0 das sogenannte Kontaktpotential des bestrahlten Körpers bedeutet; mit e multipliziert, stellt es die Arbeit dar, die bei der Loslösung eines Elektrons aus dem Körper verrichtet werden muß. Da V_0 von der Frequenz der auffallenden Strahlung unabhängig ist, so muß das lichtelektrische Potential V linear mit der Frequenz der auffallenden Strahlung ansteigen. Diese Beziehung zeigt sich in der Tat so genau erfüllt, daß auf sie Millikan (1916) eine sehr genaue Messung

[4] Die klassische Elektrodynamik vermag diese Tatsache nicht zu erklären.

[5] Dies gilt aber, worauf nachdrücklich hingewiesen sei, nur für das kontinuierliche Röntgenspektrum, nicht auch für ein Linienspektrum. Vgl. § 87.

[6] Es ist indessen zu beachten, daß sich die Gleichungen nur auf die Frequenz der tatsächlich erregten Röntgenstrahlung beziehen. Keineswegs aber verwandelt sich etwa die kinetische Energie eines jeden auftreffenden Elektrons in ein Lichtquantum. Wie die Messungen ergeben, werden nur ungefähr zwei Tausendstel der Energie der auftreffenden Kathodenstrahlen in Energie von Röntgenstrahlung umgewandelt. In den wenigen Fällen aber, wo sich ein korpuskulares Strahlungsquantum in ein Lichtquantum umwandelt, muß die Einsteinsche Beziehung erfüllt sein.

[7] Vervollkommnet wurde diese Methode durch Webster und später durch Wagner.

[8] Auch photoelektrischer Effekt genannt.

des Quotienten h/e gründen konnte. Das Resultat ist dasselbe wie dasjenige, das sich nach vielen anderen Methoden ergibt, nämlich

$$\frac{h}{e} = 1{,}36 \cdot 10^{-17} \text{ abs. Einh.} \tag{4}$$

Aber auch die Gesetzmäßigkeiten, die für die Umwandlung von primärer Wellenstrahlung in sekundäre Wellenstrahlung festgestellt worden waren, finden durch die Hypothese der Lichtquanten eine einfache Deutung. Entsteht je ein sekundäres Lichtquantum aus je einem primären, so kann die sekundäre Frequenz nicht größer sein als die primäre; sie muß kleiner sein, wenn bei der Umwandlung Energie noch anderweitig verbraucht wird. Die sekundäre Wellenstrahlung wird im Gebiete des sichtbaren Spektrums als Fluoreszenzlicht, im Gebiete der Röntgenstrahlen als sekundäre Röntgenstrahlung bezeichnet.[9] In der Tat hat schon im Jahre 1852 Stokes die nach ihm benannte Regel aufgestellt, daß das Fluoreszenzlicht längerwellig sei als das erregende Licht, und dieselbe Gesetzmäßigkeit haben die Experimente auch für die sekundäre Röntgenstrahlung ergeben, die stets längerwellig, stets „weicher" ist als die primäre.[10]

Im Sinne der Einsteinschen Gleichung können wir schließlich jeden Energiewert E^* anstatt in Erg auch messen durch eine äquivalente Frequenz ν^* oder durch eine äquivalente Spannung V^*, die gegeben sind durch die Gleichung

$$E^* = h\nu^* = eV^*. \tag{5}$$

Ebenso kann im Sinne dieser Gleichung auch jede Frequenz durch eine äquivalente Spannung ausgedrückt werden und umgekehrt.

§ 79. Die Anwendung des Quantenprinzips auf periodische Bewegungen.

Neben den Schwingungsvorgängen stellen ein zweites bedeutungsvolles Anwendungsgebiet für das Quantenprinzip die periodischen Bewegungen dar. Bewegungen sind ganz allgemein beschreibbar durch Koordinaten und Geschwindigkeiten oder aber auch, wie die allgemeinen Bewegungsgleichungen von Lagrange zeigen, durch Koordinaten und Impulse. Man erkennt nun ohne weiteres, daß bei der zweiten Art der Beschreibung leicht ein Zusammenhang mit dem elementaren Wirkungsquantum herstellbar ist. Nennen wir nämlich die ganz beliebigen Koordinaten q_i und die Impulse p_i[1], so ist ja nach der Definition des Impulses (Gl. 12 und 13 des § 20)

[9] Siehe § 75.

[10] Auch bei der Erklärung photochemischer Prozesse bewährt sich die Hypothese der Lichtquanten. Nach Einstein soll die Zahl der durch das Licht zersetzten Molekeln gleich sein der Zahl der absorbierten Lichtquanten.

[1] Diese Art der Bezeichnung ist heute allgemein üblich, während sich die abweichende in § 20 an Boltzmann anschloß.

$$p_i = \frac{\partial E_{kin}}{\partial\left(\frac{d q_i}{d t}\right)}, \tag{1}$$

wobei E_{kin} die kinetische Energie bedeutet. Bilden wir daher das Produkt aus Koordinate und Impuls, so muß dieses Produkt stets dieselbe Dimension haben wie das Produkt aus Energie und Zeit; es muß also die Dimension einer Wirkung haben.

Es liegt daher die Annahme nahe, daß bei solchen Bewegungen, bei denen sich die Koordinate q_i periodisch ändert, das über eine Periode erstreckte Integral

$$\int p_i\, d q_i = n h, \tag{2}$$

also gleich sei einem ganzzahligen Vielfachen des elementaren Wirkungsquantums.[2]

Zu besonders einfachen Ergebnissen führt die eben angegebene naheliegende Hypothese in dem Falle einer kreisförmigen Bewegung. Die einzige Lagenkoordinate (q) wird dann, wenn der Kreis als solcher gegeben ist, durch den Winkel dargestellt, den der von dem Kreismittelpunkte zu dem kreisenden Teilchen gezogene Radiusvektor mit einer bestimmten durch das Kreiszentrum festgelegten Richtung (der sogenannten Nullrichtung) bildet. Dann ist, wenn der Halbmesser der Kreisbahn a und die lineare Geschwindigkeit v genannt werden, zu setzen

$$v = a \frac{d q}{d t}. \tag{3}$$

Die kinetische Energie ist

$$E_{kin} = \frac{m v^2}{2} = \frac{m a^2}{2}\left(\frac{d q}{d t}\right)^2; \tag{4}$$

daher wird der Impuls nach Gl. 1 und 3

$$p = m a v. \tag{5}$$

Nach der Terminologie der Mechanik stellt also die Größe p nichts anderes dar als den sogenannten Drehimpuls der Bewegung (s. § 14). Da die Bewegung mit konstanter Geschwindigkeit erfolgt, ist also p eine Konstante. Somit wird

$$\int p\, d q = p \int_0^{2\pi} d q = 2 \pi p. \tag{6}$$

Da dieses Integral aber nach dem Quantenprinzip ein ganzzahliges Vielfaches des elementaren Wirkungsquantums sein soll, so sind durch

[2] Vielfach pflegt man den Begriff der Phase zu gebrauchen, worunter der durch die jeweiligen Werte von q_i und p_i bestimmte Zustand verstanden wird. Hierauf, sowie auf den damit zusammenhängenden Begriff des Phasenraums, wird in dieser Darstellung absichtlich nicht eingegangen. Näheres darüber in Sommerfeld, Atombau und Spektrallinien, 4. Kap., § 1.

das Quantenprinzip solche Kreisbahnen ausgezeichnet, für die der mit 2π multiplizierte Drehimpuls ein ganzzahliges Vielfaches des elementaren Wirkungsquantums darstellt, für die also die Beziehung besteht

$$2\pi p = n h. \tag{7}$$

§ 80. Das Bohrsche Modell des Wasserstoffatoms.

Der zuletzt angegebene Satz wurde im Jahre 1913 von Bohr gewonnen, und zwar in seiner Anwendung auf das Rutherfordsche Atommodell (s. § 77). Nach Rutherford müssen wir uns ja in dem Wasserstoffatom ein negatives Elektron um ein positives kreisend denken. Bohr nimmt nun an, daß die Bewegung des negativen Elektrons nur in solchen Bahnen stabil sei, die durch das Quantenprinzip bestimmt seien, bei denen also der mit 2π multiplizierte Drehimpuls ein ganzzahliges Vielfaches des elementaren Wirkungsquantums darstellt.

Obwohl bei Wasserstoff die Kernladung einem einzigen elektrischen Elementarquantum gleich ist, so soll doch im folgenden mit Rücksicht auf spätere Anwendungen der allgemeinere Fall betrachtet werden, daß der Kern, um den ein einziges negatives Elektron kreise, eine Ladung von z elektrischen Elementarquanten aufweise; die ganze Zahl z werde dann die Kernladungszahl genannt.

Auf das kreisende Elektron wirkt einerseits die elektrische Anziehung seitens des Kernes, andererseits die Fliehkraft. Nach dem dritten Newtonschen Bewegungsgesetz müssen beide Kräfte einander gleich sein. Die Anziehung ist nach dem Coulombschen Gesetz gleich $z e^2/a^2$; die Fliehkraft ist, wenn die Masse des negativen Elektrons mit m bezeichnet wird, mv^2/a.

Aus der Gleichsetzung der beiden Ausdrücke folgt die Beziehung

$$m v^2 a = z e^2. \tag{1}$$

Andererseits muß in einer quantentheoretisch ausgezeichneten Bahn (nach Gl. 5 und 7 des § 79) die Beziehung erfüllt sein

$$m a v = \frac{n h}{2\pi}. \tag{2}$$

Die ganze Zahl n wird als Quantenzahl bezeichnet, die die Bahn charakterisiert. Ist ihr Wert gegeben, so enthalten die Gl. 1 und 2 als einzige Unbekannte nur noch den Bahnhalbmesser a und die lineare Geschwindigkeit v, so daß aus den beiden Gleichungen diese beiden Größen ermittelt werden können. Die Werte, die diesen Größen in dem n-quantigen Zustande zukommen, mögen mit dem Index n bezeichnet werden. Den Wert von a_n findet man, indem man die Gl. 2 quadriert und durch die Gl. 1 dividiert; es ergibt sich so

$$a_n = \frac{n^2 h^2}{4\pi^2 z e^2 m}. \tag{3}$$

Die Radien der quantentheoretisch ausgezeichneten Bahnen verhalten sich also wie die Quadrate der Quantenzahlen.

Die Geschwindigkeit in der n-quantigen Bahn finden wir, indem wir die Gl. 2 durch die Gl. 3 dividieren; es ist

$$v = \frac{2\pi z e^2}{n h}. \tag{4}$$

Die linearen Geschwindigkeiten verhalten sich also umgekehrt wie die Quantenzahlen.

Schließlich werde die Energie berechnet, die in der n-quantigen Bahn dem Elektron zukommt. Die kinetische Energie finden wir, indem wir das halbe Geschwindigkeitsquadrat mit der Masse m multiplizieren. Die potentielle Energie ist

$$E_{\text{pot}} = -\frac{z e^2}{a}. \tag{5}$$

Das Vorzeichen muß negativ gewählt werden, weil ja die Kraft, die den negativen partiellen Differentialquotienten der potentiellen Energie nach a darstellt, anziehend ist, die Größe a demnach zu vermindern trachtet und daher negativ zu rechnen ist.[1] Im übrigen stellt die potentielle Energie die Arbeit dar, die aufgewendet werden muß, um das Elektron aus seiner Bahn ins Unendliche zu entfernen. Andererseits ist aber nach Gl. 1

$$E_{\text{pot}} = -m v_n^2. \tag{6}$$

Da die kinetische Energie gleich ist $m v^2/2$, ist also die potentielle Energie entgegengesetzt doppelt so groß. Es ist daher die gesamte Energie als Summe aus der kinetischen und der potentiellen

$$E_n = -\frac{m v_n^2}{2} \tag{7}$$

oder nach Gl. 4

$$E_n = -\frac{2\pi^2 z^2 e^4 m}{n^2 h^2}. \tag{8}$$

Die Energie, die dem kreisenden Elektron in einer stabilen Bahn zukommt, ist dem Quadrate der Quantenzahl umgekehrt proportional.

§ 81. Die Spektralformel von Bohr.

Bei dem Bohrschen Atommodell erscheint jeder Übergang zwischen zwei ausgezeichneten Bahnen mit einem Energieumsatz verbunden. Der größeren Quantenzahl entspricht dabei der größere Wert der Energie (wegen des negativen Vorzeichens in Gl. 8 des § 80). Wird durch den Übergang die Quantenzahl erniedrigt,

[1] Man kann natürlich zu der rechten Seite der Gl. 5 noch eine beliebige Konstante hinzuaddieren, wodurch die Energie positiv wird.

so wird Energie frei. Umgekehrt ist ein Übergang, der die Quantenzahl erhöht, nur bei Energiezufuhr möglich.

Nach der Grundannahme von Bohr soll nun durch das Freiwerden von Energie bei einem derartigen Übergang stets ein Lichtquantum erzeugt und umgekehrt bei dem entgegengesetzten Übergang die Energiezufuhr durch Aufnahme eines Lichtquantums bewerkstelligt werden. Betrachten wir also zwei Bahnen, denen die Quantenzahlen n und s zukommen mögen, wobei $n > s$ sei, so wird bei dem Übergang aus der n-quantigen in die s-quantige Bahn Strahlung von einer bestimmten Frequenz ν emittiert, bei dem umgekehrten Übergang aber Strahlung von derselben Frequenz ν absorbiert. Die Frequenz ν aber bestimmt sich nach der vorhin angegebenen sogenannten Bohrschen Frequenzbedingung dadurch, daß sie dem Energieunterschied äquivalent ist (im Sinne der Gl. 5 des § 78). Es ist also

$$h\nu = E_n - E_s. \tag{1}$$

Setzen wir für die Energie den Wert aus der Gl. 8 des § 80 ein, so nimmt die Frequenzbedingung die Gestalt der von Bohr im Jahre 1913 abgeleiteten Spektralformel an

$$\nu = \frac{2\pi^2 \varkappa^2 e^4 m}{h^3}\left(\frac{1}{s^2} - \frac{1}{n^2}\right). \tag{2}$$

Da sowohl s als auch n die Reihe der ganzen Zahlen durchlaufen kann, ergibt sich somit eine doppelte Mannigfaltigkeit von Frequenzwerten. Diese zweifache Mannigfaltigkeit stellt das Linienspektrum des betreffenden Atoms dar. Es kann als Emissionsspektrum oder als Absorptionsspektrum auftreten. Es setzt sich aus Serien zusammen, die ihrerseits einfache Mannigfaltigkeiten darstellen und die sich ergeben, wenn der einen Quantenzahl (s) ein fester Wert gegeben wird, während die andere Quantenzahl (n) die Reihe der ganzen Zahlen durchläuft. Mit wachsender Quantenzahl n nähern sich daher die Linien jeder Serie einer Grenze, deren Frequenz bei der Emission äquivalent ist der Energie des Endzustandes (bzw. bei der Absorption der des Anfangszustandes).

Sind n, r und s drei beliebige ganze Zahlen, so muß natürlich die Identität gelten

$$(E_n - E_s) = (E_n - E_r) + (E_r - E_s). \tag{3}$$

Diese Identität können wir andererseits auch in der Form schreiben

$$(E_r - E_s) = (E_n - E_s) - (E_n - E_r). \tag{4}$$

Ersetzen wir in diesen Gleichungen die Energiedifferenzen durch die äquivalenten Frequenzwerte, so erkennen wir ohne weiteres, wie es möglich sein kann, durch additive oder subtraktive Kombination aus bereits bekannten Spektrallinien neue abzuleiten. Bezeichnen wir beispielsweise die Spektrallinie, die bei der Emission durch Übergang aus der fünfquantigen in die dreiquantige Bahn entsteht, mit $\nu_{3,5}$ usw., so kann man, wenn die Spektrallinien $\nu_{3,5}$ und $\nu_{2,3}$ gegeben sind, daraus auf die Existenz einer Linie schließen.

$$\nu_{3,5} + \nu_{2,3} (= \nu_{2,5});$$

ebenso, wenn etwa die Linien $\nu_{2,3}$ und $\nu_{2,4}$ gegeben sind, auf die Existenz einer Linie

$$\nu_{2,3} - \nu_{2,4} (= \nu_{3,4})$$

usw. Dieses sogenannte Kombinationsprinzip wurde bereits vor der Begründung der Bohrschen Theorie von Ritz im Jahre 1908 aufgestellt.

Was die Intensität der Spektrallinien betrifft, so hängt sie offenbar von der Häufigkeit des Überganges ab, durch den sie hervorgerufen wird. Da zwischen benachbarten Bahnen der Übergang wohl häufiger ist als zwischen entfernteren, so wird demnach innerhalb jeder Serie die größte Intensität bei der Linie mit der kleinsten Frequenz zu erwarten sein.

§ 82. Die Linienspektren des Wasserstoffs und des Heliums.

Indem wir in der Bohrschen Spektralformel (Gl. 2 des § 81) die Kernladungszahl z gleich Eins setzen, erhalten wir das Linienspektrum des Wasserstoffs, von dem bisher drei Serien bekannt sind. In der Tat verhalten sich, wie es die Bohrsche Theorie verlangt, die Grenzfrequenzen dieser drei Serien wie $1 : {}^1/_4 : {}^1/_9$.

Am längsten ist die Serie bekannt, die bei der Emission durch Übergang in einen zweiquantigen Endzustand entsteht; sie wurde deshalb zuerst beobachtet, weil ihre stärksten Linien dem kleinen Bereiche des Gesamtspektrums angehören, der für das menschliche Auge sichtbar ist. Von diesen Linien, die heute mit $H_\alpha, H_\beta, H_\gamma, H_\delta$ bezeichnet werden[1], ist die erste rot, die zweite blau, die dritte und vierte violett; sie sind identisch mit Linien, die bereits Fraunhofer als Absorptionslinien des Sonnenspektrums entdeckt hatte. (Es sind die sogenannten Fraunhoferschen Linien C, F, f, h). Die weiteren Linien der Serie liegen im Ultravioletten (s. Fig. 51.)

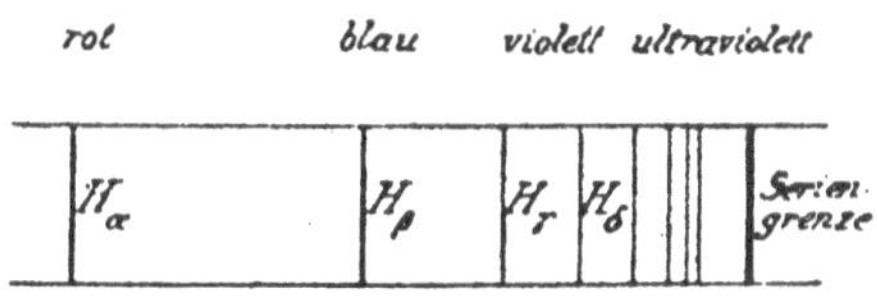

Fig. 51.

Schon im Jahre 1885 hat nun Balmer die höchst bedeutungsvolle Entdeckung gemacht, daß zwischen den Wellenlängen der einzelnen Linien dieser Serie sehr einfache zahlenmäßige Beziehungen bestehen. Die Frequenzen der einzelnen Linien sind nämlich durch die sogenannte Balmersche Formel darstellbar:

[1] H ist das chemische Symbol des Wasserstoffs.

(1) $$\nu = N\left(\frac{1}{2^2} - \frac{1}{n^2}\right),$$

wobei für n der Reihe nach die ganzen Zahlen von drei an zu setzen sind[2]; N aber bedeutet eine konstante Schwingungszahl, die um etwa zwei Oktaven höher liegt als die violette Grenze des für das menschliche Auge sichtbaren Spektralgebietes; es ist

(2) $$N = 3{,}291 . 10^{15}\,\text{sec}^{-1}.$$

Von der durch die BALMERsche Formel dargestellten sogenannten optischen Serie des Wasserstoffspektrums wurden die ersten 20 Linien in GEISSLERschen Röhren nachgewiesen, weitere 12 Linien hingegen nur in der Spektren von Gestirnen beobachtet. Die Theorie vermag dies dadurch zu erklären, daß ja der Bahnhalbmesser mit dem Quadrate der Quantenzahl wächst. Die 21. Linie entsteht bei der Emission durch Übergang aus der 23-quantigen Bahn, deren Radius also mehr als 500 mal so groß ist wie der der einquantigen Bahn. Andererseits kann aber der Radius im allgemeinen offenbar nicht größer sein als der Abstand zweier benachbarter Molekeln. So große Bahnen können sich also nur bei hinreichender Verdünnung ausbilden. Die Absorptionsspektren sind im allgemeinen, und so auch im Falle der BALMER-Serie, linienreicher als die Emissionsspektren. Dies erklärt sich daraus, daß die wichtigste Vorbedingung zur Entstehung von Spektrallinien die ungestörte Ausbildung der Anfangsbahn ist. Diese ist aber bei der Emission die äußere, bei der Absorption hingegen die innere Bahn.

Mit Hilfe des RITZschen Kombinationsprinzipes ist es im Jahre 1908 PASCHEN gelungen, im Ultraroten die Serie aufzufinden, die bei der Emission durch Übergang in eine dreiquantige Bahn entsteht; sie wird also durch die Formel beschrieben

(3) $$\nu = N\left(\frac{1}{9} - \frac{1}{n^2}\right) \quad (n = 4, 5, \ldots).$$

Die Serie, die bei der Emission durch Übergang in eine einquan-

[2] BALMER selbst verglich nicht die Frequenzen, sondern die Wellenlängen, für die er, mit anderen Buchstaben, die Formel ermittelte

$$\lambda = C\frac{n^2}{n^2 - 4},$$

wobei C eine Konstante bedeutet, die gleich ist $4c/N$ (c die Lichtgeschwindigkeit). — Die Wellenlängen werden gewöhnlich in ÅNGSTRÖM-Einheiten (abgekürzt Å.-E.) angegeben. 1 Å.-E. ist gleich 10^{-8} cm oder $^1/_{10}\,\mu\mu$; 1 $\mu\mu$ ist wiederum der millionste Teil eines Millimeters. Statt der Frequenzen wird häufig der Quotient aus ihnen und der Lichtgeschwindigkeit angegeben. In diesem Maße ist die Konstante der BALMERschen Formel 109677,69. Es sei auch auf die außerordentliche Genauigkeit der spektroskopischen Messungen hingewiesen, deren Fehlergrenzen oft kleiner sind als der millionste Teil des gemessenen Wertes.

tige Endbahn entsteht, wurde im Jahre 1914 von LYMAN im Ultravioletten entdeckt; sie ist durch die Formel darstellbar

$$\nu = N\left(\frac{1}{1} - \frac{1}{n^2}\right) \qquad (n = 2, 3, \ldots). \tag{4}$$

Schematisch ist die Entstehung der drei Serien in Fig. 52 dargestellt.

Setzen wir in der BOHRschen Spektralformel die Kernladungszahl z gleich zwei, so erhalten wir das Modell eines Atoms, dessen Kernladung zwei Elementarquanten beträgt, während nur ein einziges negatives Elektron den Kern umkreist. Ein solches Atom wäre nicht neutral, sondern würde einen Überschuß an positiver Elektrizität von einem Elementarquantum aufweisen; es wäre, wie man sagt, einfach positiv „ionisiert“. Da die α-Teilchen, deren Identität mit den Helium-Atomkernen erwiesen ist (s. § 76), auch mit zwei positiven Elementarquanten geladen sind, so würde das erwähnte Modell ein ionisiertes Helium-Atom darstellen, das von seinen beiden den Kern umkreisenden negativen Elektronen eines abgegeben hat.

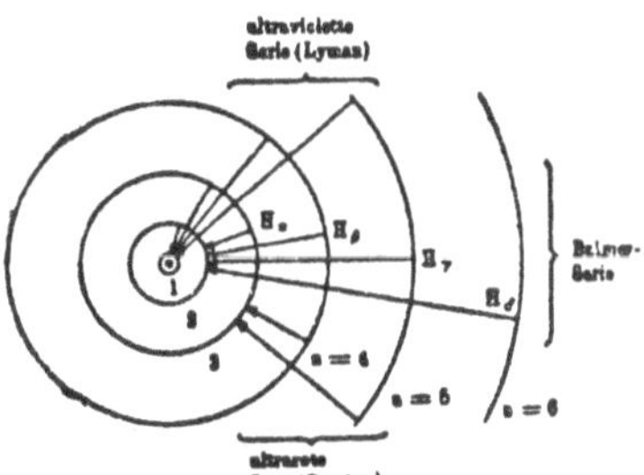

Fig. 52.

Nach der BOHRschen Spektralformel müßte bei einem Übergang aus einer n-quantigen in eine s-quantige Bahn bei dem ionisierten Helium eine viermal so große Schwingungszahl hervorgerufen werden wie bei dem Wasserstoff (denn ν ist ja proportional z^2). Das Spektrum des ionisierten Heliums wäre also durch die Formel dargestellt

$$\nu = 4N\left(\frac{1}{s^2} - \frac{1}{n^2}\right), \tag{5}$$

wofür man auch schreiben könnte

$$\nu = N\left[\frac{1}{\left(\frac{s}{2}\right)^2} - \frac{1}{\left(\frac{n}{2}\right)^2}\right]. \tag{6}$$

In der Tat hat nun schon im Jahre 1901 PICKERING in dem Spektrum eines Sternes (es war ζ Puppis) eine Serie entdeckt, die der Gl. 6 für $s = 4$ entspricht. Im Jahre 1912 entdeckte dann FOWLER in dem Spektrum einer GEISSLERschen Röhre eine Serie, die durch die Gl. 6 beschrieben wird, wenn darin $s = 3$ gesetzt wird.[3]

Sowohl die PICKERING- als auch die FOWLER-Serie wurde ursprünglich fälschlich dem Wasserstoff zugeschrieben. Die BOHRsche

---

[3] Früher unterschied man zwei FOWLER-Serien, je nachdem, ob n gerade ist oder ungerade. Diese Unterscheidung erscheint aber ganz überflüssig.

Theorie läßt in ihnen Serien des Heliums erkennen, und es war ein großer Erfolg für die Bohrsche Theorie, als es Paschen und Bartels im Jahre 1914 gelang, die Fowler-Serie in Geisslerschen Röhren zu erzeugen, die mit reinem Heliumgas gefüllt und von jeder Beimengung von Wasserstoff völlig frei waren.[4] [5]

§ 83. Die spektroskopische Bestimmung der physikalischen Fundamentalkonstanten.

Nachdem zunächst Balmer in der Schwingungszahl von 3291 Billionen in der Sekunde eine für das Wasserstoffspektrum fundamentale Konstante erkannt hatte, fand im Jahre 1895 Rydberg, daß sich auch die Gesetzmäßigkeiten, die in den Spektren anderer Elemente entdeckt worden waren, durch Formeln darstellen lassen, die der Balmerschen ähnlich sind und in denen ebenfalls jene Schwingungszahl eine wesentliche Rolle spielt.[1] Diese Schwingungszahl gewinnt dadurch die Bedeutung einer universellen Konstanten, die heute allgemein als die Rydbergsche Konstante bezeichnet wird. Nach Gl. 2 des § 81 ist

$$N = \frac{2\pi^2 e^4 m}{h^3}. \tag{1}$$

Diese Beziehung, die die Fundamentalkonstante der Spektroskopie mit den Grundgrößen der Elektronentheorie und mit dem elementaren Wirkungsquantum verknüpft, wurde zuerst im Jahre 1910 von dem Verfasser dieses Buches[2] und genauer später von Bohr aus seiner Theorie abgeleitet.

Die Bedeutung dieser Gleichung besteht darin, daß sie auf spektroskopischem Wege eine genaue Bestimmung der wichtigsten universellen Konstanten der modernen Physik ermöglicht, nämlich des elektrischen Elementarquantums, der Elektronenmasse und des elementaren Wirkungsquantums. Wohl enthält die Gl. 1 alle diese drei Unbekannten; aber andererseits ist das Verhältnis e/m durch Messungen an Kathodenstrahlen bekannt (s. § 73), das Verhältnis e/h wiederum durch Messungen des lichtelektrischen Effektes (s. § 78). Wir können daher

---

[4] Neben dem Spektrum des ionisierten Heliums gibt es auch ein komplizierteres Spektrum des neutralen Heliums.

[5] Von großem theoretischen Interesse wäre das Spektrum des „doppelt ionisierten" Lithiums, bei dem ein einziges negatives Elektron einen Kern umkreisen würde, der eine Ladung von drei positiven Elementarquanten hätte. Die experimentelle Beobachtung dieses Spektrums ist aber bisher noch nicht gelungen.

[1] S. § 88.

[2] Sitz.-Ber. d. Wiener Akad., Abt. IIa, 1910, S. 119—144; auch Physikal. Zeitschr. 11, 1910, S. 537. Diese Ableitung, bei der zum ersten Male das Quantenprinzip auf die Atomtheorie angewendet wurde, gründete sich allerdings auf das Thomsonsche Atommodell und führte darum zu einem unrichtigen Zahlenfaktor (statt zu dem richtigen 2).

die Gl. 1 in einer Form schreiben, in der sie nur eine Unbekannte, nämlich e enthält, und zwar

$$N = \frac{2\pi^3 e^3}{(e/m).(h/e)^3} \cdot \tag{2}$$

Setzen wir hierin für e/m den Wert von ca. 5,3—5,4.10^{17} elektrostatischen Einheiten und für h/e den Wert von $1{,}36.10^{-17}$ absoluten Einheiten ein, so ergibt die Auflösung der Gl. 2 nach e für das elektrische Elementarquantum

$$e = 4{,}8.10^{-10} \text{ elektrostat. Einh.} \tag{3}$$

Aus dem vorhin angegebenen Werte von h/e folgt daraus für das hypothetische elementare Wirkungsquantum

$$h = 6{,}5.10^{-27} \text{ erg sec.} \tag{4}$$

Dieser Wert wurde zuerst (wovon in einem späteren Abschnitte ausführlich die Rede sein wird) von PLANCK aus seinem Strahlungsgesetze im Jahre 1900 ermittelt.

Aus dem bekannten Werte von e/m und aus Gl. 3 ergibt sich für die Masse des negativen Elektrons

$$m = 9.10^{-28}\,\text{g}. \tag{5}$$

Aber auch die Masse des positiven Elektrons oder, was ja praktisch dasselbe ist, die Masse des Wasserstoffatoms (m_H) läßt sich aus Gl. 3 leicht ermitteln, wenn man die durch elektrolytische Messungen recht genau bekannte FARADAYsche Konstante berücksichtigt

$$\frac{e}{m_H} = 2{,}9.10^{14} \text{ abs. Einh.} \tag{6}$$

(s. Gl. 4 des § 67). Daraus folgt

$$m_H = 1{,}66.10^{-24}\,\text{g}. \tag{7}$$

Hieraus läßt sich wiederum eine andere wichtige Konstante ableiten, die sogenannte LOSCHMIDTsche Zahl. Sie gibt an, wie viel Atome oder Molekeln in so viel Grammen eines homogenen Stoffes enthalten sind, als das Atomgewicht oder Molekulargewicht dieses Stoffes beträgt. Man bezeichnet die Masse, die durch diese Zahl von Grammen ausgedrückt wird, als ein Gramm-Atom oder eine Gramm-Molekel. Da das Atomgewicht auf Sauerstoff = 16,000 bezogen wird, beträgt also ein Gramm-Atom Wasserstoff 1,008 g; eine Gramm-Molekel Wasserstoff doppelt soviel, eine Gramm-Molekel Wasser etwa 18 g usw. Nach dieser Definition muß die Zahl der Atome im Gramm-Atom oder, was ganz dasselbe ist, die Zahl der Molekeln in der Gramm-Molekel eine universelle Konstante darstellen; nach dem Forscher, der sie zuerst (1865) durch gaskinetische Methoden der Größenordnung nach bestimmte[3], wird sie eben

[3] S. § 115.

als die LOSCHMIDTsche Zahl bezeichnet. Für sie ergibt sich also der Wert

$$L = \frac{1{,}008\,\mathrm{g}}{m_H} = 6{,}1 . 10^{23} . \tag{8}$$

Zwei Gramm Wasserstoff enthalten danach ungefähr eine Quadrillion von Atomen, die Masse des negativen Elektrons ist noch etwa 1800 mal kleiner als die des Wasserstoffatoms. Ungefähr zwei Milliarden elektrischer Elementarquanten ergeben eine absolute elektrostatische Ladungseinheit, von der einige wenige auf die üblichen Ladungen von Leidener Flaschen entfallen. Die Ladung eines ionisierten Wasserstoffatoms ist also absolut nicht sehr groß, wohl aber relativ sehr beträchlich wegen der außerordentlichen Kleinheit der Atome. Betrachten wir nämlich zwei ionisierte Wasserstoffatome, so wirken zwischen ihnen einerseits die Gravitationskraft und andererseits eine durch das COULOMBsche Gesetz bestimmte elektrische Abstoßung. Für das Verhältnis zwischen Abstoßung und Anziehung ergibt sich, wenn die Gravitationskonstante mit $\varkappa (= 6{,}68 . 10^{-8})$ bezeichnet wird, der Wert

$$\frac{1}{\varkappa}\left(\frac{e}{m}\right)^2 = 4{,}2 . 10^{42} . \tag{9}$$

Die elektrische Kraft ist danach einige septillionenmal so groß wie die Gravitationskraft. Von der Größe des elementaren Wirkungsquantums gewinnt man schließlich eine Vorstellung, wenn man Energieelemente von sichtbarem Lichte betrachtet. Obwohl die Schwingungszahl des violetten Lichtes etwa 800 Billionen in der Sekunde beträgt, sind gleichwohl violette Lichtquanten so klein, daß erst zwanzig Trillionen ihrer der Energie gleich kommen, die aufgewendet werden muß, um ein Gewicht von einem Kilogramm ein Meter hoch zu heben.

Sind die Werte von e, m und h bekannt, so lassen sich endlich auch leicht die Größen berechnen, die die einquantige Bahn des Wasserstoffatoms charakterisieren. Die entsprechenden Werte der Energie, der linearen Geschwindigkeit, des Bahnhalbmessers und der Umlaufszahl mögen mit E^*, v^*, a^* und ω^* bezeichnet werden. Dann ist (nach Gl. 1 des § 83 und Gl. 8 des § 80)

$$E^* = -h N^* = -2{,}1 . 10^{-11}\,\mathrm{erg}. \tag{10}$$

Für die Geschwindigkeit ergibt sich aus der Gl. 4 des § 80 der Wert

$$v^* = \frac{2\pi e^2}{h} = 2{,}2 . 10^8\,\mathrm{cm\ sec^{-1}} . \tag{11}$$

Daraus folgt wieder für das Verhältnis v^*/c, das in späteren Betrachtrachtungen eine Rolle spielen wird und das mit α bezeichnet werde,

$$\alpha = \frac{v^*}{c} = \frac{2\pi e^2}{ch} = 7{,}3 . 10^{-3} . \tag{12}$$

Der Halbmesser der einquantigen Bahn hängt mit der Größe E^* durch die Beziehung zusammen

$$a^* = -\frac{e^2}{2E^*} \tag{13}$$

(nach Gl. 5 des § 80 und bei Berücksichtigung des Umstandes, daß die gesamte Energie halb so groß ist wie die potentielle). Daraus folgt

$$a^* = \frac{e^2}{2hN} = 5{,}4.10^{-9}\,\text{cm}. \tag{14}$$

Für die Umlaufszahl ω^* ergibt sich schließlich

$$\omega^* = 2N = 6{,}58.10^{15}\,\text{sec}^{-1}. \tag{15}$$

§ 84. Die Mitbewegung des Atomkerns.

Nach den Formeln, die für die Linienspektren des Wasserstoffs und des Heliums aus der Bohrschen Theorie abgeleitet wurden, müßte jede zweite Linie der Pickering-Serie zusammenfallen mit einer Linie der optischen Balmer-Serie des Wasserstoffes; denn da für die Pickering-Serie in der Gl. 6 des § 82 $s = 4$ zu setzen ist, so wäre für

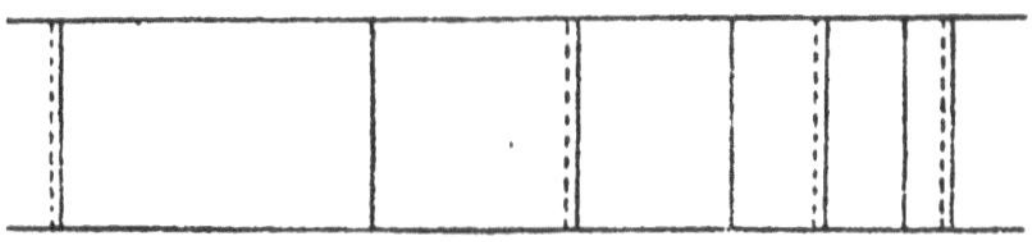

Fig. 53.

gerade Werte von n völlige Übereinstimmung mit der Gl. 1 des § 82 zu erwarten. Tatsächlich zeigen sich aber die entsprechenden Linien der Pickering-Serie um eine Kleinigkeit in der Richtung zunehmender Frequenz, innerhalb des sichtbaren Spektralgebietes also in der Richtung gegen das Violette zu verschoben (vgl. Fig. 53, worin die Wasserstofflinien gestrichelt, die Heliumlinien ausgezogen sind).

Auch für diese sogenannte Violettverschiebung der Heliumlinien vermochte Bohr eine vollkommene theoretische Erklärung zu erbringen, als er die frühere Theorie dahin vervollständigte, daß er auch die Mitbewegung des Atomkerns berücksichtigte. Tatsächlich kreist ja nicht das negative Elektron um den Kern, sondern beide kreisen um ihren gemeinsamen Schwerpunkt.

Nennen wir die Entfernungen, die das negative Elektron und der Kern von dem Schwerpunkte haben, x und y und die Kernmasse M, so gilt die Proportion

$$x : y = M : m \qquad (x + y = a). \tag{1}$$

Daraus folgt

$$x = a\frac{M}{M+m}, \qquad y = a\frac{m}{M+m}. \tag{2}$$

Die Geschwindigkeit des negativen Elektrons sei v', die des Kernes v''.

Dann ist, weil ja beide dieselbe Winkelgeschwindigkeit haben, die w genannt werde,

(3) $$v' = x w, \qquad v'' = y w.$$

Für die kinetische Energie ergibt sich hieraus der Wert

$$E_{\text{kin}} = \frac{w^2}{2}(m x^2 + M y^2)$$

oder nach Gl. 2

$$E_{\text{kin}} = \frac{a^2 w^2 M m (M + m)}{2 (M + m)^2}.$$

Setzen wir zur Vereinfachung der folgenden Rechnungen vorübergehend

(4) $$\frac{M m}{M + m} = \mu,$$

so wird also

(5) $$E_{\text{kin}} = \frac{a^2 w^2 \mu}{2}.$$

Andererseits muß die Fliehkraft gleich sein der Anziehungskraft; es ist also

(6) $$m x w^2 = \frac{z e^2}{a^2}.$$

Da nun nach Gl. 2 und 4 $m x$ gleich ist $a \mu$, so wird daher

(7) $$\mu a^2 w^2 = \frac{z e^2}{a}$$

und daher nach Gl. 5

(8) $$E_{\text{kin}} = \frac{z e^2}{2 a}.$$

Die potentielle Energie ist

(9) $$E_{\text{pot}} = -\frac{z e^2}{a},$$

und daher wird die gesamte Energie in der n-quantigen Bahn

(10) $$E_n = -\frac{z e^2}{2 a_n}$$

in Übereinstimmung mit § 80). Es handelt sich also noch darum, die Größe a_n aus dem Quantenprinzip (nach der Methode des § 80) zu berechnen.

Da w gleich ist dem zeitlichen Differentialquotienten der einzigen Koordinate, so ergibt sich der Impuls durch partielle Differentiation der rechten Seite der Gl. 5 nach w. Es ist somit

(11) $$p = a^2 w \mu.$$

Der Impuls ist also wegen der Konstanz von w und a ebenfalls konstant. Da andererseits das Integral der Lagenkoordinate über eine Periode der Bewegung den Wert 2π ergibt, so führt das Quantenprinzip wiederum zu der Forderung, daß $2\pi p$ ein ganzzahliges Vielfaches des elementaren Wirkungsquantums sei. Es muß die Beziehung bestehen

(12) $$2\pi a^2 w \mu = n h.$$

Quadrieren wir diese Gleichung und dividieren wir sie durch die Gl. 7, so finden wir

(13) $$a_n = \frac{n^2 h^2}{4\pi^2 \varkappa e^2 \mu}.$$

Daraus folgt nach Gl. 10 für die Energie

(14) $$E_n = -\frac{2\pi^2 \varkappa^2 e^4 \mu}{n^2 h^2}.$$

Wie uns ein Vergleich mit der Gl. 8 des § 80 zeigt, ist also an die Stelle der Größe m die Größe μ getreten. Wenn wir die Schwingungszahl N durch die Gl. 1 des § 83 definieren, so lautet demnach die verbesserte Bohrsche Spektralformel

$$\nu = z^2 N \frac{\mu}{m}\left(\frac{1}{s^2} - \frac{1}{n^2}\right)$$

oder

(15) $$\nu = \frac{N}{1 + \frac{m}{M}}\left[\frac{1}{\left(\frac{s}{\varkappa}\right)^2} - \frac{1}{\left(\frac{n}{\varkappa}\right)^2}\right]$$

Weder bei dem Wasserstoff noch bei dem Helium kann demnach die Konstante des Linienspektrums genau gleich sein der durch die Gl. 1 des § 83 definierten Rydbergschen Konstanten. Diese selbst möge mit N_∞ bezeichnet werden, weil die Gl. 15 in die früher abgeleitete Bohrsche Spektralformel (§ 81) übergeht, wenn der Atomkern unendlich mal so schwer angenommen wird wie das ihn umkreisende negative Elektron. Nennen wir die Konstanten der beiden Spektren N_{H} und N_{He} und die Massen des Wasserstoff- und des Heliumkerns M_{H} und M_{He}, so wird

(16) $$\begin{cases} N_{\mathrm{H}} = \dfrac{N_\infty}{1 + \dfrac{m}{M_{\mathrm{H}}}}, \\[2ex] N_{\mathrm{He}} = \dfrac{N_\infty}{1 + \dfrac{m}{M_{\mathrm{He}}}}. \end{cases}$$

Da der Heliumkern eine etwa viermal so große Masse hat wie der Wasserstoffkern, so muß N_{He} größer sein als N_{H}, wodurch sich ohne weiteres die Violettverschiebung der Heliumlinien erklärt.

Genaue Messungen von Paschen haben für die beiden Größen N_{H} und N_{He} die Werte ergeben

(17) $$\begin{cases} \dfrac{N_{\mathrm{H}}}{c} = 109677{,}691 \qquad (\pm 0{,}06), \\[2ex] \dfrac{N_{\mathrm{He}}}{c} = 109722{,}144 \qquad (\pm 0{,}04), \end{cases}$$

wobei die eingeklammerten Werte die Fehlergrenzen darstellen. Das Verhältnis M_{He} zu M_H kann, da die negativen Elektronen zur Masse des Atoms kaum etwas beitragen, gleichgesetzt werden dem auf Wasserstoff bezogenen Atomgewicht des Heliums, also 3,97. Aus den Gl. 16 folgt somit, wenn wir die erste durch die zweite dividieren und das Verhältnis m/M_H mit x bezeichnen,

$$\frac{N_H}{N_{He}} = \frac{1 + \frac{x}{3,97}}{1 + x}.$$

Hieraus folgt

$$x = \frac{m}{M_H} = \frac{N_{He} - N_H}{N_H - \frac{1}{3,97} N_{He}} \tag{18}$$

und somit

$$\frac{1}{x} = \frac{M_H}{m} = \frac{109678 - 27638}{44,453} = 1845. \tag{19}$$

Nun ist andererseits das Verhältnis e/M_H, nämlich die spezifische Ladung des Wasserstoffions, aus elektrochemischen Messungen sehr genau bekannt (s. § 67); nach den neuesten genauesten Messungen wird ein Gramm-Atom eines einwertigen Grundstoffes in der Zeiteinheit durch eine Stromstärke von 9649,4 absoluten elektromagnetischen Einheiten ausgeschieden. Da ein Gramm-Atom Wasserstoff 1,008 g wiegt, so ist somit mit einem Gramm Wasserstoff eine Ladung verbunden von $c \times 9649,4/1,008$ oder $2,872\ 10^{14}$ elektrostatischen Einheiten. Die Ladung, die einem Wasserstoffatom anhaftet und die eben gleich ist dem elektrischen Elementarquantum, findet man, indem man die eben angegebene Elektrizitätsmenge mit der Masse des Wasserstoffatoms m_H multipliziert. Es ist also

$$\frac{e}{m_H} = 2,872 . 10^{14} \text{ abs. Einh.}^{1} \tag{20}$$

Multipliziert man diesen Wert mit der Zahl 1846 (weil ja die Atommasse m_H gleich ist der Summe aus Kernmasse M_H und Elektronenmasse m), so erhält man den Quotienten e/m, also die spezifische Ladung des negativen Elektrons. Hierfür ergibt sich also

$$\frac{e}{m} = 5,30 . 10^{17} \text{ elektrostat. Einh.} \tag{21}$$

Die vollkommene Übereinstimmung zwischen dem durch spektroskopische Messungen ermittelten und dem durch direkte Beobachtungen an Kathodenstrahlen gewonnenen Werte (s. § 69) bedeutet einen glänzenden Erfolg der Bohrschen Theorie.

[1] Es ist zu beachten, daß diese Konstante oft auch statt auf das Wasserstoffion auf die Atomgewichtseinheit, nämlich den 16. Teil der Masse des Sauerstoffatoms bezogen wird. Da M_H 1,008 mal so groß ist, wird dann die spezifische Ladung im Verhältnis 1 : 1,008 kleiner.

Setzen wir in der ersten der Gl. 16 für das Verhältnis m/M_H aus der Gl. 19 den Wert 1845 ein, so finden wir schließlich

(22) $$\frac{N_\infty}{c} = 1{,}000543 \cdot \frac{N_H}{c}; \quad \text{also} \quad \frac{N_\infty}{c} = 109737{,}1.$$

Bei den bisherigen Berechnungen wurde davon abgesehen, daß zu der Atommasse auch die kreisenden negativen Elektronen (eines bei dem Wasserstoff, zwei bei dem Helium) etwas, wenn auch nicht viel beitragen. Es ist daher das Verhältnis der Kernmassen nicht genau gleich dem Verhältnis der Atomgewichte. Berücksichtigt man auch dies, so werden die Rechnungen wohl komplizierter, sie ermöglichen aber dann eine viel genauere Bestimmung der spezifischen Elektronenladung. Das Ergebnis dieser von FLAMM durchgeführten Rechnungen[2] (die hier nicht wiedergegeben werden mögen) ist

(23) $$\frac{1}{c}\,\frac{e}{m} = 1{,}7686 \,.\, 10^7 \qquad (\pm\, 0{,}0029 \,.\, 10^7).$$

Dabei sind die genauen Atomgewichte von Wasserstoff und Helium zugrunde gelegt[3]

(24) $$\begin{cases} A_H = 1{,}0077 & (\pm\, 0{,}00013), \\ A_{He} = 4{,}002 & (\pm\, 0{,}0017). \end{cases}$$

Von einem Fehler in dem benutzten Werte von e/M_H (Gl. 20) konnte dabei wegen der sehr großen Genauigkeit dieses Wertes abgesehen werden. Für die RYDBERGsche Konstante aber ergibt sich der genauere Wert

(25) $$\frac{N_\infty}{c} = 109737{,}11 \qquad (\pm\, 0{,}06).$$

Mit dem so auf spektroskopischem Wege ermittelten, sehr genauen Werte von e/m kombinierte nun FLAMM den genauesten Wert, der für das elektrische Elementarquantum bekannt ist. Er stammt von MILLIKAN und wurde durch das (in § 67 besprochene) Verfahren der Individualbeobachtung von Öltröpfchen gewonnen, die unter dem doppelten Einflusse der eigenen Schwere und eines vertikal nach aufwärts gerichteten elektrischen Feldes untersucht wurden. Durch radioaktive Strahlung oder durch Röntgenstrahlung konnte MILLIKAN die Ladung um eine oder mehrere Ladungseinheiten variieren. Der Wert, den derart MILLIKAN erhielt, stimmt so vollkommen mit dem Werte überein, der sich für das elektrische Elementarquantum auf spektroskopischem Wege ergibt (§ 83), daß an der Richtigkeit der MILLIKANschen Methode kaum

[2] Physikal. Zeitschr. 18, 1917, S. 515.

[3] Der angegebene Wert des Atomgewichtes von Helium stammt von HEUSE; der benutzte Wert des Atomgewichts von Wasserstoff ist das Mittel zwischen zwei von MORLEY und von NOYES ermittelten Werten, nämlich 1,00762 und 1,00787.

gezweifelt werden kann. Seine Messungen führten mit sehr großer Genauigkeit zu dem Ergebnis[4]

(26) $$e = 4{,}774 \,.\, 10^{-10} \text{ abs. Einh.} \quad (\pm\, 0{,}004 \,.\, 10^{-10}).$$

Auf Grund der in den Gl. 23, 25 und 26 angegebenen Werte vermochte nun FLAMM auch den genauen Wert des elementaren Wirkungsquantums zu berechnen. Nach Gl. 1 des § 83 ist ja

(27) $$h = \sqrt[3]{\frac{2\pi^2 e^5}{N_\infty \left(\frac{e}{m}\right)}}.$$

In diese Gleichung werden nun die Werte aus den Gl. 23, 25 und 26 eingesetzt, und für die Lichtgeschwindigkeit wird der Wert benutzt[5]

(28) $$c = 2{,}9990 \,.\, 10^{10} \text{ cm sec}^{-1},$$

ein Wert, der so genau bestimmt ist, daß sein etwaiger Fehler nicht berücksichtigt werden muß neben den möglichen Fehlern der anderen Größen. Aus Gl. 27 fand so FLAMM

(29) $$h = 6{,}545 \,.\, 10^{-27} \text{ erg sec} \quad (\pm\, 0{,}012 \,.\, 10^{-27}).$$

Für die Masse des negativen Elektrons folgt aus Gl. 23 und 28 zunächst

(30) $$\frac{e}{m} = 5{,}3040 \,.\, 10^{17} \quad (\pm\, 0{,}0087 \,.\, 10^{17}),$$

hieraus nach Gl. 26

(31) $$m = 9{,}000 \,.\, 10^{-28} \text{ g} \quad (\pm\, 0{,}02 \,.\, 10^{-28}).$$

Sehr genau läßt sich nun auch die LOSCHMIDTsche Zahl berechnen. Denn da ein Grammatom eines einwertigen Stoffes in der Sekunde durch eine Stromstärke von 9649,4 elektrostatischen Einheiten abgeschieden wird, so ist

(32) $$L e = 9649{,}4 \times c,$$

also nach Gl. 26 und 28

(33) $$L = 6{,}062 \,.\, 10^{23}.$$

Andererseits finden wir die Masse des Wasserstoffatoms, wenn wir das Atomgewicht von H (1,0077) durch L dividieren; es ist also

(34) $$m_H = 1{,}662 \,.\, 10^{-24} \text{ g}.$$

§ 85. Die Feinstruktur der Spektrallinien.

Zwei Jahre, nachdem BOHR seine so erfolgreiche Theorie der Spektren geschaffen hatte, erfuhr diese im Jahre 1915 eine sehr bedeutungsvolle Erweiterung durch SOMMERFELD. Wie COPERNICUS sich die Planeten-

[4] S. MILLIKAN, Phil. Mag. 34, 1917, S. 1.

[5] Vorhin wurde einfach c gleichgesetzt $3{,}000 \,.\, 10^{10}$ cm sec^{-1}.

bahnen kreisförmig gedacht hatte, KEPLER aber, damit einen gewaltigen Fortschritt vollziehend, sie als Ellipsen behandelte, so ersetzte auch SOMMERFELD die kreisförmigen Bahnen des BOHRschen Atommodells durch elliptische. Indem er die derart erweiterte Atomtheorie aber nun mit einem wichtigen Satze der Relativitätstheorie verknüpfte, gewann er die Möglichkeit einer theoretischen Deutung der Feinstruktur der Spektrallinien. Man versteht darunter die Tatsache, daß die Spektrallinien nicht einfach sind, sondern sich bei der Untersuchung mit stark auflösenden Spektralapparaten als zusammengesetzt aus mehreren, zumindest aus zwei Linien erweisen. Da sich die Ergebnisse der SOMMERFELDschen Theorie nur durch sehr umständliche Rechnungen gewinnen lassen, andererseits aber diese Ergebnisse für die Betrachtungen der späteren Abschnitte (außer für § 88) nicht benötigt werden, so möge es genügen, wenn im folgenden nur der Gedankengang mitgeteilt wird, der zu diesen Ergebnissen führt.

Dadurch, daß SOMMERFELD statt des einfacheren, von BOHR allein behandelten Problems der Kreisbewegung das allgemeinere Problem einer elliptischen Bewegung untersucht, erhöht sich in seiner Theorie die Zahl der Freiheitsgrade des umlaufenden negativen Elektrons von eins auf zwei. Führen wir Polarkoordinaten r und φ ein (r der Abstand des umlaufenden negativen Elektrons von dem in einem Brennpunkt der Ellipse befindlichen Atomkern; φ der Winkel, den der Radiusvektor mit einer Nullrichtung bildet), und bezeichnen wir die zu r und φ gehörigen Impulse mit p_r und p_φ, so postuliert die SOMMERFELDsche Theorie, daß die Gl. 2 des § 79 für jeden der beiden Freiheitsgrade einzeln und unabhängig gelten müsse. Es ist also zu setzen

$$\int_0^{2\pi} p_\varphi \, d\varphi = n' h \tag{1}$$

und

$$\int_{r_1}^{r_2} p_r \, dr = n'' h, \tag{2}$$

wobei n' und n'' zwei ganze Zahlen bedeuten, r_1 und r_2 aber die Werte sind, die r im Perihel und Aphel der Ellipsenbewegung annimmt (vgl. § 7). Man nennt n' die azimutale und n'' die radiale Quantenzahl.

Die Rechnung ergibt dann schließlich, daß nur solche Ellipsen als quantenmäßig ausgezeichnet angesehen werden können, bei denen die Werte a und b der halben großen und kleinen Achse für ganzzahlige Werte von n' und n'' den Beziehungen genügen

$$a = \frac{h^2}{4 m \pi^2 e^2 z} (n' + n'')^2 \tag{3}$$

und

$$b = a \frac{n'}{n' + n''}. \tag{4}$$

Ist die Summe der Quantenzahlen $(n' + n'')$ gegeben, so ist also auch für die große Achse der Ellipse ein ganz bestimmter Wert gegeben; für die kleine Achse sind hingegen dann noch, entsprechend den verschiedenen Werten von n', verschiedene Werte möglich, und zwar

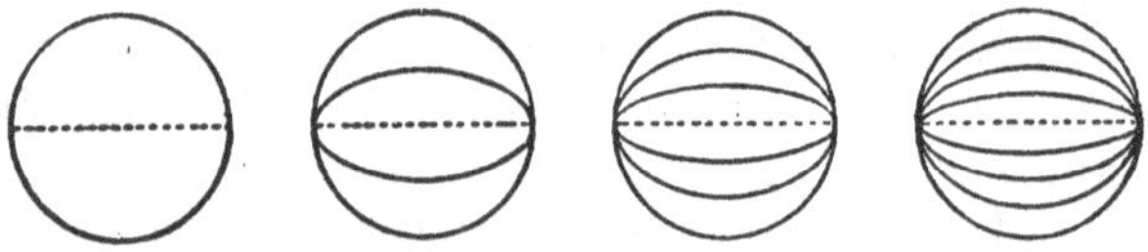

Fig. 54.

insgesamt $(n' + n'')$, da wir wohl den Fall der Geraden $n' = 0$ von unseren Betrachtungen ausschließen müssen; denn sonst müßte ja das negative Elektron durch den Atomkern hindurchgehen. Ist hingegen $n'' = 0$, also $(n' + n'')$ gleich n', so ist nach Gl. 4 die Ellipse ein Kreis. In Fig. 54 sind die möglichen Formen der Ellipse bei gegebener Summe der Quantenzahlen dargestellt; der besseren Übersicht wegen sind hierbei die Ellipsen in konzentrischer Anordnung gezeichnet, während die tatsächliche Anordnung, so wie sie die Fig. 55 wiedergibt, konfokal ist.

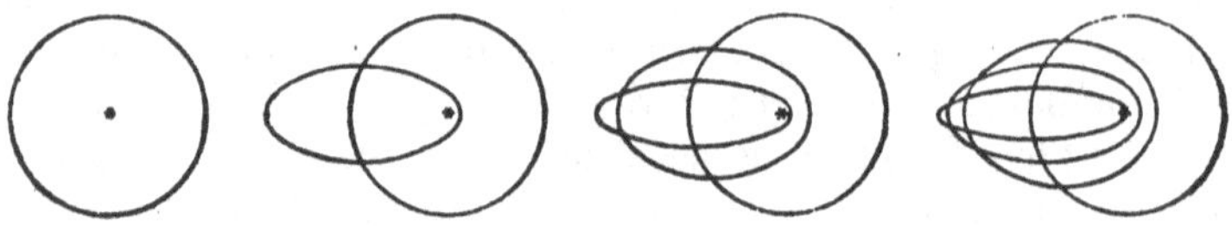

Fig. 55.

Für die Energie des in der Bahnellipse umlaufenden Elektrons ergibt die Berechnung (auf die hier nicht näher eingegangen werden soll) den Wert

(5) $$E = -\frac{h N z^2}{(n' + n'')^2},$$

wenn N die Rydbergsche Konstante und ze die Ladung des Atomkernes ist. Die Energie in einer Bahn würde nach Gl. 5 also nur von der Summe der beiden Quantenzahlen abhängen, die die Bahn bestimmen, hingegen von ihren Einzelwerten unabhängig sein; und da die Frequenz einer emittierten Spektrallinie wieder nur von den Werten der Energie in der Anfangs- und der Endbahn abhängt, so scheint es zunächst, als ob die Sommerfeldsche Theorie auch nicht mehr Spektrallinien ergeben, also auch nicht mehr leisten würde als die ursprüngliche Theorie von Bohr.

In den bisherigen Überlegungen wurde aber nun noch nicht dem Umstande Rechnung getragen, daß die Geschwindigkeiten der umlaufenden Elektronen (nach Gl. 12 des § 83) einige Tausendstel der Lichtgeschwindigkeit betragen und daß nach der Relativitätstheorie (wie später in § 129 eingehend begründet werden wird) die

Masse eines bewegten Körpers eine merkliche Vermehrung erfährt, wenn seine Geschwindigkeit nicht mehr neben der Lichtgeschwindigkeit vernachlässigt werden darf. Berücksichtigen wir die aus der Relativitätstheorie sich ergebende Abhängigkeit der Masse von der Geschwindigkeit, so treten an die Stelle der Gl. 3 und 4 allgemeinere, kompliziertere Beziehungen. Die geometrische Darstellung der Fig. 54 und 55 besitzt dann nur noch eine angenäherte Gültigkeit. Die wesentlichste Änderung, die durch die Berücksichtigung des relativitätstheoretischen Satzes herbeigeführt wird, ist aber, daß sich die Energie in einer quantenmäßig ausgezeichneten Ellipse als abhängig erweist nicht nur von der Summe der beiden Quantenzahlen, sondern auch von jeder der Quantenzahlen einzeln. An die Stelle der Gl. 5 tritt eine sehr komplizierte Formel, die man für optisch sichtbare Spektren durch die Näherungsformel ersetzen kann

$$E = -\frac{N h z^2}{(n' + n'')^2} - \frac{N h z^4 \alpha^2}{(n' + n'')^4}\left(\frac{1}{4} + \frac{n''}{n'}\right), \tag{6}$$

wobei α die durch die Gl. 5 des § 83 definierte Konstante bedeutet

$$\alpha = \frac{2\pi e^2}{h c} = 7{,}3 \,.\, 10^{-3}. \tag{7}$$

Die Frequenz einer Spektrallinie ist nun nach der Bohrschen Frequenzbedingung, wenn die Anfangsbahn durch die Quantenzahlen n', n'', die Endbahn durch die Quantenzahlen s', s'' charakterisiert ist,

$$\nu = \frac{W_{n', n''} - W_{s', s''}}{h} \tag{8}$$

oder nach Gl. 6

$$\left\{\begin{aligned} \nu = N z^2 \left[\frac{1}{(s' + s'')^2} - \frac{1}{(n' + n'')^2}\right] + \frac{N z^4 \alpha^2}{4}\left[\frac{1}{(s' + s'')^4}\left(1 + 4\frac{s''}{s'}\right)\right. \\ \left. - \frac{1}{(n' + n'')^4}\left(1 + 4\frac{n''}{n'}\right)\right]. \end{aligned}\right. \tag{9}$$

Nach der Theorie von Sommerfeld ist also eine Spektrallinie erst durch vier Quantenzahlen völlig bestimmt. Die rechte Seite der Gl. 9 setzt sich zusammen aus einem Hauptglied und einem Korrektionsglied, das bei Wasserstoff ungefähr hunderttausendmal kleiner ist als das Hauptglied. Sehen wir von dem relativistischen Korrektionsglied ab, so erhalten wir die Formel von Bohr (Gl. 2 des § 81). Durch die beiden Quantenzahlsummen $(n' + n'')$ und $(s' + s'')$ ist also je eine Bohrsche Linie bestimmt, die eben durch die Sommerfeldsche Theorie in je eine Gruppe von Linien aufgelöst wird. Denn innerhalb einer und derselben Gruppe können noch sowohl die Anfangsbahn als auch die Endbahn im Sinne der Fig. 54 willkürlich sein.

Innerhalb einer solchen Gruppe bilden aber nun offenbar wieder die Linien eine Untergruppe, die von einer und derselben Anfangsbahn herrühren. Die Linien dieser Untergruppe sind durch drei Zahlen bestimmt, n', n'', $(s' + s'')$. Wir wollen die Linien einer solchen

Untergruppe untereinander vergleichen. Betrachten wir zwei verschiedene Endbahnen, charakterisiert durch die Quantenzahlen s_1', s_1'' bzw. s_2', s_2'', so erhalten wir für die Schwingungsdifferenz der zugehörigen Linien in derselben Untergruppe nach Gl. 9

$$(10) \qquad \Delta \nu = \frac{N z^4 \alpha^2}{(s' + s'')^4} \left(\frac{s_1''}{s_1'} - \frac{s_2''}{s_2'} \right).$$

Betrachten wir den besonderen Fall, daß die Endbahnen zweiquantig sind, also

$$s' + s'' = 2$$

ist, dann besteht offenbar nur die Möglichkeit, daß

$$s_1' = 1, \quad s_1'' = 1; \quad s_2' = 2, \quad s_2'' = 0$$

ist (oder umgekehrt); denn den Fall, daß $s_2' = 0$ ist, schließen wir ja nach Gl 4 aus, weil sonst das negative Elektron den Atomkern durchqueren müßte. Gl. 10 nimmt somit dann die einfache Form an

$$(11) \qquad \Delta \nu = \frac{N z^4 \alpha^2}{16}.$$

Genau dieselbe Formel gilt natürlich für die Schwingungsdifferenz zweier Linien in einer Untergruppe, für die die Endbahn gemeinsam ist und bei der die Anfangsbahnen zweiquantig sind (wenn also $n' + n'' = 2$ ist).

In der Gruppe, in die sich eine Bohrsche Linie mit zweiquantiger Endbahn auflöst, entsprechen also jeder gegebenen Anfangsbahn zwei Linien; zwischen den beiden Linien aller dieser Dublette besteht aber nun nach Gl. 11 dieselbe Schwingungsdifferenz, deren Wert (da N und α universelle Konstanten sind) nur von der Kernladungszahl des betreffenden Elementes abhängt; die sogenannte Schwingungsdifferenz des Wasserstoffdubletts beträgt

$$(12) \qquad \Delta \nu_H = \frac{N \alpha^2}{16}.$$

Bei dem Helium ($z = 2$) ist sie 16mal so groß.

Die Beobachtung in stark auflösenden Spektralapparaten läßt nun in der Tat die Linien der (zweiquantigen) Balmer-Serie doppelt erscheinen; die beobachtete Schwingungsdifferenz entspricht der nach Gl. 12 berechneten.[1] Bei Wasserstoff gelingt mittels der bisher konstruierten optischen Apparate eine Auflösung in die einzelnen Linien der Untergruppen nicht; dazu ist der Abstand zwischen den Linien zu gering, dazu sind auch die einzelnen Wasserstofflinien zu verwaschen. Hingegen konnten bei Helium auch die einzelnen Linien der Untergruppen von Paschen (1916) genau gemessen werden, in glänzendster Übereinstimmung mit der Sommerfeldschen Theorie, die

[1] Was als Dublettbreite gemessen wird, ist allerdings nicht die Größe $\Delta \nu_H$ selbst, sondern der Abstand der Schwerpunkte der beiden Untergruppen. Dieser beträgt, wie aus der Theorie folgt, nur 0,842 der eigentlichen Schwingungsdifferenz.

alle von PASCHEN gemessenen Linien richtig voraussagt. Die Messungen der Feinstruktur des Heliumspektrums ermöglichen auch eine ganz besonders genaue Bestimmung der Schwingungsdifferenz des Heliums, aus der sich durch Division durch die Zahl 16 für die Schwingungsdifferenz des Wasserstoffdubletts der Wert ergab

$$\frac{\Delta \nu_H}{c} = 0{,}3645 \pm 0{,}0045\,. \tag{13}$$

Setzt man andererseits in die Gl. 7 und 12 die genauen Werte aus § 84 ein, so findet man

$$\frac{\Delta \nu_H}{c} = 0{,}3650 \qquad (\pm 0{,}0005)\,. \tag{14}$$

Die völlige Übereinstimmung des auf empirischem und des auf theoretischem Wege gefundenen Wertes bedeutet eine großartige Bestätigung der BOHRschen Theorie. Im übrigen führt die BOHRsche Theorie zu drei Gleichungen, die es gestatten, durch rein spektroskopische Messungen die drei Konstanten e, h und m zu ermitteln; es sind die Gl. 1 des § 83, die Gl. 18 des § 84 und die Gl. 12 des § 85 (wobei allerdings die sehr genau ermittelte Lichtgeschwindigkeit und die ebenfalls sehr genau bestimmte FARADAYsche Konstante als bekannt vorausgesetzt werden). Derzeit ist freilich die in § 84 beschriebene Methode der Konstantenbestimmung der rein spektroskopischen an Genauigkeit noch weit überlegen.[2]

[2] Eine wichtige Ergänzung findet die SOMMERFELDsche Theorie der Ellipsenbahnen durch das Auswahlprinzip, das im Jahre 1918 von RUBINOWICZ aufgestellt wurde. In den bisherigen Betrachtungen wurde auf den Vorgang der Strahlungsemission von den drei Integralsätzen der Mechanik (§§ 13—15) nur der Satz von der Erhaltung der Energie angewendet. Es wurde bloß angenommen, daß die bei einem Übergange scheinbar verloren gehende mechanische Energie des Atoms sich in der Energie der ausgesandten Strahlung wiederfinde. Man kann aber nun wohl annehmen, daß für ein System, das aus dem Atom und der ausgesandten Strahlung zusammengesetzt gedacht wird, auch die Bewegungsgröße und der Drehimpuls erhalten bleiben. Die gesamte innere Bewegungsgröße des Atoms ist Null, und nimmt man an, daß dieser Nullwert auch durch einen Übergang zwischen zwei stabilen Bahnen nicht geändert wird, dann muß auch die gesamte Bewegungsgröße der ausgesandten Strahlung verschwinden. Dies ist aber, wie die nähere Untersuchung zeigt, nur dann möglich, wenn die emittierte Strahlung die Form einer Kugelwelle hat. Was hingegen den Drehimpuls betrifft, so ändert er sich nur bei einer Änderung der azimutalen Quantenzahl. Dieser Verlust des Atoms an Drehimpuls muß sich somit in der ausgesandten Kugelwelle als elektromagnetischer Drehimpuls wiederfinden. Wenn man dies berücksichtigt, so zeigt sich weiterhin auch, daß im Sinne des Quantenprinzips bei Konfigurationsänderungen des Atoms die azimutale Quantenzahl sich nur um eins ändern oder konstant bleiben kann. Im ersten Falle muß die ausgesandte Strahlung zirkular, im zweiten linear polarisiert sein.

Die Überbrückung des ursprünglich vorhandenen Gegensatzes zwischen der Quantentheorie und der Wellentheorie der elektromagnetischen Strahlung ist eine der wichtigsten Aufgaben der Quantentheorie. In der Tat ist diese Aufgabe zum

§ 86. Die Erweiterung des BOHRschen Atommodells.

Den bisherigen spektraltheoretischen Untersuchungen ist ein Atommodell zugrundegelegt worden, daß sich insofern durch besondere Einfachheit auszeichnet, als hierbei um den Atomkern nur ein einziges negatives Elektron kreist. Dieses Modell erwies sich als ausreichend für die Erklärung der Spektren des Wasserstoffs und des ionisierten Heliums. Bei den Atomen aller anderen Grundstoffe (und auch schon bei dem neutralen Heliumatom) müssen wir annehmen, daß eine größere Zahl von negativen Elektronen den Atomkern umkreise, und ein grundlegendes Problem entsteht nun der Atomtheorie in der Frage, wie diese negativen Elektronen um den Atomkern angeordnet seien. In einem neutralen Atom muß natürlich die Zahl der umlaufenden negativen Elektronen der Kernladungszahl gleich sein.

Die vor allem durch KOSSEL erweiterte BOHRsche Theorie nimmt nun an, daß diese negativen Elektronen um den Kern in verschiedenen Ringen oder, wie man heute richtiger sagt, in verschiedenen Sphären oder Schalen[1] angeordnet sind, und zwar derart, daß sich im allgemeinen die Elektronen der innersten Sphäre im einquantigen, die der zweiten Sphäre im zweiquantigen, die der dritten Sphäre im dreiquantigen Zustand befinden und so fort. In der Reihenfolge von innen nach außen, in der Richtung vom Atomzentrum zur Atomperipherie, werden in konventioneller Weise die verschiedenen Schalen als *K*-, *L*-, *M*-, *N*-, *O*-Schale bezeichnet und so fort.

Jeder dieser Schalen soll nach der KOSSELschen Theorie eine bestimmte, im wesentlichen für alle Grundstoffe gleiche Besetzungszahl entsprechen. Derart läßt sich jeder Schale auch eine bestimmte Summenzahl zuordnen, die sich ergibt, wenn man, mit der *K*-Schale beginnend, die Besetzungszahlen aller Schalen bis einschließlich der betreffenden Schale selbst addiert. (Es ist also beispielsweise die Summenzahl der *M*-Schale gleich der Summe der Besetzungszahlen der *K*-, *L*- und *M*-Schale; die Summenzahl der *O*-Schale ist gleich der Summe der

---

Teile schon gelöst. So gelingt der Quantentheorie auch eine vollkommenere Erklärung des ZEEMAN-Effektes, als dies durch die ursprüngliche einfache Annahme quasi-elastischer Bindungen im Atom möglich war. Auch die Theorie der Dispersion wird eine Neugestaltung erfahren müssen. Eine der großartigsten Leistungen der Quantentheorie stellt schließlich auch die vollständige Erklärung des STARK-Effektes dar, der in der Zerlegung von Spektrallinien im elektrischen Felde besteht. Die Erklärung dieses Effektes gelang SCHWARZSCHILD und EPSTEIN im Jahre 1916, indem sie die Elektronenbahnen räumlich nach drei Freiheitsgraden quantelten. — Wegen aller in dieser Anmerkung gestreiften Probleme vgl. man das sechste Kapitel des SOMMERFELDschen Buches „Atombau und Spektrallinien".

[1] Daß man zu einer Erklärung der Spektralerscheinungen nur gelangen kann, wenn man sich die Elektronen statt in ebenen Ringen räumlich angeordnet denkt, hat zuerst SMEKAL nachgewiesen.

Besetzungszahlen der *K*-, *L*-, *M*-, *N*- und *O*-Schale.) Ist die Zahl der den Kern umgebenden negativen Elektronen nicht gerade gleich einer solchen Summenzahl, dann müssen überzählige Elektronen als periphere Elektronen die äußerste der noch vollständig besetzten Schalen umgeben.

Verläßt nun ein Elektron seinen Platz in einer *n*-quantigen Schale und nimmt einen leeren Platz in einer *s*-quantigen ein ($s < n$), dann wird im Sinne der erweiterten Bohrschen Theorie das Auftreten einer Spektrallinie zu erwarten sein, deren Frequenz in erster Annäherung durch die einfache Formel dargestellt wäre

$$\nu = N(z - z')^2 \left(\frac{1}{s^2} - \frac{1}{n^2}\right) \tag{1}$$

(vgl. Gl. 2 des § 81 und Gl. 1 des § 83). z' bedeutet dabei eine Abschirmungskonstante. Denn auf das übergehende Elektron wirkt ja nicht nur die Anziehung seitens des Kernes, sondern auch die Abstoßung der anderen negativen Elektronen. Dies hat zur Folge, daß nicht die ganze tatsächlich vorhandene Kernladung ze wirksam sein kann, sondern nur ein Bruchteil; der Kern wirkt so, als ob ein Teil seiner Ladung (nämlich $z'e$) „abgeschirmt“ wäre. Die Linien, die durch Übergang in die *K*-Schale entstehen, $L \to K$, $M \to K$, $N \to K$ usw. lassen sich dann zu einer *K*-Serie vereinigen; ebenso zu einer *L*-Serie die Linien $M \to L$, $N \to L$, $O \to L$ und zu einer *M*-Serie die Linien $N \to M$, $O \to M$ usw.

In der Tat zeigt sich nun die Gl. 1 bei solchen Spektrallinien erfüllt, die durch Übergänge zwischen verhältnismäßig „zentralen“ Schalen in der Nähe des Kernes entstehen. Vor allem gilt also die Gl. 1 für die zentralste, die *K*-Serie, dann auch für die *L*-Serie, minder gut bereits für die *M*-Serie. Je weiter wir derart fortschreiten, desto komplizierter werden offenbar die Beziehungen. Einfachere Verhältnisse werden unter Umständen erst wieder für solche Übergänge zu erwarten sein, die die peripheren Elektronen ausführen und die zu der Entstehung von „peripheren Serien“ führen.

§ 87. Die zentralen Serien (die Röntgenspektren).

Bei den meisten Grundstoffen liegt die zentralste Serie, die *K*-Serie, bei der Mehrzahl der Grundstoffe auch die *L*-Serie und bei einigen schließlich auch die *M*-Serie in dem Bereiche von Frequenzen, der durch die Experimentalphysik als Gebiet der Röntgenstrahlung erforschbar ist. Die Gesamtheit der Linien, die innerhalb dieses Frequenzbereiches auftreten, bezeichnet man als das Röntgenspektrum des betreffenden Elementes; die Röntgenspektroskopie wurde im Jahre 1913 von Moseley begründet.

Indem wir die Bezeichnungen beibehalten, die zuerst gelegentlich der empirischen Untersuchung der Röntgenspektren eingeführt wurden, ersetzen wir die in dem vorhergehenden Abschnitt gebrauchten Bezeichnungen $L \to K$, $M \to K$, $N \to K$ durch die üblichen Benennungen K_α, K_β, K_γ; an Stelle der Bezeichnungen $M \to L$, $N \to L$ gebrauchen wir die konventionellen Benennungen L_α und L_γ (die Bezeichnung L_β wird in anderem Sinne gebraucht), die Bezeichnung $N \to M$ ersetzen wir schließlich durch die Benennung M_α.

Die Entstehung dieser Linien können wir graphisch durch Fig. 56 darstellen. Da nämlich die Energie im zweiquantigen Zustand etwa nur ein Viertel, im dreiquantigen etwa nur ein Neuntel derjenigen Energie

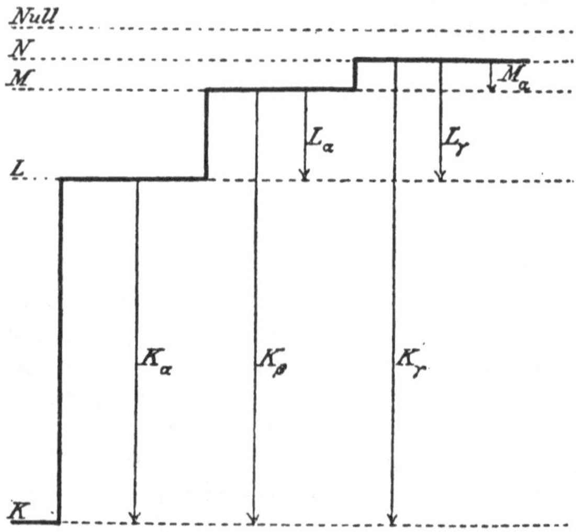

Fig. 56.

ist, die dem einquantigen Zustand entspricht, so können die verschiedenen negativen Energiewerte durch Gerade dargestellt werden, die von einer Nullinie die Abstände 1, $^1/_4$, $^1/_9$ haben usw. Der K-Schale entspricht dann das niedrigste „Energieniveau", der L-Schale das zweittiefste und so fort.

Aus der graphischen Darstellung ergeben sich dann ohne weiteres die folgenden Beziehungen für die Frequenzen der einzelnen Linien (wobei das Symbol einer Linie zugleich deren Schwingungszahl bedeutet)

$$K_\gamma > K_\beta > K_\alpha > L_\gamma > L_\alpha > M_\alpha. \tag{1}$$

Wie schon in der Theorie des Wasserstoffspektrums erwähnt wurde, ist eine Linie um so stärker, je benachbarter einander Anfang und Ende des Überganges sind. Bezeichnen wir die Intensität der K_α-Linie mit $J(K_\alpha)$ usw., so ergeben sich somit die Beziehungen

$$\left\{ \begin{array}{l} J(K_\alpha) > J(K_\beta) > J(K_\gamma); \\ J(L_\alpha) > J(L_\gamma). \end{array} \right. \tag{2}$$

In der Tat erweisen sich diese Beziehungen bei den Spektrallinien erfüllt, deren Identifizierung wiederum andererseits durch die Beziehungen (1) erleichtert wird.

In seiner Anwendung auf die Röntgenspektren führt das Ritzsche Kombinationsprinzip (§ 81) zu den Gleichungen

$$(3) \quad K_\beta = K_\alpha + L_\alpha, \quad K_\gamma = K_\alpha + L_\gamma, \quad K_\gamma = K_\beta + M_\alpha, \quad L_\gamma = L_\alpha + M_\alpha,$$

(wobei die Frequenzen der Linien wiederum durch deren Symbole ausgedrückt sind). Die Gl. 3 erweisen sich mit sehr großer Annäherung erfüllt. Aber gleichwohl sind deutlich und mit Sicherheit Abweichungen von den Gl. 3 festgestellt, wenn sie auch weniger als 1 % betragen. Diese sogenannten Kombinationsdifferenzen sind durchweg positiv, d. h. die rechten Seiten der Gl. 3 sind durchwegs etwas größer als die linken. Eine Erklärung dieser Differenzen ist (worauf hier nicht näher eingegangen werde) durch die Berücksichtigung der Feinstruktur der Röntgenlinien gelungen.

Die nähere Untersuchung hat ergeben, daß die K_α-Linie ein Dublett darstellt. Am einfachsten kann dies durch die Annahme erklärt werden, daß es bei der L-Schale neben der normalen jedesfalls noch eine zweite, seltenere Modifikation gibt, für die das Symbol L' gebraucht wird.[1] Von den beiden Linien des Dublettes muß offenbar die schwächere, die $K_{\alpha'}$ genannt wird, durch den weniger wahrscheinlichen Übergang $L' \rightarrow K$, die stärkere K_α (im engeren Sinne dieser Bezeichnung) durch den wahrscheinlicheren Übergang $L \rightarrow K$ entstehen. Es zeigt sich nun, daß die schwächere Linie $K_{\alpha'}$ durchwegs auch eine geringere Frequenz hat als die stärkere Linie K_α. Es muß daher der L'-Modifikation ein tieferes Energieniveau zugeschrieben werden als der normalen L-Modifikation. Bei zwei weiteren Linien, die in der Nachbarschaft des K_α-Dubletts wahrgenommen und die mit α_3 und α_4 bezeichnet werden, ist die Frage des Überganges noch nicht völlig geklärt.

Die L-Serie besteht aus vierzehn, nach den neuesten Forschungen (die von Overn an Wolfram angestellt wurden) sogar aus mehr als zwanzig verschiedenen Linien. Ein Dublett wird gebildet von den beiden Linien L_α und $L_{\alpha'}$. Dies wird wiederum durch die Annahme erklärt, daß auch bei der M Schale neben der normalen noch eine zweite Modifikation besteht, für die das Symbol M' gebraucht wird. Da auch bei dem L_α-Dublett die schwächere Linie die kleinere Frequenz hat, so muß wiederum der M'-Modifikation ein tieferes Energieniveau zugeschrieben werden als der M-Modifikation. Es entsteht also die härtere und stärkere Linie L_α durch den Übergang $M \rightarrow L$, die weichere und schwächere $L_{\alpha'}$ durch den Übergang $M' \rightarrow L$. Auf den

[1] Ebenso, wie ja nach der Sommerfeldschen Theorie auch bei dem Wasserstoffatom im zweiquantigen Zustand zwei verschiedene Modifikationen möglich sind (s. Fig. 54).

Übergang $M' \rightarrow L'$ führt man die mit L_β bezeichnete Linie zurück. Zwei weitere Linien L_γ und L_δ denkt man sich durch die Übergänge $N \rightarrow L$ und $N \rightarrow L'$ entstanden. Bei den übrigen Linien ist die Art der Entstehung noch ziemlich unklar.[2]

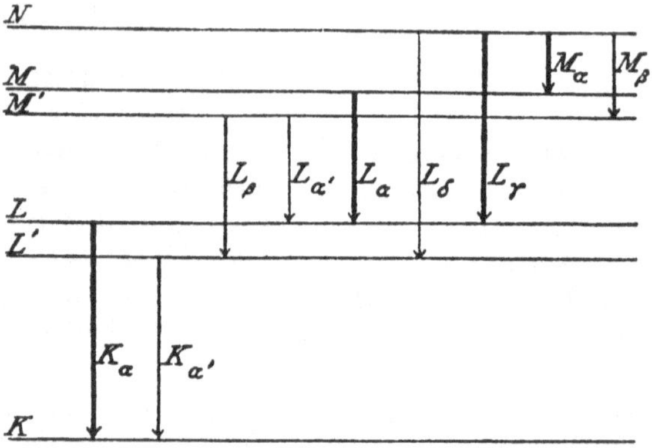

Fig. 57.

Aus Fig. 57, in der die Entstehung der verschiedenen Spektrallinien schematisch dargestellt ist[3], erkennt man sogleich das Bestehen wichtiger Dublettbeziehungen. Es müssen nämlich für die Schwingungsdifferenzen die Beziehungen gelten

$$K_\alpha - K_{\alpha'} = L_\beta - L_{\alpha'} = L_\delta - L_\gamma. \tag{4}$$

Die Schwingungsdifferenzen aller dieser Dublette sind äquivalent[4] dem Energieunterschied zwischen L und L'. Andererseits wird durch die Dublettbeziehungen wiederum die Identifizierung der Linien außerordentlich erleichtert.

Was schließlich die M-Serie betrifft, so sind bei ihr sechs, durch neueste Untersuchungen neun verschiedene Linien festgestellt. Dem Übergang $N \rightarrow M$ entspricht die Linie M_α, dem Übergang $N \rightarrow M'$ die Linie M_β, und wahrscheinlich einem Übergang aus der O-Schale in die M-Schale die Linie M_γ. Aus Fig. 57 ergibt sich die Dublettbeziehung

$$L_\alpha - L_{\alpha'} = M_\beta - M_\alpha. \tag{5}$$

Jeder Schale und jeder ihrer Modifikationen entspricht somit ein ganz bestimmter Energiewert. Faßt man nun alle Linien zusammen, die durch Übergang in denselben Endzustand entstehen, so zeigt die Erfahrung, daß alle diese Linien untereinander dieselbe Anregungsspannung haben (s. § 78) und daß diese äquivalent ist der Energie des gemeinsamen Endzustandes.

---

[2] Bei je zweien dieser Linien, nach Sommerfeld bezeichnet mit ε und η, ζ und ϑ, sind die Endzustände L und L' kombiniert, so daß also auch die Schwingungsdifferenzen $\eta - \varepsilon$ und $\vartheta - \zeta$ der Gl. 4 genügen.

[3] Dabei sind die stärkeren Linien dicker gezogen.

[4] Im Sinne der Gl. 5 des § 78.

Läßt man die Spannung einer Röntgenröhre allmählich anwachsen, so tritt bei der dem M-Niveau äquivalenten Spannung die M-Serie auf, bei der dem L-Niveau äquivalenten Spannung die L-Serie, und wenn schließlich die Spannung den Wert erreicht, der dem K-Niveau äquivalent ist, dann erscheint auch die härteste, die K-Serie und zwar eben gleichzeitig mit allen ihren Linien.[5] Nach der Theorie dürfte von allen L-Dubletten zunächst nur die weichere Linie auftreten und allein wahrnehmbar sein, so lange sich die Spannung in dem Intervall befindet, das durch das L- und das L'-Niveau bestimmt ist.[6] In der Tat bestätigt dies das Experiment; erst wenn die Spannung den Wert erreicht, der dem L'-Niveau entspricht, werden die Dublette vollständig.

Andererseits stellt aber nun das Energieniveau jeder Schale die Arbeit dar, die erforderlich ist, um ein Elektron aus dieser Schale loszulösen und bis ins Unendliche, d. h. also bis an die Atomgrenze zu bringen. Nur wenn diese Arbeit vorher verrichtet worden ist, kann offenbar überhaupt eine Röntgenlinie emittiert werden (wie wir aus den eben besprochenen Gesetzmäßigkeiten der Anregungsspannung schließen müssen). Den Vorgang der Emission kann man sich dann so denken, daß die des Elektrons beraubte Schale I sich wiederum auf Kosten einer anderen Schale II ergänzt; die emittierte Linie ist dann äquivalent dem Energieunterschied zwischen I und II, die Anregungsspannung aber nie kleiner als das Äquivalent des Energiewertes I, wie es ja eben die Beobachtung zeigt. Diese Theorie der Entstehung der Röntgenlinien ist von Kossel im Jahre 1914 begründet worden.[7]

Wird andererseits das Linienspektrum statt durch Kathodenstrahlen durch primäre kontinuierliche Röntgenstrahlung erregt, dann werden von dieser primären Röntgenstrahlung die Schwingungen von all den Frequenzen absorbiert, die den Anregungsgrenzen der einzelnen Serien des sekundären Spektrums äquivalent sind. Die Gesamtheit dieser Frequenzwerte stellt das Absorptionsspektrum dar, das in der kontinuierlichen primären Röntgenstrahlung auftritt und dessen einzelne Linien die Anregungsgrenzen des sekundären Spektrums scharf wiedergeben.

Sehr bedeutungsvolle Beziehungen ergeben sich aus der Verallgemeinerung des Bohrschen Atommodells für den Zusammenhang zwischen Röntgenspektrum und Kernladungszahl. Da nach diesem Modell auch bei Atomen von verschiedener (nicht zu kleiner) Kernladungszahl die innersten Schalen gleich beschaffen gedacht

[5] Dem tiefsten Energieniveau entspricht die größte Spannung, weil ja die Energiewerte negativ sind.

[6] Es müßten also (vgl. Anm. 2) zunächst die vier Linien $\alpha\,\gamma\,\varepsilon\,\zeta$ und erst später die vier Linien $\beta\,\delta\,\eta\,\vartheta$ auftreten.

[7] Anders liegen, wie schon in § 78 hervorgehoben wurde, die Verhältnisse bei einem kontinuierlichen Röntgenspektrum; bei diesem ist die Anregungsspannung der zu erregenden Frequenz selbst äquivalent.

werden, so werden wir annehmen können, daß die Abschirmungskonstante einer bestimmten Linie, etwa der K_α-Linie, bei allen Grundstoffen nahezu denselben Wert hat. Es ist daher zu erwarten, daß mit ziemlicher Genauigkeit die Frequenz der K_α-Linie durch die Formel darstellbar ist

$$\nu = N(z-a)^2\left(\frac{1}{1^2}-\frac{1}{2^2}\right), \tag{6}$$

wobei a eine für alle Grundstoffe nahezu gleiche Konstante bedeuten müßte. In analoger Weise ist für die L_α-Linie, obwohl diese nicht mehr so „zentral" ist wie die K_α-Linie, die Frequenzbeziehung zu erwarten

$$\nu = N(z-b)^2\left(\frac{1}{2^2}-\frac{1}{3^2}\right), \tag{7}$$

wobei wiederum b eine für alle Grundstoffe nahezu gleiche Konstante wäre; und schließlich müßte wohl auch für die Schwingungsdifferenz des L-Dubletts (nach Gl. 11 und 12 des § 85) die Beziehung bestehen

$$\Delta\nu = (z-b)^4\,\Delta\nu_{\mathrm{H}}. \tag{8}$$

Nach diesen Gleichungen muß also die Quadratwurzel aus der Frequenz der K_α-Linie oder der L_α-Linie linear mit der Kernladungszahl wachsen; und ebenso die vierte Wurzel aus der Schwingungsdifferenz des L-Dubletts. Andererseits lassen sich bei bekannter Kernladungszahl aus den Gl. 6 und 7 die Abschirmungskonstanten a und b bestimmen. Dies ist möglich, weil, wie in einem späteren Abschnitte[8] gezeigt werden soll, die Theorie der Grundstoffe zu bestimmten Kernladungszahlen führt. Derart ergeben sich für die Abschirmungskonstanten a und b die Werte

(9). a ungefähr gleich 1,6; b ungefähr gleich 3,5.

§ 88. Die peripheren Serien (die optischen Spektren).

Außer bei den zentralen Elektronenübergängen werden einfachere Verhältnisse auch dann zu erwarten sein, wenn sich ein negatives Elektron in der Atomperipherie in einer Bahn bewegt, deren lineare Dimensionen beträchtlich größer sind als die Entfernungen, die von dem Kerne die anderen negativen Elektronen haben. Auf derartige Bewegungen und dadurch bedingte Übergänge führt im wesentlichen die Spektraltheorie die Entstehung der Linien zurück, die in dem „optischen" Spektralbereiche[1] auftreten.

Dem einzelnen Elektron steht bei solchen Übergängen ein geladener Atomrest gegenüber. In gröbster Annäherung wären daher wohl die entstehenden Spektrallinien mit den Linien des Wasserstoffspektrums vergleichbar. In Wirklichkeit sind aber die Verhältnisse wesentlich komplizierter wegen der individuellen Verteilung der Elektrizität

[8] S. § 91.

[1] Im engeren Sinne dieses Wortes.

über die einzelnen Elektronen des umkreisten Atomrestes. Die Rechnungen, zu denen die Berücksichtigung der individuellen Elektrizitätsverteilung Anlaß gibt, sind zu umständlich, als daß sie hier wiedergegeben werden sollten (zumal da auch die Betrachtungen dieses Abschnittes für spätere Untersuchungen nicht mehr benötigt werden). Das Ergebnis dieser von SOMMERFELD durchgeführten Rechnungen[2] ist, daß die Energie des Elektrons in einer Bahn von der azimutalen[3] Quantenzahl n' und von der radialen n'' durch den Ausdruck gegeben ist

$$E = -\frac{hN}{(n + C_{n'})^2}, \tag{1}$$

wobei N die RYDBERGsche Schwingungszahl bedeutet, n die Summe der beiden Quantenzahlen n' und n''; $C_{n'}$ aber ist eine Konstante, die außer von der Anordnung der Elektronen im Atomrest nur von der azimutalen Quantenzahl, nicht aber von der radialen abhängt. Die allgemeine Spektralformel der peripheren Serien würde danach lauten

$$\nu = N\left[\frac{1}{(s + C_{s'})^2} - \frac{1}{(n + C_{n'})^2}\right]. \tag{2}$$

Wir wollen nun neue Bezeichnungen einführen und setzen, um in Übereinstimmung mit den üblichen Bezeichnungen zu gelangen[4],

$$C_{1'} = S + \tfrac{1}{2}, \quad C_{2'} = P, \quad C_{3'} = D, \quad C_{4'} = B. \tag{3}$$

Dann ergibt sich, da ja die azimutale Quantenzahl nie größer sein kann als die Summe beider Quantenzahlen[5], folgendes Schema von Energiewerten

	n' oder $s' = 1$	n' oder $s' = 2$	n' oder $s' = 3$	n' oder $s' = 4$
n oder $s = 1$	$\frac{hN}{(1+\frac{1}{2}+S)^2}$			
n oder $s = 2$	$\frac{hN}{(2+\frac{1}{2}+S)^2}$	$\frac{hN}{(2+P)^2}$		
n oder $s = 3$	$\frac{hN}{(3+\frac{1}{2}+S)^2}$	$\frac{hN}{(3+P)^2}$	$\frac{hN}{(3+D)^2}$	
n oder $s = 4$	$\frac{hN}{(4+\frac{1}{2}+S)^2}$	$\frac{hN}{(4+P)^2}$	$\frac{hN}{(4+D)^2}$	$\frac{hN}{(4+B)^2}$

usw.

[2] S. SOMMERFELD, Atombau und Spektrallinien, 1. Aufl., Zusatz 10.

[3] S. § 85.

[4] Die SOMMERFELDsche Rechnung führt nur zu der Größe, die mit S bezeichnet ist; warum noch als additive Konstante $\frac{1}{2}$ hinzutritt, ist einstweilen ungeklärt. Möglicherweise hat dies in einer Ionisierung des Atoms seinen Grund (vgl. die Beziehung zwischen der Spektren des Wasserstoffs und des Heliums).

[5] Gemeint ist $n = n' + n''$ oder $s = s' + s''$.

Durch Kombination dieser Energiewerte kann man nun Serien erhalten, die in der Tat beobachtet worden sind; zunächst die sogenannte Haupt- oder Prinzipalserie

$$\nu = \frac{N}{(1 + \frac{1}{2} + S)^2} - \frac{N}{(n + P)^2} \quad (n = 2, 3, 4 \ldots); \tag{4}$$

ferner die sogenannte erste oder diffuse Nebenserie

$$\nu = \frac{N}{(2 + P)^2} - \frac{N}{(n + D)^2} \quad (n = 3, 4, 5 \ldots); \tag{5}$$

weiter die zweite oder scharfe Nebenserie

$$\nu = \frac{N}{(2 + P)^2} - \frac{N}{(n + \frac{1}{2} + S)^2} \quad (n = 2, 3, 4 \ldots). \tag{6}$$

Aus den Gl. 4, 5 und 6 ergeben sich sogleich die beiden folgenden Beziehungen: Die Grenzen der beiden Nebenserien müssen zusammenfallen, und der Unterschied zwischen der Grenze der Hauptserie und der gemeinsamen Grenze der beiden Nebenserien ist gleich der Schwingungszahl der ersten Linie der Hauptserie. Diese letztere Beziehung wird nach ihren Entdeckern gewöhnlich als die Regel von Rydberg und Schuster bezeichnet.

Eine weitere Serie wäre durch die Formel dargestellt

$$\nu = \frac{N}{(3 + D)^2} - \frac{N}{(n + B)^2} \quad (n = 4, 5 \ldots). \tag{7}$$

Diese Serie wurde von Bergmann entdeckt und wird darum als die Bergmann-Serie bezeichnet.[6] Überdies wurden noch drei weitere Serien festgestellt, zunächst eine von Lenard entdeckte, die als dritte Nebenserie bezeichnet und die durch die Formel dargestellt wird

$$\nu = \frac{N}{(2 + P)^2} - \frac{N}{(n + P)^2} \quad (n = 3, 4, 5 \ldots). \tag{8}$$

Ferner wurden von Stark zwei Serien entdeckt von den Formen

$$\nu = \frac{N}{(1 + \frac{1}{2} + S)^2} - \frac{N}{(n + D)^2} \quad (n = 3, 4, 5 \ldots) \tag{9}$$

und

$$\nu = \frac{N}{(1 + \frac{1}{2} + S)^2} - \frac{N}{(n + \frac{1}{2} + S)^2} \quad (n = 2, 3, 4 \ldots). \tag{10}$$

Diese beiden Serien werden als diffuse und scharfe Hauptserie bezeichnet.[7]

[6] Nach den Anfangsbuchstaben der Benennungen Scharfe Nebenserie, Prinzipalserie, Diffuse Nebenserie und Bergmann-Serie wurden für die Konstanten der variablen Terme dieser Serien die Bezeichnungen S, P, D und B gewählt.

[7] Mit Ausnahme der durch die Gl. 9 dargestellten, seltenen und nur schwer realisierbaren „diffusen Hauptserie" entstehen alle Serien dadurch, daß die azimutale Quantenzahl bei dem Übergang um eins springt oder aber (wie in Gl. 8 und 10) konstant bleibt. Dies erscheint als eine Bestätigung des Auswahlprinzips von

In historischer Hinsicht sei über die optischen Spektren noch mitgeteilt, daß die Konstanz bestimmter Absorptionslinien im Sonnenspektrum zuerst FRAUNHOFER im Jahre 1814 feststellte. Im Jahre 1859 machten dann KIRCHHOFF und BUNSEN die fundamentale Entdeckung, daß in den Spektren der chemischen Elemente für diese Grundstoffe charakteristische Linien von ganz bestimmten Wellenlängen auftreten, die weder von der Temperatur noch von der Art der chemischen Bindung abhängen. Die Gesetzmäßigkeiten, die zwischen den Frequenzen einer Serie bestehen, hat, wie schon erwähnt wurde, in dem einfachsten Falle des Wasserstoffspektrums BALMER im Jahre 1885 entdeckt. Ähnliche Gesetzmäßigkeiten stellten um das Jahr 1890 KAYSER und RUNGE bei den Alkalimetallen fest, und RYDBERG beschrieb im Jahre 1895 diese Gesetzmäßigkeiten zuerst durch Formeln von der Art der Gl. 2[8]; dabei erkannte er zuerst die universelle Bedeutung der später als RYDBERGsche Konstante bezeichneten Schwingungszahl. Ähnliche Gesetzmäßigkeiten wie bei den Alkalimetallen (bei denen sie am schärfsten ausgeprägt sind[9]) wurden dann auch bei vielen anderen Grundstoffen festgestellt.

§ 89. Rotations- und Bandenspektrum.

Zu der Entstehung von Spektrallinien können außer den Übergängen von Elektronen im Atom vermutlich auch die Bewegungen Anlaß geben, die rotierende Molekeln ausführen. Es liegt der Gedanke nahe, auch auf diese kreisenden Bewegungen den Satz anzuwenden, daß der mit 2π multiplizierte Drehimpuls ein ganzzahliges Vielfaches des elementaren Wirkungsquantums sei. Um zu einer befriedigenden Erklärung der tatsächlich beobachteten Erscheinungen zu gelangen, muß man sich dabei die Atome starr miteinander verbunden, eine zweiatomige Molekel also einer Hantel vergleichbar denken.

Das Trägheitsmoment der Molekel wird daher als konstant angesehen werden dürfen. Es werde mit Θ bezeichnet, der Drehimpuls mit U, die Energie mit E und die Winkelgeschwindigkeit, die ja gleich ist der mit 2π multiplizierten Umlaufszahl, mit w. Es ist dann[1]

$$U = w\Theta, \quad E = \frac{\Theta}{2} w^2, \tag{1}$$

RUBINOWICZ (s. Anm. 2 des § 85). Interessante Gesetzmäßigkeiten zeigen sich auch hinsichtlich der Dublettbeziehungen bei den einzelnen Serien. Es haben z. B. stets alle Linien der ersten und der zweiten Nebenserie untereinander gleiche, konstante Schwingungsdifferenz.

[8] RYDBERG stellte die Frequenzen dar durch Differenzen zweier Glieder von der Form $N/(n-a)^2$. Einen genaueren Ausdruck, der auch aus den SOMMERFELDschen Rechnungen bei feinerer Annäherung folgt, ermittelte RITZ.

[9] Vgl. § 93.

[1] Vgl. Gl. 4 und 5 des § 27.

wenn wir von der potentiellen Energie absehen, die ja wegen der Starrheit der Molekel konstant ist. Aus der Forderung, daß

(2) $$2\pi U = nh$$

sei, folgt somit

(3) $$w = \frac{nh}{2\pi\Theta}$$

und

(4) $$E = \frac{n^2 h^2}{8\pi^2 \Theta}.$$

Während die Energie eines Elektrons im Atom dem Quadrate seiner Quantenzahl umgekehrt proportional ist, ist also die Rotationsenergie der Molekel dem Quadrate der Quantenzahl direkt proportional.

Das Rotationsspektrum erscheint also, wenn s und n zwei Quantenzahlen sind, nach der Bohrschen Frequenzbedingung durch die Formel darstellbar

(5) $$\nu = \frac{h}{8\pi^2\Theta}(n^2 - s^2).$$

Betrachten wir den speziellen Fall, daß s von n um ± 1 verschieden sei (was wir nach den Auswahlprinzip annehmen müssen; s. § 85, Anm. 2), so wird

$$n^2 - s^2 = \pm 2n - 1$$

und somit

(6) $$\nu = \frac{h}{8\pi^2\Theta}(\pm 2n - 1).$$

Bei verschiedenen zwei- oder mehratomigen Stoffen hat man nun in der Tat im Ultraroten Serien von Linien festgestellt[2], deren Schwingungszahlen sich untereinander verhalten wie ganzzahlige Vielfache einer Grundfrequenz. Man spricht dann von einem reinen Rotationsspektrum.

Das reine Rotationsspektrum kann sich aber auch überlagern über eine ultrarote Eigenschwingung, die ein Atom innerhalb der Molekel ausführt (vgl. § 72), dann entsteht ein sogenanntes Rotationsschwingungsspektrum, das durch die Formel beschrieben wird

(7) $$\nu = \nu_0 + \frac{h}{8\pi^2\Theta}(\pm 2n - 1).$$

Ein solches Spektrum ist in der Tat vor allem bei HCl, HBr, CO und anderen Substanzen gemessen worden.

Ist ν_0 eine optische Frequenz, die durch einen Elektronenübergang im Atom entsteht, so wird durch die Gl. 7 ein sogenanntes Bandenspektrum beschrieben. Die Bandenspektren bestehen aus „getönten Bändern“, die in genügend starken Spektralapparaten in

[2] So vor allem bei dem Wasser.

eine große Zahl eng benachbarter Linien aufgelöst erscheinen, die besonders dicht an den sogenannten Bandenköpfen zusammenstehen. Dabei kann der Bandenkopf die Grenze entweder auf der Seite der größeren oder aber der kleineren Frequenzen bilden. Innerhalb des sichtbaren Spektrums gibt es sowohl Banden, die gegen das rote als auch solche, die gegen das violette Ende zu konvergieren. Im Jahre 1890 hat nun bereits Deslandres eine für die Bandenspektren charakteristische Gesetzmäßigkeit festgestellt. Bezeichnet man nämlich die Schwingungszahl des Bandenkopfes mit ν_0, so sind die einzelnen Linien einer Bande durch die Formel darstellbar

$$\nu = \nu_0 + a n^2, \tag{8}$$

wobei a eine für die betreffende Bande charakteristische positive oder negative Konstante ist.

Diese Gesetzmäßigkeit läßt sich nun eben durch die Annahme deuten, daß die einzelnen Linien eines Bandenspektrums entstehen, wenn gleichzeitig ein Elektron seine Bahn innerhalb eines Atoms und überdies die Molekel den Wert ihrer Rotationsenergie quantenmäßig ändern. Geben wir, indem wir einen bestimmten Elektronenübergang ins Auge fassen, ν_0 einen festen Wert und ebenso entweder n oder s, so erhalten wir in Übereinstimmung mit der Formel von Deslandres für die entstehende Serie

$$\nu = \nu_0 + \frac{h n^2}{8\pi^2 \Theta} \tag{9a}$$

oder

$$\nu = \nu_0 - \frac{h s^2}{8\pi^2 \Theta}. \tag{9b}$$

Zu einer genaueren Formel gelangen wir, wenn wir den Umstand berücksichtigen, daß durch den Elektronenübergang, der die Grundfrequenz ν_0 hervorruft, auch die innere Konfiguration des Atoms geändert wird, dadurch auch die elektrische Kraft zwischen den Atomen der Molekel und damit endlich auch das molekulare Trägheitsmoment selbst. Wir müssen dann unterscheiden zwischen den Werten Θ_1 und Θ_2, die dem Trägheitsmoment vor und nach dem Übergange zukommen. Es wird dann

$$\nu = \nu_0 + \frac{h}{8\pi^2}\left[\frac{n^2}{\Theta_1} - \frac{(n \mp 1)^2}{\Theta_2}\right]$$

oder

$$\nu = \nu_0 + \frac{h(\pm 2n - 1)}{8\pi^2 \Theta_2} + \frac{h n^2}{8\pi^2}\left(\frac{1}{\Theta_1} - \frac{1}{\Theta_2}\right). \tag{10}$$

Auf die Erklärung der Rotationsspektren wurde die Quantenhypothese zuerst von Bjerrum (1912) angewendet; eine exaktere Theorie hat auf Grund der Bohrschen Frequenzbedingung Schwarzschild (1916) geschaffen. In der letzten Zeit (seit 1918) ist die Theorie der Bandenspektren hauptsächlich durch Heurlinger und durch Lenz fortgebildet worden. Indessen steht sie heute erst im Anfang ihrer Entwicklung. Von der

Vollendung, die in vielem bereits der Theorie der Linienspektren eigen ist, kann bei der Theorie der Bandenspektren einstweilen noch keine Rede sein. Gleichwohl dürfen wir von den Bandenspektren, wenn wir erst einmal ihre Sprache verstehen gelernt haben werden, ebenso wichtige Aufschlüsse über den Bau der Molekeln erhoffen, wie sie uns über den Bau der Atome in vieler Hinsicht bereits die Linienspektren gewährt haben.

§ 90. Das Kernmodell als Umkehrung des Atommodells.

In den bisherigen spektroskopischen Untersuchungen wurden Atome betrachtet, die entweder neutral oder positiv ionisiert waren. Mit Rücksicht auf eine Anwendung, die sogleich erfolgen soll, möge nun auch ein möglichst einfaches Modell eines Atoms betrachtet werden, das eine negative Gesamtladung aufweist. Ein solches Modell würde aus einem positiven Elektron bestehen, um das zwei einander diametral gegenüberstehende negative Elektronen in gleicher Entfernung kreisen. Die quantentheoretisch ausgezeichneten Bahnen wären dann durch die beiden Bedingungen bestimmt, daß der mit 2π multiplizierte Drehimpuls gleich sein muß einem ganzzahligen Vielfachen des elementaren Wirkungsquantums und daß andererseits die Fliehkraft jedes umlaufenden negativen Elektrons gleich sein muß der elektrischen Anziehung, die es erfährt.

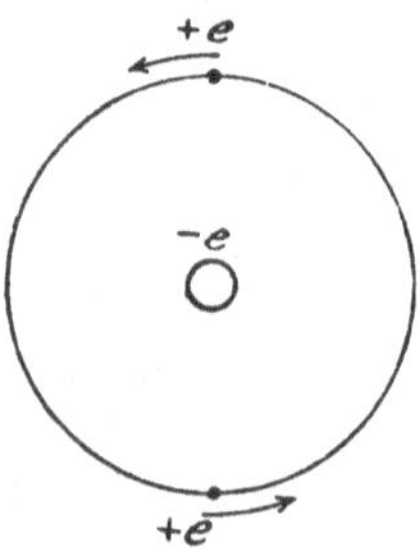

Fig. 58.

Die erste Bedingung findet ihren Ausdruck in der Beziehung

$$m a v = \frac{n h}{2\pi}. \tag{1}$$

Die zweite Bedingung lautet

$$\frac{m v^2}{a} = \frac{3}{4} \frac{e^2}{a^2} \tag{2}$$

denn von der Anziehung, die der Kern in der Entfernung a ausübt, ist die Abstoßung abzuziehen, die in der Entfernung $2a$ das andere negative Elektron bewirkt). Indem man die erste Gleichung quadriert und durch die zweite dividiert, findet man (ganz ähnlich wie in § 80) für den Radius der einquantigen Bahn

$$a_1 = \frac{h^2}{3 e^2 \pi^2 m}, \tag{3}$$

also einen Wert, der von dem entsprechenden Werte für die einquantige Bahn des Wasserstoffatoms nur im Verhältnis 4 : 3 verschieden ist; die Größenordnung ist in beiden Fällen dieselbe (10^{-9} cm).

Wir wollen uns nun das betrachtete Atommodell derart umgekehrt oder, wie man sagt, invertiert denken, daß darin positive und negative Elektrizität die Rollen vertauschen. Es kreisen also dann zwei positive Elektronen um ein negatives, das trotz seiner viel geringeren Masse an der Bewegung nicht teilnimmt, weil es sich wegen der symmetrischen Anordnung in dem gemeinsamen Schwerpunkt der beiden positiven Elektronen befindet (Fig. 58). Die frühere Überlegung behält vollkommen ihre Gültigkeit, auch die Gl. 3, nur daß in ihr an die Stelle der negativen Elektronenmasse die etwa 1840 mal so große positive Elektronenmasse zu setzen ist. Durch die Umkehrung wird also das Modell im Maßstab von etwa 1:2000 verkleinert; zugleich wird die Gesamtladung positiv.

Nachdem zuerst der Verfasser dieses Buches ein Kernmodell durch Umkehrung des THOMSONschen Atommodells zu schaffen versucht hatte[1], hat LENZ ein Kernmodell durch Umkehrung des RUTHERFORDschen Atommodells konstruiert (1918). Das eben beschriebene, von LENZ stammende Kernmodell wäre das eines Atomes von der Kernladungszahl Eins und dem Atomgewicht Zwei.[2] Für den Heliumkern oder, was ja dasselbe ist, für das Alpha-Teilchen hat LENZ ein Modell ersonnen, bei dem vier in einem Kreise symmetrisch angeordnete positive Elektronen um eine Achse rotieren, die von zwei negativen Elektronen gebildet wird (Fig. 59). Die Anziehungskräfte, die auf ein negatives Elektron die vier positiven ausüben, ergeben eine Resultierende, die zu dem Kernmittelpunkt gerichtet ist; ihr muß die Abstoßung gleich sein, die das andere negative Elektron bewirkt. Durch diese Bedingung ist die Gestalt des Kernes bestimmt (d. h. also das Verhältnis zwischen dem Ringradius und der Achsenlänge). Andererseits müssen die Fliehkraft eines positiven Elektrons, die Abstoßung, die es seitens der drei anderen positiven Elektronen, und die Anziehung, die es seitens der beiden negativen Elektronen erfährt, zusammen eine verschwindende Resultierende ergeben. Verbindet man diese Beziehung noch mit der Quantenbedingung, wonach der Drehimpuls ein ganzzahliges Vielfaches von $h/2\pi$ sein muß, so kann man die Lineardimensionen, also die Größe des Heliumkernes (im einquantigen Zustand) bestimmen.

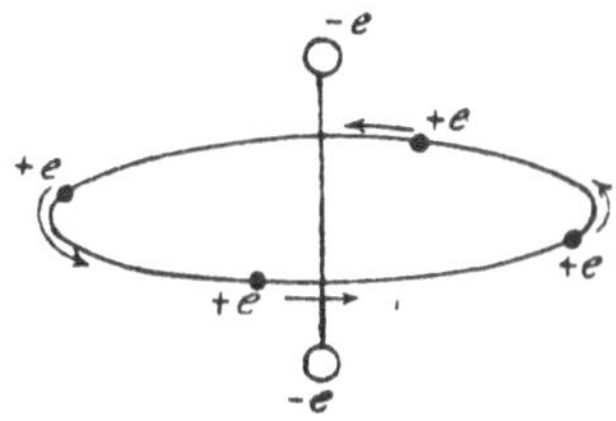

Fig. 59.

Das LENZsche Modell des Heliumkernes birgt allerdings (worauf nicht näher eingegangen werde) manche Schwierigkeiten in sich.[3] Auch

[1] Physikal. Zeitschr. 18, 1917, S. 400.

[2] Dieses Atom wäre mit dem Wasserstoffatom isotop (s. § 95).

[3] Diese Schwierigkeiten betreffen einerseits die Größe des Heliumkernes, andererseits seine Energie. Führt man die vorhin angegebenen Berechnungen auf Grund des COULOMBschen Gesetzes durch, so findet man für den Ringradius des Heliumkernes $5 \cdot 10^{-13}$ cm und für die Energie des Heliumkernes $3{,}3 \cdot 10^{-24}$ erg. Nun haben aber die Versuche über den Durchgang von α-Teilchen durch die Atome eine obere Grenze für die Ausdehnung der Atomkerne ergeben; sie beträgt für

ist über die allerersten Anfänge die Kerntheorie heute noch nicht hinausgelangt. Aber gleichwohl erscheint es ziemlich wahrscheinlich, daß auch der Aufbau des Atomkernes durch ähnliche Quantenbeziehungen geregelt wird wie der des Atoms selbst.[4]

Goldkerne $3 \,.\, 10^{-12}$ cm, für Wasserstoffkerne $2 \,.\, 10^{-13}$ cm. Das LENZsche Modell scheint also einen zu großen Wert zu liefern. — Der Heliumkern weist, wie die Erfahrung zeigt, einen sogenannten **Massendefekt** auf. Er ist nicht genau viermal so massig wie der Wasserstoffkern, sondern, wie eine Vergleichung der Atomgewichte von Wasserstoff und Helium zeigt, nur 3,97 mal. Das Produkt aus 0,03 und der Wasserstoffatommasse bestimmt den Massendefekt, und nach dem später zu besprechenden Satze von der Trägheit der Energie (§ 130) müßte das Produkt aus dem Massendefekt und dem Quadrate der Lichtgeschwindigkeit die innere Energie des Heliumkernes ergeben. Der so ermittelte Wert ist aber tausendmal größer als der vorhin angegebene, aus dem Modell errechnete. — Beide Schwierigkeiten lassen sich vermeiden, wenn man annimmt, daß in so kleinen Entfernungen, wie es die im Innern des Kernes sind, wesentliche **Abweichungen von dem COULOMBschen Gesetz** auftreten. In der Tat hat SMEKAL (1920) gezeigt, daß sich auf Grund des LENZschen Modells, des Satzes von der Trägheit der Energie und des bekannten Massendefektes die Größe der α-Partikel zu höchstens $1{,}5 \,.\, 10^{-13}$ cm ergibt, wofern man das COULOMBsche Gesetz durch ein **allgemeineres Kraftgesetz** ersetzt, demzufolge die Kraft einer unbestimmten Potenz der Entfernung umgekehrt proportional ist. Bei sehr kleinen Distanzen liegt dann der Exponent dieses Kraftgesetzes zwischen 2 und 3.

[4] Nach der Theorie wäre wohl auch eine Kernstrahlung denkbar. Könnte sie überhaupt erregt werden, so wäre sie aber wohl viel zu hart, als daß ein Nachweis etwaiger Kernspektren einstweilen erhofft werden könnte.

XII. Kapitel.

Theorie der Grundstoffe.

§ 91. Die natürliche Reihe der Grundstoffe.

Da die Quadratwurzel aus den Frequenzen der einzelnen Linien der K- und der L-Serie (nach § 87) linear mit der Kernladungszahl wächst, so bietet die Untersuchung der Röntgenspektren eine Möglichkeit, um die chemischen Grundstoffe nach steigender Kernladungszahl in eine „natürliche Reihe" zu ordnen. Trägt man auf einer Geraden von einem irgendwie gewählten Ursprung aus die Werte von $\sqrt{v/N}$ auf (wobei v die Frequenz einer bestimmten Linie der K- oder L-Serie, N aber die RYDBERGsche Konstante bedeutet), so erhält man eine Reihe von Punkten, die im allgemeinen gleich weit untereinander abstehen, nur daß an einigen Stellen der Abstand doppelt so groß ist und dadurch das Vorhandensein einer Lücke deutlich offenbart.

In Fig. 60 ist die natürliche Reihenfolge dargestellt, die sich so für diejenigen Grundstoffe ergibt, für die die K-Serie beobachtet werden konnte. Die Ordinaten stellen die Werte $\sqrt{v/N}$ dar, die Abszissen sind gleich den Nummern, die man den einzelnen Grundstoffen bei ihrer natürlichen Aneinanderreihung (nach wachsender Kernladungszahl) zuordnen muß, wenn man auch die sich offenbarenden Lücken berücksichtigt und aus einem später zu erörternden Grunde bei dem Natrium mit Nummer 11 beginnt. Die beobachteten Werte von $\sqrt{v/N}$ sind durch kleine Striche angedeutet. Das Gesetz des linearen Anstieges zeigt sich auf das genaueste erfüllt. Lücken bekunden sich bei den Nummern 18, 31, 36, 43 und 54.

Es zeigt sich nun die überraschende Tatsache, daß die Reihenfolge der Elemente, die sich so ergibt, dieselbe ist, wie diejenige, die man erhält, wenn man die in Fig. 60 vorkommenden Grundstoffe nach steigendem Atomgewicht anordnet, mit dem Unterschiede allerdings, daß dann Tellur und Jod ihre Stellung vertauschen und ebenso Kobalt und Nickel. Überdies kennt aber die Chemie noch vier Grundstoffe, deren Atomgewichte zwischen denen des Natriums und des Neodyms liegen. Es sind die drei Edelgase Argon, Krypton und Xenon, von denen natürlich röntgenspektroskopische Aufnahmen nicht gemacht werden konnten, und das sehr seltene Metall Gallium, von dem wenigstens zurzeit eine röntgenspektroskopische Aufnahme noch nicht vorzuliegen scheint. Das Atomgewicht des Galliums liegt zwischen denen des Zinks und des Germaniums, so daß ihm zweifellos die Stelle Nr. 31 zukommt. Das Atomgewicht des Argons liegt zwischen dem des Kaliums und des Calciums; man muß annehmen (und diese Annahme wird durch die im nächsten Abschnitt zu besprechenden Gründe gestützt), daß die Lücke Nr. 18 dem Argon zukommt, in diesem Falle jedoch wiederum das Element mit etwas höherem Atomgewicht dem Element mit etwas niedrigerem (nämlich dem Kalium) vorangeht. Das Atomgewicht des Kryptons liegt zwischen denen des Brom und Rubidium,

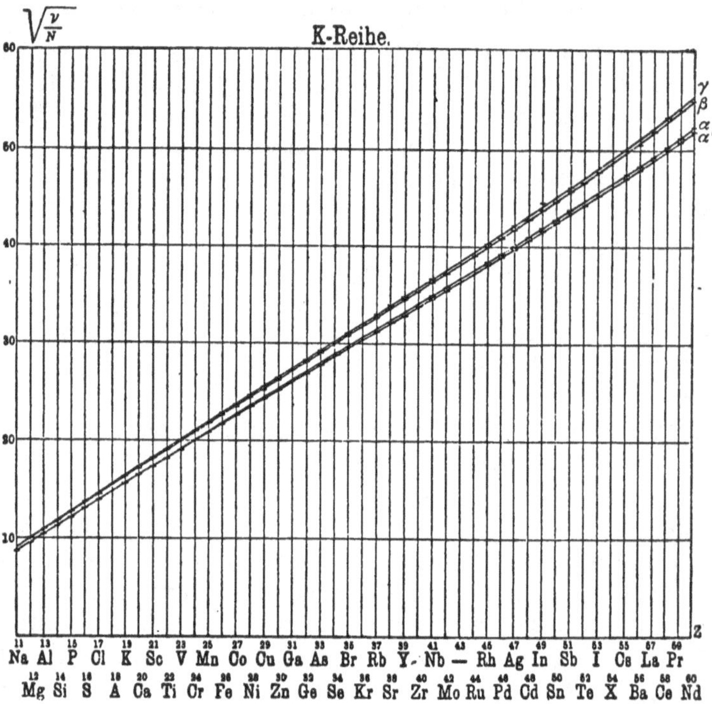

Fig. 60.

das des Xenons zwischen denen von Tellur und Jod einerseits und von Kobalt andererseits. Zweifellos kommt also die Stelle Nr. 36 dem Krypton und ebenso die Stelle Nr. 54 dem Xenon zu, da ja in der natürlichen Reihe trotz des höheren Atomgewichtes das Tellur dem Jod vorangeht. Die Stelle Nr. 43 gehört offenbar einem bisher noch nicht entdeckten Elemente.

Die Chemie kennt nun z e h n Grundstoffe, deren Atomgewicht kleiner ist als das des Natriums, mit dem die Reihe der Elemente beginnt, von denen die *K*-Serie bekannt ist. Nach steigendem Atomgewicht geordnet, sind dies Wasserstoff, Helium, Lithium, Beryllium, Bor, Kohlenstoff,

Stickstoff, Sauerstoff, Fluor und Neon. Bei dem Wasserstoff ist nun jedenfalls, wie sein Spektrum erkennen läßt, die Kernladungszahl mit eins anzunehmen. Daß sie bei dem Helium zwei beträgt, ist außer auf spektroskopischem Wege festgestellt worden durch Messungen an α-Teilchen, die ja wiederum identisch befunden wurden mit den Atomkernen des Gases Helium (s. § 76). Indem man dann weiterhin annimmt, daß

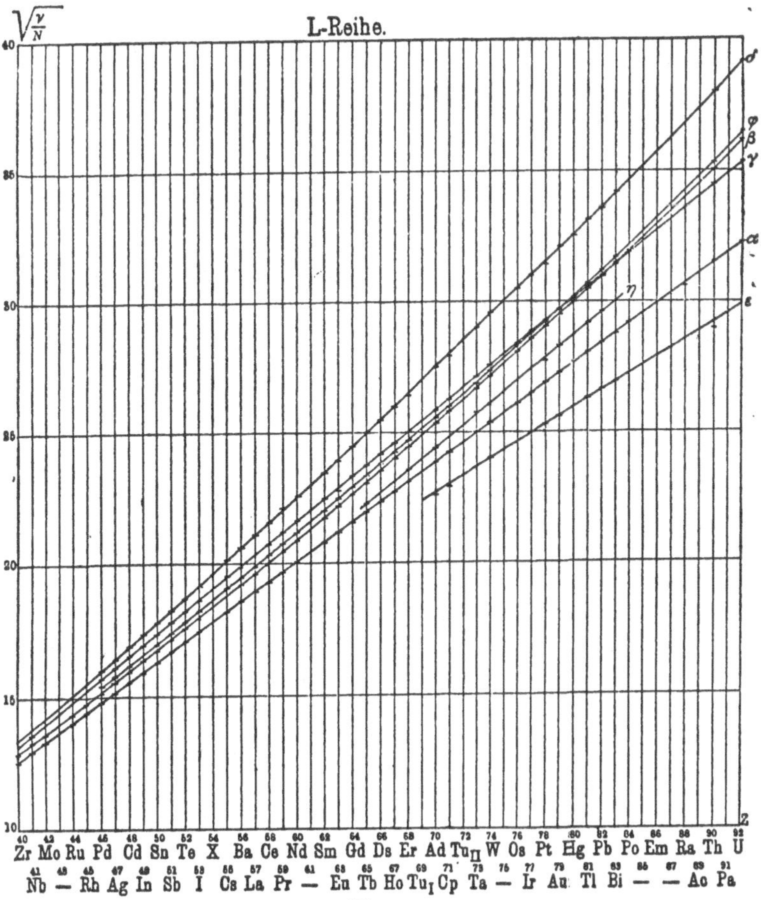

Fig. 61.

dem Lithium die Kernladungszahl drei zukommt undl so fort, ergibt sich für dass Neon die Kernladungszahl zehn und für dass Natrium die Kernladungszahl elf.

Bis zu dem 60sten Element, dem Neodym, ist dilie Reihenfolge durch Beobachtung der K-Serie sichergestellt. Das niedrigsste Element, bei dem die L-Serie festgestellt ist, ist zurzeit das 29ste, ddas Kupfer; bei Elementen mit kleinerer Kernladungszahl liegt die LL-Serie eben in der Lücke, die einstweilen noch das Gebiet der Römtgenstrahlen von dem des ultravioletten Lichtes trennt. Von dem Kupfer führt die Untersuchung der L-Serie über das Neodym hinaus bis zu dem höchsten bekannten Element, dem Uran, für das sich die Kernladungszahl 92 ergibt.

Auch bei der L-Serie erweist sich das Gesetz des linearen Anstieges der Quadratwurzel aus der Frequenz mit großer Genauigkeit erfüllt (Fig. 61). Zwischen Kupfer und Neodym ergibt die Untersuchung der L-Serie dieselben Werte der Kernladungszahl wie die Betrachtung der K-Serie; dasselbe gilt für die Grundstoffe von dem Kupfer abwärts bis zu dem Natrium, wenn man für diese die Frequenz der L_a-Linie indirekt aus der Beziehung berechnet, daß

$$L_a = K_\beta - K_a$$

sei (s. Gl. 3 des § 87); auch da zeigt sich das Gesetz des linearen Anstieges vollkommen erfüllt. Auch von der Ordnungszahl 61 an ist die Reihenfolge dieselbe wie diejenige, die sich ergibt, wenn man die Grundstoffe nach steigendem Atomgewicht anordnet, woferne man auch die Elemente berücksichtigt, die wegen ihres gasförmigen Charakters oder wegen ihrer Seltenheit nicht röntgenspektroskopisch untersucht werden konnten, und wenn man weiterhin annimmt, daß die Stellen Nr. 61, 75, 85 und 87 einstweilen noch nicht entdeckten Elementen zukommen. An einer Stelle ist allerdings die Reihenfolge von Kernladungszahl und Atomgewicht vertauscht. Die 91. Stelle weist im Protactinium ein niedrigeres Atomgewicht (230) auf als die 90. im Thorium mit dem Atomgewicht 232.[1]

Auf das genaueste bestätigt sich auch die spektraltheoretische Beziehung, daß die vierte Wurzel aus der Schwingungsdifferenz des L-Dubletts linear mit der Kernladungszahl wächst.[2] Wir müssen dies um so mehr bewundern, als ja bei dem Uran diese Schwingungsdifferenz etwa 50 Millionen mal so groß ist wie bei dem Wasserstoff.[3]

---

[1] Da die Kernladungszahl nunmehr bekannt ist, ist es auch nach Gl. 6 und 7 des § 87 möglich, die Abschirmungskonstanten der K- und L Serie zu ermitteln, deren ungefähre Werte bereits in § 87 mitgeteilt wurden.

[2] S. Gl. 8 des § 87.

[3] Die Abstände der beiden Linien sind infolgedessen allerdings so groß, daß erst die Theorie erkennen ließ, daß es sich nicht um zwei selbständige Linien, sondern um Komponenten eines Dubletts handelt. — Der vierten Potenz der Kernladungszahl ist übrigens, wie die Erfahrung zeigt, auch das Absorptionsvermögen proportional, das die Grundstoffe für Röntgenstrahlung besitzen. Daraus ergibt sich eine einfache Erklärung der medizinischen Röntgenbilder. Das Fleisch besteht im wesentlichen aus Wasserstoff, Kohlenstoff, Stickstoff und Sauerstoff, deren Kernladungszahlen durchwegs kleiner sind als 10. Die Knochen enthalten aber Calcium, dessen Kernladungszahl 20 beträgt. Die Absorption der Knochen ist also wegen des Gehaltes an Calciumatomen viel größer als die des Fleisches. Da Blei eine besonders hohe Kernladungszahl hat (82), so erscheinen in Röntgenbildern Bleikugeln tief schwarz. Da auch die Kernladungszahl des Wismuts sehr groß ist (83), so füllt man bei Röntgenaufnahmen des Magens diesen mit Wismutbrei.

Die natürliche Reihe der Grundstoffe, die sich bei Anordnung nach steigender Kernladungszahl ergibt, und die mit derzeit fünf Lücken zweiundneunzig Elemente umfaßt, ist in Tabelle I dargestellt; außer den Kernladungszahlen, die also zugleich die Ordnungszahlen in dieser Reihe darstellen, und außer den konventionellen Namen sind auch die chemischen Symbole und die auf Sauerstoff = 16,000 bezogenen Atomgewichte verzeichnet.

Tabelle I.

1	Wasserstoff	H	1,008	32	Germanium	Ge	72,5	63	Europium	Eu	152,0
2	Helium	He	4,00	33	Arsen	As	74,96	64	Gadolinium	Gd	157,3
3	Lithium	Li	6,94	34	Selen	Se	79,2	65	Terbium	Tb	159,2
4	Beryllium	Be	9,1	35	Brom	Br	79,92	66	Dysprosium	Dy	162,5
5	Bor	B	11,0	36	Krypton	Kr	82,92	67	Holmium	Ho	163,5
6	Kohlenstoff	C	12,0	37	Rubidium	Rb	85,45	68	Erbium	Er	167,7
7	Stickstoff	N	14,01	38	Strontium	Sr	87,63	69	Thullium I	TuI	168,5
8	Sauerstoff	O	16,000	39	Yttrium	Y	88,7	70	Ytterbium	Yb	173,5
9	Fluor	F	19,0	40	Zirkonium	Zr	90,6	71	Lutetium	Lu	175,0
10	Neon	Ne	20,2	41	Niobium	Nb	93,5	72	Thullium II	TuII	—
11	Natrium	Na	23,00	42	Molybdän	Mo	96,0	73	Tantal	Ta	181,5
12	Magnesium	Mg	24,32	43	—	—	—	74	Wolfram	W	184,0
13	Aluminium	Al	27,1	44	Ruthenium	Ru	101,7	75	—	—	—
14	Silicium	Si	28,3	45	Rhodium	Rh	102,9	76	Osmium	Os	190,9
15	Phosphor	P	31,04	46	Palladium	Pd	106,7	77	Iridium	Ir	193,1
16	Schwefel	S	32,06	47	Silber	Ag	107,88	78	Platin	Pt	195,2
17	Chlor	Cl	35,46	48	Cadmium	Cd	112,4	79	Gold	Au	197,2
18	Argon	A	39,88	49	Indium	In	114,8	80	Quecksilber	Hg	200,6
19	Kalium	K	39,10	50	Zinn	Sn	118,7	81	Thallium	Tl	204,0
20	Calcium	Ca	40,07	51	Antimon	Sb	120,2	82	Blei	Pb	207,2
21	Scandium	Sc	44,1	52	Tellur	Te	127,5	83	Wismut	Bi	208,0
22	Titan	Ti	48,1	53	Jod	J	126,92	84	Polonium	Po	(210)
23	Vanadium	V	51,0	54	Xenon	X	130,2	85	—	—	—
24	Chrom	Cr	52,0	55	Cäsium	Cs	132,81	86	Emanation	Em	(222)
25	Mangan	Mn	54,93	56	Barium	Ba	137,37	87	—	—	—
26	Eisen	Fe	55,84	57	Lanthan	La	139,0	88	Radium	Ra	226,0
27	Kobalt	Co	58,97	58	Cer	Ce	140,25	89	Actinium	Ac	(226)
28	Nickel	Ni	58,68	59	Praseodym	Pr	140,9	90	Thorium	Th	232,15
29	Kupfer	Cu	63,57	60	Neodym	Nd	144,3	91	Protactinium	Pa	(230)
30	Zink	Zn	65,37	61	—	—	—	92	Uran	U	238,2
31	Gallium	Ga	69,9	62	Samarium	Sm	150,4				

§ 92. Die Valenz.

Die Beziehungen zwischen Röntgenspektrum und Kernladung bestätigen die Kosselsche Auffassung, daß die inneren Schalen aller Atome[1] gleich beschaffen sind; und diese Tatsache kann eine befriedi-

[1] D. h. von einer bestimmten Kernladungszahl an.

gende Erklärung wiederum nur durch die Annahme finden, daß die Elektronen der einzelnen Schalen bloß in ganz bestimmten Zahlen stabil angeordnet sein können. Wenn der Atomkern von lauter vollkommen stabilen Schalen umgeben ist, wird daher nur ausnahmsweise[2] die Zahl der den Kern umgebenden negativen Elektronen der Kernladungszahl gleich sein. Im allgemeinen kann daher ein Atom mit stabilen Schalen nicht elektrisch neutral sein; es muß vielmehr eine Gesamtladung von so viel Elementarquanten aufweisen als der Unterschied zwischen der Kernladungszahl und der Summe der Besetzungszahlen der stabilen Schalen beträgt. Diesen Unterschied nennt man die Valenz oder Wertigkeit des Atoms und bezeichnet sie als positiv oder negativ, je nachdem ob die Kernladungszahl größer ist oder aber die Zahl der den Kern umgebenden Elektronen.

Im neutralen Zustand ist die äußerste Schale eines Atoms im allgemeinen instabil. Ihre unvollkommene Besetzungszahl stellt dann die positive Valenz dar; denn entledigt sich das Atom der äußersten Schale, so wird es stabil, lädt sich aber zugleich positiv auf. Die Stabilität kann aber auch erreicht werden durch Vervollständigung der äußersten Schale, nämlich durch Aufnahme der zur Stabilität noch fehlenden negativen Elektronen. Dabei lädt sich wiederum das Atom negativ auf; die Zahl der fehlenden Elektronen stellt also die negative Valenz dar. Die Summe aus positiver und negativer Valenz ist also gleich der vollen Besetzungszahl der im neutralen Zustand äußersten Schale. Atome mit elektrischer Gesamtladung werden als Ionen bezeichnet.[3] Ein Grundstoff aber, bei dem die äußerste Schale schon im neutralen Zustande voll besetzt ist, wird im allgemeinen überhaupt keine Ionen bilden.

Die Valenz äußert sich nun vor allem in zweifacher Hinsicht, einerseits bei der Elektrolyse und andererseits in den chemischen Verbindungen zwischen verschiedenen Atomen. Bei der Elektrolyse läßt sich die Valenz der Ionen (nach § 67) direkt ermitteln, indem man die Grundstoffmenge mißt, die bei gegebener Stromstärke ausgeschieden wird.[4] Andererseits lassen sich aber die chemischen Bindungen zwischen verschiedenen Atomen auf die elektrostatischen Anziehungskräfte zurückführen, die entgegengesetzt geladene Ionen nach dem COULOMB-

---

[2] Das ist dann der Fall, wenn die Kernladungszahl im Sinne des § 86 einer Summenzahl gleich ist.

[3] S. § 67. Wir müssen jedoch Ionisierung im engeren Sinne, wie in diesem Abschnitte gesagt, unterscheiden von Ionisierung im weiteren Sinne, worunter ganz allgemein Loslösung oder Aufnahme von negativen Elektronen in beliebiger Zahl verstanden wird. In diesem Sinne wurde in der Theorie der Spektren von ionisiertem Helium oder doppelt ionisiertem Lithium gesprochen. Ionisierung im engeren Sinne tritt spontan auf, Ionisierung im weiteren Sinne jedoch nur unter dem Einflusse eines äußeren Feldes.

[4] Bezeichnen wir die Stromstärke in elektrostatischem Maß mit J, die Valenz mit z, das elektrische Elementarquantum mit e, die Masse eines Ions mit m' und

schen Gesetz aufeinander ausüben müssen. Bei einem Grundstoffe, dessen äußerste Atomschale schon im neutralen Zustand vollbesetzt ist, der also nach dem früheren im allgemeinen überhaupt keine Ionen bildet, werden wir daher annehmen müssen, daß er auch zum Eingehen chemischer Verbindungen nicht fähig sei; umgekehrt werden wir wiederum schließen müssen, daß die äußerste Schale im neutralen Zustand bei den Grundstoffen voll besetzt sei, die den Chemikern durch ihre völlige chemische Passivität auffallen; es sind dies die sogenannten Edelgase: Helium, Neon, Argon, Krypton, Xenon und die Emanationen. Die Kernladungszahlen der Edelgase sind 2, 10, 18, 36, 54 und 86; die Differenzen zwischen diesen Zahlen betragen 8, 8, 18, 18 und 32.

Die Edelgase stellen also gleichsam den Idealtypus der Grundstoffe dar. Die Ionen aller anderen Grundstoffe sind ja nichts anderes als eigenartige Kreuzungen. Sie haben den Kern des ursprünglichen Atoms, aber hinsichtlich ihrer Schalen stellen sie Edelgasatome dar. Wenn nun aber diese Auffassung richtig ist, dann werden wir erwarten dürfen, daß wenigstens bei solchen Grundstoffen, die in der natürlichen Reihe der Elemente nicht allzuweit von einem Edelgase abstehen, ihre Valenz gleich ist dem Unterschiede zwischen ihrer Kernladungszahl und der des benachbarten Edelgases, und zwar mit positivem Vorzeichen, wenn der Grundstoff eine höhere Kernladungszahl hat als das Edelgas; im entgegengesetzten Falle müßte die Valenz negativ sein. In der Tat zeigt sich, daß die Grundstoffe, die in der natürlichen Reihe der Elemente auf die Edelgase folgen, die sogenannten Alkalimetalle, bei der Elektrolyse durchwegs einwertige positive Ionen, sogenannte einwertige Kationen bilden („Kationen“ deshalb, weil sie durch den Strom zur Kathode geführt werden). Die Grundstoffe, deren Kernladungszahlen die der Edelgase um zwei übertreffen, die sogenannten alkalischen Erden, bilden durchwegs zweiwertige Kationen. Umgekehrt treten bei den Grundstoffen, die den Edelgasen vorangehen, bei den sogenannten Halogenen, durchwegs bei der Elektrolyse einwertige Anionen[5] auf, und bei den Elementen, die den Edelgasen um zwei Stellen vorangehen, also bei Sauerstoff, Schwefel, Selen und Tellur, zweiwertige Anionen.

Außer bei der Elektrolyse äußert sich die Valenz aber nun auch

---

endlich die in der Zeiteinheit abgeschiedene Masse des Grundstoffes mit M', so ist nach Gl. 3 des § 67

$$M' = \frac{m'}{z e} J .$$

Die Ionenmasse m' ist aber wieder gleich dem Quotienten aus Atomgewicht und Loschmidtscher Zahl. Besonders einfach ist es natürlich, durch Beobachtung der Elektrolyse Valenzen zu vergleichen. Wird ein Stoff in doppelt so großer Menge abgeschieden wie einer, von dem wir wissen, daß er einwertig ist, so muß natürlich jener Stoff zweiwertig sein usw.

[5] „Anionen“ deshalb, weil sie durch den Strom zur Anode transportiert werden.

noch hinsichtlich der chemischen Verbindungen. Soll eine Molekel neutral sein, so muß die algebraische Summe der Valenzen der die Molekel bildenden Atome Null ergeben. Wenn wir nun wissen, daß die Halogene negativ einwertig sind, so werden wir daher einem Grundstoff eine n-fache positive Valenz zuschreiben, wenn eines seiner Atome höchstens n Halogenatome zu binden vermag; ebenso, wenn $2n$ seiner Atome höchstens n Atome des negativ zweiwertigen Sauerstoffs binden und so fort.

Betrachten wir nun etwa die Aufeinanderfolge von Grundstoffen, die sich an das Neon anschließt und mit dem Argon endet, so finden wir Verbindungen von folgenden Typen:

$$NaCl \quad MgCl_2 \quad AlCl_3 \quad SiCl_4 \quad PCl_5 \quad SF_6$$

$$Na_2O \quad MgO \quad Al_2O_3 \quad SiO_2 \quad P_2O_5 \quad SO_3 \quad Cl_2O_7 .$$

Wir ersehen daraus, daß die positive Valenz, bei dem Natrium mit eins beginnend, bis zu sieben bei dem Chlor ansteigt. Magnesium ist positiv zwei-, Aluminium drei-, Silicium vier-, Phosphor fünf-, Schwefel sechswertig. Andererseits wissen wir, daß der Wasserstoff im allgemeinen positiv einwertig ist.[6] Vermag also das Atom eines Grundstoffes höchstens n Wasserstoffatome zu binden, so müssen wir diesem Grundstoff eine n-fache negative Valenz zuschreiben. Nun finden wir bei den vorhin betrachteten Elementen höchste Wasserstoffverbindungen von folgenden Typen:

$$SiH_4 \quad PH_3 \quad SH_2 \quad ClH .$$

Es ist also Silicium negativ vier-, Phosphor drei-, Schwefel zwei- und Chlor einwertig.

Bei den Elementen, bei denen sowohl die positive als auch die negative Valenz oder, wie man auch sagt, sowohl die Sauerstoff- als auch die Wasserstoffvalenz festgestellt ist, beträgt also die Summe beider Valenzen acht. Diese wichtige Gesetzmäßigkeit zeigt sich, wie zuerst ABEGG erkannte, bei vielen Grundstoffen erfüllt. In theoretischer Hinsicht kann sie am ehesten durch die von BORN und gleichzeitig auch von LANGMUIR begründete Annahme gedeutet werden, daß die äußerste Schale aller Elemente nur bei würfelsymmetrischer Anordnung stabil sein könne, also nur dann, wenn sich die äußeren Elektronen in den acht Ecken eines Würfels befinden.

In der Tat umfaßt ja nun sowohl die Grundstoffolge, die anschließend an das Helium bis zu dem Neon reicht, als auch diejenige, die an das Neon anschließend bis zum Argon sich erstreckt, je acht Grundstoffe. Hingegen bestehen die Folgen Kalium bis Krypton und Rubidium bis Xenon aus je achtzehn Elementen. In jeder dieser beiden Folgen zeigt aber nun die positive Valenz denselben Verlauf. Sie beginnt bei

[6] Das folgt ja schon aus dem in der Theorie der Spektren so glänzend bewährten Atommodell von BOHR.

Tabelle II.

	I	II	III	IV	V	VI	VII	VIII
1	1 H							2 He
2	3 Li	4 Be	5 B	6 C	7 N	8 O	9 F	10 Ne
3	11 Na	12 Mg	13 Al	14 Si	15 P	16 S	17 Cl	18 A
4	19 K 29 Cu	20 Ca 30 Zn	21 Sc 31 Ga	22 Ti 32 Ge	23 V 33 As	24 Cr 34 Se	25 Mn 35 Br	26 Fe 27 Co 28 Ni 36 Kr
5	37 Rb 47 Ag	38 Sr 48 Cd	39 Y 49 In	40 Zr 50 Sn	41 Nb 51 Sb	42 Mo 52 Te	43 53 J	44 Ru 45 Rh 46 Pd 54 X
6	55 Cs 79 Au	56 Ba 80 Hg	57—72 seltene Erden 81 Tl	82 Pb	73 Ta 83 Bi	74 W 84 Po	75 85	76 Os 77 Ir 78 Pt 86 Em
7	87	88 Ra	89 Ac	90 Th	91 Pa	92 U		

dem ersten Gliede mit eins, steigt bis sieben und beträgt dann bei dem achten, neunten und zehnten Grundstoff, die eine sogenannte Triade von gleicher Valenz bilden, acht. Bei dem elften Grundstoff ist die Valenz wiederum eins und steigt dann wieder bis zu sieben bei dem Halogen, das dem die Folge abschließenden Edelgase vorangeht. Die achtzehngliedrigen Folgen zerfallen derart in zwei Unterfolgen von zehn und acht Gliedern. Eine befriedigende theoretische Deutung ist hierfür einstweilen noch nicht gelungen; möglicherweise liegt die Ursache in der Bildung von Doppelschalen.

Die Elementenfolge, die anschließend an das Xenon bis zum nächsten Edelgase, der Emanation reicht, umfaßt gar zweiunddreißig Grundstoffe. Der Verlauf der Valenz ist aber ganz derselbe wie der in den beiden achtzehngliedrigen Folgen, woferne man die 16 Elemente mit den Kernladungszahlen von 57 bis zu 72, die sogenannten seltenen Erden auf die dritte und vierte Stelle der Folge verteilt und derart die 32gliedrige Folge auf eine 18gliedrige reduziert. Auf die Emanation folgt noch (bei Berücksichtigung der Lücken) eine Folge von sechs Elementen, deren Valenz wiederum von eins an ansteigt. Bei dem 92. Element, dem sechswertigen Uran, bricht diese Folge aber plötzlich ab, wobei es dahingestellt bleiben muß, ob Grundstoffe von höherer Kernladungszahl nicht mehr möglich oder aber nur wegen ihrer Seltenheit bisher nicht beobachtet worden sind.

Auf Grund der Valenz lassen sich derart die Elemente in acht Gruppen einteilen, je nachdem, ob die positive Valenz 1, 2, 3, 4, 5, 6, 7 oder endlich entweder 8 oder 0 beträgt. Da aber in den Folgen von 18 und 32 Elementen jeder Valenzwert zweimal vorkommt, so können bei jeder Gruppe wieder zwei Untergruppen unterschieden werden. Für die Grundstoffe ergibt sich derart die durch Tabelle II dargestellte Anordnung in acht „Vertikalreihen“. In den beiden achtgliedrigen Folgen von Lithium bis Neon und von Natrium bis Argon sind hierbei die Elemente derart in die Untergruppen eingereiht, daß derselben Untergruppe Grundstoffe angehören, die gleich weit von den Edelgasen abstehen. Kohlenstoff und Silicium aber, die beide gerade in der Mitte zwischen zwei Edelgasen stehen, sind auch in der Mitte der vierten Vertikalreihe eingeordnet.

§ 93. Die chemische Periodizität.

Die Betrachtung der chemischen Valenz läßt uns deutlich in der natürlichen Reihe der Grundstoffe eine Periodizität erkennen, die durch die ausgezeichnete Stellung der Edelgase bedingt ist. In der Tat zeigen ja nicht nur die Edelgase untereinander durchaus ähnliche physikalische und chemische Eigenschaften; dasselbe gilt auch von solchen Grundstoffen, die in der natürlichen Reihe von den ihnen benachbarten Edelgasen um gleich viel Stellen abstehen, also z. B. die

Kernladungszahlen der Edelgase um je eins oder je zwei übertreffen oder um je eins oder je zwei hinter diesen Kernladungszahlen zurückstehen. So bilden ja eben, wenn die Kernladungszahl eines Edelgases mit z^* bezeichnet wird, die Grundstoffe mit den Kernladungszahlen $z^* + 1$, $z^* + 2$, $z^* + 3$ usw. bis $z^* - 1$ die Gruppen der Alkalimetalle, der alkalischen Erden, der Erdmetalle und schließlich der Halogene.

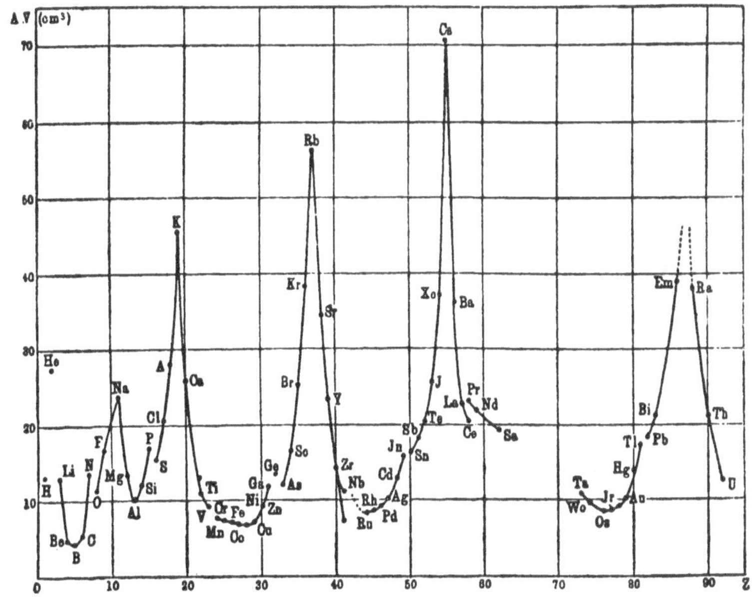

Fig. 62.

Noch deutlicher als in der Valenz äußert sich die chemische Periodizität in vielen physikalischen Eigenschaften, vor allem hinsichtlich des Atomvolumens; man versteht darunter das von einem Grammatom eingenommene Volumen, also den Quotienten aus Atomgewicht und Dichte. In Fig. 62 ist das Atomvolumen als Funktion der Kernladungszahl dargestellt.[1] Die steilen Gipfel, die diese Kurven bei den Alkalimetallen erreichen, zeigen deutlich, daß den beiden kleinen Perioden von je acht Elementen die beiden großen Perioden von je 18 Elementen und die „ganz große" Periode von 32 Elementen gleich zu setzen sind.[2]

Ein ähnliches periodisches Verhalten wie das Atomvolumen zeigen auch viele andere Eigenschaften der Grundstoffe, die von den peripheren

[1] Die Kurve ist von Sommerfeld auf Grund der von Stephan Meyer berechneten Werte konstruiert.

[2] Hinsichtlich der Valenz kommt die Periodizität minder deutlich zum Ausdruck, weil innerhalb der großen Perioden die Valenz zweimal von einem Minimum zu einem Maximum ansteigt.

Eigentümlichkeiten des Atoms abhängen. Fig. 63 bietet hierfür drei Beispiele. Die oberste Kurve dieser Figur stellt die reziproke Schmelztemperatur dar, multipliziert mit 10^4, die mittlere in entsprechendem Maßstab den Ausdehnungskoeffizienten[3], die unterste die Kompressibilität.[4] Ähnliche Kurven erhält man auch, wenn man elektrische, magnetische, optische oder thermische Eigenschaften der Elemente in ihrer Abhängigkeit von der Kernladungszahl darstellt.

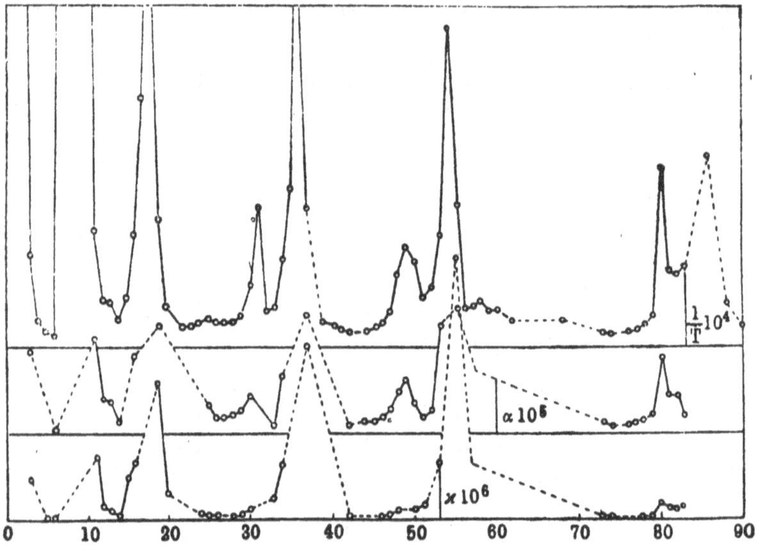

Fig. 63.

Alle diese Kurven zeigen Maxima bei den Alkalimetallen, und in der Tat nehmen ja diese neben den Edelgasen insofern eine ausgezeichnete Stellung ein, als bei ihnen im neutralen Zustand nur ein einziges peripheres Elektron die vollständig geschlossenen Schalen umkreist. Deshalb sind ja auch bei den Alkalimetallen die peripheren Spektralserien von besonderer Einfachheit[5], und andererseits erklärt dies auch, warum bei den Alkalimetallen die Bindung der peripheren Elektronen viel lockerer ist als bei allen übrigen Grundstoffen. Denn auf die peripheren Elektronen wirkt ja im neutralen Atom der „Atomrest" mit einer effektiven Ladung, die in grober Annäherung gleichgesetzt werden kann so vielen Elementarquanten, als die Zahl der peripheren Elektronen beträgt. Darum ist eben bei den Alkalimetallen das Atomvolumen am größten, darum kann bei ihnen schon bei ver-

[3] Vgl. § 112.
[4] Vgl. § 112.
[5] Vgl. § 88.

hältnismäßig niedrigen Schmelztemperaturen das Gefüge des festen Aggregatzustandes gelöst werden usw.

Die Übereinstimmung der peripheren Atomeigenschaften erklärt es, warum bei der Anordnung der Grundstoffe in den „Vertikalreihen" der Tabelle II Elemente, die vertikal untereinander stehen, ein durchaus ähnliches physikalisches und chemisches Verhalten zeigen. Auf Grund dieser Anordnung ist es sogar möglich, den chemischen Charakter der fünf einstweilen noch nicht entdeckten Elemente vorauszusagen: Das 43. und das 75. Element müssen Homologe des Mangans sein, das 61. eine seltene Erde, das 85. ein Halogen und das 87. ein Alkalimetall.

Wird nun einem Atom ein Elektron entrissen — man bezeichnet diesen Vorgang als „einfache" (partielle) Ionisierung[6] —, dann müßte es nunmehr dieselben peripheren Atomeigenschaften zeigen wie im neutralen Zustande die Grundstoffe der vorangehenden Vertikalreihe. Durch diese Überlegung wurden im Jahre 1918 Sommerfeld und Kossel zu dem interessanten spektroskopischen Verschiebungssatz geführt. Die experimentelle Spektroskopie kennt bei den Grundstoffen zwei durchaus verschiedene optische (also periphere) Spektren, die sie als Bogen- und als Funkenspektrum unterscheidet.[7] Dieses erfordert eine viel höhere Temperatur und eine höhere elektrische Spannung als jenes. Theoretisch ist der Unterschied wohl so zu erklären, daß das Bogenspektrum von einem neutralen Atom erzeugt wird, hingegen das Funkenspektrum von einem Atom, dem ein negatives Elektron entrissen wurde. Infolge der chemischen Periodizität schlossen hieraus Sommerfeld und Kossel, daß die Funkenspektren der Grundstoffe einer Vertikalreihe denselben Charakter haben müßten wie die Bogenspektren der vorangehenden Vertikalreihe. In der Tat zeigt sich dieser spektroskopische Verschiebungssatz recht gut erfüllt. Die Funkenspektren der Alkalimetalle sind ebenso linienreich und „serienlos" wie die Bogenspektren der Edelgase. Die Funkenspektren der alkalischen Erden haben einen ähnlichen einfachen Typus und denselben Dublettcharakter wie die (in § 88) besprochenen Bogenspektren der Alkalimetalle. Die Funkenspektren der Erdmetalle (dritte Vertikalreihe) haben denselben Triplettcharakter wie die Bogenspektren der alkalischen Erden und so fort.

Die chemische Periodizität wurde um das Jahr 1870 gleichzeitig durch Lothar Meyer und durch Mendelejeff entdeckt. Beide stellten unabhängig voneinander fest, daß in einer nach steigendem Atomgewicht gebildeten Reihe der chemischen Elemente charakte-

[6] Wohl zu unterscheiden von der vollständigen Ionisierung, wie sie in § 92 besprochen wurde.

[7] Die Bogenspektren werden im elektrischen Lichtbogen erzeugt, die Funkenspektren in Geisslerschen Röhren.

ristische physikalische und chemische Eigentümlichkeiten periodisch wiederkehren. Sie unterschieden bereits verschiedene Gruppen des periodischen Systems, und derart war es schon MENDELEJEFF möglich, die Eigenschaften dreier erst später tatsächlich entdeckter Elemente, des Scandiums, des Galliums und des Germaniums, aus den bekannten Eigenschaften des Bors, des Aluminiums und des Siliciums vorauszusagen. Zahlreiche neue Elemente wurden gegen Ende des 19. und im Anfang des 20. Jahrhunderts entdeckt, so vor allem die Edelgase, die seltenen Erden und die Radioelemente. Eine völlige Neugestaltung erfuhr aber nun eben die Systematik der Grundstoffe durch die so bedeutungsvolle Entdeckung MOSELEYS aus dem Jahre 1913. Die Untersuchung der regelmäßigen Frequenzzunahme bei den Röntgenspektren führte zu der Aufstellung einer Grundstoffreihe, die sich nahezu völlig mit der früher bekannten, nach steigendem Atomgewicht gebildeten deckt, nur daß eben in einigen Fällen die Reihenfolge geändert und einigen Lücken Rechnung getragen werden mußte. Durch Numerierung der einzelnen Stellen dieser Reihe ergab sich für jeden Grundstoff eine bestimmte Ordnungszahl, und VAN DEN BROEK hat zuerst im Jahre 1913 den für die moderne Atomtheorie grundlegenden Satz aufgestellt, daß diese Ordnungszahl identisch sei mit der Kernladungszahl, die multipliziert mit dem elektrischen Elementarquantum, die Ladung des Atomkernes darstellt.

§ 94. Affinität und Molekelbildung.

Wenn in einem Atom die Zahl der den Kern umgebenden Elektronen sich mit der Kernladungszahl nicht deckt, dann muß, wie schon erwähnt, das Atom eine Gesamtladung aufweisen. Ein derartiges Atom muß somit nach dem COULOMBschen Gesetz auf irgendein anderes Atom mit entgegengesetzter Gesamtladung eine Anziehungskraft ausüben, und diese kann die Ursache werden, daß sich mehrere Atome zu einer sogenannten Molekel vereinigen. Der Verschmelzung der Atome ist hierbei offenbar im allgemeinen dadurch eine Grenze gesetzt, daß ja trotz entgegengesetzter Gesamtladungen beide sich vereinigenden Atome von durchwegs negativen Schalen umgeben sind, die wegen der gegenseitigen Abstoßung einer völligen Durchdringung der beiden entgegengesetzten Atome im Wege stehen. Zumal wegen der raschen und regelmäßigen Umläufe der Schalen werden deren Ladungen so wirken, als ob sie gleichmäßig über die ganze Schalenfläche verteilt wären. In grober Annäherung wird man sich daher eine Molekel als ein symmetrisches Aggregat von einander berührenden Kugeln denken können, die die einzelnen zu der Molekel vereinigten Atome darstellen und die eben durch elektrostatische Kräfte zusammengehalten werden. Dabei wird man sich eine Kugel um so größer denken können, je größer die Zahl der Atomschalen ist, einer je höheren Periode also der Grundstoff angehört.

Durch diese Annahmen vermag die neue, von KOSSEL im Jahre 1916 begründete Theorie die chemische Affinität auf elektrostatische Kräfte zurückzuführen. Die Kraft, mit der ein ionisiertes Atom ein anderes festzuhalten vermag, ist durch das COULOMBsche Gesetz bestimmt und näherungsweise durch den Ausdruck gegeben

$$K = \frac{n' n'' e^2}{(a_1 + a_2)^2}, \tag{1}$$

wenn n' und n'' die Valenzen der beiden Ionen sind, e das elektrische Elementarquantum und a_1 und a_2 die Radien der beiden kugelförmig gedachten Atome. Diese Kraft stellt ein Maß dar für die chemische Verwandtschaft, für die Affinität, die die beiden Grundstoffe zueinander besitzen. Da nun einer höheren Periode des periodischen Systems innerhalb derselben Gruppe ein größerer Atomradius entspricht, so ergibt sich aus der Gl. 1 sogleich der folgende wichtige Satz: Die Affinität der Grundstoffe zu einem bestimmten Element nimmt innerhalb einer Periode mit wachsender Valenz zu; innerhalb derselben Gruppe des periodischen Systems entspricht der höheren Periode eine geringere Affinität. Hat aber nun derart ein Grundstoff A zu einem anderen Grundstoffe C eine größere Affinität als ein Grundstoff B, dann wird A imstande sein, B aus seinen Verbindungen mit C zu verdrängen.

Unter allen Ionen nimmt nun das des Wasserstoffs, weil es nur aus einem einzigen positiven Elektron besteht, eine singuläre Stellung ein. Denn sein Radius ist viel kleiner als der eines negativen Elektrons, während umgekehrt die Radien aller anderen Ionen viel größer sind, weil ja in ihnen negative Elektronen um den Kern kreisen. Nach Gl. 1 müssen daher Wasserstoffionen ganz besonders fest an den Ionen der anderen Grundstoffe haften.

Unter den Wasserstoffverbindungen ist für den Chemiker wiederum weitaus am wichtigsten die des Sauerstoffs, nämlich das Wasser (H_2O). Über das Verhalten anderer Wasserstoffverbindungen gegenüber dem Wasser gibt aber nun der vorhin angegebene Satz Aufschluß. Das zweiwertige Sauerstoffion muß danach Wasserstoffionen all den Molekeln entziehen, in denen der Wasserstoff mit solchen Elementen verbunden ist, die keine höhere als eine zweifache negative Valenz haben und die keiner höheren Periode angehören als der Sauerstoff selbst. Aus der Anordnung des periodischen Systems (vgl. Tab. II) erkennt man somit, daß durch den Sauerstoff Wasserstoffionen entzogen werden müssen den Wasserstoffverbindungen aller einwertigen Halogene (HF, HCl, HBr, HJ), ferner auch den Wasserstoffverbindungen von Schwefel, Selen und Tellur (H_2S, H_2Se, H_2Te). In der Tat geben die genannten Verbindungen in wässeriger Lösung Wasserstoffionen ab, sie sind sogenannte Säuren.[1] Umgekehrt müßte der Stickstoff, weil

[1] Die Abspaltung von H-Ionen in wässeriger Lösung gilt eben als Definition der Säuren.

er derselben Periode wie der Sauerstoff angehört, aber dreiwertig ist, imstande sein, der Wassermolekel ein Wasserstoffion zu entreißen und an sich zu fesseln. Durch Abspaltung des H-Ions müßte sich aber die früher neutrale Wassermolekel in ein negatives OH-Ion verwandeln. Substanzen, die in wässeriger Lösung OH-Ionen erzeugen, werden aber nun als Basen bezeichnet, und in der Tat ist der Ammoniak NH_3 eine starke Basis.[2]

Ein ganz besonders starkes Bindungsvermögen muß auch der vierten Gruppe des periodischen Systems zugeschrieben werden, um so mehr, als ja diese sowohl positiv als auch negativ vierwertig ist; und unter den Elementen dieser Gruppe muß wiederum der Kohlenstoff die stärkste Affinität zeigen, weil er der niedrigsten Periode angehört. Dadurch erklärt sich die ungeheuere Mannigfaltigkeit der Kohlenstoffverbindungen[3] und die damit zusammenhängende scheinbare Ausnahmestellung des Kohlenstoffs, dem, allerdings nur entfernt, in dieser Hinsicht höchstens das Silicium gleichkommt.

Bisher wurden nur solche Molekeln betrachtet, die durch Bindungen zwischen entgegengesetzt geladenen Ionen gebildet werden; man bezeichnet solche Bindungen als heteropolar. Da aber nun infolge der Existenz von Elektronen die Elektrizität in den Ionen individuell verteilt ist, so können auch zwei neutrale Atome aufeinander eine Anziehungskraft ausüben, wofern entgegengesetzte Elektronen der beiden Atome einander sehr nahe gebracht werden. In solchen Fällen kommt es zu sogenannten homöopolaren Bindungen.

Die wichtigsten Beispiele homöopolarer Bindungen stellen die zwischen Atomen desselben Grundstoffes dar. Im gasförmigen Zustande sind (wie aus der Messung der Gasdichte und dem Avogadroschen Gesetz folgt[4]), die Molekeln des Wasserstoffs, des Stickstoffs, des Sauerstoffs und der Halogene durchwegs zweiatomig, ferner auch die des Selens und des Tellurs. Bei Schwefel wurden neben zweiatomigen achtatomige Molekeln festgestellt, bei Phosphor und Arsen bei nicht zu hohen Temperaturen vieratomige.[5] Bei Kohlenstoff muß man annehmen, daß im festen Aggregatzustand seine Molekeln

[2] Basischen Charakter zeigen übrigens auch, in dieser Reihenfolge abnehmend, PH_3, AsH_3 und SbH_3.

[3] Die Molekeln der Kohlenstoffverbindungen können eine sehr große Zahl von Atomen vereinigen. So besteht z. B. die Rohrzuckermolekel aus 45 Atomen (entsprechend der Formel $C_{12}H_{22}O_{11}$). Eine Molekel des Hämoglobins, des im Blute enthaltenen roten Farbstoffes, setzt sich wahrscheinlich aus 2378 Atomen zusammen, entsprechend der hypothetischen Formel

$$C_{758}H_{1203}N_{195}O_{218}FeS_3 \, .$$

[4] Vgl. § 115.

[5] Bei höherer Temperatur erscheint sowohl der Phosphor- als auch der Arsendampf zweiatomig.

wenigstens zwölfatomig sind.[6] Eine allotrope Modifikation des Sauerstoffs, das Ozon, wird als dreiatomig angenommen.[7] Da jeder Grundstoff sowohl eine positive als auch eine negative Valenz zeigen kann, so besteht allerdings die Möglichkeit, daß Grundstoffmolekeln auch heteropolar zusammengesetzt sind, eine Annahme, die namentlich bei den Grundstoffen naheliegt, die sowohl positiv als auch negativ vierwertig sind. Bei den elektropositiven Metallen haben die Bestimmungen der Dampfdichte durchwegs zu dem Ergebnis geführt, daß bei ihnen eine Molekelbildung nicht stattfindet, daß also, wie man in der üblichen Sprache der Chemie sagt, ihre Molekeln einatomig sind.[8] Daß dies durchwegs auch bei den Edelgasen zutrifft, erscheint bei deren völligen chemischen Trägheit selbstverständlich.

Auch zwischen ganzen Molekeln erscheinen homöopolare Bindungen möglich. Derart erklären sich die sogenannten Komplexverbindungen, bei denen ganze Molekeln aneinander gelagert erscheinen. Es ist z. B. sowohl eine Ammoniakmolekel (NH_3) als auch eine Chlorwasserstoffmolekel (HCl) im ganzen neutral. Gleichwohl vermag aber infolge der von dem Stickstoffion ausgehenden Anziehung die Ammoniakmolekel noch das Wasserstoffion der HCl-Molekel festzuhalten und derart im Salmiak (NH_4Cl) eine Komplexverbindung herzustelllen. Ja die Bindung zwischen den beiden Molekeln ist so fest, daß sich, namentlich auch bei der Elektrolyse, der Salmiak so verhält wie eine Verbindung zwischen einem negativen Chlorion und einem einwertigen Kation NH_4, das als „Ammonium" bezeichnet wird und das in den Verbindungen eine ganz ähnliche Rolle spielt wie die ebenfalls einwertigen Ionen der Alkalimetalle. Ebensowohl wie das Wasserstoffatom der HCl-Molekel kann auch deren Chlor-Atom an einer anderen Molekel angelagert werden.

Als ein besonderer Fall der Molekelbildung muß auch die Kristallbildung angesehen werden. In der Tat stellen ja, wie die Laue-Photogramme beweisen (s. § 75), die Kristalle einzelne Riesenmolekeln dar, in denen aber gleichwohl wegen der völlig regelmäßigen Anordnung in Raumgittern die verschiedenen Atomsorten in sehr einfachen Zahlenverhältnissen miteinander verbunden sind, so daß der Kristallverbindung eine einfache chemische Formel und dementsprechend ein bestimmtes Molekulargewicht zugeschrieben werden können. Das interessante Beispiel eines nur aus einem Grundstoff aufgebauten Kristalls stellt der Diamant dar.

Durch die Elektronentheorie werden der Chemie ganz neue Wege

---

[6] Dies wird daraus geschlossen, daß bei der Oxydation von amorphem Kohlenstoff mit Kaliumpermanganat hauptsächlich Mellitsäure entsteht, die in ihrer Molekel zwölf Kohlenstoffatome enthält.

[7] Wahrscheinlich besteht auch eine vieratomige Sauerstoffmodifikation, die als Oxozon bezeichnet wird.

[8] Derartige Dampfdichtenbestimmungen sind vor allem bei Quecksilber und bei Cadmium gelungen.

der Forschung eröffnet. Das künftige Ziel der theoretischen Chemie wird es sein, aus den Anordnungen der Elektronen in den verschiedenartigen Atomen auf rein mathematischem Wege alle die Konstanten zu berechnen, die das physikalische und das chemische Verhalten der Grundstoffe und der Verbindungen charakterisieren. In dieser Hinsicht bedeutet es einen verheißungsvollen Anfang, daß es (worauf hier nicht näher eingegangen werde) in der Tat bereits BORN und LANDÉ (1918) gelang, die Affinität zwischen Alkalimetallen und Halogenen und später auch die zwischen Zink und Schwefel aus der Struktur der entsprechenden Kristallgitter richtig zu berechnen.

Die modernen Begriffe des Atoms und der Molekel gehen auf DALTON zurück. Im Jahre 1805 entdeckte dieser die wichtige Gesetzmäßigkeit der sogenannten multiplen Proportionen; wie DALTON fand, läßt sich nämlich jedem Grundstoff eine bestimmte, ihn charakterisierende Zahl derart zuordnen, daß die in einer chemischen Verbindung enthaltenen Mengen der Grundstoffe sich untereinander so verhalten wie ganzzahlige Vielfache der für die betreffenden Elemente charakteristischen Zahlen. Dieses Gesetz findet nun, wie schon DALTON erkannte, eine sehr einfache Deutung durch die Annahme, daß die für die Grundstoffe charakteristischen Zahlen nichts anderes darstellen als die relativen Gewichte ihrer Atome und daß sich eben die Molekeln aus den Atomen der chemisch verbundenen Grundstoffe aufbauen.

Schon in dem zweiten Jahrzehnt des 19. Jahrhunderts entwickelte BERZELIUS eine Theorie, die die zwischen den Atomen wirksamen chemischen Kräfte auf elektrostatische zurückzuführen suchte.[9] Nachdem sich die Theorie von BERZELIUS durch einige Jahrzehnte behauptet hatte, trat sie allmählich ganz in den Hintergrund, weil zuviel Verbindungen bekannt wurden, die sich nach der BERZELIUSschen Theorie nicht erklären ließen. Das war nicht nur der Fall bei den homöopolaren Bindungen, sondern auch bei den Komplexverbindungen, und auch in der immer mächtiger werdenden organischen Chemie ließ sich mit der Grundannahme von BERZELIUS nicht viel anfangen. Erst auf der Grundlage der modernen Elektronentheorie war es möglich, in Erneuerung des BERZELIUSschen Grundgedankens eine physikalische Erklärung für die chemischen Valenzkräfte zu erbringen.

§ 95. Die Isotopie.

Die Kernladung eines Atoms ist, wie schon öfter erwähnt wurde, bedingt durch die Differenz zwischen den im Kerne enthaltenen positiven und negativen Elektronen. Das Atomgewicht hängt hingegen nur

[9] BERZELIUS dachte sich die Atome aller Elemente ursprünglich polar, jedoch mit zwei ungleich starken Polen. Danach sollen sich die Grundstoffe, je nachdem,

von der Gesamtzahl der positiven Elektronen ab. Es können daher zwei Atome bei gleicher Kernladung gleichwohl verschiedene Masse haben. Die Grundstoffe, denen diese Atome angehören, müßten demnach bei gleicher Stellung im periodischen System, also bei gleichen chemischen Eigenschaften, ein verschiedenes Atomgewicht aufweisen.[1] Derartige Stoffe nennt man isotop[2]; und die Gesamtheit aller isotopen Elemente mit gleicher Kernladungszahl bezeichnet man als eine Plejade.[3] Da ein Grundstoff um so häufiger ist, je größer seine Lebensdauer (also seine Halbierungszeit[4]) ist, so kann als der Hauptrepräsentant einer Plejade deren längstlebiges Glied angesehen werden, nach dem man auch die Plejade zu benennen pflegt.

Isotope Elemente zeigen fast dasselbe chemische und physikalische Verhalten. Sie haben nahezu dasselbe optische Spektrum[5], sie haben dasselbe Röntgenspektrum[6], sie haben denselben Schmelzpunkt, dieselbe magnetische Suszeptibilität; die Lösungen ihrer Salze haben denselben Brechungsindex usw. Verschieden sind nur solche Eigenschaften, die durch die Kernmasse bedingt sind, wie die Dichte und die spezifische Ladung der Ionen. Durch chemische Methoden können daher isotope Elemente nicht voneinander getrennt werden.[7] Dadurch erklärt sich das Auftreten von sogenannten Mischelementen, die ein Gemenge isotoper Grundstoffe darstellen. Wegen der völligen Übereinstimmung in dem Verhalten seiner Bestandteile erscheint eben ein solches Gemenge wie ein einheitlicher Stoff.

---

welche Elektrizitätsart und in welchem Grade sie vorwaltet, in eine Reihe ordnen lassen. Die chemische Verwandtschaft soll aber um so inniger sein, je weiter zwei Grundstoffe in dieser Reihe voneinander abstehen.

[1] Umgekehrt können natürlich auch Stoffe von gleichem Atomgewicht ganz verschiedenes chemisches Verhalten zeigen. Es nehmen z. B. Radium D und Radium F bei gleichem Atomgewicht (210) verschiedene Stellen im periodischen System ein und zeigen auch ein ganz verschiedenes chemisches Verhalten.

[2] Isos topos heißt auf griechisch die gleiche Stelle.

[3] Plejade ist das griechische Wort für Vielheit.

[4] S. § 76.

[5] Vergl. jedoch des Verf. Aufsatz: Rotationsspektrum und Isotopie, Zeitschr. f. Physik, 1921.

[6] Es zeigt sich nicht der geringste Unterschied zwischen den L-Serien von gewöhnlichem Blei und Radiumblei.

[7] Daher kommt es auch, daß viele Elemente eine scheinbare starke Radioaktivität zeigen, die aber in Wirklichkeit gar nicht von ihnen selbst herrührt, sondern von ihnen beigemengten und von ihnen nicht abtrennbaren isotopen Elementen, die ihrerseits eine geringe Lebensdauer haben. Die Aktivität des Bleis, das aus Uranmineralien abgeschieden wird, rührt z. B. daher, daß mit dem Blei (und von ihm nicht trennbar) Radium D verbunden ist. Nur solche radioaktive Elemente konnten isoliert werden, die selbständige Hauptvertreter einer Plejade sind, nämlich das Radium, die Emanation, das Polonium, das Actinium und schließlich das Protactinium. Die anderen Radioelemente sind isotop mit den eben genannten Grundstoffen oder mit den bereits früher bekannt gewesenen Metallen Wismut, Blei und Thallium und konnten darum von diesen nicht getrennt werden.

Eine Zerlegung oder wenigstens eine Analyse von Mischelementen erscheint jedoch durch Methoden möglich, die sich auf die Verschiedenheit der Dichte oder der spezifischen Ladung der Ionen gründen. So erscheint es möglich, ein Gas, das ein Mischelement darstellt, durch fraktionierte Diffusion zu zerlegen, weil bei gegebener Temperatur die Diffusionsgeschwindigkeit nur von dem Molekulargewicht abhängt. Auch durch fraktionierte Verdampfung erscheint eine Zerlegung möglich. Als besonders wertvoll erwies sich aber für die Untersuchung von Mischelementen die von J. J. Thomson begründete und vor allem durch Aston ausgebildete Kanalstrahlenanalyse.

Die Kanalstrahlen, die aus positiv elektrischen Gasionen bestehen, werden, wie in einem früheren Abschnitte (§ 69) dargelegt wurde, sowohl in einem elektrischen als auch in einem magnetischen Felde abgelenkt und beschreiben infolgedessen bei geeigneter gegenseitiger Stellung der beiden Felder Parabeln. Die Größe der Ablenkung erscheint durch die spezifische Ladung bestimmt, wegen der Konstanz der Ladung also durch die Masse der Gasionen. Bei passender Versuchsanordnung kann daher die Masse auf Grund photographischer Ausmessungen ermittelt werden. Wenn nun die Gasionen nicht durchwegs die gleiche Masse haben, weil das Gas ein Mischelement ist, dann müssen die vermengten isotopen Elemente getrennte Parabeln ergeben, wobei es wiederum durch Ausmessungen möglich sein muß, die Atomgewichte der vermengten isotopen Elemente zu ermitteln.

Fälle von Isotopie wurden zuerst bei dem Blei festgestellt. Man fand, daß Blei verschiedenes Atomgewicht hat, je nachdem, ob es sich um gewöhnliches Blei handelt oder um solches, das aus Uranmineralien, oder schließlich um solches, das aus Thoriummineralien gewonnen ist. Für diese drei verschiedenen Bleisorten, das „gewöhnliche“ Blei, das Radiumblei und das Thoriumblei ergaben sich die verschiedenen Atomgewichte 207, 206 und 208.[8] Zu der Bleiplejade gehören überdies noch weitere radioaktive Umwandlungsprodukte, die in ihren Atomgewichten bis um acht Einheiten verschieden sind.[9] Ebenso zahlreich wie die Bleiplejade ist auch die Poloniumplejade.[10] Es wurden überhaupt für alle bekannten Stellen des periodischen Systems von der dem Thallium zukommenden Ordnungszahl 81 an Plejaden festgestellt. So entspricht z. B. der Ordnungszahl 86 die Plejade der Emanationen, nämlich Radiumemanation als längstlebiges Glied, Thorium- und Actiniumemanation mit den Atomgewichten 222, 220 und 218. Eine interessante Plejade stellen auch

[8] Genauer 207,2; 206; 207,9.

[9] Es sind dies Ac D mit demselben Atomgewicht wie Radiumblei (206), Ra D und Ac B mit dem Atomgewicht 210, Th B mit dem Atomgewicht 212 und Ra B mit dem Atomgewicht 214 (s. § 96).

[10] Die Glieder der Po-Plejade sind Po, Ac C′, Th C′, Ra C′, Ac A, Th A und Ra A (s. § 96).

die beiden isotopen Elemente Uran I und Uran II dar mit den Atomgewichten 238 und 234. Uran I ist viel längerlebig als Uran II, so daß dieses auch nur in einem sehr geringen Verhältnis von weniger als ein Tausendstel dem Uran I beigemischt ist. Umgekehrt ist daher das Uran II viel radioaktiver als Uran I. Daß Uran ein Mischelement ist, geht übrigens auch schon aus der Tatsache hervor, daß es, wie sich zeigte, zwei Arten von α-Strahlen mit verschiedener Reichweite aussendet. Eine dreifache Plejade füllt auch die vorletzte Stelle des periodischen Systems (Nr. 91) aus, neben einem sehr kurzlebigen und darum Brevium genannten Elemente auch das später entdeckte langlebige Protactinium und das Uran-Z.[11][12]

Mittels der Kanalstrahlanalyse haben zunächst J. J. Thomson und Aston den Nachweis erbracht, daß das in der Atmosphäre enthaltene Edelgas Neon, dessen Atomgewicht zu 20,2 ermittelt worden war, ein Mischelement darstellt und aus zwei isotopen Elementen mit den Atomgewichten 20 und 22 zusammengesetzt ist.[13] Im Jahre 1919 konnte Aston auch den höchst bedeutungsvollen Nachweis erbringen, daß das Gas Chlor, bei dem bis dahin ein wegen seiner starken Abweichung von der Ganzzahligkeit auffallendes Atomgewicht von 35,45 angenommen worden war, ein Gemisch zweier isotoper Gase mit den ganzzahligen Atomgewichten 35 und 37 darstellt.[14] Im Krypton, dessen Atomgewicht früher zu 82,92 angegeben wurde, wurden mindestens sechs Isotope festgestellt mit den Atomgewichten 78, 80, 82, 83, 84 und 86; im Xenon (sogenanntes Atomgewicht 130,2) fünf Isotope mit den vermutlichen Atomgewichten 128, 130, 131, 133 und 135. Auch im Quecksilberdampf wurde durch Kanalstrahlanalyse Isotopie entdeckt. Neben dem Hauptrepräsentanten vom Atomgewicht 202 konnte in geringerer Menge eine Quecksilberart vom Atomgewicht 204 und ferner, einstweilen noch unzerlegt, eine Mischung isotoper Elemente mit Atomgewichten zwischen 197 und 200 festgestellt werden. Nach den neuesten Versuchen von Aston ist auch das Bor (10,9) ein Gemisch zweier Isotope

---

[11] Die aus vielen Gründen besonders interessante Entdeckung des Protactiniums gelang 1919 Otto Hahn und Lise Meitner, die des UZ 1921 Hahn.

[12] Die anderen Plejaden sind die des Thalliums (Tl, Ac C″, Th C″, Ra C″), die des Wismuts (Bi, Ra A, Ac C, Th C, Ra C), die des Radiums (Ra, Ac X, Th X, $MsTh_1$), die des Actiniums (Ac, $MsTh_2$), sowie schließlich die des Thoriums (Th, Rd Ac, Rd Th, Ionium, UY, UX_1). Innerhalb einer Plejade nimmt, worauf Fajans aufmerksam machte, mit abnehmendem Atomgewicht die Lebensdauer der α-strahlenden Stoffe ab, während die der β-strahlenden Grundstoffe mit abnehmendem Atomgewicht innerhalb einer Plejade zunimmt. Die einzige Ausnahme stellt das α-strahlende Polonium dar, das innerhalb seiner Plejade bei kleinstem Atomgewicht die größte Lebensdauer hat.

[13] Möglicherweise gibt es noch eine dritte Neonart vom Atomgewicht 21.

[14] Die scheinbar durchwegs gleichmäßige Vermischung der beiden Chlorelemente (die sich eben in der Konstanz der Zahl 35,45 äußert) wird am ehesten durch den ursprünglich gasförmigen Zustand der Erde erklärt.

mit den Atomgewichten 10 und 11 und das Brom (79,92) eines von zwei in etwa gleicher Menge vorhandenen Isotopen mit den Atomgewichten 79 und 81. Bei Wasserstoff, Helium, Kohlenstoff, Stickstoff, Sauerstoff, Fluor, Phosphor und Arsen ergaben die Kanalstrahlversuche keinerlei Anhaltspunkte für das Vorhandensein von Isotopie, ebensowenig bei Wasserstoff und Sauerstoff sehr sorgfältig angestellte Separationsversuche, die sich auf die Methode der fraktionierten Diffusion gründeten.[15]

§ 96. Das Verschiebungsgesetz der Grundstoffverwandlungen.

Wenn die positive Elektrizität des Atoms durchwegs im Atomkern enthalten ist und wenn, wie experimentell erwiesen ist, die α-Strahlen aus trägen, positiv geladenen Teilchen bestehen[1], dann muß durch α-Strahlung eines Atoms seine Kernladung vermindert, der chemische Charakter des Stoffes also geändert werden. Es wird also nicht nur, da die α-Teilchen eine träge Masse von vier Wasserstoff-Atommassen haben, durch α-Strahlung das Atomgewicht um vier Einheiten herabgesetzt: es wird auch, da die α-Teilchen mit je zwei positiven Elementarquanten geladen sind, die chemische Ordnungszahl um zwei erniedrigt. Der Platz des neu gebildeten Elementes erscheint gegenüber dem des umgewandelten um zwei Stellen nach links verschoben.

Die β-Strahlen bestehen aus negativen Elektronen. Wofern sie aus dem Atomkern stammen, so erhöht sich durch Aussendung eines mit einem negativen Elementarquantum geladenen β-Teilchens die positive Kernladung um ein Elementarquantum, die Ordnungszahl wird also um Eins erhöht. Umgekehrt müssen wir, da durch β-Ausstrahlung der chemische Charakter stets geändert wird, daraus schließen, daß die die β-Strahlen zusammensetzenden negativen Elektronen tatsächlich aus dem Atomkern selbst stammen. Da die Masse der negativen Elektronen recht klein ist gegenüber der Masse eines Wasserstoffatoms, so wird durch β-Strahlung eine merkliche Änderung des Atomgewichtes nicht herbeigeführt.

Unterscheiden wir bei den Grundstoffverwandlungen α- und β-Umwandlungen, so gilt somit folgendes wichtige Verschiebungsgesetz: Eine α-Umwandlung verschiebt den Grundstoff im periodischen System um zwei Stellen nach links[2] bei gleichzeitiger Verminderung des Atomgewichtes um vier Einheiten; eine β-Umwandlung verschiebt den Grundstoff um eine Stelle nach rechts ohne eine

[15] Diese Versuche wurden von STERN und VOLMER angestellt; Ann. d. Phys. 59, 1919, S. 225.

[1] S. § 76.

[2] Eine Verschiebung um sechs Stellen nach links ist dabei im Sinne des periodischen Systems (Tab. II) natürlich gleichbedeutend mit einer Verschiebung um zwei Stellen nach rechts.

merkliche Änderung des Atomgewichts. Dieses Gesetz ist bereits im Jahre 1913 von Fajans und, unabhängig von ihm, auch von Soddy aufgestellt worden. Es brachte die bis dahin vermißte Klarheit in die Lehre von den radioaktiven Umwandlungen; es ermöglichte es den Forschern, den chemischen Charakter aller Umwandlungsprodukte zu bestimmen, vorhandene Lücken auszufüllen, und es führte schließlich auch zu der Entdeckung neuer Radioelemente.[3]

Tabelle III.

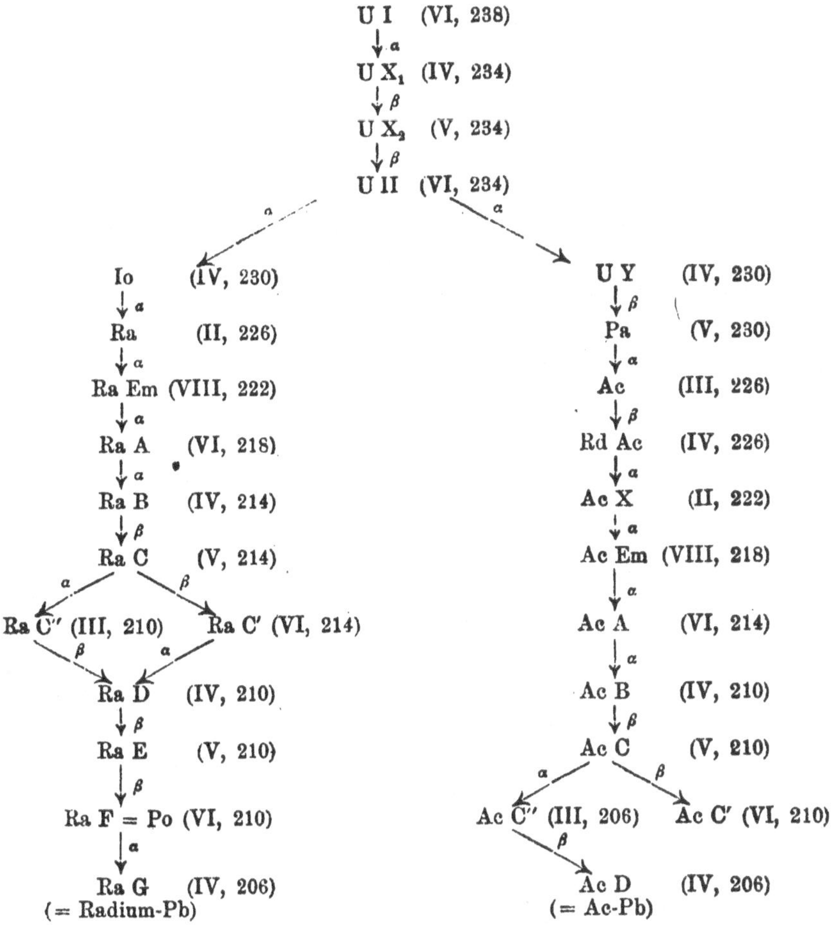

Die Physik kennt heute zwei zusammenhängende Umwandlungsreihen von Elementen. Die eine Reihe geht von dem Uran aus und teilt sich in ihrem weiteren Verlaufe in die Radium- und in

[3] Es waren dies vor allem Uran X_2 und Protactinium.

die **Actiniumreihe.** Die Ausgangssubstanz der anderen Reihe ist das **Thorium.**

Die **Uranreihe** ist durch Tabelle III dargestellt, in der neben dem chemischen Symbol des Radioelementes[4] eingeklammert seine Gruppennummer (in bezug auf die Vertikalreihen der Tabelle II) und sein Atomgewicht verzeichnet sind.[5] Aus der Tabelle kann man auch ohne weiteres die empirische Bestätigung der Verschiebungssätze ablesen. Radium geht beispielsweise aus dem Uran I durch drei α-Umwandlungen und zwei β-Umwandlungen hervor, und erscheint in der Tat um $(3 \times 2 - 2)$ oder vier Reihen gegenüber dem Uran nach links verschoben, bei einer Verminderung des Atomgewichtes um zwölf Einheiten. Die Emanation erscheint wiederum gegenüber dem Radium, aus dem sie durch eine α-Umwandlung hervorgeht, um zwei Stellen nach links oder, was dasselbe ist, um sechs Stellen nach rechts verschoben. In der Tat hat die Emanation die Eigenschaften eines Edelgases, während das Radium den chemischen Charakter der alkalischen Erden aufweist. Das Radiumblei geht aus dem Radium durch fünf α- und vier β-Umwandlungen hervor. Es erscheint in der Tat gegenüber dem Radium um $(5 \times 2 - 4)$, also um sechs Stellen nach links verschoben, aus der zweiten in die vierte Gruppe; die Differenz der Atomgewichte beträgt fünfmal vier oder zwanzig. Bemerkenswert ist auch, daß aus einem Element durch eine α- und zwei β-Umwandlungen ein ihm isotopes Element hervorgehen muß. Auf diese Weise bildet sich aus Uran I das ihm isotope Metall Uran II.

Von besonderem Interesse sind schließlich die **Verzweigungen der Umwandlungsreihe.** Von Radium-C verwandelt sich nur ein geringer Bruchteil der Atome, etwa nur 0.04 %, in Radium-C″, während die überwiegende Mehrheit die Umwandlung in Ra-C′ erfährt. Eine andere Verzweigung findet bei dem Ac C statt. Hypothetisch und empirisch einstweilen noch nicht sichergestellt ist die merkwürdige Verzweigung bei dem Uran II, bei dem, wie man aus verschiedenen Gründen schließen muß, durch verschiedene α-Umwandlungen einerseits das Ionium, andererseits das mit diesem in der Ordnungszahl und im Atomgewicht übereinstimmende Uran Y entsteht.[6] [7]

[4] Die Abkürzungen bedeuten (abgesehen von den aus Tab. I ersichtlichen Symbolen): Io = Ionium, Rd = Radio.

[5] Manche Zusammenhänge der Tabelle III sind allerdings einstweilen noch nicht empirisch sichergestellt, sondern müssen nur aus theoretischen Gründen vermutet werden.

[6] Vgl. jedoch § 97, Anm. 1.

[7] Der Vollständigkeit halber sei auch noch die **Umwandlungsreihe des Thoriums** mitgeteilt, nämlich

$$\text{Th} \xrightarrow{\alpha} \text{Ms Th}_1 \xrightarrow{\beta} \text{Ms Th}_2 \xrightarrow{\beta} \text{Rd Th} \xrightarrow{\alpha} \text{Th X} \xrightarrow{\alpha} \text{Th Em} \xrightarrow{\alpha} \text{Th A} \xrightarrow{\alpha}$$

$$\text{Th B} \xrightarrow{\beta} \text{Th C} \begin{cases} \xrightarrow{\alpha} \text{Th C}'' \\ \xrightarrow{\beta} \text{Th C}' \xrightarrow{\alpha} \text{Th D} \end{cases}$$

Über das Blei hinaus konnten die Umwandlungsreihen bisher noch nicht weiter verfolgt werden, obwohl kaum anzunehmen ist, daß sie mit dem Blei tatsächlich enden. Nur in zwei Fällen ist bisher auch bei Elementen von niedrigerer Ordnungszahl als der des Bleies Radioaktivität festgestellt worden, nämlich bei den beiden Alkalimetallen Kalium und Rubidium, die beide β-Strahler sind und sich daher nach dem Verschiebungssatz in Isotope von Calcium und Strontium umwandeln müßten.

§ 97. Zerlegung und Struktur der Grundstoffkerne.

Aus der Tatsache der radioaktiven Strahlung geht deutlich hervor, daß sich die Atomkerne aus positiven α-Teilchen und negativen β-Teilchen aufbauen müssen. Indessen zeigt schon die Betrachtung der Atomgewichte, daß diese beiden Arten von Partikeln unmöglich die einzigen Bestandteile der Grundstoffkerne darstellen können. Denn da die β-Teilchen zum Atomgewicht nichts beitragen, so müßten ja sonst alle Atomgewichte Vielfache von vier sein, was aber keineswegs der Fall ist.

Bei der radioaktiven Strahlung ist nun der Nachweis solcher positiver Strahlen, die, wie zu erwarten wäre, aus positiven Elektronen, also aus Wasserstoffkernen, zusammengesetzt wären, bisher nicht gelungen. Hingegen gelang dieser wichtige Nachweis im Jahre 1919 Rutherford durch ein Experiment, dem auch schon aus einem anderen Grunde die allergrößte Bedeutung zukommt; denn hierbei gelang zum ersten Male auf künstlichem Wege die Zerlegung eines einfacheren Grundstoffkernes, während bis dahin eine Kernzerlegung nur als spontan verlaufender und in keiner Weise beeinflußbarer Vorgang bei den komplizierten Kernen der sogenannten Radioelemente beobachtet worden war.

Die Grundlage der Rutherfordschen Entdeckung bildeten Beobachtungen über den Durchgang von Alphastrahlen durch Gase. Wenn ein α-Teilchen mit einem Atomkerne des durchquerten Gases zusammenstößt, so erfährt nicht allein das α-Teilchen eine Ablenkung; nach dem dritten Newtonschen Bewegungsgesetz muß auch der Atomkern einen Rückstoß erfahren, und er wird dadurch natürlich um so

---

Das Symbol Ms Th bedeutet Mesothorium, das Symbol Rd Th bedeutet Radiothorium. Th D wird auch als Thoriumblei bezeichnet. Es gehört ebenso wie das Thorium der vierten Gruppe des periodischen Systems an. In der Tat geht es ja aus dem Thorium durch sechs α- und vier β-Umwandlungen hervor. $(6\times 2)-4$ ist aber acht, so daß in Übereinstimmung mit dem Verschiebungsgesetz im periodischen System Thoriumblei gerade über Thorium stehen muß. Der Unterschied im Atomgewicht beträgt, wie es das Verschiebungsgesetz verlangt, 24; Thorium hat das Atomgewicht 232, Thoriumblei aber 208. Bei dem Th C verzweigt sich die Umwandlungsreihe, indem etwa 35% der Atome die α-Umwandlung erfahren, während die übrigen 65% die β-Umwandlung durchmachen.

weiter geschleudert, je leichter er ist. Als daher MARSDEN α-Strahlen durch Wasserstoff hindurchsandte, konnte er Szintillationen (s. § 76) noch auf einem Zinksulfidschirme nachweisen, der um mehr als 80 cm von der Quelle der α-Strahlen entfernt war, obwohl die Reichweite der α-Strahlen selbst nur 24 cm betrug. RUTHERFORD hat später auf experimentellem Wege gezeigt, daß die Teilchen dieser so weit reichenden Strahlen in der Tat dieselbe spezifische Ladung haben wie die positiven Elektronen, also wie die Wasserstoffkerne. Nach dem chemischen Symbol des Wasserstoffes werden diese weitreichenden Strahlen als H-Strahlen bezeichnet.

Bald nach der Entdeckung der H-Strahlen machte nun MARSDEN in Gemeinschaft mit LANTSBERRY die überraschende Wahrnehmung, daß ein mit Radium-C überzogenes Nickelblech durch gewöhnliche Luft hindurch Szintillationen in einer Entfernung erregen konnte, die weit größer war als die Reichweite der von dem Radium-C emittierten α-Strahlen. Als RUTHERFORD diese zunächst rätselhafte Erscheinung weiter verfolgte, machte er nun die wichtige Entdeckung, daß die Zahl der Szintillationen von der Substanz abhing, die den Raum zwischen dem α-Strahler und dem Leuchtschirm ausfüllte. Die Szintillationen blieben aus, wenn der Zwischenraum leer oder anstatt mit Luft mit Kohlensäure oder mit Sauerstoff erfüllt war. Hingegen stieg die Zahl der Szintillationen, als RUTHERFORD die Luft durch reinen Stickstoff ersetzte.

Diese Tatsache führte RUTHERFORD im Jahre 1919 zu dem Schluß, daß die Teilchen der weitreichenden Strahlen nur von einer Zertrümmerung der Stickstoffkerne herrühren können. Vermittelst der α-Strahlen gelingt eben diese Zertrümmerung auf künstlichem Wege, während bei den radioaktiven Erscheinungen der Zerfall der Atome spontan erfolgt.

Die nähere Untersuchung der weitreichenden, durch die Zertrümmerung der Stickstoffkerne entstehenden Strahlen führte RUTHERFORD im Jahre 1920 zu der wichtigen Entdeckung, daß diese Strahlen von zweierlei Art sind. Einerseits entstehen Strahlen, die aus Wasserstoffkernen zusammengesetzt sind; andererseits aber Strahlen, deren Teilchen eine Ladung von zwei Elementarquanten und eine Masse von drei Wasserstoff-Atommassen haben, die also die Kerne eines mit dem Helium isotopen noch unbekannten Grundstoffes darstellen würden; dieser wird einstweilen als X_3 bezeichnet.[1] Danach muß also angenommen werden, daß der Stickstoffkern aus Wasserstoffkernen und aus X_3-Kernen aufgebaut ist, vielleicht, wie aus dem Atomgewicht 14 ge-

[1] STEFAN MEYER stellte die Hypothese auf, daß die Umwandlung, die von dem Uran II zu dem Uran-Y führt (s. Tab. III) gar nicht, wie stets angenommen worden war, eine Alpha- sondern eine X_3-Umwandlung sei, durch die wohl auch die Ordnungszahl um zwei vermindert, das Atomgewicht aber nur um drei erniedrigt würde.

schlossen werden kann, aus vier X_3- und aus zwei Wasserstoffkernen.[2] Da auch aus Sauerstoff X_3-Strahlen frei werden, so ist offenbar die frühere Ansicht nicht länger aufrecht zu erhalten, daß der Sauerstoffkern, wie sein Atomgewicht 16 und seine Kernladungszahl 8 vermuten ließen, einfach aus vier α-Teilchen zusammengesetzt sei.

Aus den Versuchen von RUTHERFORD geht ebenso wie aus den Erscheinungen der Radioaktivität hervor, daß sich die Grundstoffkerne aus den Kernen der einfachsten Elemente (H, X_3, He) als den eigentlichen Bausteinen zusammensetzen, zwischen denen einzelne negative Elektronen die Bindungen bewirken können.[3] Letzten Endes erscheint der Aufbau der Materie begründet durch die Existenz von vier Elementarquanten: denen der Elektrizität, der Wirkung und den beiden der Masse (positive und negative Elektronen). Aus dem Prinzip der Quantelung des Drehimpulses folgt, wie gezeigt wurde[4], daß für die Bahnen positiver Elektronen die Lineardimensionen von etwa 10^{-12} cm, für die Bahnen negativer Elektronen aber die Lineardimension von etwa 10^{-9} cm charakteristisch sind. Dadurch ergibt sich die Möglichkeit der Bildung von Elektronenaggregaten von der Lineardimension von etwa 10^{-12} cm, bei denen die negativen Elektronen ruhen, die positiven aber kreisen. Diese Aggregate würden die Kerne der einfachsten Grundstoffe, die Urkerne, darstellen. Durch Bindungen zwischen solchen Aggregaten (ähnlich den molekularen Bindungen)[5] setzen sich offenbar die komplizierteren Grundstoffkerne zusammen. Die Mannigfaltigkeit der Kernladungszahl führt zu der Mannigfaltigkeit der Grundstoffe, während die Möglichkeit verschiedener Elektronenzahl bei gleicher Kernladung die Erscheinung der Isotopie bedingt.

Wenn nun die so gebildeten Aggregate von den Lineardimensionen von etwa 10^{-12} cm eine von Null verschiedene Gesamtladung aufweisen, so werden sie infolge der von ihnen ausgehenden elektrostatischen Anziehung sich zu neutralisieren trachten; und wenn die Gesamtladung positiv ist, dann müßte die vollständige oder partielle Neutralisierung erfolgen durch Angliederung von negativen Elektronen, die sich, in Distanzen von etwa 10^{-9} cm kreisend, anfügen würden. In diesem Falle erweitert sich der Grundstoffkern durch Schalenbildung zum Atom.

Danach wären die Atomgewichte der Actiniumreihe von Uran-Y bis Ac-D um je eins zu erniedrigen, und in der Tat ist ja auch für das Actinium ein Atomgewicht von 227 festgestellt worden. Nach der Hypothese von STEFAN MEYER (Zeitschr. f. physikal. Chemie 1920, S. 433) gäbe es dann auch nicht mehr Isotope mit gleichem Atomgewicht.

[2] Und überdies aus einzelnen negativen Elektronen, da ja die Kernladungszahl 7 beträgt.

[3] Dies muß daraus geschlossen werden, daß durch β-Strahlung der chemische Charakter eines Radioelementes verändert wird (s. § 96).

[4] §§ 79, 83, 90.

[5] Unter Teilnahme einzelner negativer Elektronen.

Weil aber nun die Schalen nur bei ganz bestimmten Besetzungszahlen stabil sein können, so wird im allgemeinen die Zahl der den Kern umkreisenden negativen Elektronen der Kernladungszahl nicht gleich, die Neutralisierung also nur unvollständig sein. Die so entstandenen Atome werden wiederum eine Gesamtladung aufweisen, die eben dann durch Molekelbildung neutralisiert wird.

In dem Aufbau der Materie sind somit vier Stufen zu unterscheiden: die Bildung der Urkerne, die Vereinigung der Urkerne zu den Grundstoffkernen, deren Ergänzung zu Atomen durch Schalenbildung und schließlich die Zusammenfügung der Atome zu den Molekeln.

XIII. Kapitel.

Statistik.

§ 98. Die statistische Wahrscheinlichkeit.

Indem die theoretische Physik das Objekt des physikalischen Geschehens, die sogenannte Materie, in eine Gesamtheit von Individuen auflöst, gewinnt sie die Möglichkeit, alle physikalischen Erscheinungen und Zustände mittels der Methode zu untersuchen, die weit über das Gebiet der Physik als statistische Methode bekannt ist. Unter den mannigfachen Arten von Problemen, die die allgemeine Statistik kennt, sind für die Physik von besonderer Wichtigkeit Probleme der folgenden Art. Es sei eine Gesamtheit von Individuen gegeben, und es werde eine bestimmte Eigenschaft der Individuen[1] betrachtet; diese sei exakt beschreibbar durch Angabe von einer bestimmten oder von mehreren bestimmten Größen, die irgendwie nach Intervallen abgestuft werden mögen. Dadurch ergibt sich eine einfache oder mehrfache Vielheit unterscheidbarer Zustände. Es fragt sich dann, wie unter irgendwie gegebenen Bedingungen die Individuen über die verschiedenen Zustände verteilt sind

So stellen z. B. die in einer Großstadt in einem Jahre neu geborenen Kinder eine Gesamtheit von Individuen dar. Eine ihrer vielen Eigenschaften, die betrachtet werden kann, ist ihr Körpergewicht zur Zeit ihrer Geburt. Diese Eigenschaft ist durch je eine einzige Größe beschreibbar, nämlich durch das Gewicht, das verschiedentlich abgestuft werden kann, nach zehntel Kilogrammen oder nach Dekagrammen und so fort. Ein bestimmter Zustand ist dann beispielsweise dargestellt durch ein Körpergewicht zwischen 3,2 und 3,3 kg. Eine andere Eigenschaft der Kinder, zu deren Beschreibung aber je zwei Größen notwendig sind, ist das Alter ihrer Eltern zur Zeit ihrer Geburt. In diesem Falle handelt es sich um eine zweifache Vielheit von Zuständen, indem sowohl das Alter des Vaters als auch das der Mutter, z. B. nach Jahren oder Monaten, abzustufen ist. Ein bestimmter Zustand ist dann etwa derjenige, bei dem das Alter des Vaters in dem Intervall zwischen 33 und 34 Jahren und das der Mutter in dem Intervall zwischen 21 und 22 Jahren liegt. Ein anderes Beispiel einer Verteilung von Individuen

---

[1] D. h. eine unter vielen; bei Menschen z. B. die Körperlänge oder das Alter oder das Vermögen usw.

über Zustände stellt die Verteilung der Bevölkerung eines Landes auf die verschiedenen Stufen des jährlichen Einkommens dar. Die Verteilung ist in diesem Falle an die Bedingung geknüpft, daß, wenn wir die Zahl der Angehörigen einer jeden Einkommenstufe mit der Höhe des Einkommens dieser Stufe multiplizieren und sodann über alle Einkommenstufen summieren, wir das gesamte jährliche Volkseinkommen erhalten müssen.[2]

Von ebenso allgemeiner Natur wie das Problem der individuellen Verteilung sind auch einige Begriffe, zu denen die Behandlung dieses Problems führt. Wir betrachten eine Gesamtheit von N Individuen. Die verschiedenen Zustandsstufen mögen durch Indizes unterschieden werden. N_i sei die Zahl der Individuen, die sich bei einer bestimmten Zustandsverteilung in dem durch den Index i charakterisierten Zustande befinden. Eine bestimmte Zustandsverteilung ist dann beschrieben durch die Zahlen N_1, $N_2 \ldots N_i \ldots$ usw., wobei aber die Bedingung erfüllt sein muß, daß die Summe aller N_i über alle Zustände die Gesamtzahl aller Individuen ergibt. Es muß demnach sein

$$\sum N_i = N. \tag{1}$$

Berücksichtigen wir überflüssigerweise auch noch Zustände, auf die kein Individuum entfällt[3], so ändert sich dadurch natürlich nichts an der Betrachtung, weil für solche Zustände eben die zugehörige Zahl N_i verschwindet.

Eine Zustandsverteilung ist also vollkommen bestimmt, wenn es bekannt ist, wieviel Individuen sich in den einzelnen Zuständen befinden. Welche Individuen es sind, ist dabei gleichgültig. Vertauschen also zwei Individuen verschiedenen Zustandes ihre Zustände, so entsteht dadurch keine neue Zustandsverteilung, weil sich dabei die Zahlen N_1, $N_2 \ldots N_i \ldots$ usw. nicht ändern. Wohl aber entsteht eine neue „Komplexion“. Auf eine bestimmte Zustandsverteilung entfallen daher im allgemeinen viele Komplexionen. Deren Zahl nennt man nun die statistische Wahrscheinlichkeit der betreffenden Zustandsverteilung.

Die statistische Wahrscheinlichkeit, die stets eine ganze positive Zahl sein muß, ist offenbar gegeben durch die Zahl der Permutationen, die mit N Individuen vorgenommen werden können, wobei aber Permutationen dann nicht zu berücksichtigen sind, wenn zwei Individuen vertauscht werden, die sich in demselben Zustande befinden. Die Gesamtzahl aller möglichen Permutationen von x Elementen ist nun $x!$ (in Worten „x-Fakultät“), wobei nach der Definition dieses Symbols

[2] Natürlich nicht mit absoluter Genauigkeit, weil die Intervalle endlich groß gewählt werden.

[3] Dies wäre etwa der Fall, wenn bei dem Körpergewicht der Neugeborenen auch Gewichte unter 1 kg oder über 8 kg berücksichtigt würden.

(2) $$x! = 1 \,.\, 2 \,.\, 3 \,.\, \ldots \,(x-2) \,.\, (x-1) \,.\, x$$

ist. Die Gesamtzahl aller Permutationen von N Individuen ist also $N!$. Die Zahl der Permutationen, die dadurch möglich sind, daß die im ersten Zustand befindlichen Individuen untereinander vertauscht werden, ist $N_1!$ usw. Man erhält somit die statistische Wahrscheinlichkeit einer gegebenen Zustandsverteilung, wenn man $N!$ zunächst dividiert durch $N_1!$, weil ja alle die Kombinationen, die durch Vertauschung von Individuen innerhalb der ersten Untergruppe entstehen, insgesamt doch nur eine einzige Komplexion darstellen (und nicht etwa deren $N_1!$). Dann hat man weiter zu dividieren durch $N_2!$ und so fort. Nennen wir die statistische Wahrscheinlichkeit W, so ist also[4]

(3) $$W = \frac{N!}{N_1!\, N_2! \ldots N_i! \ldots}.$$

Wir wollen noch neue Größen einführen, die durch die Gleichung definiert seien

(4) $$w_i = \frac{N_i}{N}.$$

Die Größe w_i gibt also den Bruchteil der Individuen an, die sich in dem durch den Index i charakterisierten Zustand befinden. Nach Gl. 1 muß

(5) $$\sum w_i = 1$$

sein.

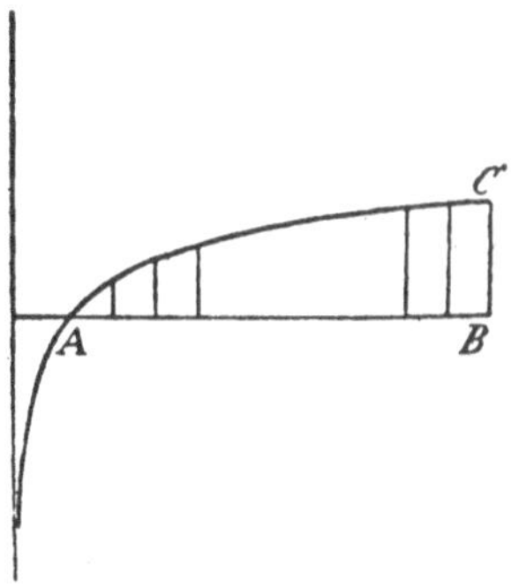

Fig. 64.

Der Ausdruck für die statistische Wahrscheinlichkeit läßt nun eine wesentliche Vereinfachung auf Grund einer leicht ableitbaren mathematischen N ä h e r u n g s f o r m e l zu. Diese Formel betrifft den Logarithmus von $n!$. Wir denken uns unter Benutzung eines x-y-Koordinatensystems die Kurve konstruiert

$$y = \ln x$$

und nun in allen Punkten, deren x-Koordinate g a n z z a h l i g, aber nicht größer als eine ganze Zahl n sei, die zugehörige Ordinate errichtet. Wir erhalten dann (Fig. 64) eine Figur ABC, wobei der Punkt A die

[4] In der Gesamtheit von vier Individuen *a b c c* bilden z. B. die beiden *c* eine Untergruppe von zwei Individuen, weil eine Vertauschung der beiden keine neue Komplexion bewirkt. Die möglichen Komplexionen sind

a b c c	*a c b c*	*a c c b*
b a c c	*b c a c*	*b c c a*
c a b c	*c a c b*	*c b a c*
c b c a	*c c a b*	*c c b a*.

In der Tat ist die Zahl dieser Komplexionen gleich $4!/2!$ oder 12.

Koordinaten $x = 1$, $y = 0$ hat, der Punkt B die Koordinaten $x = n$, $y = 0$ und der Punkt C die Koordinaten $x = n$, $y = \ln n$. Der Flächeninhalt dieser Figur ist

$$F = \int_1^n \ln x \, dx .$$

Die Integration führt man (in bekannter Weise) durch, indem man die Identität benutzt[5]

(6) $$\ln x \, dx = d(x \, . \ln x) - dx .$$

Es wird daher

(7) $$F = n \ln n - n + 1 .$$

Andererseits erscheint der Flächeninhalt der Figur ABC durch die Ordinaten, die in den n Punkten mit ganzzahliger Abszisse errichtet wurden, in lauter Streifen zerlegt. Diese kann man aber, wenn man von den kleineren Werten von x absieht, weil die Logarithmuskurve dann nahezu parallel der x-Achse verläuft, als kleine Rechtecke ansehen. Die Breite dieser Rechtecke ist stets eins, ihre Höhe ist $\ln x$ ($x = 2$ bis n). Die Summe der Flächeninhalte ergibt also unter dieser Annahme

(8) $$\ln 2 + \ln 3 + \ldots + \ln (n-1) + \ln n = \ln [1.2.3 \ldots (n-1) n] = \ln (n!) .$$

Wenn nun n groß ist, so verschwindet der Fehler, der dadurch begangen wird, daß auch für kleine Werte von x die Streifen als Rechtecke angesehen werden. Für große Werte von n können daher die Ausdrücke (7) und (8) einander gleich gesetzt werden. Da für große Werte von n die Zahl eins neben n vernachlässigt werden kann, so gilt somit für große Werte von n die wichtige Näherungsformel[6]

(9) $$\ln (n!) = n \ln n - n .$$

Diese Näherungsformel können wir auch auf die Gl. 3 anwenden, wenn wir annehmen, daß der wesentliche Teil der Individuen sich in Zuständen befindet, auf deren jeden eine größere Zahl von Individuen entfällt. Denn selbst, wenn sich in einem Zustande, dessen Index k sei, nur wenige Individuen befinden, hingegen in einem Zustande, dessen

---

[5] Es ist ja

$$dx = x \frac{1}{x} dx = x \, d(\ln x) .$$

[6] Diese Formel stellt einen Spezialfall einer genaueren Näherungsformel dar, die als die Formel von Stirling bekannt ist (vgl. die Lehrbücher der Wahrscheinlichkeitsrechnung). Nach der Stirlingschen Formel ist

(9 b) $$\ln (n!) = n \ln n - n + \tfrac{1}{2} \ln (2 n \pi) .$$

Diese Formel ist für größere Werte von n ungemein genau; schon für $n = 10$ beträgt der Fehler weniger als 1‰. Die Gl. 9 ist natürlich weniger genau als die Stirlingsche Formel, weil deren letztes Glied fehlt. Dieses wird indessen für große Werte von n, wie man leicht erkennt, ganz unwesentlich.

Index h sei, viele, so kann eben $\ln(N_k!)$ einfach vernachlässigt werden neben $\ln(N_h!)$, weil eben $x!$ mit wachsendem x noch rascher als e^x zunimmt.[7] Wenden wir also die Näherungsformel auf Gl. 3 an, so finden wir

$$\ln W = N \ln N - N - \sum N_i \ln N_i + \sum N_i$$

oder mit Rücksicht auf Gl. 1 und unter Benutzung von Gl. 4

$$\begin{aligned}\ln W &= N \ln N - \sum N w_i (\ln N + \ln w_i) \\ &= N \ln N - N \ln N \sum w_i - N \sum w_i \ln w_i .\end{aligned}$$

Mit Rücksicht auf Gl. 5 ergibt sich so schließlich die einfache Beziehung

$$\ln W = - N \sum w_i \ln w_i . \tag{10}$$

Durch diese Formel ist die statistische Wahrscheinlichkeit bei gegebener Zustandsverteilung bestimmt.

Je größer nun die statistische Wahrscheinlichkeit irgendeiner Verteilung ist, desto größer ist auch die Wahrscheinlichkeit dafür, daß in diese Verteilung eine gegebene Verteilung übergehe. Sind daher A, B, C drei Verteilungen mit den statistischen Wahrscheinlichkeiten W_1, W_2, W_3, wobei $W_2 < W_1 < W_3$ sei, so muß daher der Übergang von A nach C wahrscheinlicher sein als der von A nach B. Da diese Verteilungen aber ganz beliebige sind, so spricht die Wahrscheinlichkeit dafür, daß ein System bei Verteilungsänderungen seine statistische Wahrscheinlichkeit erhöht.

Andererseits ist es aber nun klar, daß es für die statistische Wahrscheinlichkeit eines Systems eine obere Grenze geben muß, weil ja die statistische Wahrscheinlichkeit nach ihrer Definition unmöglich größer sein kann als die Gesamtzahl aller Komplexionen. Diese ist aber, wenn bei N Individuen z Zustände unterschieden werden, durch die N-te Potenz von z gegeben.[8] Kleiner ist natürlich die Zahl der möglichen Komplexionen, wenn die Verteilung an Bedingungen geknüpft ist, die eben nur von einem Teile der Komplexionen erfüllt werden können. Auf alle Fälle gibt es aber eine obere Grenze. Durch

---

[7] Es ist ja

$$\frac{x!}{e^x} = \frac{1}{e} \cdot \frac{2}{e} \cdot \frac{3}{e} \cdots \frac{x-1}{e} \cdot \frac{x}{e} .$$

Von dem dritten Gliede an sind aber bereits alle Faktoren größer als Eins und wachsen ständig.

[8] Hätten wir nämlich nur etwa zwei Individuen, so bestehen für das erste z Zustandsmöglichkeiten. Jeder einzelnen Zustandsmöglichkeit entsprechen aber wiederum weitere z Komplexionen, weil ja auch dann, wenn der Zustand des ersten Individuums festgelegt wurde, noch immer z Zustandsmöglichkeiten für das zweite Individuum bestehen. Die Gesamtzahl aller Komplexionen ist also bei zwei Individuen gegeben durch z^2, allgemein also bei N Individuen durch z^N.

sie ist die wahrscheinlichste Verteilung bestimmt, der das System scheinbar zustrebt und die wegen ihrer besonders großen Komplexionszahl am häufigsten eintritt.[9]

§ 99. Der Verteilungsmodul.

Die wichtigste Bedingung, an die eine Verteilung von Individuen über verschiedene Zustände geknüpft sein kann, ist die folgende. Das System besitze von einer Größe eine gewisse Quantität B, die gleich sei der Summe der Teilbeträge, die hiervon auf die einzelnen Individuen entfallen. Der Teilbetrag des einzelnen Individuums hänge einerseits davon ab, in welchem Zustande sich das Individuum befinde, ferner aber auch von Größen, die in einem Augenblick für alle Individuen des Systems dieselben seien und die als die Parameter des Systems bezeichnet werden mögen. Nennen wir diese, deren Zahl r sei, $u_1, u_2 \ldots u_r$ und bezeichnen wir mit β_i den Teilbetrag, der einem Individuum in dem durch den Index i charakterisierten, ganz bestimmten Zustande zukommt, dann ist also β_i nur eine Funktion der Parameter; es ist

(1) $$\beta_i = f_i(u_1, u_2 \ldots u_r).$$

Nennen wir andererseits die Zahl der Individuen, die sich in dem durch den Index i charakterisierten Zustand befinden, N_i, so muß

(2) $$B = \sum N_i \beta_i$$

sein.

Ein sehr wichtiger Sonderfall liegt nun bei einer Verteilung vor, deren statistische Wahrscheinlichkeit ein Extremum darstellt für solche Variationen der Verteilung, bei denen der Gesamtbetrag der Quantität und die Zahl der Individuen ungeändert bleiben. Eine Verteilung, die jener Bedingung und diesen Nebenbedingungen genügt, bezeichnet man als eine kanonische Verteilung. Ihre Bedingung ist also, da statt mit der Wahrscheinlichkeit bequemer auch mit deren

[9] Die Richtigkeit dieses Satzes wird ja in der Tat durch ganz alltägliche Erfahrungen bestätigt. Schichtet man in einem Glase blaues und gelbes Pulver übereinander, so wird nach einigem Schütteln der Inhalt des Glases gleichmäßig grün erscheinen. Schüttelt man aber dann noch so viel, so wird man es doch nicht erreichen, daß wiederum die untere Hälfte des Inhalts blau und die obere gelb erscheint. Ordnung geht wohl von selbst in Unordnung über, dagegen wird der umgekehrte Vorgang, der zufällige Eintritt einer Ordnung, nur bei einer sehr geringen Individuenzahl beobachtbar sein. Daß vier Menschen, die in einer Stadt nacheinander gestorben sind, zufällig in alphabetischer Reihenfolge aus dem Leben geschieden sind, kann durchschnittlich einmal unter 24 mal vorkommen (24 = 4!). Bei einer Serie von zehn Todesfällen ist die Wahrscheinlichkeit einer zufälligen alphabetischen Ordnung kleiner als ein Millionstel, bei einer Serie von zwanzig Fällen kleiner als ein Trillionstel, bei einer Serie von dreißig Fällen kleiner als ein Quintillionstel.

Logarithmus gerechnet werden kann, durch die Gleichung ausdrückbar

(3) $$\delta(\ln W) = 0;$$

ihre Nebenbedingungen sind

(4) $$\delta N = 0, \quad \delta B = 0.$$

Die Konstanz der Individuenzahl findet zunächst (mit Rücksicht auf Gl. 4 und 5 des § 98) ihren Ausdruck in der Formel

(5) $$\Sigma \delta w_i = 0.$$

Da sich die Variation nur auf die Größen w_i bezieht, so wird

(6) $$\delta B = \sum \beta_i \, \delta N_i.$$

Die Nebenbedingung des Verschwindens der Variation von B findet also wegen der Konstanz von N ihren Ausdruck in der Formel

(7) $$\sum \beta_i \, \delta w_i = 0.$$

Für die Variation des Wahrscheinlichkeitslogarithmus ergibt sich (aus Gl. 10 des § 98) wegen der Konstanz von N

(8) $$\delta(\ln W) = -N \sum \ln w_i \, \delta w_i - N \sum \delta w_i.$$

Da die letzte Summe aber (nach Gl. 5) verschwindet, so ist die Hauptbedingung der kanonischen Verteilung durch die Gleichung ausgedrückt

(9) $$\sum \ln w_i \, \delta w_i = 0.$$

Diese die Hauptbedingung ausdrückende Gleichung läßt sich nun mit den die Nebenbedingungen ausdrückenden Gl. 7 und 5 nach den Regeln der Variationsrechnung zu einer einzigen Gleichung vereinigen, indem man die Gl. 7 und 5 noch mit je einem zunächst unbestimmt gelassenen Faktor multipliziert und zu der Gl. 9 hinzuaddiert. (Das Verfahren ist dasselbe wie bei der Lagrangeschen Methode der unbestimmten Multiplikatoren.[1]) Nennen wir die beiden noch unbestimmt gelassenen Faktoren λ_1 und λ_2, so finden wir daher

$$\sum (\ln w_i + \lambda_1 \beta_i + \lambda_2) \delta w_i = 0.$$

Wegen der Willkür der Variationen kann diese Gleichung nur dann erfüllt sein, wenn ihr Klammerausdruck verschwindet.[2] Es muß also die Gleichung bestehen

$$\ln w_i = -\lambda_2 - \lambda_1 \beta_i$$

oder

(10) $$w_i = e^{-(\lambda_2 + \beta_i \lambda_1)}.$$

Wir wollen nun zwei neue Größen ψ und Θ einführen die durch die Beziehungen definiert seien

[1] S. § 18.

[2] Vgl. die analogen Überlegungen in § 18.

$$\lambda_1 = \frac{1}{\Theta}, \quad \lambda_2 = -\frac{\psi}{\Theta}. \tag{11}$$

Dann wird

$$w_i = e^{\frac{\psi - \beta_i}{\Theta}}. \tag{12}$$

Die beiden Größen ψ und Θ sind hierbei dadurch bestimmt, daß

$$N \sum w_i \beta_i = B \tag{13}$$

sein muß und

$$\sum w_i = 1. \tag{14}$$

Aus Gl. 14 und 12 ergibt sich zunächst die Beziehung

$$e^{-\frac{\psi}{\Theta}} = \sum e^{-\frac{\beta_i}{\Theta}}. \tag{15}$$

Aus Gl. 13 und 12 folgt

$$B = N \sum \beta_i e^{\frac{\psi - \beta_i}{\Theta}} = \frac{N \sum \beta_i e^{-\frac{\beta_i}{\Theta}}}{e^{-\frac{\psi}{\Theta}}}$$

oder (nach Gl. 15)

$$\frac{\sum \beta_i e^{-\frac{\beta_i}{\Theta}}}{\sum e^{-\frac{\beta_i}{\Theta}}} = \frac{B}{N}. \tag{16}$$

Durch diese Gleichung ist die Größe Θ bestimmt, die man als den Verteilungsmodul bezeichnet. Ist er einmal gegeben, so läßt sich andererseits ψ mittels der Gl. 15 berechnen. Setzen wir zur Vereinfachung späterer Rechnungen

$$N\psi = \Psi, \tag{17}$$

so wird nach Gl. 15

$$\Psi = -N\Theta \ln \sum e^{-\frac{\beta_i}{\Theta}}. \tag{18}$$

Für den Wahrscheinlichkeitslogarithmus finden wir nach Gl. 12 sowie nach Gl. 10 des § 98 bei kanonischer Verteilung den Wert

$$\ln W = -N \sum \frac{\psi - \beta_i}{\Theta} e^{\frac{\psi - \beta_i}{\Theta}}$$

oder

$$\ln W = -\frac{N\psi}{\Theta} \sum e^{\frac{\psi - \beta_i}{\Theta}} + \frac{N}{\Theta} \sum \beta_i e^{\frac{\psi - \beta_i}{\Theta}}.$$

Die erste Summe wird nach Gl. 12 und 14 gleich eins, die zweite Summe wird nach Gl. 12 und 13 gleich B/N. Es wird daher nach Gl. 17 bei kanonischer Verteilung einfach

$$\ln W = \frac{B - \Psi}{\Theta}. \tag{19}$$

Da β_i nur von den Parametern abhängt[3], so kann nach Gl. 18 Ψ und somit auch ψ nur eine Funktion der Parameter und des Verteilungsmoduls sein. Dasselbe gilt dann nach Gl. 16 auch von der Größe B/N (dem Mittelwert des Teilbetrages) und nach Gl. 19 von dem Wahrscheinlichkeitslogarithmus.

Nach ihrer Definition ist nun die kanonische Verteilung dadurch charakterisiert, daß bei kleinen Variationen der Verteilung der Wahrscheinlichkeitslogarithmus ungeändert bleibt. Es müssen somit offenbar besonders viele Komplexionen einen Wert des Wahrscheinlichkeitslogarithmus haben, der der kanonischen Verteilung entspricht. Da andererseits aber die Zahl der Komplexionen, durch die eine Verteilung realisiert werden kann, nichts anderes bedeutet als die statistische Wahrscheinlichkeit, so muß daher bei kanonischer Verteilung der extremale Wahrscheinlichkeitslogarithmus ein Maximum haben.

Die kanonische Verteilung stellt also zugleich die wahrscheinlichste und die häufigste Verteilung dar. Nach ihrer Definition ist sie aber auch dadurch ausgezeichnet, daß ihr kanonischer Charakter bei infinitesimalen Änderungen erhalten bleibt. Sonst erscheint nach dem früher Gesagten bei Verteilungsänderungen die Richtung zunehmender statistischer Wahrscheinlichkeit vor der entgegengesetzten Richtung bevorzugt. Infinitesimale kanonische Änderungen verlaufen hingegen ohne Änderung der statistischen Wahrscheinlichkeit und erscheinen darum in beiden Richtungen gleich wahrscheinlich; sie erscheinen umkehrbar oder reversibel.[4]

§ 100. Die kanonische Verteilung der Energie.

Die bisherigen statistischen Betrachtungen sollen im folgenden dahin spezialisiert werden, daß unter der Größe B Energie verstanden werde, für die der Erhaltungssatz gelte. Die kanonische Verteilung der Energie ist also durch die Formel bestimmt

$$w_i = e^{\frac{\psi - \varepsilon_i}{\Theta}}, \tag{1}$$

wobei ψ und Θ die beiden Bedingungen erfüllen müssen

$$\sum e^{\frac{\psi - \varepsilon_i}{\Theta}} = 1, \tag{2}$$

und

$$N \sum \varepsilon_i e^{\frac{\psi - \varepsilon_i}{\Theta}} = E. \tag{3}$$

[3] S. Gl. 1.

[4] Die Änderungen müssen dabei infinitesimal gedacht werden; vgl. die analogen Überlegungen bei dem Prinzip der virtuellen Verrückungen (§ 16). — Wegen des exakten Beweises für die Behauptung, daß die kanonische Verteilung auch die wahrscheinlichste sei, vgl. vor allem den Artikel von P. und T. Ehrenfest in der Mathematischen Enzyklopädie IV, 2, II, Heft 6.

Ändern sich nun die Parameter u_1, u_2 usw. um die infinitesimalen Beträge du_1, du_2 usw., und hängt, wie wir angenommen haben, die Größe ε_i nur von den Parametern ab, so erfährt die Energie des einzelnen Individuums eine Änderung von der Größe

$$\frac{\partial \varepsilon_i}{\partial u_1} d u_1 + \frac{\partial \varepsilon_i}{\partial u_2} d u_2 + \ldots .$$

Die gesamte Änderung, die die Energie des Systems im Zustande kanonischer Verteilung bei einer infinitesimalen Änderung der Parameter erfährt, erhalten wir, wenn wir über alle Individuen summieren; die gesamte Änderung der Energie ist daher durch den Ausdruck gegeben

$$\sum \left\{ N_i \frac{\partial \varepsilon_i}{\partial u_1} d u_1 + N_i \frac{\partial \varepsilon_i}{\partial u_2} d u_2 + \ldots \right\}.$$

Nach dem als gültig vorausgesetzten Satze von der **Erhaltung der Energie** muß diese Größe entgegengesetzt gleich sein der **Arbeit**, die das System bei der Änderung der Parameter leistet. Es ergibt sich daher die Beziehung

$$dA = -N du_1 \sum w_i \frac{\partial \varepsilon_i}{\partial u_1} - N du_2 \sum w_i \frac{\partial \varepsilon_i}{\partial u_2} - \ldots . \tag{4}$$

Die Summenausdrücke, die in dieser Gleichung auftreten, können wir aber nun auf Grund der Gl. 2 sehr vereinfachen. Wir wollen dabei beachten, daß ε_i nur eine Funktion der u, und ψ nur eine Funktion der u und von Θ ist. Die Summenausdrücke der Gl. 2 können wir daher auffassen als Funktionen der u und von Θ und sie daher partiell nach den Parametern differentiieren. Wir finden dann

$$\frac{1}{\Theta} \sum \frac{\partial (\psi - \varepsilon_i)}{\partial u_1} e^{\frac{\psi - \varepsilon_i}{\Theta}} = 0$$

oder

$$\sum \frac{\partial \varepsilon_i}{\partial u_1} e^{\frac{\psi - \varepsilon_i}{\Theta}} = \frac{\partial \psi}{\partial u_1} \sum e^{\frac{\psi - \varepsilon_i}{\Theta}} \tag{5}$$

oder mit Rücksicht auf Gl. 1 und 2

$$\sum \frac{\partial \varepsilon_i}{\partial u_1} w_i = \frac{\partial \psi}{\partial u_1}. \tag{6}$$

Es wird daher nach Gl. 4, wenn wir wiederum Ψ für $N\psi$ setzen,

$$dA = -\frac{\partial \Psi}{\partial u_1} d u_1 - \frac{\partial \Psi}{\partial u_2} d u_2 - \ldots . \tag{7}$$

Da danach für das System als Ganzes die Größe Ψ eine ähnliche Rolle spielt wie sonst die potentielle Energie, so bezeichnet man die Größe Ψ als die **freie Energie** des Systems. (In der Tat folgt ja aus Gl. 19 des § 99, daß Ψ und Θ immer dieselbe Dimension haben wie B; denn $\ln W$ muß natürlich immer eine reine Zahl sein.)

Der Gl. 7 können wir auch noch eine andere wichtige Form geben, wenn wir beachten, daß ja nach dem früher Gesagten Ψ bestimmt sein muß durch die Parameter und den Verteilungsmodul. Es muß daher sein

$$(8)\qquad d\Psi = \frac{\partial \Psi}{\partial \Theta} d\Theta + \frac{\partial \Psi}{\partial u_1} du_1 + \frac{\partial \Psi}{\partial u_2} du_2 + \dots .$$

Daher wird nach Gl. 7

$$(9)\qquad dA = -d\Psi + \frac{\partial \Psi}{\partial \Theta} d\Theta .$$

Nun ist aber nach Gl. 18 des § 99

$$(10)\qquad \Psi = -N\Theta \ln \sum e^{-\frac{\varepsilon_i}{\Theta}}$$

und daher

$$\frac{\partial \Psi}{\partial \Theta} = -N \ln \sum e^{-\frac{\varepsilon_i}{\Theta}} - \frac{N\Theta \sum \varepsilon_i e^{-\frac{\varepsilon_i}{\Theta}}}{\Theta^2 \sum e^{-\frac{\varepsilon_i}{\Theta}}}$$

oder mit Rücksicht auf Gl. 10 des § 100 und Gl. 16 des § 99

$$(11)\qquad \frac{\partial \Psi}{\partial \Theta} = \frac{\Psi}{\Theta} - \frac{E}{\Theta} .$$

Es wird daher (gemäß Gl. 9)

$$(12)\qquad dA = -d\Psi - \frac{E - \Psi}{\Theta} d\Theta .$$

Nehmen wir nun an, daß dem betrachteten System eine **unendlich kleine Energiemenge** dQ **zugeführt** werde[1], so wird dadurch im allgemeinen sowohl die „**innere Energie**“ des Systems geändert als auch durch die Änderung der Parameter **Arbeit** verrichtet werden. Nach dem Satz von der **Erhaltung der Energie** muß

$$(13)\qquad dQ = dE + dA$$

sein. Setzen wir in dieser Gleichung für dA den Wert aus der Gl. 12 ein, so erhalten wir die Beziehung

$$(14)\qquad dQ = d(E - \Psi) - \frac{E - \Psi}{\Theta} d\Theta .$$

Wie man leicht erkennt, wird die rechte Seite dieser Gleichung zu einem **vollständigen Differential**, wenn die Gleichung noch durch Θ dividiert wird. Es wird dann

$$\frac{dQ}{\Theta} = \frac{d(E - \Psi)}{\Theta} - \frac{E - \Psi}{\Theta^2} d\Theta$$

oder

$$(15)\qquad \frac{dQ}{\Theta} = d\left(\frac{E - \Psi}{\Theta}\right)$$

[1] dQ ist natürlich ebensowenig ein vollständiges Differential wie dA.

oder schließlich auch mit Rücksicht auf Gl. 19 des § 99

$$\frac{dQ}{\Theta} = d(\ln W). \tag{16}$$

Der Verteilungsmodul stellt also, wie man in der Sprache der Mathematik sagt, einen integrierenden Nenner dar, durch den die infinitesimale zugeführte Energie zu einem vollständigen Differential wird. Die Funktion, deren totales Differential der Bruch dQ/Θ ist, hat aber wiederum nach dem früher (in den §§ 98 und 99) Gesagten die Eigentümlichkeit, daß sie sich in einseitigem Sinne zu ändern und für reversible Verteilungsänderungen konstant zu bleiben scheint.

Für ein System, dessen Energie kanonisch verteilt ist, gelten somit die beiden folgenden wichtigen Sätze:

I. Wird dem System eine unendlich kleine Energiemenge zugeführt, während es gleichzeitig Arbeit verrichtet, so stellt die Differenz zwischen zugeführter Energie und verrichteter Arbeit das vollständige Differential einer Funktion dar, die nur von dem augenblicklichen Zustand des Systems abhängt und durch Verteilungsmodul und Parameter vollkommen bestimmt ist.

II. Der Quotient aus der zugeführten unendlich kleinen Energiemenge und dem Verteilungsmodul stellt das Differential einer zweiten Funktion dar, die ebenfalls nur von dem augenblicklichen Zustand des Systems abhängt und ebenfalls durch Verteilungsmodul und Parameter vollkommen bestimmt ist. Diese Funktion hat die Eigentümlichkeit, daß sie bei reversiblen Vorgängen ungeändert bleibt, sonst aber im allgemeinen zuzunehmen scheint.

§ 101. Gleichgewicht und Ausgleich.

Wenn mehrere Systeme zusammen ein abgeschlossenes Ganzes bilden, so kann dieses wiederum als ein einziges System aufgefaßt werden, dem eine bestimmte statistische Wahrscheinlichkeit zukommt. Diese steht nun in einer sehr einfachen Beziehung zu den Wahrscheinlichkeiten der Teilsysteme. Der Einfachheit halber wollen wir zunächst annehmen, daß es sich bloß um zwei Teilsysteme mit gegebenen Verteilungen handle, denen die statistischen Wahrscheinlichkeiten W_1 und W_2 zukommen mögen. Dann kann die gegebene Verteilung des ersten Systems durch W_1 Komplexionen bewerkstelligt werden, die des zweiten Systems durch W_2 Komplexionen. Da aber nun jede Komplexion des ersten Systems mit jeder der W_2 Komplexionen des zweiten Systems kombiniert werden kann, so gibt es insgesamt W_1 mal W_2 Komplexionen, durch die die gegebene Verteilung in dem aus zwei Teilsystemen zusammengesetzten Ganzen realisiert werden kann.[1]

[1] Man könnte sich da leicht zu folgendem Trugschluß verleitet fühlen. Wenn die Zahl der Individuen der beiden Teilsysteme N' und N'' ist und sich im ersten

Da sich diese Überlegung ohne weiteres auf beliebig viele Teilsysteme erweitern läßt, so ist somit ganz allgemein die statistische Wahrscheinlichkeit des zusammengesetzten Systems gleich dem Produkte der statistischen Wahrscheinlichkeiten der Teilsysteme. Der Wahrscheinlichkeitslogarithmus des zusammengesetzten Systems ist daher gleich der Summe der Wahrscheinlichkeitslogarithmen der Teilsysteme. Es ist

$$\ln W = \ln W_1 + \ln W_2 + \dots \tag{1}$$

Ebenso wie für die Teilwahrscheinlichkeiten muß es natürlich auch für die zusammengesetzte Wahrscheinlichkeit eine obere Grenze geben, die nicht größer sein kann als das Produkt der oberen Grenzen der Teilwahrscheinlichkeiten.[2] Auch für den Wahrscheinlichkeitslogarithmus des ganzen Systems gibt es daher ein Maximum, und dieses ist offenbar bei einer Verteilung vorhanden, deren Wahrscheinlichkeitslogarithmus sich auch dann nicht ändert, wenn zwischen den Teilsystemen infinitesimale Energieabgaben erfolgen.

Betrachten wir zwei kanonische Teilsysteme, die einfach durch die Indizes 1 und 2 unterschieden werden mögen, und gibt das erste an das zweite die Energiemenge dQ ab, so muß (nach Gl. 16 des § 100) die Beziehung bestehen

$$-\frac{dQ}{\Theta_1} + \frac{dQ}{\Theta_2} = d(\ln W_1) + d(\ln W_2). \tag{2}$$

Die rechte Seite der Gleichung verschwindet, die Summe der Wahrscheinlichkeitslogarithmen beider Systeme bleibt also konstant, wenn

$$\Theta_1 = \Theta_2 \tag{3}$$

ist. Setzt sich also das abgeschlossene System aus Teilsystemen zusammen, die durchwegs bei kanonischer Einzelverteilung denselben Wert des Verteilungsmoduls haben, so wird der Wahrscheinlichkeitslogarithmus des zusammengesetzten Systems durch infinitesimale Energieabgaben zwischen den Teilsystemen nicht geändert. Man sagt in diesem Falle, daß die Teilsysteme untereinander im statistischen Gleichgewicht stehen.

Im statistischen Gleichgewicht stellt der Wahrscheinlichkeitslogarithmus ein Maximum dar. Da er diesem sonst zuzustreben scheint, so zeigt somit jedes zusammengesetzte System ein scheinbares Bestreben,

Zustand davon N_1', bzw. N_1'' Individuen befinden, dann könnte man glauben, daß die statistische Wahrscheinlichkeit des zusammengesetzten Systems derart zu berechnen wäre, daß man $(N' + N'')!$ zunächst dividiert durch $(N_1' + N_1'')!$, dann durch $(N_2' + N_2'')!$ usw. Dieser Schluß wäre aber ganz falsch. Denn tauschen ein Individuum des ersten und eines des zweiten Teilsystemes ihre Zustände, so entsteht dadurch nicht nur eine neue Komplexion, sondern es wird dadurch im allgemeinen auch die Verteilung in den beiden Teilsystemen eine andere.

[2] Sie wird natürlich kleiner als dieses Produkt durch das Bestehen gewisser Bedingungen.

zwischen seinen Teilsystemen das statistische Gleichgewicht herzustellen. Werden Systeme von verschiedenem Verteilungsmodul derart miteinander in Verbindung gebracht, daß zwischen ihnen eine Energieabgabe möglich ist, so tritt somit in der Regel ein Ausgleich der Werte des Verteilungsmoduls ein.

Da mit einem solchen Ausgleich stets eine Vermehrung des zusammengesetzten Wahrscheinlichkeitslogarithmus verbunden ist, ist somit eine Zustandsänderung eines Systems nur dann reversibel, wenn nicht bloß die Verteilung in dem System selbst kanonisch bleibt, sondern auch während der Zustandsänderung das System mit anderen Systemen nur in solche Verbindungen tritt, bei denen bloß infinitesimale Abweichungen von dem statistischen Gleichgewicht bestehen. Im übrigen muß sich infolge der Zustandsgleichung eine Änderung des Verteilungsmoduls in einer Änderung von wenigstens einer der anderen Zustandsgrößen äußern. Zeigen also zwei miteinander in Verbindung gebrachte Systeme keine Änderung ihrer früheren Zustände, so kann daraus geschlossen werden, daß sie beide denselben Wert des Verteilungsmoduls haben.

Da bei einem Modulausgleich der Logarithmus der zusammengesetzten Wahrscheinlichkeit zunimmt, so muß nach Gl. 2 (wenn eben Θ_1 ungleich Θ_2 ist)

$$(4) \qquad -\frac{dQ}{\Theta_1} + \frac{dQ}{\Theta_2} > 0$$

sein; d. h. dasjenige Teilsystem muß den größeren Modulwert haben, das Energie abgibt. Ebenso selten wie ein Vorgang ist, bei dem sich die statistische Wahrscheinlichkeit vermindert, ebenso selten muß es auch sein, daß von selbst Energie von einem System mit kleinerem Modul zu einem mit größerem Modul übergehe.

Hat bei einem Modulausgleich das erste System eine überwiegend große Individuenzahl und Energie gegenüber dem zweiten, so kann nach erfolgtem Ausgleich der gemeinsame Wert des Moduls nicht merklich verschieden sein von dem ursprünglichen Modulwerte Θ^* des ersten Systems. In diesem speziellen Falle besteht also die Wirkung des Ausgleiches einfach darin, daß das zweite System den Verteilungsmodul des ersten annimmt, das somit gegenüber dem zweiten wie ein „Reservoir" von dem Modulwerte Θ^* erscheint.

§ 102. Das homogene System.

Da die freie Energie eines Systems nach dem früher Gesagten vollkommen bestimmt ist durch Verteilungsmodul und Parameter, so muß dasselbe auch von den partiellen Differentialquotienten der freien Energie nach den Parametern gelten, also von den Größen

$$(1) \qquad U_1 = -\frac{\partial \Psi}{\partial u_1}, \quad U_2 = -\frac{\partial \Psi}{\partial u_2}, \ldots .$$

Die durch diese Gleichungen definierten Größen U_1, U_2 usw. hängen mit der Arbeit, die bei einer infinitesimalen Änderung der Parameter verrichtet wird (nach Gl. 7 des § 100) durch die Beziehung zusammen

(2) $$dA = U_1\, du_1 + U_2\, du_2 + \dots.$$

Man kann darum die Größen U_1, U_2 usw. als die generalisierten statistischen Kräfte bezeichnen, obwohl sie keineswegs die Dimension einer Kraft haben müssen.

Da also die statistischen Kräfte vollkommen bestimmt sind durch den Verteilungsmodul und die Parameter, so bestehen, wenn die Zahl der Parameter r beträgt, r Gleichungen von der Form

(3) $$\begin{cases} U_1 = f_1(\Theta, u_1, u_2 \dots u_r), \\ U_2 = f_2(\Theta, u_1, u_2 \dots u_r) \text{ usw.} \end{cases}$$

Die Zahl r können wir als die Zahl der statistischen Freiheitsgrade bezeichnen. Die Größen Θ, U_1, $U_2 \dots U_r$, u_1, $u_2 \dots u_r$ nennt man die Zustandsgrößen des Systems und bezeichnet daher Vorgänge, bei denen sich eine oder mehrere dieser Größen ändern, als Zustandsänderungen. Wegen des Bestehens der r „Zustandsgleichungen“ (3), die nach den Parametern aufgelöst werden können, sind unter den $(2r + 1)$ Zustandsgrößen bloß $(r + 1)$ voneinander unabhängig. Der Zustand eines Systems von r Freiheitsgraden ist daher stets durch $(r + 1)$ unabhängige Zustandsvariable darstellbar, die unter den Zustandsgrößen beliebig ausgewählt werden können.

Ein wichtiger Spezialfall liegt nun vor, wenn das System nur einen Freiheitsgrad hat und der einzige Parameter durch den Quotienten aus dem von dem System eingenommenen Volumen und der Individuenzahl dargestellt wird.[1] Ein solches System werde als statistisch homogen bezeichnet. Es ist also dann der einzige Parameter

(4) $$u = \frac{V}{N}.$$

Bei einer Vergrößerung des Parameters u leistet das System Arbeit gegen den Druck, der auf die Oberfläche des Systems wirkt. Die Arbeit, die hierbei geleistet wird, läßt sich nun leicht berechnen.

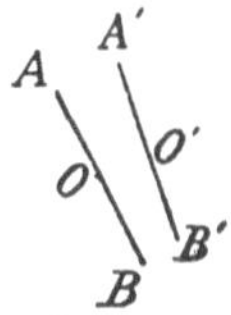

Fig. 65.

Wir betrachten von der Oberfläche des Systems ein Element df. An diesem greift somit eine Kraft an von der Größe $p.df$. Bei einer infinitesimalen Veränderung des Volumens verschiebe sich das Flächenelement von der durch die Strecke AB angedeuteten Lage zu der Lage, die durch die Strecke $A'B'$ dargestellt sei (Fig. 65). Der Mittelpunkt des Flächen-

[1] V bedeutet den Raum, innerhalb dessen sich die Individuen befinden, es ist also nicht zu verwechseln mit der Summe der Volumina, die die einzelnen Individuen erfüllen.

elementes lege dabei die Strecke OO' zurück. Die Arbeit, die bei der Verschiebung des Flächenelementes verrichtet wird, ist dann gleich $p \times df \times OO' \times \cos\gamma$, wenn γ der Winkel ist, den die Strecke OO' mit der Flächennormalen bildet. (Bei einer infinitesimalen Verschiebung können die Flächennormalen von AB und $A'B'$ natürlich nur unendlich wenig in ihren Richtungen voneinander abweichen.) Andererseits ist aber $df \times OO' \times \cos\gamma$ das Volumen des unendlich kleinen Zylinders, der gebildet wird von den beiden gleich großen Flächenelementen AB und $A'B'$ und dessen Höhe gleich ist $OO' \times \cos\gamma$. Die Arbeit, die bei der Verschiebung des Flächenelementes geleistet wird, ist also gleich dem Produkte aus dem Druck und dem Volumen des durch die Verschiebung gebildeten Zylinders. Summieren wir das Volumen dieser Zylinder über die ganze Oberfläche des Systems, so erhalten wir die Vermehrung des Gesamtvolumens, die wir mit dV bezeichnen wollen. Daher ist die gesamte Arbeit dA, die das System bei einer Vermehrung seines Volumens um den Betrag dV verrichtet,

(5) $$dA = p\,dV = Np\,du.$$

Nach Gl. 2 ist somit

(6) $$U = Np$$

und daher nach Gl. 1

(7) $$p = -\frac{1}{N}\frac{\partial \Psi}{\partial u}$$

oder nach Gl. 4

(8) $$p = -\frac{\partial \Psi}{\partial V}.$$

Da bei konstanter Individuenzahl das Volumen dem Parameter u proportional ist, so kann somit bei einem homogenen System auch das Volumen selbst statt des Parameters als Zustandsgröße angesehen werden. Druck, Volumen und Temperatur sind also bei kanonischer Verteilung stets durch eine Zustandsgleichung verknüpft. Daraus folgt auch, daß sich keine der drei Größen ändern kann, ohne daß sich wenigstens eine der beiden anderen auch ändert. Wenn also zwei homogene Systeme miteinander derart in Verbindung gebracht werden, daß zwischen ihnen eine Energieabgabe möglich ist, sie aber gleichwohl weder Volumen noch Druck ändern, so muß daraus geschlossen werden, daß beide Systeme denselben Verteilungsmodul haben.

§ 103. Der Kreisprozeß.

Die Anwendung des Energieprinzipes auf kanonische Systeme ergibt (wie in § 100 gezeigt wurde) die beiden Hauptgleichungen

(1) $$dQ = dE + dA$$

und

(2) $$\frac{dQ}{\Theta} = d(\ln W).$$

Daraus ist ohne weiteres ersichtlich, daß in zwei Spezialfällen die Gleichungen eine besonders einfache Gestalt annehmen müssen.

Erfolgt nämlich die reversible Zustandsänderung des Systems ohne äußere Zufuhr oder äußere Abgabe von Energie, erfolgt die Zustandsänderung, wie man sagt, adiabatisch (weil dann keine Energie durch die Oberfläche des Systems hindurchgeht)[1], dann ist bei der Integration der Gl. 1 dQ gleich null zu setzen. Da aber andererseits die innere Energie nur von dem augenblicklichen Zustand abhängt, so ergibt die Integration der Gl. 1 in diesem Falle

$$\sum dA = E_1 - E_2, \tag{3}$$

wenn E_1 und E_2 die Werte der inneren Energie im Anfangs- und im Endzustand sind.

Erfolgt andererseits die reversible Zustandsänderung derart, daß dabei der Wert des Verteilungsmoduls konstant bleibt, dann nimmt die Gl. 2 eine einfache Form an. Bezeichnen wir nämlich die statistischen Wahrscheinlichkeiten des Anfangs- und des Endzustandes mit W_1 und W_2, so ergibt die Integration der Gl. 2 wegen der Konstanz von Θ

$$\sum dQ = \Theta \ln \frac{W_2}{W_1}. \tag{4}$$

Denn ebenso wie die Größe E hängt ja (nach § 100) auch die Größe W nur von dem augenblicklichen Zustand des Systems ab. Einen reversiblen Prozeß, bei dem der Verteilungsmodul konstant bleibt, wollen wir vorübergehend mit einem sonst nicht gebräuchlichen Ausdruck isomodulisch nennen. Einen solchen Prozeß können wir uns derart realisiert denken, daß wir für die Dauer der Zustandsänderung das System mit einem Reservoir von dem betreffenden Modul verbinden.

Da die Größen E und W nur von dem augenblicklichen Zustand des Systems abhängen, so ergeben sich besonders einfache Beziehungen für den Fall, daß die Zustandsänderungen ein System aus einem bestimmten Zustand schließlich wieder in denselben Zustand zurückführen. Einen derartigen Prozeß, bei dem Anfangs- und Endzustand identisch sind, bezeichnet man als einen Kreisprozeß. Für einen solchen ergeben sich also aus den Gl. 1 und 2 die ebenso einfachen wie wichtigen Beziehungen

$$\sum dQ = \sum dA \tag{5}$$

und

$$\sum \frac{dQ}{\Theta} = 0. \tag{6}$$

Wir wollen nun einen speziellen Kreisprozeß von großer Wichtigkeit betrachten. Er setze sich aus zwei isomodulischen und zwei adiabatischen Teilprozessen zusammen. Das Wesen eines derartigen Kreis-

[1] Hindurchgehen heißt auf Griechisch diabainein.

prozesses wird am besten durch **graphische Darstellung** veranschaulicht. Da jeder Zustand des betrachteten Systems infolge des Bestehens der Zustandsgleichung durch zwei Variable darstellbar ist, so können wir jeden Zustand des Systems graphisch durch einen Punkt in einer Ebene derart repräsentieren, daß in bezug auf ein Koordinatensystem die Abszisse des Punktes gleich ist dem Werte des Volumens und die Ordinate gleich dem Werte des Druckes. Endliche **Zustandsänderungen** erscheinen dann dargestellt durch **Kurven**, deren einzelne aneinander gereihte Punkte die aufeinander folgenden Zustände darstellen, die das System während des Prozesses durchläuft. Kurven, die derart isomodulische oder adiabatische Zustandsänderungen darstellen, wollen wir kurz isomodulische und adiabatische Kurven nennen.

Wir fassen nun einen bestimmten Zustand ins Auge, der durch den Punkt A graphisch dargestellt sei (Fig. 66). Wir lassen das System sich isomodulisch ausdehnen (also das durch die Abszisse dargestellte Volumen vergrößern) bis zu einem zweiten Zustand, der durch den Punkt B repräsentiert sei. Dieser Zustandsänderung entspreche das Stück AB einer isomodulischen Kurve. Der zweite Teilprozeß, der an dem System vorgenommen werde, sei eine adiabatische Ausdehnung. Sie führe zu einem dritten Zustand, der durch den Punkt C (mit noch größerer Abszisse) dargestellt sei, wobei eben BC das Stück einer adiabatischen Kurve ist.

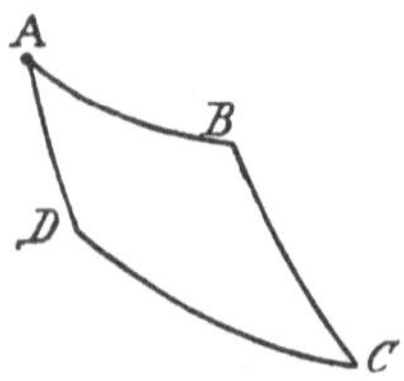

Fig. 66.

Wir legen nun einerseits durch den Punkt C eine isomodulische Kurve, andererseits durch den Punkt A eine adiabatische Kurve. Die beiden Kurven mögen einander in einem Punkte D schneiden[2], durch den ein vierter Zustand dargestellt sei. Der dritte Teilprozeß bestehe dann in einer isomodulischen Überführung des Systems aus dem dritten in den vierten Zustand, der vierte Teilprozeß in einer adiabatischen Überführung des Systems aus dem vierten in den ursprünglichen ersten Zustand.

Die Energiemengen, die bei dem ersten und dritten Teilprozeß isomodulisch aufgenommen werden, mögen mit Q_1 und Q_2 bezeichnet werden (Q_2 ist dabei offenbar, wie nur nebenbei bemerkt sei, negativ). Die Energiemenge Q_1 werde bei einem Modulwerte Θ_1 aufgenommen, die Energiemenge Q_2 bei einem Modulwerte Θ_2. Da der zweite und vierte Teilprozeß adiabatisch verlaufen, so nimmt also insgesamt das System bei dem Kreisprozeß von außen die Energiemenge $Q_1 + Q_2$ auf. In ihrer Anwendung auf den von uns betrachteten Spezialfall eines Kreisprozesses ergeben somit die Gl. 5 und 6 die beiden Beziehungen

$$Q_1 + Q_2 = \sum d A \tag{7}$$

[2] Dabei ist allerdings stillschweigend vorausgesetzt, daß es möglich sei, durch adiabatische Zustandsänderung, ausgehend von dem Zustand A, den Modul auf den Wert zu bringen, der dem Punkte C entspricht.

und

(8) $$\frac{Q_1}{\Theta_1} + \frac{Q_2}{\Theta_2} = 0 .$$

Bezeichnen wir kurz die Summe von dA mit A, indem wir unter A die gesamte Arbeit verstehen, die seitens des Systems bei dem Kreisprozeß verrichtet wird[3], so ist nach Gl. 7 und 8

(9) $$A = Q_1 + Q_2 = Q_1 - Q_1 \frac{\Theta_2}{\Theta_1} = Q_1 \frac{\Theta_1 - \Theta_2}{\Theta_1} .$$

Von der Energiemenge, die dem System während des ersten Teilprozesses zugeführt wird, wird also nur ein Bruchteil ηQ_1 in Arbeit verwandelt. Die Größe η nennt man den Wirkungsgrad des Kreisprozesses; für ihn gilt die Beziehung

(10) $$\eta = \frac{\Theta_1 - \Theta_2}{\Theta_1} .$$

Der Wirkungsgrad des betrachteten Kreisprozesses ist also völlig unabhängig von allen Eigenschaften des Systems, das den Kreisprozeß durchläuft. Er hängt einzig und allein von den Modulwerten ab, die den beiden Reservoiren des Kreisprozesses zukommen.

Auf Grund dieser Tatsache läßt sich aber nun eine Skala der Modulwerte konstruieren, ohne daß man irgend etwas darüber wissen müßte, von welcher Art die innere Energie der Systeme ist; es genügt, wenn man feststellen kann, welche Energiemengen die Systeme von außen aufnehmen oder nach außen abgeben, welches ihr Volumen und ihr Druck ist und welche Arbeiten sie bei Volumänderungen verrichten. Überdies müssen uns nur zwei Systeme, die wir S_1 und S_2 nennen wollen, in ganz bestimmten (leicht identifizierbaren und reproduzierbaren) Zuständen gegeben sein, die wir als Fundamentalzustände ansehen wollen. Diesen Zuständen müßten offenbar zwei bestimmte Werte des Verteilungsmoduls entsprechen, die Θ_1 und Θ_2 genannt werden mögen.

Wir können nun in willkürlicher Weise den Verteilungsmodul des Systems S_2 zum Nullpunkte einer Skala machen und ebenfalls in willkürlicher Weise eine Skaleneinheit definieren, indem wir den Unterschied der Verteilungsmoduln der Systeme S_1 und S_2 gleich a Skaleneinheiten setzen. Wir führen dann mittels eines Hilfssystems (demgegenüber die Systeme S_1 und S_2 als Reservoire erscheinen) zwischen den Systemen S_1 und S_2 einen Kreisprozeß durch; dabei mögen wir einen Wirkungsgrad η^* ermitteln. Damit wissen wir aber auch bereits, wieviel Skaleneinheiten der absolute Nullpunkt der Modulwerte unterhalb des willkürlichen Nullpunktes liegt. Ist diese Zahl ζ, so gilt nämlich die Proportion

$$(\Theta_1 - \Theta_2) : \Theta_1 = a : (a + \zeta),$$

[3] Geleistete Arbeit wird dabei positiv, verbrauchte negativ gerechnet. Natürlich ist übrigens dA nicht das Differential von A; vgl. Anm. 1 des § 100.

und daher ist nach Gl. 10

(11) $$\zeta = a\left(\frac{1}{\eta^*} - 1\right).$$

Ist nun irgendein System S' gegeben, so können wir für dessen Modulwert Θ' an der Skala den entsprechenden Skalenwert z exakt ermitteln, indem wir etwa zwischen den Systemen S' und S_2 einen Kreisprozeß durchführen. Ergeben die Messungen den Wirkungsgrad η', so ist ja

$$\eta' = \frac{\Theta' - \Theta_2}{\Theta'}$$

oder

(12) $$\eta' = \frac{z}{z + \zeta},$$

woraus, da ja ζ bereits bekannt ist, z berechnet werden kann.

Derart ist es einem Beobachter möglich, eine exakte Skala der Modulwerte auch dann zu schaffen, wenn ihm jeder Einblick in das Innere der Systeme versagt ist und er lediglich das Verhalten der Systeme nach außen hin zu erkennen vermag.

§ 104. Der Gleichverteilungssatz.

Von den Größen, die den Zustand eines Systems als eines Ganzen beschreiben (Modul, Parameter, statistische Kräfte), sind diejenigen Größen wohl zu unterscheiden, die den individuellen Zustand beschreiben und die darum als individuelle Zustandsgrößen bezeichnet werden können.[1] Für die Gewinnung der bisherigen Ergebnisse war eine Betrachtung dieser individuellen Zustandsgrößen allerdings überflüssig; wohl aber kann sich eine solche Notwendigkeit bei der Untersuchung von Spezialfällen ergeben.

Der individuelle Zustand sei nun durch n untereinander unabhängige Größen festgelegt, die mit $q_1, q_2 \ldots q_n$ bezeichnet werden mögen. Stufen wir diese Größen nach bestimmten Intervallen ab, so ist ein bestimmter individueller Zustand dann gegeben, wenn diese Größen in Intervallen liegen zwischen q_1' und $q_1' + \varDelta q_1'$, zwischen q_2' und $q_2' + \varDelta q_2'$ usw.

Wir wollen nun im folgenden einen Sonderfall betrachten. Es sei die individuelle Energie ε_i darstellbar als eine quadratische Funktion von s unter diesen n individuellen Zustandsgrößen in der Form

(1) $$\varepsilon_i = \alpha_1 q_1^2 + \alpha_2 q_2^2 + \ldots \alpha_s q_s^2.$$

Es sei also sowohl der Einfluß der Parameter vernachlässigbar, als auch ein Einfluß der übrigen individuellen Zustandsgrößen q_{s+1} bis q_n nicht in Betracht komme. Es werde ferner angenommen, daß diese übrigen

[1] Planck unterscheidet zweckmäßig zwischen Makrozustand und Mikrozustand.

individuellen Zustandsgrößen q_{s+1} bis q_n zwischen bestimmten Grenzen liegen. Dann ist das mehrfache Integral

$$\int\int \dots \int d q_{s+1} \dots d q_n = \Omega \tag{2}$$

eine endliche Größe.

Nach Gl. 1 ist

$$e^{-\frac{\varepsilon_i}{\Theta}} = e^{-\frac{a_1 q_1^2}{\Theta}} \cdot e^{-\frac{a_2 q_2^2}{\Theta}} \dots e^{-\frac{a_s q_s^2}{\Theta}} . \tag{3}$$

Wir bezeichnen andererseits das Produkt der Intervalle aller Zustandsgrößen mit $\varDelta \tau$, setzen also

$$\varDelta \tau = \varDelta q_1 \cdot \varDelta q_2 \dots \varDelta q_n . \tag{4}$$

Dann erhalten wir offenbar die Summe von $e^{-\varepsilon_i/\Theta}$ über alle individuellen Zustände, noch multipliziert mit $\varDelta \tau$, wenn wir die rechte Seite der Gl. 3 mit $d q_1, d q_2 \dots d q_n$ multiplizieren und über alle Werte von $q_1, q_2 \dots q_n$ integrieren. Weil aber die einzelnen individuellen Zustandsgrößen voneinander unabhängig sind, können wir dann das Integral auffassen als Produkt einzelner Integrale. Wir finden somit

$$\sum e^{-\frac{\varepsilon_i}{\Theta}} = \frac{\Omega}{\varDelta \tau} \int e^{-\frac{a_1 q_1^2}{\Theta}} d q_1 \int e^{-\frac{a_2 q_2^2}{\Theta}} d q_2 \dots \int e^{-\frac{a_s q_s^2}{\Theta}} d q_s .$$

Nun ist aber für eine ganz beliebige Veränderliche ξ das bestimmte Integral[3]

$$\int_{-\infty}^{+\infty} e^{-\xi^2} d \xi = \sqrt{\pi} . \tag{5}$$

Daher wird, wenn wir über alle möglichen individuellen Zustände inte-

---

[3] Die Gl. 5 leitet man am einfachsten folgendermaßen ab. Wir nennen den noch unbekannten Wert des bestimmten Integrals J. Denken wir uns nun ein beliebiges ebenes Koordinatensystem mit einer ξ- und einer η-Achse konstruiert, so muß sein

$$\int_{-\infty}^{+\infty} \int_{-\infty}^{+\infty} e^{-(\xi^2 + \eta^2)} d \xi \, d \eta = J^2 .$$

Führen wir nun statt der rechtwinkligen Polarkoordinaten ein, so wird

$$\xi^2 + \eta^2 = r^2 ,$$

und an die Stelle des Flächenelementes $d\xi \, d\eta$ mit den Integrationsgrenzen $-\infty$ und $+\infty$ tritt das Flächenelement $r \, d\varphi . dr$ mit den Integrationsgrenzen 0 und ∞ für r und den Integrationsgrenzen 0 und 2π für φ. Es wird somit

$$J^2 = \int_0^{\infty} \int_0^{2\pi} e^{-r^2} r \, dr \, d\varphi = 2\pi \int_0^{\infty} e^{-r^2} r \, dr = \pi \int_0^{\infty} e^{-r^2} d(r^2) = \pi$$

und daher

$$J = \sqrt{\pi} .$$

grieren, für die Größen q_1 bis q_s also $-\infty$ und $+\infty$ als Integrationsgrenzen wählen,

$$\int e^{-\frac{\alpha_1 q_1^2}{\Theta}} d q_1 = \sqrt{\frac{\Theta}{\alpha_1}} \int_{-\infty}^{+\infty} e^{-\frac{\alpha_1 q_1^2}{\Theta}} d\left(q_1 \sqrt{\frac{\alpha_1}{\Theta}}\right) = \frac{\Theta^{\frac{1}{2}} \cdot \pi^{\frac{1}{2}}}{\sqrt{\alpha_1}} .$$

Somit wird

$$\sum e^{-\frac{\varepsilon_i}{\Theta}} = \frac{\Omega}{\Delta \tau} \cdot \frac{\Theta^{\frac{s}{2}} \cdot \pi^{\frac{s}{2}}}{\sqrt{\alpha_1 \alpha_2 \ldots \alpha_s}} . \tag{6}$$

Differentiieren wir diese Gleichung partiell nach Θ, so finden wir

$$\frac{1}{\Theta^2} \sum \varepsilon_i e^{-\frac{\varepsilon_i}{\Theta}} = \frac{\Omega}{\Delta \tau} \cdot \frac{s}{2} \cdot \frac{\Theta^{\frac{s}{2}-1} \cdot \pi^{\frac{s}{2}}}{\sqrt{\alpha_1 \alpha_2 \ldots \alpha_s}} . \tag{7}$$

Multiplizieren wir jetzt die Gl. 7 mit Θ^2 und dividieren wir dann durch die Gl. 6, so erhalten wir auf der linken Seite (nach Gl. 16 des § 99) den Mittelwert der individuellen Energie, der mit $\bar{\varepsilon}$ bezeichnet werde. Die Division ergibt die einfache Beziehung

$$\bar{\varepsilon} = s \frac{\Theta}{2} . \tag{8}$$

In dem betrachteten Spezialfall ist also der Mittelwert der individuellen Energie gleich dem halben Verteilungsmodul, multipliziert mit der Zahl der Glieder, von denen die individuelle Energie quadratisch abhängt. Auf jedes dieser Glieder kommt daher der gleiche Betrag, weshalb man die durch die Gl. 8 ausgedrückte Gesetzmäßigkeit als den Gleichverteilungssatz oder als Äquipartitionstheorem bezeichnet.

Unsere Betrachtungen wollen wir nun noch weiterhin dahin spezialisieren, daß das System statistisch homogen sei und daß zu den individuellen Zustandsgrößen, von denen die Energie nicht abhänge, die Lagenkoordinaten der punktförmig gedachten Individuen gehören. Dann wird, weil ja die individuellen Zustandsgrößen voneinander unabhängig sind und das Integral über die Lagenkoordinaten das Volumen darstellt,

$$\Omega = \omega V, \tag{9}$$

wobei ω vom Volumen V und natürlich auch von Θ unabhängig sein muß. Die freie Energie des Systems ist dann nach der schon früher abgeleiteten Formel berechenbar (Gl. 18 des § 99)

$$\Psi = - N \Theta \ln \Sigma e^{-\frac{\varepsilon_i}{\Theta}} . \tag{10}$$

Nach Gl. 6 wird somit

$$\Psi = - N \Theta \ln V - N \Theta \ln \left(\frac{\omega\, \Theta^{\frac{s}{2}} \pi^{\frac{s}{2}}}{\Delta \tau \sqrt{\alpha_1 \alpha_2 \ldots \alpha_s}} \right) . \tag{11}$$

Da die freie Energie eines statistisch homogenen Systems durch Volumen und Modul aber vollkommen bestimmt ist, so wird somit, weil ja alle Größen des letzten Gliedes der Gl. 11 vom Volumen unabhängig sind,

$$\left(\frac{\partial \Psi}{\partial V}\right)_{\Theta = \text{const.}} = -\frac{N\Theta}{V}\,. \tag{12}$$

Nach Gl. 8 des § 102 stellt die linke Seite dieser Gleichung nichts anderes dar, als den mit entgegengesetztem Vorzeichen genommenen Druck. Für den von uns betrachteten Spezialfall nimmt also die Zustandsgleichung die ganz besonders einfache Form an

$$p\,V = N\Theta\,. \tag{13}$$

Die Gültigkeit dieser Gleichung erscheint nur an die Bedingungen geknüpft, daß die individuelle Energie als rein quadratische Funktion eines Teiles der individuellen Zustandsgrößen darstellbar ist und daß zu den Zustandsgrößen, von denen die individuelle Energie nicht abhängt, die Lagenkoordinaten der punktförmig gedachten Individuen gehören.

§ 105. Das Prinzip von Rayleigh und Jeans.

Neben dem in dem vorhergehenden Abschnitt betrachteten Spezialfall einer Energieverteilung ist für die moderne theoretische Physik noch ein zweiter von der allergrößten Bedeutung. Es ist die kanonische Verteilung von quantenhafter Schwingungsenergie. Betrachten wir einen abgeschlossenen Raum, den wir uns der Einfachheit wegen als Würfel denken wollen, so sind in ihm stehende Schwingungen, sogenannte Eigenschwingungen der mannigfachsten Art möglich; und der Untersuchung der Energieverteilung muß nun zunächst die Lösung der Frage vorausgehen, wie sich diese Schwingungen über die verschiedenen Frequenzwerte verteilen. Wenn wir die Frequenzwerte nach Intervallen abstufen, müssen wir zunächst wissen, wie groß bei gegebenem Volumen des Würfels die Zahl der Schwingungen ist, deren Frequenzen innerhalb eines bestimmten Intervalles liegen.

Um diese Frage zu beantworten, gehen wir von der bekannten Tatsache aus, daß längs einer gespannten Saite von der Länge l stehende Schwingungen nur mit solchen Wellenlängen (λ) möglich sind, die für ganzzahlige Werte der sogenannten Unterteilungszahl n der Gleichung genügen

$$\frac{\lambda}{2} = \frac{l}{n}\,. \tag{1}$$

Bei einem Würfel treten an die Stelle der Knotenpunkte den Würfelflächen parallele Knotenebenen; doch können die Unterteilungszahlen der drei zueinander senkrechten Richtungen (die den Würfelkanten parallel sind) verschiedene Werte haben. Wir wollen uns etwa ein Koordinatensystem mit einer Würfelecke als Ursprung und den drei in dieser Ecke zusammenstoßenden Kanten als Koordinatenachsen konstruiert denken.

Wir wollen dann die Unterteilungszahlen in der x-, y-, z-Richtung mit n_1, n_2, n_3 und die Winkel, die ein beliebiger Strahl mit den drei Achsen bildet, mit α, β, γ bezeichnen. Ist nun etwa die Gerade AB der z-Achse parallel (Fig. 67) und ist CD die Richtung eines Strahles, so müssen, wenn durch E, F, G der x-y-Ebene parallele Knotenebenen in

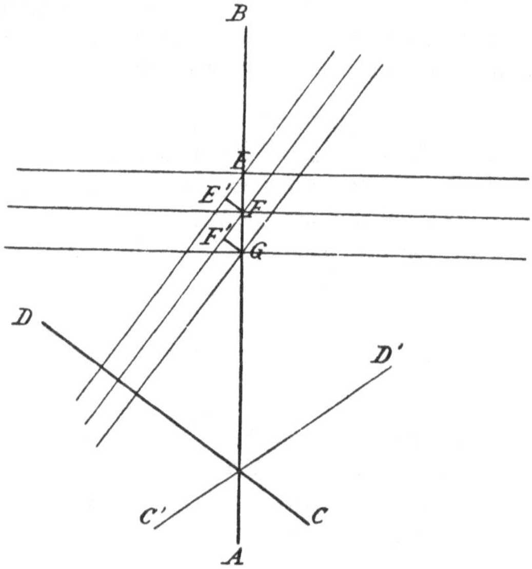

Fig. 67.

Abständen von a/n_3 hindurchgehen, auch die Wellenebenen, die durch E, F, G gelegt werden, Phasendifferenzen von einer halben Periode aufweisen. Es muß also

$$E'F = F'G = \frac{\lambda}{2}$$

sein. Nun ist aber

$$E'F = EF \cdot \cos\gamma = \frac{a}{n_3} \cos\gamma,$$

und somit muß die Beziehung erfüllt sein

$$\frac{\lambda}{2} = \frac{a}{n_3} \cos\gamma.$$

Da Analoges wie für die z-Achse auch für die x-Achse und die y-Achse gelten muß, ergibt sich also das Gleichungstripel

$$(2) \qquad \left\{ \begin{aligned} \frac{2a}{\lambda} \cos\alpha &= n_1 \\ \frac{2a}{\lambda} \cos\beta &= n_2 \\ \frac{2a}{\lambda} \cos\gamma &= n_3 . \end{aligned} \right.$$

Andererseits ist aber nach einer bekannten Formel

$$\cos^2\alpha + \cos^2\beta + \cos^2\gamma = 1. \tag{3}$$

Quadriert man daher die drei Gl. 2 und addiert sie, so findet man

$$\frac{2a}{\lambda} = \sqrt{n_1^2 + n_2^2 + n_3^2}; \tag{4}$$

und setzt man andererseits diese Werte in die Gl. 2 ein, so ergeben sich die Beziehungen

$$\left\{\begin{aligned} \cos\alpha &= \pm\frac{n_1}{\sqrt{n_1^2+n_2^2+n_3^2}}, \\ \cos\beta &= \pm\frac{n_2}{\sqrt{n_1^2+n_2^2+n_3^2}}, \\ \cos\gamma &= \pm\frac{n_3}{\sqrt{n_1^2+n_2^2+n_3^2}}. \end{aligned}\right. \tag{5}$$

(In Fig. 67 wäre also außer der Richtung CD auch die symmetrische Richtung $C'D'$ möglich.)

Wir sehen also, daß jedem Zahlentripel n_1, n_2, n_3 eine Eigenschwingung von ganz bestimmter Wellenlänge und ganz bestimmter Richtung entspricht. Umgekehrt sind nur solche Schwingungen möglich, für die die Werte von λ, α, β, γ den Gl. 4 und 5 für ganzzahlige Werte von n_1, n_2, n_3 genügen.

Ersetzen wir in Gl. 4 die Wellenlänge durch die Frequenz ν und die Wellengeschwindigkeit v mittels der bekannten Formel

$$\frac{1}{\lambda} = \frac{\nu}{v}$$

(Gl. 9 des § 55), so können wir Gl. 4 auch in der Form schreiben:

$$\frac{2a}{v}\nu = \sqrt{n_1^2 + n_2^2 + n_3^2}. \tag{6}$$

Wir wollen nun ein ganz beliebiges Schwingungsintervall betrachten, das von einer Frequenz ν' bis zu einer (von ihr verhältnismäßig wenig verschiedenen) ν'' reiche. Die Differenz $(\nu'' - \nu')$ wollen wir mit $\Delta\nu$ bezeichnen. Wir fragen uns nun, wie groß die Zahl der nach Gl. 6 möglichen Werte der Frequenz sei, die in dem ausgewählten Intervall liegen.

Zur Beantwortung dieser Frage bedienen wir uns zweckmäßig einer einfachen geometrischen Konstruktion. Wir denken uns ein rechtwinkliges Koordinatensystem konstruiert, das jedoch nur aus den positiven Halbachsen gebildet sei, so daß es aus dem gesamten Raume nur einen Oktanten herausschneide. In diesem Raumoktanten denken wir uns dann ein räumliches Punktgitter mit der Längeneinheit als Gitterkonstanten konstruiert. Die einzelnen Punkte des Gitters werden dann durchwegs ganzzahlige Koordinaten besitzen; und wie jedem Punkte als Werte seiner Koordinaten ein Tripel ganzer Zahlen n_1, n_2, n_3 entspricht, so ist umgekehrt auch durch jedes Tripel ganzer Zahlen n_1, n_2, n_3 ein Punkt des Gitters eindeutig bestimmt. Infolgedessen ist auch durch jeden Punkt des Gitters eine stehende Schwingung von gegebener Frequenz und Richtung bestimmt, während umgekehrt jeder solchen Schwingung ein ganz bestimmter Punkt des Gitters als Repräsentant entspricht.

Nun ist aber die Entfernung, die ein Punkt des Gitters von dem Ursprung des Oktanten hat,

$$r = \sqrt{n_1^2 + n_2^2 + n_3^2} \tag{7}$$

oder nach Gl. 6

$$r = \frac{2a}{v} \nu , \tag{8}$$

wenn wir unter ν die Frequenz der Eigenschwingung verstehen, die dem betreffenden Gitterpunkte entspricht.

Die Zahl der Eigenschwingungen, die in dem Würfel mit Frequenzen zwischen ν' und ν'' möglich sind, ist somit einfach gleich der Zahl der Gitterpunkte, die innerhalb des Raumes liegen, der begrenzt wird von zwei Kugelflächen mit den Radien r' und r'', wobei

$$r' = \frac{2a}{v} \nu' , \qquad r'' = \frac{2a}{v} \nu'' . \tag{9}$$

Da nun durchschnittlich auf die Volumeinheit ein Gitterpunkt kommt (weil ja der Abstand zweier benachbarter Gitterpunkte der Längeneinheit gleich ist), so ist die Zahl der in dem Raumoktanten zwischen den beiden Kugelflächen enthaltenen Gitterpunkte angenähert gleich dem achten Teil des Volumens der ganzen Kugelschale, die von den beiden konzentrischen Kugelflächen eingeschlossen wird. Wir nehmen nun an — und dies wird bei späteren Anwendungen immer der Fall sein —, daß ν' und ν'' sehr große Zahlen seien[1]; es kann dann selbst, wenn $\Delta \nu$ klein ist gegenüber ν', noch immer die zugehörige Differenz $(r'' - r')$ als groß angenommen werden gegenüber der Längeneinheit. Man kann daher näherungsweise das Volumen des achten Teiles der Kugelschale gleich setzen

$$V' = \tfrac{1}{8}\, 4 r'^2 \pi (r'' - r') . \tag{10}$$

Ebenso groß ist die Zahl der in dem Intervall zwischen ν' und ν'' möglichen Eigenschwingungen. Nennen wir diese Zahl ΔZ, so finden wir daher (bei Berücksichtigung der Gl. 9)

$$\Delta Z = \frac{\pi}{2} \left(\frac{2a}{v} \nu' \right)^2 \cdot \frac{2a}{v} \cdot \Delta \nu$$

oder, wenn wir statt ν' einfach ν schreiben,

$$\Delta Z = \frac{4 \pi a^3 \nu^2}{v^3} \Delta \nu . \tag{11}$$

[1] In der Optik hat ja die Frequenz die Größenordnung von Hunderten von Billionen!

Da a^3 das Volumen des Würfels darstellt, können wir somit die auf die Volumeinheit bezogene Größe

$$z_\nu = \frac{4\pi\nu^2}{v^3} \tag{12}$$

als die Dichte der Schwingungen in dem Frequenzintervall zwischen ν und $\nu + d\nu$ bezeichnen. Mit der Größe des Intervalls und mit dem Volumen multipliziert, gibt z_ν die Zahl der Schwingungen an, deren Frequenzen innerhalb des Intervalls liegen. Die Gl. 12, derzufolge die Schwingungsdichte dem Quadrate der Frequenz proportional ist, wurde zuerst von Rayleigh (1900) und in exakterer Weise durch Jeans (1905) abgeleitet.[2]

§ 106. Das statistische Gleichgewicht eines schwingenden Systems.

Indem wir wiederum einen von stehenden Schwingungen erfüllten Würfel betrachten, greifen wir aus der Mannigfaltigkeit der Oszillationen diejenigen heraus, deren Frequenz in dem sehr kleinen Intervall zwischen ν und $\nu + d\nu$ liege. Diese Schwingungen von der gleichen Frequenz ν können als eine Gesamtheit von Individuen aufgefaßt werden, deren Energie, wie angenommen werde, kanonisch verteilt sei. Nach dem Quantenprinzip (§ 78) ist dann jede Eigenschwingung einer Reihe diskreter Zustände fähig, in denen ihr die Energiewerte 0, $h\nu$, $2h\nu$, $3h\nu$ usw. zukommen. Ist der Verteilungsmodul Θ, so ist daher

$$\sum e^{-\frac{\varepsilon_i}{\Theta}} = \sum_{n=0}^{n=\infty} e^{-\frac{n h\nu}{\Theta}}. \tag{1}$$

Nun ist nach der bekannten Summenformel für geometrische Reihen für $y < 1$

$$1 + y + y^2 + y^3 + \ldots = \frac{1}{1-y}, \tag{2}$$

also

$$\sum e^{-\frac{\varepsilon_i}{\Theta}} = \frac{1}{1 - e^{-\frac{h\nu}{\Theta}}}. \tag{3}$$

Differentiieren wir diese Gleichung partiell nach Θ, so finden wir, wenn wir nachher beide Seiten der Gleichung mit Θ^2 multiplizieren,

$$\sum \varepsilon_i e^{-\frac{\varepsilon_i}{\Theta}} = \frac{h\nu \cdot e^{-\frac{h\nu}{\Theta}}}{\left(1 - e^{-\frac{h\nu}{\Theta}}\right)^2}. \tag{4}$$

[2] Die Ableitung dieses Abschnittes wurde allerdings nur für den besonderen Fall eines Würfels durchgeführt. Aber aus den Betrachtungen des nächsten Abschnittes und noch deutlicher aus den späteren Anwendungen geht klar hervor, daß die Gl. 12 ganz unabhängig von der geometrischen Form gelten muß.

Dividieren wir nun die Gl. 4 durch die Gl. 3, so muß die linke Seite (nach Gl. 16 des § 99) den Mittelwert der Energie darstellen, der einer einzelnen Schwingung von der Frequenz ν zukommt. Es ist also

$$\bar{\varepsilon} = \frac{h\nu}{e^{\frac{h\nu}{\Theta}} - 1} . \tag{5}$$

Multiplizieren wir nun diesen Wert mit der Dichte der Schwingungen von der Frequenz ν (Gl. 12 des § 105), so erhalten wir die Energiedichte für die betreffende Frequenz, die mit u_ν bezeichnet werde.[1] Es ist also

$$u_\nu = \frac{4\pi h \nu^3}{v^3} \cdot \frac{1}{e^{\frac{h\nu}{\Theta}} - 1} , \tag{6}$$

wobei v wiederum die Fortpflanzungsgeschwindigkeit der Schwingungen bedeutet.

Das gesamte System von stehenden Schwingungen können wir nun in Teilsysteme von bestimmten Frequenzwerten zerlegen, indem wir die Frequenzwerte nach Intervallen abstufen. Ein derartiges Teilsystem von untereinander gleich rasch erfolgenden Schwingungen haben wir bisher betrachtet. Soll sich aber nun das gesamte Schwingungssystem im statistischen Gleichgewicht befinden, so ist dies nach § 101 nur dann möglich, wenn alle Teilsysteme trotz der Verschiedenheit der Frequenz denselben Wert des Verteilungsmoduls haben.

Ist dies der Fall, dann läßt sich die eigentliche Energiedichte, die mit η bezeichnet werde, nach der Formel berechnen

$$\eta = \int_0^\infty u_\nu \, d\nu , \tag{7}$$

wobei Θ für die Integration als konstant anzusehen ist. Es wird daher

$$\eta = \frac{4\pi h}{v^3} \int_0^\infty \frac{\nu^3 \, d\nu}{e^{\frac{h\nu}{\Theta}} - 1} . \tag{8}$$

Setzen wir zur Vereinfachung vorübergehend

$$\frac{h\nu}{\Theta} = x, \quad \text{also} \quad \nu = \frac{x\Theta}{h} , \tag{9}$$

so wird

$$\eta = \frac{4\pi \Theta^4}{h^3 v^3} \int_0^\infty \frac{x^3 \, dx}{e^x - 1} . \tag{10}$$

Um das bestimmte Integral dieser Gleichung zu berechnen, gehen wir von der Gl. 2 aus und ersetzen in ihr y durch e^{-x}; dann wird

---

[1] Es ist aber zu beachten, daß u_ν nicht die physikalische Dimension einer Energiedichte hat. Dies gilt erst für das Produkt aus u_ν und $d\nu$.

$$\frac{1}{1-e^{-x}} = \frac{e^x}{e^x-1} = 1 + e^{-x} + e^{-2x} + e^{-3x} + \dots,$$

also

$$\frac{1}{e^x-1} = e^{-x} + e^{-2x} + e^{-3x} + \dots$$

und somit

$$\int \frac{x^3\,dx}{e^x-1} = \int e^{-x} x^3\,dx + \frac{1}{2^4}\int e^{-2x}(2x)^3\,d(2x) + \frac{1}{3^4}\int e^{-3x}(3x)^3\,d(3x) + \dots.$$

Nun ist aber nach einer bekannten Formel[2] für eine beliebige Variable z

$$\int\limits_0^\infty z^3 e^{-z}\,dz = 3!. \tag{11}$$

Da 3! gleich 6 ist, so wird also

$$\int\limits_0^\infty \frac{x^3\,dx}{e^x-1} = 6\alpha, \tag{12}$$

wobei mit α die Summe der konvergenten Potenzreihe bezeichnet wird:[3]

$$\alpha = \frac{1}{1^4} + \frac{1}{2^4} + \frac{1}{3^4} + \frac{1}{4^4} + \dots = 1{,}0823. \tag{13}$$

Es ist also

$$\eta = \frac{24\pi\alpha\,\Theta^4}{h^3 v^3}. \tag{14}$$

Im statistischen Gleichgewicht ist also die Energiedichte der vierten Potenz des Verteilungsmoduls proportional.

Um nun weiterhin in ähnlicher Weise die freie Energie des quantenhaft schwingenden Systems zu berechnen, betrachten wir wiederum zunächst als Teilsystem diejenigen Schwingungen, deren Frequenz in dem Intervall zwischen ν und $\nu + d\nu$ liege. Für den auf das einzelne Individuum entfallenden Anteil an der freien Energie ergibt sich nach Gl. 18 des § 99 der Wert

---

[2] Diese Formel wird folgendermaßen abgeleitet. Für einen beliebigen Parameter t ist

$$\int\limits_0^\infty e^{-tz}\,dz = \left| \frac{1}{t} \cdot e^{-tz} \right|_\infty^0 = \frac{1}{t}.$$

Differentiieren wir partiell nach t, so finden wir bei fortgesetzter Differentiation der Reihe nach

$$\int\limits_0^\infty z e^{-tz}\,dz = \frac{1}{t^2}; \quad \int\limits_0^\infty z^2 e^{-tz}\,dz = \frac{1\,.\,2}{t^3}; \quad \int\limits_0^\infty z^3 e^{-tz}\,dz = \frac{1\,.\,2\,.\,3}{t^4}. \tag{11b}$$

Indem man t gleich 1 setzt, ergibt sich die Gl. 11.

[3] Es sei nur nebenbei bemerkt (was aber für die folgenden Betrachtungen ganz belanglos ist), daß α nichts anderes ist als $\pi^4/90$.

$$\psi = -\Theta \ln \sum_{n=0}^{n=\infty} e^{-\frac{n h \nu}{\Theta}},$$

also nach Gl. 3

(15) $$\psi = \Theta \ln \left(1 - e^{-\frac{h\nu}{\Theta}}\right).$$

Benutzen wir die bekannte Reihenformel für den Logarithmus ($y < 1$)

(16) $$\ln(1-y) = -y - \frac{y^2}{2} - \frac{y^3}{3} - \frac{y^4}{4} - \ldots,$$

so wird daher, bei Benutzung der durch die Gl. 9 eingeführten Abkürzung,

(17) $$\psi = -\Theta\left[e^{-x} + \frac{e^{-2x}}{2} + \frac{e^{-3x}}{3} + \frac{e^{-4x}}{4} + \ldots\right].$$

Multiplizieren wir diese Größe mit der Dichte der Schwingungen im Frequenzbereich zwischen ν und $\nu + d\nu$ und integrieren wir dann wieder über ν von 0 bis ∞, so erhalten wir die Dichte der freien Energie, die mit ζ bezeichnet werde. Es ist also

$$\zeta = -\frac{4\pi\Theta}{v^3}\int_0^\infty \left[e^{-x} + \frac{e^{-2x}}{2} + \ldots\right]\nu^2\, d\nu$$

oder nach Gl. 9

(18) $$\left\{\begin{aligned} \zeta = -\frac{4\pi\Theta^4}{h^3 v^3}\Bigg[\int_0^\infty e^{-x} x^2\, dx &+ \frac{1}{2^4}\int_0^\infty e^{-2x}(2x)^2\, d(2x) \\ &+ \frac{1}{3^4}\int_0^\infty e^{-3x}(3x)^2\, d(3x) + \ldots\Bigg].\end{aligned}\right.$$

Nun ist ja aber für eine beliebige Variable z

(19) $$\int_0^\infty e^{-z} z^2\, dz = 2$$

(nach Gl. 11b). Daher wird bei Benutzung der durch die Gl. 13 eingeführten Abkürzung

(20) $$\zeta = -\frac{8\pi\alpha\Theta^4}{h^3 v^3}.$$

Wie ein Vergleich mit der Gl. 14 zeigt, beträgt also die freie Energie eines quantenhaft schwingenden Systems (mit entgegengesetztem Vorzeichen) ein Drittel der gesamten Energie. Es ist

(21) $$\Psi = -\frac{E}{3}.$$

Aus dieser Beziehung läßt sich sogleich eine weitere Folgerung ziehen. Die Energiedichte hängt ja nach Gl. 14 nur von einer Variablen ab, dem Verteilungsmodul (da die Wellengeschwindigkeit als konstant angesehen werden kann). Die Energie selbst hängt daher außer von dem Verteilungsmodul nur von einem einzigen Parameter, dem Volumen, ab. Im Sinne der früheren Betrachtungen (§ 102) erscheint daher ein quantenhaft schwingendes System als statistisch homogen, und für seinen Druck gilt daher (nach Gl. 8 des § 102) die einfache Beziehung

(22) $$p = -\left(\frac{\partial \Psi}{\partial V}\right)_{\Theta = \text{const}}$$

oder nach Gl. 21

(23) $$p = \frac{1}{3}\left[\frac{\partial (\eta V)}{\partial V}\right]_{\Theta = \text{const}}$$

Da aber nun η nach dem früher Gesagten nur von dem Verteilungsmodul abhängt, so wird einfach

(24) $$p = \frac{\eta}{3}.$$

In einem quantenhaft schwingenden System ist der Druck gleich dem dritten Teil der Energiedichte.

XIV. Kapitel.

Thermodynamik.

§ 107. Die Temperaturskala.

Die der Experimentalphysik als Wärmeerscheinungen bekannten Phänomene finden durch die Statistik eine theoretische Erklärung, wenn in all den Fällen, in denen Energie in einer für die menschlichen Sinne nicht direkt erkennbaren Weise über eine sehr große Zahl von Individuen verteilt ist, diese Energie als Wärme interpretiert wird. Die Individuen, über die die Wärmeenergie im Innern der Körper verteilt ist, identifiziert hierbei die theoretische Physik mit den Molekeln.[1]

Alle Größen, die im statistischen Sinne der Individuenzahl proportional sind, müssen somit im thermischen Sinne proportional sein der Zahl der Molekeln oder, was bei chemisch homogenen Stoffen dasselbe ist, proportional sein der Masse. Man kann daher alle diese Größen auf eine Grammolekel oder auch auf die Masseneinheit beziehen.

Aus der Elektronentheorie geht hervor, daß die Kräfte, die zwischen den Materieteilchen wirken, als Zentralkräfte angesehen werden müssen, die nur von der gegenseitigen Entfernung abhängen. Für ein solches System gilt aber (nach § 15) der Satz von der Erhaltung der Energie, der eine Voraussetzung der früheren statistisch-energetischen Betrachtungen war. Wenn nun die inneren Kräfte nur davon abhängen, wie nahe die einzelnen Molekeln einander gebracht sind, dann hängt offenbar die innere Energie eines einheitlichen Körpers nur von einem Parameter ab, nämlich von dem Volumen der Masseneinheit, von dem sogenannten spezifischen Volumen. Es erscheint daher gerechtfertigt, daß Körper, die eine einheitliche physikalische Beschaffenheit aufweisen, auch als statistisch homogen angesehen werden.

Der Experimentalphysik sind nun verschiedene Phänomene bekannt, bei denen Energie, die von der Bewegung von Körpern herrührt, oder elektromagnetische Energie unter Entwicklung von Wärme scheinbar verloren geht. Dies ist der Fall, wenn Bewegungsenergie

---

[1] Bei Grundstoffen, bei denen keine Molekelbildung stattfindet, werden dementsprechend die Atome als „einatomige Molekeln“ angesehen.

durch sogenannte Bewegungshindernisse, also durch Reibung oder durch den Widerstand des Mittels, zerstört wird; wenn sich ein elektrischer Strom in einem einen galvanischen Widerstand aufweisenden Leiter fortpflanzt, wenn von elektromagnetischen Wellen getroffene Körper die Wellen nicht vollkommen reflektieren. In all diesen Fällen nimmt die theoretische Physik an, daß die scheinbar verschwundene Energie in Wirklichkeit nicht verloren gegangen sei, sondern sich auf sehr viele Individuen verteilt habe. Die in solchen Fällen entstandene Wärme ist also in Energieeinheiten meßbar, indem man den scheinbaren Verlust an Energie feststellt, was bei der Reibungswärme und der Stromwärme leicht durchführbar ist.

Die einem System von Molekeln zugeführte oder ihm entzogene Energie erscheint nach dieser Auffassung als aufgenommene oder abgegebene Wärme. Wenn nun zwei Körper miteinander derart in Verbindung gebracht werden, daß zwischen ihnen eine Wärmeabgabe möglich ist, wenn gleichwohl aber bei ihnen keine Änderung des früheren Zustandes eintritt, so muß infolge des Bestehens der Zustandsgleichung daraus geschlossen werden, daß die beiden Körper denselben Wärmemodul haben. Ein Körper, dessen Zustand leicht veränderlich ist, kann daher gewissermaßen als Thermoskop, nämlich als Instrument zur Feststellung der Gleichheit von Wärmemoduln verwendet werden. Wenn nämlich dieses Instrument in Verbindung mit zwei Körpern A und B bei konstantem Druck dasselbe Volumen oder bei konstantem Volumen denselben Druck zeigt, so kann daraus geschlossen werden, daß die Körper A und B zur Zeit ihrer Verbindung mit dem Instrument denselben Wärmemodul hatten. Wenn ferner die Zustandsänderung eines Körpers K derart erfolgt, daß während ihrer ein mit dem Körper verbundenes Thermoskop seinen Zustand nicht ändert, so wissen wir, daß die Zustandsänderung des Körpers K isomodulisch erfolgt. Andererseits können wir die Zustandsänderung eines Körpers adiabatisch gestalten, indem wir ihn allseitig mit einer Substanz umgeben, von der wir aus der Erfahrung wissen, daß sie für Wärme undurchlässig ist (was z. B. mit großer Annäherung bei Watte zutrifft).

Auf Grund dieser Tatsachen läßt sich nun durch Messungen an Kreisprozessen eine exakte Skala der Wärmemodulwerte schaffen. Ein homogener Körper (am besten wegen der leichten Zustandsveränderlichkeit ein Gas) befinde sich in einem Zustand I, wobei ein mit ihm verbundenes Thermoskop einen Stand a zeige. Noch vor der Anstellung des Kreisprozesses werde das Volumen adiabatisch vergrößert, bis das Thermoskop einen beliebigen Stand b zeige. Man stellt dann fest, daß sich hierbei der Körper in einem durch Volumen und Druck bestimmten Zustand befindet, der IV genannt werde. Man hätte dann einen Kreisprozeß folgendermaßen vorzunehmen:

Man bringt den Körper aus dem Zustand I durch isomodulische Ausdehnung in einen beliebigen Zustand II; dann läßt man ihn sich adiabatisch ausdehnen, bis in einem Zustand III das Thermoskop den vorhin erwähnten Stand b zeigt. Dann werde der Körper durch isomodulische Kompression in den Zustand IV und von dort adiabatisch wieder in den Zustand I übergeführt. Man mißt einerseits in Energieeinheiten die Wärmemenge, die etwa auf galvanischem Wege bei entsprechender Stromstärkeregulierung während der isomodulischen Überführung von I nach II zugeführt wird. Andererseits mißt man in Energieeinheiten die gesamte Arbeit, die bei dem Kreisprozeß verrichtet wird. Man tut dies am einfachsten, indem man den Prozeß in einer p-V-Ebene graphisch darstellt und den Flächeninhalt der von den vier Teilkurven begrenzten Figur (des sogenannten Diagramms) ausmißt; denn dieser Flächeninhalt ist ja gleich $\int p\, dV$ oder gleich der verrichteten Arbeit. Dividiert man diese Arbeit durch jene in Energieeinheiten gemessene Wärmemenge, so erhält man den Wirkungsgrad des Kreisprozesses.

Wir führen nun als Fundamentalwerte des Wärmemoduls diejenigen ein, die bei normalem Atmosphärendruck[2] schmelzendem Eis und siedendem Wasser zukommen, wobei wir empirisch feststellen können, daß sowohl während des Schmelzvorganges als auch während des Siedeprozesses das Thermoskop (aus später zu erörternden Gründen[3]) seinen Stand nicht ändert. In Übereinstimmung mit der Experimentalphysik machen wir den Eispunkt zum Nullpunkt einer willkürlichen Skala und setzen den Unterschied der beiden Fundamentalwerte des Moduls willkürlich gleich hundert Skaleneinheiten oder Graden; wir bezeichnen dann die Zahl, die in dieser willkürlichen Skala dem Wärmemodul entspricht, als Temperatur.

Indem wir einen Kreisprozeß derart durchführen, daß seine isomodulischen Teilvorgänge bei 100° und bei 0° verlaufen, können wir (nach Gl. 11 des § 103) feststellen, wieviel Grade unterhalb des Eispunktes der absolute Nullpunkt der Temperatur liegt. Diese Zahl beträgt, wie auch aus anderen, leichter zu bewerkstelligenden, später zu besprechenden[4] Beobachtungen hervorgeht, 273,1°. Die Zahl von Graden, die man erhält, wenn man zu den von dem Eispunkt an gezählten noch die Zahl 273,1 hinzuaddiert, bezeichnet man als die absolute Temperatur; für sie ist allgemein die Bezeichnung durch den Buchstaben T gebräuchlich. Wärmemodul und absolute Temperatur können daher nur durch einen universellen Proportionalitätsfaktor verschieden sein.

Indem wir nun schließlich den Kreisprozeß derart durchführen, daß bei dem ersten Teilprozeß das Thermoskop einen ganz beliebigen Stand

---

[2] Der normale Atmosphärendruck ist gleich der Kraft, die eine Quecksilbersäule (in thermischer Verbindung mit schmelzendem Eis) bei 76 cm Höhe und 1 qcm Querschnitt durch ihr Gewicht an einem Orte von der geographischen Breite von 45° ausübt. In absolutem Maß ist dieser Druck gleich 1013250 g cm^{-1} sec^{-2}.

[3] S. § 114.

[4] S. § 115.

habe, während der dritte Teilprozeß bei der Temperatur des schmelzenden Eises verlaufe, können wir für jeden beliebigen Stand des Thermoskopes (nach Gl. 12 des § 103) den richtigen Wert der Temperatur ermitteln und derart das Thermoskop zu einem exakten Temperaturmesser oder Thermometer ausgestalten.

In der physikalischen Praxis erfolgte die Konstruktion der Temperaturskala freilich in viel einfacherer Weise als in der angegebenen, die vom Standpunkte der theoretischen Physik als die vollkommenste erscheinen müßte. Hat bei dem Eispunkte eine thermometrische Substanz (etwa Quecksilber) das Volumen V_0, bei dem Siedepunkt aber das Volumen V_{100} und bei einer unbekannten Temperatur ϑ das Volumen V, so wurde ϑ einfach gleich gesetzt $(V - V_0)/(V_{100} - V_0)$. Die Größe ϑ erscheint dann als Temperatur in der Skala der betreffenden thermometrischen Substanz. Für die praktische Brauchbarkeit dieses einfachen Verfahrens spricht die Tatsache, daß die Skalen verschiedener geeigneter thermometrischer Substanzen (Quecksilber, Weingeist, Luft usw.) nur wenig voneinander abweichen. Als die vollkommenste thermometrische Substanz wird aus später[5] zu erörternden Gründen der Wasserstoff angesehen, weshalb nach seiner Skala die der anderen thermometrischen Substanzen korrigiert werden.[6] Der Gedanke, eine wahrhaft exakte Temperaturskala auf die Messungen von Kreisprozessen zu gründen, stammt von William Thomson (1855). (Von einem geeigneten Verfahren zur Feststellung der Thomsonschen Temperaturskala wird in § 113 die Rede sein.)

§ 108. Die Kalorimetrie.

Die Schaffung der Temperaturskala ermöglicht auch eine einfache Messung von Wärmemengen, wodurch es überflüssig wird, in jedem einzelnen Falle das komplizierte Verfahren der direkten Messung in Energieeinheiten einzuschlagen. Nach dem Satze von der Erhaltung der Energie ist die Wärmemenge, die zu einer endlichen Zustandsänderung notwendig ist, gegeben durch den Ausdruck

$$\sum dQ = E_2 - E_1 + \int_{V_1}^{V_2} p\, dV, \tag{1}$$

wobei sich die Indizes 1 und 2 auf Anfangs- und Endzustand beziehen. Erfolgt aber nun die Zustandsänderung bei konstantem Druck, so wird das Integral einfach gleich $p(V_2 - V_1)$, so daß also in diesem Falle

---

[5] S. § 116.

[6] Aus der Experimentalphysik ist ja bekannt, daß die Skala, die den Eispunkt und den Siedepunkt als Fundamentalpunkte wählt und deren Skalenabstand gleich hundert Graden setzt, von Celsius stammt (1742).

der Gesamtbetrag der zugeführten Wärme einzig und allein vom Anfangs- und vom Endzustand abhängt. Aus der Zustandsgleichung folgt somit, daß stets dieselbe Wärmemenge notwendig ist, um einen gegebenen Körper bei konstantem normalen Atmosphärendruck von einer Anfangstemperatur T_1 auf eine Endtemperatur T_2 zu erwärmen, wobei wegen der molekularen Zusammensetzung diese Wärmemenge wieder proportional sein muß der Masse des erwärmten Körpers.

Man kann daher in willkürlicher Weise eine Wärmeeinheit schaffen, indem man als Kalorie diejenige Wärmemenge definiert, die bei konstantem normalen Atmosphärendruck 1 g Wasser von 15^0 auf 16^0 (von dem Eispunkt an gemessen) erwärmt.[1] Man kann nun durch dieselbe Wärmemenge (die etwa in beiden Fällen durch gleich starke elektrische Ströme bei gleichem Widerstand in gleicher Zeit erzeugt werden möge) das eine Mal x g Wasser von 15^0 auf 16^0 erwärmen, das andere Mal y g Wasser von $\vartheta_1{}^0$ auf $\vartheta_2{}^0$. Man weiß dann, daß zur Erwärmung von 1 g Wasser von $\vartheta_1{}^0$ auf $\vartheta_2{}^0$ x/y Kalorien erforderlich sind. Derart kann man von Grad zu Grad feststellen, wieviel Kalorien zu einer Erwärmung von 1 g Wasser um je einen Grad nötig sind (z. B. wird eine Erwärmung von 1 g Wasser von 30 auf 31^0 durch 0,9968 cal bewirkt). Jede beliebige Wärmemenge läßt sich also in Kalorien messen, indem man feststellt, welche Temperaturerhöhung sie bei einer beliebigen Menge Wasser hervorruft.

Die Zahl der Energieeinheiten, die einer Kalorie gleich sind, nennt man das mechanische Wärmeäquivalent.[2] Es ist ohne weiteres bestimmbar, indem man eine Menge Wasser durch Reibung oder durch den galvanischen Strom erwärmt und die erzeugte Wärmemenge einerseits in Kalorien, andererseits (durch den scheinbaren Energieverlust bestimmt) in Energieeinheiten ausdrückt. Für das mechanische Wärmeäquivalent haben die Messungen den Wert ergeben[3]

$$J = 4{,}19 \,.\, 10^7 \text{ erg} = 427 \text{ g-m} \,. \tag{2}$$

§ 109. Die beiden Hauptsätze der Thermodynamik.

Da die in Graden gemessene Temperatur und der Wärmemodul voneinander nur durch einen universellen Proportionalitätsfaktor verschieden sind, so müssen die in der allgemeinen Statistik gewonnenen

[1] Nullpunktskalorie nennt man die Wärmemenge, die 1 g Wasser von 0^0 auf 1^0 erwärmt; sie ist ungefähr 1,008 mal größer als die vorhin definierte Kalorie. Bisweilen wird diese aber auch definiert als die Wärmemenge, die 1 g Wasser von $14\,{}^1/_2{}^0$ auf $15\,{}^1/_2{}^0$ erwärmt; der Unterschied ist allerdings nur sehr gering. Mittlere Kalorie nennt man den hundertsten Teil der Wärmemenge, die 1 g Wasser von 0^0 bis 100^0 erwärmt. Sie ist etwa ebenso groß wie die eigentliche Kalorie (von 15^0). Unter großer Kalorie versteht man den tausendfachen Betrag einer „kleinen" Kalorie, indem die Wärmemenge dann auf 1 kg statt auf 1 g bezogen wird.

[2] Den reziproken Wert nennt man das kalorische Arbeitsäquivalent.

[3] Auf die Nullpunktskalorie bezogen ist $J = 4{,}22 \,.\, 10^7$ erg $= 430$ g-m.

Sätze ihre Gültigkeit behalten, wenn in ihnen der Verteilungsmodul der absoluten Temperatur proportional gesetzt und statt von Energie von Wärme gesprochen wird. In ihrer Übertragung auf die Wärmelehre ergeben somit die am Schlusse des § 100 ausgesprochenen Sätze die grundlegenden Beziehungen der Wärmelehre, die als die beiden Hauptsätze der Thermodynamik bezeichnet werden.

Der erste Hauptsatz lautet folgendermaßen: Wird einem System eine unendlich kleine Wärmemenge zugeführt, während es gleichzeitig Arbeit verrichtet, so stellt die Differenz zwischen zugeführter Wärme und verrichteter Arbeit das vollständige Differential einer Funktion dar, die als innere Energie nur von dem augenblicklichen Zustand des Systems abhängt und daher bei einer Zahl von r Parametern durch $(r+1)$ unabhängige Zustandsvariable bestimmt ist. Überdies wird in den Inhalt des ersten Hauptsatzes eine aus der statistisch-energetischen Auffassung der Wärme als selbstverständlich folgende Tatsache einbezogen, daß nämlich in allen Fällen, in denen durch scheinbaren Verlust an Energie Wärme entwickelt wird, zwischen der in Kalorien gemessenen Wärme und dem in Energieeinheiten gemessenen Energieverlust ein konstantes Umwandlungsverhältnis besteht.

Den Kern des zweiten Hauptsatzes bildet die aus der allgemeinen Statistik folgende Tatsache, daß der Quotient aus der zugeführten infinitesimalen Wärme und der Temperatur das vollständige Differential einer zweiten Funktion darstellen muß, die ebenfalls nur von dem augenblicklichen Zustand des Systems abhängen kann und daher ebenfalls bei einer Zahl von r Parametern durch $(r+1)$ unabhängige Zustandsvariable bestimmt sein muß. Diese Funktion wird in der Thermodynamik als Entropie bezeichnet; sie ist also durch die Gleichung definiert

$$dS = \frac{dQ}{T}\,. \tag{1}$$

Die Entropie muß somit dieselben Eigentümlichkeiten zeigen wie der Wahrscheinlichkeitslogarithmus, dem sie proportional ist. Auch die Entropie scheint einem Maximum zuzustreben und nur bei reversiblen Vorgängen konstant zu bleiben.

Die Entropie eines Systems von Körpern ist (nach Gl. 1 des § 101) gleich der Summe der Entropien der einzelnen Körper, die Entropie eines einzelnen Körpers somit wieder proportional seiner Masse.[1] Indem wir statt von statistischem von thermodynamischem Gleichgewicht sprechen, erkennen wir, daß ein solches nur möglich ist zwischen Körpern von gleicher Temperatur. Körper von verschiedener Temperatur trachten diese auszugleichen, und zwar derart, daß

[1] Dies folgt allerdings auch schon daraus, daß der Wahrscheinlichkeitslogarithmus der Individuenzahl proportional ist.

Wärme nicht von selbst von einem kälteren zu einem wärmeren Körper übergeht.

Da nach Gl. 1 durch jede Wärmeaufnahme die Entropie eines Körpers vermehrt wird und dies daher für jeden Vorgang gilt, bei dem anderweitige Energie eines abgeschlossenen Systems durch individuelle Aufteilung in Wärme verwandelt wird, so muß die in einem abgeschlossenen System enthaltene Energie ein scheinbares Bestreben zeigen, sich allmählich völlig in Wärme umzuwandeln. Man bezeichnet diese scheinbar fortschreitende Umwandlung als Dissipation, Zerstreuung, Degradation oder Entwertung der Energie.[2]

Bezeichnen wir den universellen Proportionalitätsfaktor zwischen Wärmemodul und absoluter Temperatur mit k, setzen wir also

$$\Theta = k\,T, \tag{2}$$

so wird (nach Gl. 1 des § 109 und Gl. 16 des § 100)

$$S = k \ln W, \tag{3}$$

wobei stillschweigend die Definition der Entropie durch die Forderung ergänzt wird, daß die Entropie von dem Wahrscheinlichkeitslogarithmus durch keine additive Konstante verschieden sei. Nach BOLTZMANN, der im Jahre 1866 die statistische Auffassung der Entropie begründete, nennt man die Größe k die BOLTZMANNsche Konstante und bezeichnet als BOLTZMANNsches Entropiegesetz die Beziehung, derzufolge die Entropie proportional ist dem Logarithmus der statistischen Wahrscheinlichkeit der individuellen Verteilung der Wärmeenergie.

Zu einem Zweige der theoretischen Physik ist die Thermodynamik erst in der Mitte des 19. Jahrhunderts geworden. Allerdings war schon im Beginne des 18. Jahrhunderts die Thermometrie[3] und gegen Ende des 18. Jahrhunderts die Kalorimetrie[4] begründet worden. Auch hatte in seiner berühmten, 1822 erschienenen „Analytischen Theorie der Wärme“ FOURIER bereits eine exakte Theorie der Wärmeleitung geschaffen. Im Jahre 1842 stellte ROBERT MAYER das wichtige Prinzip auf, daß zwischen der bei einem scheinbaren Energieverlust entwickelten Wärme und der scheinbar verschwundenen Energie ein konstantes Umwandlungsverhältnis bestehe. Dasselbe Prinzip gewann gleichzeitig mit

---

[2] Die Energie wird deshalb „entwertet“, weil die Wärme nicht wieder durch Rückverwandlung in andere Formen von neuem nutzbar gemacht werden kann; denn bei einer solchen, ohne anderweitige Kompensation erfolgenden Rückverwandlung würde ja die Entropie vermindert werden.

[3] Der eigentliche Begründer der Thermometrie war FAHRENHEIT.

[4] Die Verschiedenheit der spezifischen Wärme bei verschiedenen Körpern stellte zuerst WILKE (1772) fest. Um die weitere Entwicklung der Kalorimetrie machten sich vor allem verdient BLACK, DULONG und PETIT, LAVOISIER und LAPLACE und REGNAULT.

Mayer, doch unabhängig von ihm, auch Joule. Die theoretisch-exakte Begründung des Prinzipes ist vor allem das Verdienst von Helmholtz (1847). Die Bestimmnng des Wärmeäquivalentes gelang Mayer auf theoretischem Wege[5], Joule durch Messungen der galvanischen und der Reibungswärme.

Der zweite Hauptsatz der Thermodynamik wurde (durch rein phänomenologische Betrachtungen) von Clausius (1850) und von William Thomson (1851) gefunden. Von Clausius stammt der Begriff der Entropie, von Thomson der der Energieentwertung. Bei der Begründung des zweiten Hauptsatzes konnten wichtige Forschungsergebnisse verwertet werden, die bei der Betrachtung thermischer Kreisprozesse bereits im Jahre 1824 Sadi Carnot gewonnen hatte.[6]

In der Mitte des 19. Jahrhunderts erfolgte auch die Begründung der mechanischen Wärmetheorie, die die Wärme als individuell verteilte Bewegungsenergie auffaßt.[7] Der erste Hauptsatz fand durch diese Annahme sofort seine Erklärung; mit großem Erfolge wurde die kinetische Vorstellung von Krönig, Joule, Clausius und Maxwell zur Erklärung der Eigenschaften der Gase verwendet (s. § 115). Die statistische Deutung des zweiten Hauptsatzes, die Zurückführung der Irreversibilität auf die Atomistik, ist, wie schon erwähnt, das Verdienst von Boltzmann. Sein Gedanke ist hauptsächlich von Smoluchowski (im Beginne des 20. Jahrhunderts) weiter ausgestaltet und vertieft worden, während die Ausbildung der statistischen Methode an der Hand statistisch-mechanischer Probleme vor allem Gibbs zu verdanken ist.

§ 110. Die Irreversibilität.

Der Satz von der Vermehrung der Entropie gründet sich auf Wahrscheinlichkeitsbetrachtungen der allgemeinen Statistik. Er ist daher kein Gesetz im eigentlichen Sinne dieses Wortes; er ist eine Regel, die bei physikalischen Prozessen häufiger befolgt als verletzt wird. Wird durch einen bestimmten Vorgang die statistische Wahrscheinlichkeit eines Systems auf den z-fachen Betrag erhöht und stellen wir die Behauptung auf, daß dieser Vorgang immer nur in der einen Richtung erfolge, also irreversibel sei, so kommt auf z Fälle, in denen sich die Behauptung als richtig erweist, nur ein einziger Fall, in dem sie durch eine Erfahrungstatsache widerlegt wird. Die Zahl z kann somit als Maß der Irreversibilität angesehen werden.

Findet nun bei einem Vorgang eine Vermehrung der Entropie um die Größe ΔS statt, so wird dadurch der Logarithmus der statistischen

---

[5] S. § 115.

[6] In eine exakt mathematische Form hat die Carnotschen Gedanken Clapeyron (1833) gebracht.

[7] Diese Auffassung vertrat in wissenschaftlicher Weise zuerst Rumford um 1800.

Wahrscheinlichkeit erhöht um den Betrag $(\Delta S)/k$; die Zahl z, die es angibt, auf das Wievielfache des früheren Betrages die statistische Wahrscheinlichkeit erhöht wurde, ist dann durch die Beziehung bestimmt

$$z = e^{\frac{\Delta S}{k}}. \tag{1}$$

Um z in bestimmten Fällen berechnen zu können, ist allerdings die Kenntnis der BOLTZMANNschen Konstanten k notwendig; deren Wert beträgt, wie sich aus späteren Betrachtungen (§ 115) ergeben wird und wie, diesen vorgreifend, schon jetzt bemerkt sei, $1{,}34 \cdot 10^{-16}$ erg grad^{-1}.

Als einfachstes Beispiel eines mit einer Entropievermehrung verbundenen Prozesses wollen wir einen Temperaturausgleich betrachten. Bei Zimmertemperatur mögen zwei um 1^0 in ihren Temperaturen verschiedene, sonst isolierte Körper (von etwa 15^0 und 16^0) miteinander in Verbindung gebracht werden. Von dem um einen Grad wärmeren Körper gehe eine Wärmemenge in dem sehr kleinen Betrage von einem Erg über (also nicht einmal ausreichend, um 1 mg Wasser um $^1/_{1000}{}^0$ zu erwärmen).[1] Die dadurch bedingte Vermehrung des Wahrscheinlichkeitslogarithmus ist (nach Gl. 2 des § 101)

$$\frac{\Delta S}{k} = \frac{1 \text{ erg}}{k}\left(\frac{1}{288^0} - \frac{1}{289^0}\right) = 9.10^{10}.$$

Es muß daher in diesem Falle nach Gl. 1

$$z > 10^{10^{10}}$$

sein. Die durch die Zahl z gemessene Irreversibilität ist also bei dem betrachteten geringfügigen Temperaturausgleich weit über alles menschliche Vorstellungsvermögen groß; denn um die Zahl z in Ziffern auszuschreiben, würde man erst mit einem Papierstreifen von der Länge des Erdumfanges auskommen. Auf z Fälle, in denen das Erg von dem wärmeren auf den kälteren Körper übergeht, kommt aber erst ein einziger Fall, in dem sich der Vorgang in der umgekehrten Richtung abspielt.

Stellt man also die Behauptung auf, daß Wärme nie von selbst in wahrnehmbarer Weise von einem kälteren zu einem wärmeren Körper (ohne Kompensation) übergehe, so ist die Wahrscheinlichkeit dafür, daß diese Behauptung durch ein Experiment widerlegt werde, unter allem Vorstellungsvermögen gering.[2] Selbst wenn Millionen Physiker durch Millionen Jahre alle Minuten von neuem das Experiment anstellen würden, daß sie bei Zimmertemperatur zwei um einen Grad verschie-

[1] Denken wir uns die beiden Körper genügend groß, so kann gegenüber dem Wärmeinhalt jedes Körpers die Wärmemenge von einem Erg als „infinitesimal klein“ angesehen werden.

[2] Die Wahrscheinlichkeit des Ausnahmefalls wird indessen größer, wenn statt eines Erg eine kleinere Wärmemenge betrachtet und auch die Temperaturdifferenz kleiner als ein tausendstel Grad angenommen wird.

dene Körper miteinander in Verbindung setzen, so hätten sie nur eine unvorstellbar geringe Aussicht, auch nur einmal es zu beobachten, daß die Wärmeabgabe statt seitens des wärmeren seitens des kälteren Körpers in einem Betrage von wenigstens einem Erg erfolge. Aber so ungeheuer selten auch ein solcher Fall sein mag, seine Wahrscheinlichkeit ist immerhin größer als Null, und in hinreichend großen Zeiten, die freilich weit größer wären, als daß ein Mensch sie sich vorstellen könnte, müßte ein Beobachter einen so ungeheuer seltenen Ausnahmefall doch wenigstens einmal wahrnehmen.

Das thermodynamische Gleichgewicht stellt für ein System, dessen individuelle Energieverteilung sich ständig ändert, also wohl den Normalzustand dar; die eigentlich stets vorhandenen Abweichungen von ihm wären aber fast immer völlig unmerklich. Nur ungeheuer, ungeheuer selten überschreiten die Abweichungen die Grenze menschlicher Erkennbarkeit und zwar je weiter, desto seltener. Selbst makroskopisch erkennbare mechanische und elektrische Vorgänge können in einem System durch Verteilungsänderung von selbst eintreten. Eine solche aus dem Gleichgewicht von selbst hervorgegangene und zu ihm zurückstrebende Periode makroskopischen Geschehens würde freilich nur eine unvorstellbar seltene Ausnahmeepisode in der Geschichte des Systems bedeuten. So lange diese Periode an sich auch währen mag, sie wäre unbegreifbar kurz gegenüber der Zeit, die vergehen müßte, bis eine solche Periode makroskopischen Geschehens wieder einmal von selbst wiederkehren würde.

§ 111. Die freie Energie und das thermodynamische Potential.

Die freie Energie, für die in der Thermodynamik statt des in der Statistik benutzten Zeichens Ψ die übliche Bezeichnung F gebraucht werde, hängt (nach Gl. 19 des § 99) mit dem Wahrscheinlichkeitslogarithmus und dem Wärmemodul durch die Beziehung zusammen

$$E - F = \Theta \ln W$$

oder (nach Gl. 2 und 3 des § 109) mit der Temperatur und der Entropie durch die Gleichung

$$F = E - TS. \tag{1}$$

Die Größen, die in der Statistik als statistische Kräfte bezeichnet wurden, werden in der Thermodynamik thermische Kräfte genannt (obwohl sie keineswegs die physikalische Dimension einer Kraft haben müssen). Nennen wir sie wiederum U_1, U_2 usw. und fassen wir die freie Energie als Funktion der Temperatur und der Parameter auf, so gelten (nach den Gl. 1 des § 102) die Beziehungen

$$U_1 = -\frac{\partial F}{\partial u_1}, \quad U_2 = -\frac{\partial F}{\partial u_2} \text{ usw.} \tag{2}$$

Andererseits ist (nach Gl. 11 des § 100)

$$\frac{\partial F}{\partial \Theta} = \frac{F}{\Theta} - \frac{E}{\Theta} = -\ln W,$$

also

$$(3) \qquad -\frac{\partial F}{\partial T} = S.$$

Die als Funktion der Temperatur und der Parameter aufgefaßte freie Energie hat also die Eigentümlichkeit, daß ihre negativen partiellen Ableitungen nach den Parametern und der Temperatur die thermischen Kräfte und die Entropie ergeben.

Mit der geleisteten Arbeit hängt die freie Energie (nach Gl. 9 des § 100) durch die Beziehung zusammen

$$(4) \qquad dF = \frac{\partial F}{\partial T} dT - dA$$

oder auch (nach Gl. 3 des § 111 und Gl. 2 des § 102)

$$(5) \qquad dF = -S\,dT - U_1\,du_1 - U_2\,dv_2 - \ldots$$

Verläuft also ein Prozeß bei konstanter Temperatur oder (wie wir in Übertragung des früher gebrauchten Wortes „isomodulisch" nun sagen wollen) isotherm, so wird einfach

$$(6) \qquad dF = -dA.$$

Bei isothermen Prozessen ist also die geleistete Arbeit gleich der Abnahme der freien Energie.

Für Prozesse, die ohne Leistung äußerer Arbeit verlaufen, wird andererseits nach Gl. 4 und 3

$$(7) \qquad dF = \frac{\partial F}{\partial T} dT = -S\,dT.$$

Multiplizieren wir den ersten und dritten der gleichgesetzten Ausdrücke mit T und berücksichtigen wir die Gl. 1, so ergibt sich die Beziehung

$$(8) \qquad E - F = -T\frac{dF}{dT}.$$

Diese Gleichung wurde zuerst (1882) von Helmholtz aufgestellt (von dem überhaupt der Begriff der freien Energie stammt[1]) und wird darum gewöhnlich als die Gleichung von Helmholtz bezeichnet. Sie ist von großer Wichtigkeit wegen ihrer Anwendbarkeit auf alle Prozesse, bei denen Temperaturänderungen ohne äußere Arbeit erfolgen.[2]

Mit dem Begriff der freien Energie hängt enge der des thermodynamischen Potentials zusammen. Dieses ist definiert durch die Gleichung

---

[1] Natürlich nur im thermodynamischen Sinn.

[2] Das wichtigste, von Helmholtz selbst schon behandelte Beispiel für die Anwendung der Helmholtzschen Gleichung stellt die Theorie des galvanischen Elementes dar.

(9) $$\Phi = F + U_1 u_1 + U_2 u_2 + \ldots$$

Durch totale Differentiation folgt

$$d\Phi = dF + U_1 du_1 + U_2 du_2 + \ldots + u_1 dU_1 + u_2 dU_2 + \ldots$$

oder mit Rücksicht auf Gl. 5

(10) $$d\Phi = -S dT + u_1 dU_1 + u_2 dU_2 + \ldots.$$

Wird das thermodynamische Potential aufgefaßt als Funktion der Temperatur und der thermischen Kräfte, wird also gesetzt

(11) $$\Phi = \varphi(T, U_1, U_2 \ldots),$$

so gelten die Beziehungen

(12) $$-\frac{\partial \Phi}{\partial T} = S, \quad \frac{\partial \Phi}{\partial U_1} = u_1, \text{ usw.}$$

Freie Energie und thermodynamisches Potential haben also die gemeinsame Eigenschaft, daß, wenn sie als Funktionen bestimmter Zustandsvariabler gegeben sind, sich dann durch partielle Differentiation nach diesen Variabeln die übrigen Zustandsgrößen und die Entropie ergeben.[3] Für den Fall eines homogenen Systems wird einfach

(13) $$\Phi = E - TS + pV.$$

§ 112. Die Zustandsänderungen eines homogenen Systems.

Bei einem homogenen System sind neben adiabatischen und isothermen Zustandsänderungen als weitere Spezialfälle solche Zustandsänderungen möglich, die entweder bei konstantem Volumen oder bei konstantem Druck erfolgen.[1] Die Wärmemenge, die man einem Körper zuführen muß, um ihn bei konstantem Volumen oder bei konstantem Druck um einen Grad zu erwärmen, nennt man seine Wärmekapazität (bei konstantem Volumen oder bei konstantem Druck). Den Quotienten aus der Wärmekapazität und aus der Masse nennt man die spezifische Wärme, den Quotienten aus der Wärmekapazität und der Zahl der Grammolekeln die Molwärme.

Den auf die Volumeinheit bezogenen und für eine Zustandsänderung bei konstantem Druck gebildeten partiellen Differentialquotienten des Volumens nach der Temperatur bezeichnet man als den Ausdehnungskoeffizienten des Körpers. Nennt man ihn α, so gilt also die definierende Gleichung

(1) $$\alpha = \frac{1}{V}\left(\frac{\partial V}{\partial T}\right)_p.$$

(Der Index p, der dem eingeklammerten Differentialquotienten beigefügt

[3] Man bezeichnet darum freie Energie und thermodynamisches Potential mit einem von Massieu (um 1870) geschaffenen Begriff als charakteristische Funktionen.

[1] Zustandsänderungen bei konstantem Volumen nennt man auch isochor, solche bei konstantem Druck isobar.

ist, bedeutet eben, daß die Zustandsänderung bei konstantem Druck vorzunehmen ist.)

Den auf die Druckeinheit bezogenen und für eine Zustandsänderung bei konstantem Volumen gebildeten partiellen Differentialquotienten des Druckes nach der Temperatur nennt man den Spannungskoeffizienten; er ist also durch die Gleichung definiert

$$\beta = \frac{1}{p}\left(\frac{\partial p}{\partial T}\right)_V. \tag{2}$$

Den auf die Volumeinheit bezogenen und für eine isotherme Zustandsänderung gebildeten negativen partiellen Differentialquotienten des Volumens nach dem Druck nennt man den Kompressionsmodul; er ist also durch die Beziehung definiert

$$\varkappa = -\frac{1}{V}\left(\frac{\partial V}{\partial p}\right)_T. \tag{3}$$

Zwischen den drei Größen α, β und $\varkappa$ besteht eine einfache, leicht ableitbare Beziehung. Sehen wir etwa Volumen und Temperatur als unabhängige Zustandsvariable an, so folgt durch Differentiation der Zustandsgleichung

$$dp = \left(\frac{\partial p}{\partial V}\right)_T dV + \left(\frac{\partial p}{\partial T}\right)_V dT \tag{4}$$

oder nach Gl. 2 und 3

$$dp = -\frac{1}{\varkappa V}\, dV + \beta p\, dT.$$

Für eine Zustandsänderung bei konstantem Druck, für die also dp verschwindet, muß daher

$$\left(\frac{\partial V}{\partial T}\right)_{p=\text{const}} = \beta \varkappa p V$$

sein oder nach Gl. 1

$$\alpha = \beta \varkappa p. \tag{5}$$

Der Ausdehnungskoeffizient ist gleich dem Produkte aus Spannungskoeffizient, Kompressionsmodul und Druck. Kennt man zwei der Koeffizienten, so ist somit auch der dritte bekannt.[2]

Infolge des Bestehens der Zustandsgleichung können wir die innere Energie entweder ausdrücken als Funktion von Temperatur und Volumen oder als Funktion von Temperatur und Druck (die auch mögliche Darstellung der Energie als Funktion von Volumen und Druck hat für

[2] Es beträgt z. B. für Quecksilber bei 0° C und Atmosphärendruck der Ausdehnungskoeffizient 0,00018. Der Kompressibilitätskoeffizient, bezogen auf Atmosphärendruck, 0,0000039; d. h. bei einer Zunahme des Druckes um eine Atmosphäre vermehrt sich die Volumeinheit um diese Größe. Nach Gl. 5 folgt daraus für den Spannungskoeffizienten $\beta = \alpha/\varkappa = 0{,}00018 : 0{,}0000039 = 46$; d. h. um Quecksilber bei einer Erwärmung um 1° auf gleichem Volumen zu erhalten, muß ein Druck von 46 Atmosphären ausgeübt werden. In der Tat bestätigt die Erfahrung die Richtigkeit der Gl. 5.

die Wärmelehre keine besondere Bedeutung). Wir wollen aber nun im folgenden die Größen, die im statistischen Sinne der Individuenzahl proportional sind (da wir es ja mit einem homogenen Körper zu tun haben) auf die Masseneinheit beziehen und diese „spezifischen" Größen mit entsprechenden kleinen Buchstaben bezeichnen. Wir bezeichnen also mit e die spezifische Energie, mit s die spezifische Entropie, mit v das spezifische Volumen, mit dq die der Masseneinheit zugeführte Wärme. Die spezifische Wärme bezeichnen wir mit c und fügen den Index v oder p hinzu, je nachdem, ob die spezifische Wärme bei konstantem Volumen oder die bei konstantem Druck gemeint ist.

Nach dem früher Gesagten können wir also entweder setzen

(6) $$e = \varphi(T, v)$$

und somit

(7) $$de = \frac{\partial \varphi}{\partial T} dT + \frac{\partial \varphi}{\partial v} dv$$

oder aber

(8) $$e = \chi(T, p)$$

und somit

(9) $$de = \frac{\partial \chi}{\partial T} dT + \frac{\partial \chi}{\partial p} dp.$$

Nach dem ersten Hauptsatz ist nun

(10) $$dq = de + p\,dv.$$

Wählt man als unabhängige Zustandsvariable Temperatur und Volumen, so nimmt somit der erste Hauptsatz die Form an

(11) $$dq = \frac{\partial \varphi}{\partial T} dT + \left(\frac{\partial \varphi}{\partial v} + p\right) dv.$$

Wählt man hingegen Druck und Temperatur als unabhängige Veränderliche, so ist nach der Zustandsgleichung zu setzen

(12) $$dv = \left(\frac{\partial v}{\partial T}\right)_p dT + \left(\frac{\partial v}{\partial p}\right)_T dp$$

und somit nach Gl. 9 und 10

(13) $$dq = \left(\frac{\partial \chi}{\partial T} + p \frac{\partial v}{\partial T}\right) dT + \left(\frac{\partial \chi}{\partial p} + p \frac{\partial v}{\partial p}\right) dp.$$

Für die spezifischen Wärmen finden wir somit

(14) $$c_v = \frac{\partial \varphi}{\partial T}$$

und

(15) $$c_p = \frac{\partial \chi}{\partial T} + p \frac{\partial v}{\partial T}.$$

Setzen wir vorübergehend zur Abkürzung

(16) $$\frac{\partial \varphi}{\partial v} + p = \zeta,$$

so nimmt die Gl. 7 bei Berücksichtigung der Gl. 14 die Form an

(17) $$de = c_v dT + (\zeta - p) dv.$$

Da e vollkommen bestimmt ist durch T und v, so muß somit sein

(18) $$\frac{\partial}{\partial v}\left(\frac{\partial e}{\partial T}\right)_v = \frac{\partial}{\partial T}\left(\frac{\partial e}{\partial v}\right)_T,$$

wobei die partiellen Differentiationen auf Grund der Gl. 17 auszuführen sind. Dann finden wir

(19) $$\frac{\partial c_v}{\partial v} = \frac{\partial \zeta}{\partial T} - \frac{\partial p}{\partial T}.$$

(p ist hierbei aufzufassen als Funktion von v und T, so daß es nach diesen beiden Größen als unabhängigen Veränderlichen differentiiert werden muß.)

Ebenso wie die innere Energie ist aber nun auch die Entropie darstellbar als vollständige Funktion von Volumen und Temperatur. Das Differential der Entropie ist nach dem zweiten Hauptsatz, wenn wir die Größen auf die Masseneinheit beziehen,

(20) $$ds = \frac{dq}{T}$$

und somit nach Gl. 11 bei Berücksichtigung von Gl. 14 und 16

(21) $$ds = \frac{c_v}{T} dT + \frac{\zeta}{T} dv.$$

Auch hier muß wiederum die Beziehung gelten

(22) $$\frac{\partial}{\partial v}\left(\frac{\partial s}{\partial T}\right)_v = \frac{\partial}{\partial T}\left(\frac{\partial s}{\partial v}\right)_T$$

oder nach Gl. 21

(23) $$\frac{1}{T}\frac{\partial c_v}{\partial v} = -\frac{\zeta}{T^2} + \frac{1}{T}\frac{\partial \zeta}{\partial T}.$$

Multiplizieren wir die Gl. 23 noch mit T und subtrahieren wir von ihr die Gl. 19, so finden wir

(24) $$\zeta = T\frac{\partial p}{\partial T}$$

oder bei Berücksichtigung von Gl. 2

(25) $$\zeta = \beta p T.$$

Setzen wir den Wert für ζ in die Gl. 11 ein, so erhalten wir (bei Berücksichtigung von Gl. 14) schließlich folgende Beziehung, die uns den ersten Hauptsatz in der Form wiedergibt, bei der Temperatur und spezifisches Volumen als unabhängige Zustandsvariable gewählt sind; nämlich

(26) $$dq = c_v dT + \beta p T dv.$$

Wenden wir diese Gleichung auf eine isotherme Volumänderung an, so ist dT gleich null zu setzen. Wir erkennen dann aus der Gl. 26, daß bei einer isothermen Vergrößerung des Volumens ein Körper Wärme aufnimmt oder abgibt, je nachdem ob sein Spannungskoeffizient bei der betreffenden Temperatur positiv oder negativ ist. Wenden wir die Gl. 26 auf eine adiabatische Zustandsänderung an, so ist dq gleich null zu setzen. Eine adiabatische Vergrößerung des Volumens bewirkt also stets eine Abkühlung, woferne der Spannungskoeffizient positiv ist. Da dies im allgemeinen der Fall ist, so wird somit im allgemeinen ein Körper durch adiabatische Kompression erwärmt.[3]

Andererseits können wir nun die Form suchen, die der erste Hauptsatz annimmt, wenn als unabhängige Zustandsvariable Temperatur und Druck gewählt werden. Wir setzen vorübergehend zur Abkürzung

(27) $$\frac{\partial \chi}{\partial p} + p \frac{\partial v}{\partial p} = \eta \, .$$

Dann nimmt die Gl. 9 bei Berücksichtigung der Gl. 15 die Form an

(28) $$de = \left(c_p - p \frac{\partial v}{\partial T}\right) dT + \left(\eta - p \frac{\partial v}{\partial p}\right) dp \, .$$

Da e darstellbar ist als Funktion von T und p als zwei unabhängigen Veränderlichen, so muß somit sein

$$\frac{\partial}{\partial p}\left(c_p - p \frac{\partial v}{\partial T}\right) = \frac{\partial}{\partial T}\left(\eta - p \frac{\partial v}{\partial p}\right)$$

oder

(29) $$\frac{\partial c_p}{\partial p} - \frac{\partial v}{\partial T} = \frac{\partial \eta}{\partial T} \, .$$

Andererseits können wir wiederum die Beziehung verwerten, daß auch die Entropie durch T und p vollkommen bestimmt ist. Dividieren wir die Gl. 13 durch T, so finden wir bei Berücksichtigung der Gl. 15 und 27

(30) $$ds = \frac{c_p}{T} dT + \frac{\eta}{T} dp \, .$$

Daraus folgt

$$\frac{\partial}{\partial p}\left(\frac{c_p}{T}\right) = \frac{\partial}{\partial T}\left(\frac{\eta}{T}\right)$$

oder

(31) $$\frac{1}{T} \cdot \frac{\partial c_p}{\partial p} = - \frac{\eta}{T^2} + \frac{1}{T} \frac{\partial \eta}{\partial T} \, .$$

Multiplizieren wir diese Gleichung mit T und subtrahieren wir davon die Gl. 29, so finden wir

(32) $$\eta = - T \frac{\partial v}{\partial T}$$

oder bei Berücksichtigung der Gl. 1

(33) $$\eta = - \alpha v T \, .$$

---

[3] Auf dieser Tatsache beruht z. B. das pneumatische Feuerzeug.

Setzen wir diesen Wert in die Gl. 13 bei Berücksichtigung der Gl. 15 und 27 ein, so erhalten wir schließlich folgende Beziehung als Ausdruck des ersten Hauptsatzes bei Wahl von Temperatur und Druck als unabhängigen Zustandsvariabeln

$$dq = c_p dT - \alpha v T dp. \tag{34}$$

Wenden wir nun diese Gleichung auf einen isothermen Vorgang an, so ist wieder dT gleich null zu setzen. Bei einer isothermen Druckvermehrung nimmt somit ein Körper Wärme auf oder gibt welche ab, je nachdem ob sein Ausdehnungskoeffizient bei der betreffenden Temperatur negativ oder positiv ist. Bei einer adiabatischen Zustandsänderung ($dq = 0$) tritt bei einer Vermehrung des Druckes Erwärmung ein, wenn der Ausdehnungskoeffizient positiv ist; ist er negativ, so bewirkt eine Erhöhung des Druckes eine Abkühlung. Bei dem Wasser ist der Ausdehnungskoeffizient oberhalb von 4° positiv, zwischen 0° und 4° negativ. Wird daher bei einer Temperatur oberhalb von 4° der Druck, unter dem Wasser steht, erhöht, so erwärmt es sich. Wird der Druck bei einer Temperatur unterhalb von 4° erhöht, so kühlt sich das Wasser ab.

Es kann auch die Größe p in Gl. 34 negativ sein. Wir haben es dann nicht mit einem Druck zu tun, sondern mit einem Zug. Ein solcher Fall liegt z. B. dann vor, wenn ein Stab durch ein angehängtes Gewicht gedehnt wird. Eine Vermehrung des Zuges bedeutet dann, daß dp negativ wird. Eine Vermehrung des Zuges bedingt also bei einer adiabatischen Zustandsänderung eine Abkühlung, woferne der Ausdehnungskoeffizient positiv ist, hingegen eine Erwärmung, wenn der Ausdehnungskoeffizient negativ ist. Für Kautschuk ist α negativ, und in der Tat erwärmt sich eine durch ein Gewicht gespannte Kautschukschnur, wenn der Zug vergrößert wird.

Aus den bisher abgeleiteten Formeln können wir auch leicht eine Beziehung gewinnen, die die spezifische Wärme bei konstantem Druck mit der bei konstantem Volumen verknüpft. Wir gehen hierzu von der Gl. 12 aus. Benutzen wir die Gl. 1 und 3, so nimmt die Gl. 12 die Form an

$$dv = \alpha v dT - \varkappa v dp. \tag{35}$$

Setzen wir diesen Wert in die Gl. 26 ein, so finden wir

$$dq = (c_v + \alpha \beta p v T) dT - \varkappa \beta p v T dp. \tag{36}$$

Hierfür können wir nach Gl. 5 auch schreiben

$$dq = \left(c_v + \frac{\alpha^2}{\varkappa} v T\right) dT - \alpha v T dp. \tag{37}$$

Ein Vergleich dieser Formel mit der Gl. 34 liefert die Beziehung

$$c_p - c_v = \frac{\alpha^2}{\varkappa} v T. \tag{38}$$

$\varkappa$ ist immer positiv, wenn mit wachsendem Druck das Volumen eines Körpers abnimmt. Es ist daher stets die spezifische Wärme bei konstantem Druck größer als die bei konstantem Volumen; es ist immer

$$c_p > c_v . \tag{39}$$

Bei festen Körpern ist der Quotient $\alpha^2/\varkappa$ sehr klein, so daß für feste Körper der Unterschied der beiden spezifischen Wärmen meist vernachlässigt werden kann.

§ 113. Der Versuch von Thomson und Joule.

Die allgemeinen Gesetze der Zustandsänderung finden eine wichtige Anwendung bei einem berühmten Versuche, den William Thomson und Joule im Jahre 1853 anstellten und dessen Messungsergebnisse in mehrfacher Hinsicht für die theoretische Physik bedeutungsvoll wurden. Im wesentlichen besteht dieser Versuch darin, daß ein Gas adiabatisch aus einem Behälter, in dem es unter dem Drucke p' das spezifische Volumen v' habe, in einen anderen Behälter übergeleitet wird, in dem unter dem Drucke p'' sein spezifisches Volumen v'' betrage. Damit auf diesen Übergang die Hauptsätze der Thermodynamik möglichst genau anwendbar seien, muß (nach § 101) die Überführung so erfolgen, daß dabei möglichst geringe Abweichungen von Gleichgewichtszuständen auftreten. Dies wird nun bei dem Versuche von Thomson und Joule dadurch erreicht, daß Gas sehr langsam durch eine Röhre gepreßt wird, die in der Mitte durch einen Wattepfropfen verstopft ist. Der Unterschied des Druckes ist leicht meßbar ebenso das spezifische Volumen und ebenso endlich eine etwaige Verschiedenheit der Temperaturen, die das Gas vor und hinter dem Pfropfen hat.[1]

Nehmen wir nun an, daß der Querschnitt der zylindrischen Röhre f sei, dann nimmt die Masseneinheit des Gases vor dem Passieren des Pfropfens ein Stück der Röhre von der Länge v'/f ein, nach dem Passieren ein Stück von der Länge v''/f. Durch den Pfropfen wird die Röhre gewissermaßen in zwei Gasbehälter I und II zerlegt. Tritt nun die Masseneinheit des Gases aus dem Behälter I aus, so wird dabei auf einem Wege v'/f Arbeit geleistet in der Richtung einer Kraft $p'f$. Die geleistete, also gewonnene Arbeit ist somit $p'v'$. Andererseits muß, damit die Masseneinheit in den Behälter II hineingepreßt werde, Arbeit verbraucht werden gegen eine Kraft $p''f$ und zwar auf dem Wege v''/f. Die Arbeit, die bei der Überführung der Masseneinheit aus dem ersten in den zweiten Behälter aufgewendet wird, ist also gegeben durch den

[1] Die Grundidee des Thomsonschen Versuches (adiabatische Überführung eines Gases aus einem Gefäß in ein anderes) stammt schon von Gay-Lussac. Vervollkommnet wurde die Versuchsmethode zunächst von Joule und dann von Thomson, der seine späteren Versuche gemeinsam mit Joule unternahm.

Ausdruck $p'' v'' - p' v'$, und nach dem Satze von der Erhaltung der Energie muß, da ja die Überführung adiabatisch erfolgt, diese Größe gleich sein der Verminderung, die die innere Energie e der Masseneinheit dabei erfährt. Es muß also sein

(1) $$e' - e'' = p'' v'' - p' v'.$$

Nehmen wir nun an, daß die Zustände, die das Gas in den beiden Behältern hat, nur wenig voneinander verschieden sind, dann können wir setzen

$$v'' - v' = \Delta v, \quad p'' - p' = \Delta p, \quad e'' - e' = \Delta e.$$

Wenn wir Größen, die klein von der zweiten Ordnung sind, vernachlässigen, so kann Gl. 1 in der Form geschrieben werden

(2) $$\Delta e + v \Delta p + p \Delta v = 0.$$

Wählen wir als unabhängige Zustandsvariable Druck und Temperatur, so wird nach Gl. 10 und 34 des § 112

$$\Delta e + p \Delta v = c_p \Delta T - \alpha v T \Delta p.$$

Es muß daher nach Gl. 2 die Beziehung bestehen

$$c_p \Delta T + v(1 - \alpha T) \Delta p = 0$$

oder

(3) $$\Delta T = \frac{v(\alpha T - 1)}{c_p} \Delta p.$$

Durch diese Gleichung ist die Temperaturänderung bestimmt, die das Gas bei dem Passieren des Wattepfropfens erfährt, woferne $(-\Delta p)$ den Überdruck darstellt, mittels dessen das Gas durch die Röhre gepreßt wird. Aus den Messungsergebnissen können, wovon noch später die Rede sein wird, wichtige Schlüsse über die Natur der Gase gezogen werden; andererseits bieten die Messungen aber auch die Möglichkeit, die Skala eines Thermometers auf eine thermodynamische Temperaturskala zu reduzieren, wie sich eine solche aus Messungen an Kreisprozessen ergeben würde.

Bezeichnen wir nämlich die an einem Thermometer gemessene Temperatur mit ϑ, hingegen die thermodynamische Temperatur mit T, so wissen wir aus der Definition der Temperatur, daß für die beiden Fundamentalpunkte (Eispunkt und Siedepunkt) T und ϑ zusammenfallen müssen. Sonst ist allgemein

(4) $$\Delta T = \Delta \vartheta . \frac{dT}{d\vartheta}.$$

Ebenso unterscheiden wir durch die Zeichen α und α' den Ausdehnungskoeffizienten, je nachdem ob er auf die thermodynamische oder die thermometrische Temperatur bezogen wird; in gleicher Weise unterscheiden wir c_p' von c_p. Dann ist (zufolge Gl. 1 des § 112)

(5) $$\alpha' = \alpha \frac{dT}{d\vartheta}; \quad c_p' = c_p \frac{dT}{d\vartheta}.$$

Gl. 3 kann somit, wenn c_p auf die linke Seite geschafft wird, in der Form geschrieben werden

$$c_p' \frac{d\vartheta}{dT} \cdot \varDelta\vartheta \cdot \frac{dT}{d\vartheta} = \left(v\,\alpha' T \frac{d\vartheta}{dT} - v\right) \varDelta p.$$

Bringen wir auf die eine Seite nur den Quotienten dT/T und integrieren wir dann beide Seiten von dem für beide Skalen identischen Eispunkte bis zu der unbekannten thermodynamischen Temperatur T, die einer gegebenen thermometrischen ϑ entspreche, dann finden wir

(6) $$\ln T - \ln T_0 = \int_{\vartheta_0}^{\vartheta} \frac{v\,\alpha'\,d\vartheta}{v + c_p' \cdot \frac{\varDelta\vartheta}{\varDelta p}}.$$

Sämtliche Größen, die unter dem Integralzeichen stehen, sind nun in ihrer Abhängigkeit von der thermometrischen Temperatur meßbar. Es läßt sich somit auch der Wert des bestimmten Integrals für einen beliebigen Wert von ϑ als Funktion von ϑ ermitteln. Ist der Wert des Integrals J, so ist also

(7) $$\ln T - \ln T_0 = J.$$

Andererseits bilden wir das bestimmte Integral mit dem Eispunkt und dem Siedepunkt als Integrationsgrenzen. Der Wert, den wir dann dafür erhalten, sei J^*. Es ist also, wenn wir die thermodynamische absolute Temperatur des Siedepunktes mit T_{100} bezeichnen,

(8) $$\ln T_{100} - \ln T_0 = J^*.$$

Aus den Gl. 7 und 8 folgt also

(9) $$T = T_0\, e^J$$

und

(10) $$T_{100} = T_0\, e^{J^*}.$$

Nach der Definition der Temperatur ist aber nun der Unterschied zwischen T_{100} und T_0 genau gleich 100^0 zu setzen; es ist somit

(11) $$100^0 = T_0 (e^{J^*} - 1)$$

und daher

(12) $$T = \frac{100^0 \cdot e^J}{e^{J^*} - 1}.$$

Mittels dieser Beziehung kann die Skala des Wasserstoffthermometers auf thermodynamisches Maß reduziert werden. Die Abweichungen erweisen sich allerdings als sehr gering. Zwischen Eispunkt und Siedepunkt werden sie nicht größer als $^1/_{20}{}^0$. Zwischen Eispunkt und Siedepunkt zeigt das Wasserstoffthermometer eine zu hohe Temperatur an, oberhalb des Siedepunktes eine zu niedrige. Bei 300^0 oberhalb des Eispunktes zeigt das Wasserstoffthermometer um fast $^1/_2{}^0$ zu wenig.

§ 114. Die Koexistenz der Phasen.

Sind bei einer Substanz verschiedene Modifikationen möglich, die ineinander nur unter Aufwand oder unter Abgabe von Energie übergeführt werden können, so unterscheidet man in thermodynamischem Sinne verschiedene Phasen dieses Stoffes.[1] Das wichtigste Beispiel hierfür sind die Aggregatzustände eines Körpers. Aber auch allotrope Modifikationen eines Stoffes stellen verschiedene Phasen dar. So ist z. B. eine Wärmezufuhr notwendig, um rhombisch kristallisierenden Schwefel in monoklin kristallisierenden überzuführen.

Die Wärmemenge, die notwendig ist, um die Masseneinheit eines Stoffes aus einer Phase A in eine Phase B überzuführen, bezeichnet man als die spezifische Reaktionswärme dieses Überganges. Ist die Reaktionswärme positiv, so nennt man B die höhere und A die niedere Phase, sonst umgekehrt. Bei den Aggregatzuständen stellt der gasförmige die höchste, der feste die niedrigste Phase dar. Die spezifischen Reaktionswärmen bezeichnet man bei den Änderungen des Aggregatzustandes als Schmelz-, Verdampfungs- und Sublimationswärme.

Als gesättigten Komplex koexistierender Phasen bezeichnet man ein System, das aus verschiedenen Phasen eines Stoffes in thermodynamischem Gleichgewicht zusammengesetzt ist, dessen Entropie also ein Extremum darstellt bei gegebenen Gesamtwerten der Masse, der Energie und auch des Volumens. Die Bedingung für die Koexistenz der Phasen im thermodynamischen Gleichgewicht ist danach

$$\delta S = 0; \tag{1}$$

die Nebenbedingungen sind

$$\delta m = 0, \quad \delta E = 0, \quad \delta V = 0. \tag{2}$$

Als einfaches Beispiel wollen wir ein System betrachten, das aus nur zwei koexistierenden Phasen bestehe. Wir bezeichnen die auf die Masseneinheit bezogenen Werte der Entropie, des Volumens und der inneren Energie mit s, v und e. Ist die gesamte Masse des Systems m, so sei die der höheren Phase $m x$, die der niederen Phase somit $m(1-x)$. Kennzeichnen wir die Größen, die die höhere Phase bestimmen, mit einem, diejenigen, die die niedere Phase bestimmen, mit zwei Strichen, so gelten die Beziehungen

$$s = x s' + (1-x) s'', \tag{3}$$

$$v = x v' + (1-x) v'', \tag{4}$$

$$e = x e' + (1-x) e''. \tag{5}$$

---

[1] Phase bedeutet wörtlich „Erscheinungsform"; das griechische Wort „Phainomai" heißt auf deutsch „ich erscheine".

Aus der Gl. 1 folgt somit wegen der Konstanz der Gesamtmasse

$$x\,\delta s' + (1 - x)\,\delta s'' + (s' - s'')\,\delta x = 0\,. \tag{6}$$

Andererseits ist nach dem zweiten Hauptsatz

$$\delta s' = \frac{\delta e' + p'\,\delta v'}{T'} \tag{7}$$

und ebenso

$$\delta s'' = \frac{\delta e'' + p''\,\delta v''}{T''}\,. \tag{8}$$

Nun können wir aber $\delta e''$ und $\delta v''$ ausdrücken durch $\delta e'$ und $\delta v'$. Variieren wir nämlich die Gl. 4, so finden wir, weil ja δV nach Gl. 2 verschwinden muß und die Gesamtmasse konstant ist,

$$x\,\delta v' + (1 - x)\,\delta v'' + (v' - v'')\,\delta x = 0\,. \tag{9}$$

Ebenso finden wir, wenn wir die Gl. 5 variieren, weil ja δE nach Gl. 2 verschwindet,

$$x\,\delta e' + (1 - x)\,\delta e'' + (e' - e'')\,\delta x = 0\,. \tag{10}$$

Lösen wir die Gl. 9 und 10 nach $(1 - x)\,\delta v''$ und $(1 - x)\,\delta e''$ auf und setzen wir die so erhaltenen Werte in die Gl. 8 ein, so finden wir

$$(1 - x)\,\delta s'' = -\frac{x\,\delta e'}{T''} - \frac{x p''\,\delta v'}{T''} - \left[\frac{e' - e''}{T''} + \frac{p''(v' - v'')}{T''}\right]\delta x\,.$$

Setzen wir dies schließlich in die Gl. 6 ein, so finden wir bei Berücksichtigung von Gl. 7

$$\left\{\begin{aligned} &x\,\delta e'\left[\frac{1}{T'} - \frac{1}{T''}\right] + x\,\delta v'\left[\frac{p'}{T'} - \frac{p''}{T''}\right] + \delta x\left[s' - s'' - \frac{e' - e''}{T''}\right.\\ &\qquad\qquad\left. - \frac{p''(v' - v'')}{T''}\right] = 0\,. \end{aligned}\right. \tag{11}$$

Da die Variationen beliebig und voneinander unabhängig sind, so kann die Gl. 11 nur dann erfüllt sein, wenn jeder der drei Ausdrücke in den eckigen Klammern für sich verschwindet. Es muß also sein

$$T' = T'', \qquad p' = p'' \tag{12}$$

und ferner, wenn wir die gemeinsame Temperatur mit T und den gemeinsamen Druck mit p bezeichnen,

$$-s' + \frac{e'}{T} + \frac{v'p}{T} = -s'' + \frac{e''}{T} + \frac{v''p}{T}\,. \tag{13}$$

Nun ist aber (nach Gl. 13 des § 111) das auf die Masseneinheit bezogene thermodynamische Potential

$$\varphi = e - Ts + vp\,. \tag{14}$$

Gl. 13 kann somit auch in der Form geschrieben werden

$$\varphi' = \varphi''\,. \tag{15}$$

Thermodynamisches Gleichgewicht ist zwischen *zwei koexistierenden Phasen* also nur dann möglich, wenn beide Phasen *denselben Druck* und *dieselbe Temperatur* und die Masseneinheiten beider *dasselbe thermodynamische Potential* haben.

Nach der Definition des thermodynamischen Potentials (§ 111) ist φ' eine ganz bestimmte Funktion von p' und T' und ebenso φ'' eine ganz bestimmte Funktion von p'' und T''. Da aber nach Gl. 12 p' und p'' untereinander gleich sind und ebenso untereinander T' und T'', so ergibt sich ein ganz bestimmter Zusammenhang zwischen p und T in der Form einer Gleichung

$$\chi(p, T) = 0. \tag{16}$$

Für einen gesättigten Komplex zweier Phasen gehört also zu jedem Druck eine ganz bestimmte *Sättigungstemperatur* und umgekehrt zu jeder Temperatur ein ganz bestimmter *Sättigungsdruck*. Konstruiert man in der p-T-Ebene die Kurve, die der Gl. 16 entspricht, so erhält man die sogenannte *Sättigungskurve*.

Da ein Übergang zwischen zwei Phasen nur so lange möglich ist, als beide Phasen koexistieren, so kann daher bei gegebenem Druck eine bestimmte Phasenänderung auch nur bei ganz bestimmter Temperatur verlaufen (woferne bei diesem Druck der Übergang überhaupt möglich ist). Bei einer Temperatur, die bei gegebenem Druck tiefer ist als die entsprechende Sättigungstemperatur, kann ein Stoff nur in der niederen Phase bestehen. Wird die Temperatur bei konstantem Druck bis zur Sättigungstemperatur erhöht, so beginnt die Umwandlung des Stoffes aus der niederen in die höhere Phase. Dieser Übergang vollzieht sich bei weiterer Wärmezufuhr *isotherm*. Erst wenn der Stoff völlig in die höhere Phase übergegangen ist, ist (bei konstantem Druck) eine weitere Temperatursteigerung möglich. Dadurch erklärt es sich ohne weiteres, warum bei normalem Atmosphärendruck jeder Stoff einen bestimmten Schmelzpunkt hat und warum während des Schmelzens die Temperatur konstant bleibt.[2]

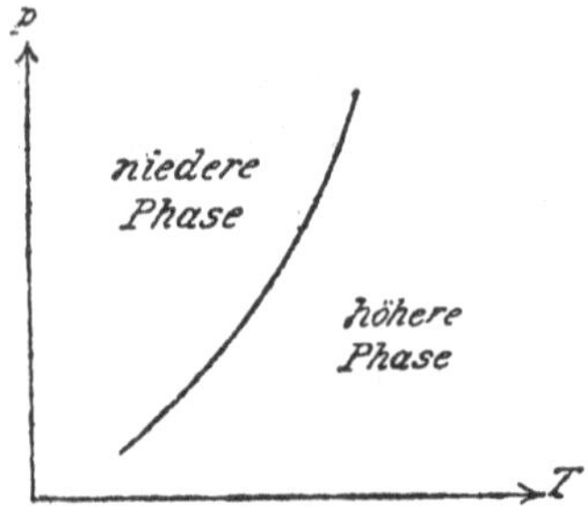

Fig. 68.

Schreitet man von einem Punkte der Sättigungskurve (Fig. 68) parallel der T-Achse in der Richtung wachsender Temperatur fort, so gelangt man in das Gebiet der höheren Phase. Schreitet man andererseits von jenem Punkte parallel der p-Achse in der Richtung wachsenden Druckes fort, so muß man daher in das Gebiet der niederen Phase gelangen. Ist bei gegebener Temperatur der Druck kleiner als der entsprechende Sättigungsdruck, so kann der Stoff

[2] Die Konstanz der Temperatur während des Schmelzens wurde um 1750 gleichzeitig von Deluc und von Black entdeckt.

nur in der höheren Phase bestehen. Wird der Druck isotherm bis zum Sättigungsdruck vergrößert, so beginnt der Stoff bei konstantem Druck in die niedere Phase überzugehen. Erst wenn dieser Übergang ganz vollzogen ist, ist bei konstanter Temperatur eine weitere Steigerung des Druckes möglich. Der Sättigungsdruck stellt daher den **Maximaldruck** dar, den bei gegebener Temperatur die höhere Phase haben kann.[3]

Da durch Druck und Temperatur einer Substanz nach der Zustandsgleichung auch ihr spezifisches Volumen bestimmt ist, der Sättigungsdruck aber wieder nur von der Sättigungstemperatur abhängt, so kann somit auch das **spezifische Volumen** einer Phase im gesättigten Zustand **nur eine Funktion der Sättigungstemperatur**[4] sein. Da die in der Volumeinheit enthaltene Masse dem spezifischen Volumen reziprok ist, so ist daher in gesättigtem Zustand in einem Kubikzentimeter der Luft bei gegebener Temperatur stets dieselbe Masse Wasserdampf vorhanden; man bezeichnet sie als die **absolute Feuchtigkeit** bei der betreffenden Temperatur. Da bei allen Dämpfen eine Vermehrung der Dichte auch eine Vermehrung des Druckes zur Folge hat, andererseits aber der Sättigungsdruck der Maximaldruck des Wasserdampfes ist, so stellt die Sättigungsdichte des Dampfes zugleich seine **maximale Dichte** für die betreffende Temperatur dar. Das Verhältnis zwischen der Dichte eines nicht gesättigten Wasserdampfes und der maximalen Dichte bei jener Temperatur nennt man die **relative Feuchtigkeit**.[5] Andererseits bezeichnet man als **Taupunkt** die Temperatur, die der tatsächlichen Dichte als Sättigungstemperatur entspricht.

Betrachten wir die Überführung der Masseneinheit aus der niederen in die höhere Phase bei konstantem Druck, so ergibt der erste Hauptsatz für die (in diesem Falle positive) spezifische Reaktionswärme die Beziehung

$$\lambda = e' - e'' + p(v' - v''). \tag{17}$$

Daraus folgt nach Gl. 14 und 15 die einfache Formel

$$\lambda = T(s' - s''). \tag{18}$$

Beachten wir, daß die Überführung der Phasen bei konstanter Temperatur erfolgt, so erhalten wir nach den Gl. 26 und 2 des § 112 die Beziehung

$$\lambda = \frac{\partial p}{\partial T} T(v' - v''). \tag{19}$$

Hat die höhere Phase das größere spezifische Volumen (also die geringere Dichte), so wird daher $\partial p / \partial T$ positiv; mit wachsendem Druck nimmt

---

[3] Den Sättigungsdruck des Wasserdampfes nennt man einfach seine **Spannkraft**; nicht gesättigter Dampf wird **überhitzt** genannt; für ihn gilt angenähert das Gasgesetz (§ 115).

[4] Oder, was dasselbe ist, des Sättigungsdruckes.

[5] Sie wird gewöhnlich in Prozenten angegeben.

dann die Sättigungstemperatur zu. Hat hingegen die höhere Phase eine größere Dichte, so bewirkt eine Vermehrung des Druckes eine Erniedrigung der Übergangstemperatur. Da flüssiges Wasser bei 0° dichter ist als Eis, so wird der Gefrierpunkt durch wachsenden Druck erniedrigt[6], während sich andererseits der Siedepunkt des Wassers mit zunehmendem Druck erhöht.

Solange der Komplex zweier koexistierender Phasen gesättigt ist, ist nach dem früher Gesagten der Zustand jeder Phase völlig bestimmt, wenn außer der Sättigungstemperatur noch die Größe x gegeben ist, die das Massenverhältnis der beiden Phasen angibt; denn durch die Sättigungstemperatur sind bereits auch Druck und spezifisches Volumen bestimmt. Für solche Zustandsänderungen, bei denen der Komplex gesättigt bleibt, können daher die Größen T und x als unabhängige Zustandsvariable des Komplexes angesehen werden; in der Tat stellt ja auch die Größe x einen Parameter dar, zu dessen Änderung Arbeit im Betrage $\lambda\, dx$ verrichtet werden muß. Wird dem Komplex, während er gesättigt bleibt, Wärme zugeführt (in dem Betrage dq für die Masseneinheit), so wird dadurch einerseits die Temperatur des Komplexes um die Größe dT erhöht, andererseits die Größe x um den Betrag dx vermehrt. Bezeichnen wir mit γ' und γ'' die spezifischen Wärmen der beiden Phasen im gesättigten Zustand, so ergibt daher der erste Hauptsatz die Beziehung

$$dq = [x\gamma' + (1-x)\gamma'']\, dT + \lambda\, dx. \tag{20}$$

Da nach dem zweiten Hauptsatz dq/T das vollständige Differential einer Funktion sein muß, die durch die beiden unabhängigen Zustandsvariablen T und x bestimmt ist, so muß die Beziehung bestehen

$$\frac{\partial}{\partial x}\left[\frac{x\gamma' + (1-x)\gamma''}{T}\right] = \frac{\partial}{\partial T}\left(\frac{\lambda}{T}\right)$$

oder

$$\gamma' - \gamma'' = \frac{\partial \lambda}{\partial T} - \frac{\lambda}{T}. \tag{21}$$

Diese zuerst von Clausius (1857) aufgestellte Gleichung ermöglicht es beispielsweise, die spezifische Wärme des gesättigten Wasserdampfes zu berechnen, wenn die Verdampfungswärme λ als Funktion der Sättigungstemperatur und überdies die spezifische Wärme des Wassers gegeben ist.

In den bisherigen Betrachtungen wurde nur die Koexistenz zweier Phasen betrachtet. Im thermodynamischen Gleichgewicht ist diese an

[6] Eine Erhöhung des Druckes um eine Atmosphäre bewirkt eine Erniedrigung des Gefrierpunktes um 0,0075°. Bei einem Drucke von 1000 Atm. beträgt die Gefriertemperatur nur mehr −7,5°. Bei anderen Substanzen als Wasser, die im festen Aggregatzustand beim Schmelzpunkt dichter sind als im flüssigen, bewirkt hingegen eine Druckvermehrung eine Erhöhung des Schmelzpunktes; dies ist z. B bei Paraffin der Fall.

die Bedingung geknüpft, daß bei Gleichheit des Druckes und der Temperatur φ' gleich φ'' ist. Sollen drei Phasen koexistieren, so muß bei Gleichheit des Druckes und der Temperatur

(22) $$\varphi' = \varphi'' = \varphi'''$$

sein. Da das thermodynamische Potential eine Funktion von Druck und Temperatur ist, so bestehen also bei der Koexistenz von drei Phasen zwei Gleichungen mit zwei Unbekannten. Ihre Auflösung nach p und T ergibt einen sogenannten Tripelpunkt, in dem sich die drei Übergangskurven schneiden. Mehr als drei Phasen eines einzigen chemischen Stoffes können daher nicht koexistieren, weil sonst die Unbekannten p und T überbestimmt wären. Fig. 69 stellt die drei Übergangskurven des Wassers (Schmelz-, Verdampfungs- und Sublimationskurve) dar. Sie schneiden einander in einem Tripelpunkt (Δ), dessen Druck 0,006 Atm. und dessen Temperatur 0,0075° beträgt.[7]

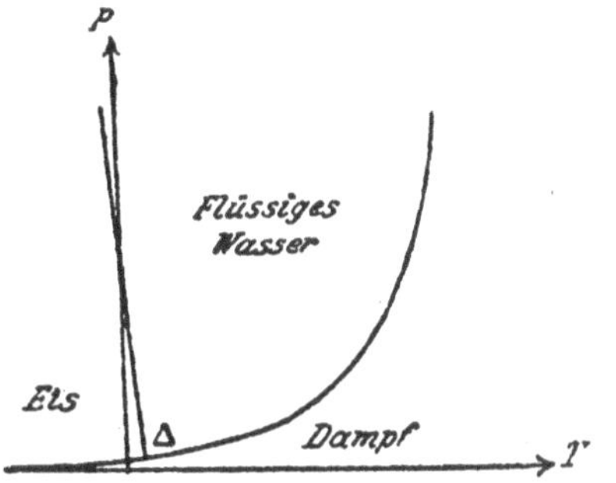

Fig. 69.

§ 115. Die vollkommenen Gase.

In der Statistik wurde (in § 104) als Spezialfall einer kanonischen Energieverteilung eine Verteilung betrachtet, bei der die individuelle Energie eine rein quadratische Funktion eines Teiles der individuellen Zustandsgrößen ist und zu den individuellen Zustandsgrößen, von denen die Einzelenergie nicht abhängt, die Lagenkoordinaten der punktförmig gedachten Individuen gehören. Betrachten wir ein System von Molekeln, für das hinsichtlich der Verteilung der Wärmeenergie diese Voraussetzungen zutreffen, so müssen somit für ein solches System die Gleichungen gelten

(1) $$E = \frac{s}{2} N k T$$

und

(2) $$p V = N k T.$$

Hierbei bedeutet N die Zahl der Molekeln, k die Boltzmannsche Konstante und s die Zahl der Glieder, von denen die molekulare Energie quadratisch abhängt.

[7] Da es verschiedene allotrope Modifikationen des Eises gibt, ist dieser Tripelpunkt allerdings nicht der einzige des Wassers. — Wegen der Koexistenz der Phasen von heterogenen Systemen sei auf die speziellen Lehrbücher der Thermodynamik verwiesen. Die Theorie führt zu der sogenannten Phasenregel von Gibbs, derzufolge die größte Zahl von Phasen, die in einem Zustande koexistieren können, um zwei größer ist als die Zahl der chemischen Komponenten.

Ersetzen wir die Zahl der Molekeln durch das Produkt aus der Zahl n der Gramm-Molekeln und aus der LOSCHMIDTschen Zahl L und setzen wir zur Abkürzung, indem wir dadurch eine neue universelle Konstante definieren,

$$kL = R, \tag{3}$$

so nehmen die Gl. 1 und 2 die folgende Form an:

$$E = \frac{3}{2} n R T \tag{4}$$

und

$$pV = nRT. \tag{5}$$

Andererseits folgt aus Gl. 4, da ja die Energie eines homogenen Körpers im allgemeinen durch Volumen und Temperatur vollkommen bestimmt sein muß,

$$\left(\frac{\partial E}{\partial V}\right)_{T=\mathrm{const}} = 0\,. \tag{6}$$

Die innere Energie müßte also für isotherme Vorgänge von dem Volumen unabhängig sein. Umgekehrt müßte für Volumänderungen, die ohne Änderung der inneren Energie E erfolgen, die also adiabatisch und ohne äußere Arbeitsleistung vor sich gehen, die Temperatur eines derartigen Molekelsystems konstant bleiben.

Die Eigenschaften, die durch die letzten Gleichungen (4, 5 und 6) ausgedrückt werden, sind in der Tat durch die Experimentalphysik bei den Gasen festgestellt worden, und zwar um so genauer, je vollkommener das Gas, d. h. je schwieriger unter den Umständen der Beobachtung seine Verflüssigung ist. Es erscheint daher gerechtfertigt, in theoretisch-statistischem Sinne als ideales oder vollkommenes Gas einen homogenen Körper zu definieren, für dessen molekulare Energieverteilung die anfangs gemachten Voraussetzungen zutreffen. Jedes Bild, das man von einem Gase entwirft und das diesen Voraussetzungen genügt, muß dann notwendigerweise zu den Gl. 4, 5 und 6 führen.

Das einfachste Bild, das man derart von einem Gase entwerfen kann, ist nun folgendes. Man denkt sich die Molekeln in rascher Translationsbewegung, voneinander jedoch so weit entfernt, daß die Kräfte, die zwischen den Molekeln allenfalls wirken, außer Betracht bleiben und die Molekeln wie Massenpunkte angesehen werden können. Die molekulare Energie ist dann gleich der Summe aus der kinetischen Energie der Translation und aus der intramolekularen Energie. Denken wir uns, wie dies schon einmal (bei der Erklärung der Rotations- und Bandenspektren[1]) angenommen wurde, die Molekeln als starr rotierend, so kommt die intramolekulare potentielle Energie überhaupt nicht in Betracht, während die innere kinetische Energie dann

[1] S. § 89.

natürlich darstellbar sein muß als quadratische Funktion von den zeitlichen Differentialquotienten der Koordinaten, die die innere Konfiguration der Molekel beschreiben. Die vorhin gemachten Voraussetzungen treffen also in der Tat zu, weil die molekulare Energie von den Lagenkoordinaten der Molekeln selbst[2] unabhängig ist. Die molekulare Energie ist eine quadratische Funktion einer bestimmten, mit s zu bezeichnenden Zahl von unabhängigen individuellen Zustandsgrößen (im Sinne des § 104); und zwar ist für einatomige Molekeln

(7) $$s = 3,$$

während für mehratomige Gase

(8) $$s > 3$$

sein müßte.

Die erste Gesetzmäßigkeit, die bei den Gasen empirisch festgestellt wurde, ist die, daß bei gegebener konstanter Temperatur Druck und Volumen einander umgekehrt proportional sind. Diese Gesetzmäßigkeit wurde zuerst von BOYLE im Jahre 1660 entdeckt und wird deshalb als das Gesetz von BOYLE bezeichnet.[3] Im Beginne des 19. Jahrhunderts (1802) stellte dann GAY-LUSSAC fest, daß bei konstantem Volumen der Druck und bei konstantem Druck das Volumen linear mit der Temperatur zunimmt; ferner, daß Ausdehnungs- und Spannungskoeffizient von der speziellen Natur des Gases unabhängig und untereinander bei gleicher Temperatur gleich sind. In der Tat folgt aus der Gl. 5 und aus den Gleichungen, die den Ausdehnungskoeffizienten α und den Spannungskoeffizienten β definieren (Gl. 1 und 2 des § 112)

(9) $$\alpha = \beta = \frac{1}{T}.$$

Stellt man daher fest, um welchen Bruchteil sich bei der Erwärmung von dem Eispunkt bis zu 1° bei konstantem Druck das Volumen oder bei konstantem Volumen der Druck vermehrt, so ist diese Größe gleich dem reziproken Werte der absoluten Temperatur des Eispunktes. Da man für jene Größe den Wert 1/273 fand, so wurde als Definition der absoluten Temperatur diejenige Temperatur eingeführt, die man erhält, wenn man zu der von dem Eispunkte an gemessenen Temperatur noch die Zahl 273 (genauer 273,1) hinzuaddiert. Bezieht man den Ausdehnungskoeffizienten statt (wie in Gl. 9) auf das Volumen bei der Beobachtungstemperatur, auf das Normalvolumen bei dem Eispunkt, so ist also der so definierte Ausdehnungskoeffizient bei allen Temperaturen gleich $^1/_{273}$; dasselbe gilt dann in entsprechender Weise auch für den Spannungskoeffizienten.

---

[2] Gemeint sind die Koordinaten, die die Lage des Schwerpunktes der Molekel bestimmen.

[3] Fälschlich wird dieses Gesetz auch nach MARIOTTE benannt, der BOYLES Messungen genauer wiederholte.

Die universelle Konstante R wird als die Gaskonstante bezeichnet. Ihr Wert beträgt, wie die Messungen zeigen,

$$R = 8{,}315 \,.\, 10^7 \text{ erg/grad} \tag{10}$$

oder bei Benutzung der Kalorie als Wärmeeinheit

$$R = 1{,}98 \text{ cal/grad}. \tag{11}$$

Daraus folgt aus dem schon früher angegebenen Werte der Loschmidtschen Zahl (Gl. 33 des § 84) für die Boltzmannsche Konstante

$$k = \frac{R}{L} = 1{,}37 \,.\, 10^{-16} \text{ erg/grad}. \tag{12}$$

Daß ein Gas seine Temperatur kaum ändert, wenn es sich ohne Arbeitsleistung ausdehnt, ist auf experimentellem Wege zuerst von Gay-Lussac und später von Joule festgestellt worden. Da für ideale Gase nach Gl. 9 αT von eins nicht verschieden ist, so dürfte für ideale Gase bei dem Versuche von Thomson und Joule eine Temperaturänderung nicht eintreten (s. Gl. 3 des § 113). Durch die feinere Methode dieses Versuches sind aber gerade die Abweichungen der wirklichen Gase von dem idealen Gasgesetze offenbar geworden.

Eine sehr wichtige Folgerung, die sich unmittelbar aus der Gl. 2 ergibt, ist, daß bei gleichem Druck und bei gleicher Temperatur gleiche Volumina verschiedener Gase dieselbe Zahl von Molekeln enthalten müssen. Dieses wichtige Gesetz wurde zuerst im Jahre 1811 von Avogadro aufgestellt und wird deshalb nach ihm benannt. Man kann dieses Gesetz auch in der Form aussprechen, daß sich bei gegebener Temperatur und bei gegebenem Druck die Dichten verschiedener Gase wie ihre Molekulargewichte verhalten. Mittels dieses Gesetzes ließen sich die Molekulargewichte der verschiedensten Stoffe bestimmen, aber auch wichtige Schlüsse über die Zahl der Atome in der Molekel ziehen. So fand schon Avogadro, daß sich ein Liter Wasserstoff und ein Liter Chlorgas zu zwei Litern Chlorwasserstoffgas verbinden. Nach dem Avogadroschen Gesetz müssen also nach der Reaktion doppelt so viel Chlorwasserstoffmolekeln vorhanden sein als vorher Wasserstoffmolekeln da waren. Da aber jede Chlorwasserstoffmolekel ein Wasserstoffatom enthalten muß, so müssen daher vor der Reaktion die Wasserstoffmolekeln aus je zwei Atomen bestanden haben. Das Analoge gilt auch von den Chlormolekeln. Auf ähnliche Weise konnte auch bei anderen Gasen und Dämpfen die Zahl der Atome in der Molekel bestimmt werden. Andererseits folgt aus der Gl. 2 auch ohne weiteres das sogenannte Gesetz von Dalton (1802), demzufolge der von einem Gasgemenge ausgeübte Druck gleich ist der Summe der Partialdrucke, die die Gase einzeln ausüben würden, wenn ihrer jedes allein das Volumen erfüllen würde, das tatsächlich von dem Gemenge eingenommen wird.

Nach Gl. 6 nimmt für ideale Gase der erste Hauptsatz die Form an

(13) $$dQ = \frac{\partial E}{\partial T} dT + p\,dV.$$

Nach dem durch Gl. 5 ausgedrückten Gasgesetze ist

$$p\,dV = d(pV) - V\,dp = nR\,dT - V\,dp.$$

Gl. 13 kann daher auch in der Form geschrieben werden

(14) $$dQ = \left(\frac{\partial E}{\partial T} + nR\right) dT - V\,dp.$$

Für Zustandsänderungen bei konstantem Volumen ist nun in Gl. 13 dV gleich null zu setzen, während für Zustandsänderungen bei konstantem Druck in Gl. 14 dp verschwindet. Bezeichnen wir die (auf eine Gramm-Molekel bezogenen) Molwärmen bei konstantem Volumen und konstantem Druck mit C_v und C_p, so folgt somit aus den Gl. 13 und 14 die wichtige Beziehung

(15) $$C_p - C_v = R.$$

Für das Verhältnis $\varkappa$ der beiden spezifischen Wärmen[4] (einerlei, ob auf die Masseneinheit oder auf die Gramm-Molekel bezogen) folgt aus den Gl. 13 und 14

$$\varkappa = 1 + \frac{nR}{\frac{\partial E}{\partial T}},$$

oder auch nach Gl. 4

(16) $$\varkappa = 1 + \frac{2}{s}.$$

Für einatomige Gase wird daher (nach Gl. 7) $\varkappa$ gleich $^5/_3$, während ganz allgemein nach Gl. 8 die Beziehung bestehen müßte

(17) $$1 < \quad \leqq \frac{5}{3}.$$

In der Tat haben die Messungen für einatomige Gase den Wert $^5/_3$ ergeben und bei mehratomigen Gasen die Richtigkeit der Gl. 17 erwiesen.

Die Gl. 13 läßt sich auch in der Form schreiben

$$dQ = n\,C_v\,dT + p\,dV$$

oder bei Benutzung des Gasgesetzes (Gl. 5)

(18) $$dQ = n\,C_v\,dT + \frac{nRT}{V} dV.$$

Für eine adiabatische Zustandsänderung folgt daraus

(19) $$C_v \frac{dT}{T} + R\frac{dV}{V} = 0.$$

[4] Experimentell läßt sich nur die spezifische Wärme bei konstantem Druck ermitteln. Die bei konstantem Volumen wird indirekt berechnet, sobald das Verhältnis $\varkappa$ auf Grund der Gl. 21 ermittelt ist.

Andererseits ist nach Gl. 15

$$\frac{R}{C_v} = \varkappa - 1, \tag{20}$$

und es gilt daher für eine adiabatische Zustandsänderung eines idealen Gases die Beziehung

$$T V^{\varkappa - 1} = \text{const.} \tag{21}$$

Ersetzen wir mittels des Gasgesetzes die Temperatur durch Volumen und Druck, so läßt sich die Gl. 21 in die Form bringen

$$p V^{\varkappa} = \text{const.} \tag{22}$$

Es sei schließlich noch erwähnt, daß sich nach Gl. 15 leicht das mechanische Wärmeäquivalent ermitteln läßt. Die Gaskonstante ist ja nach dem Gasgesetz in absolutem Maß unmittelbar gegeben, indem man einfach bei verschiedenen Temperaturen Druck und Volumen feststellt. Die spezifische Wärme wird aber eigentlich in Kalorien gemessen (und nicht in Erg). Bezeichnen wir die in Kalorien gemessenen Molwärmen mit C_v' und C_p', so sind diese Größen gleich C_v/J und C_p/J, wenn eben mit J das mechanische Wärmeäquivalent bezeichnet wird. Es ist daher

$$J = \frac{R}{C_p' - C_v'} = \frac{R}{C_p'\left(1 - \frac{1}{\varkappa}\right)}. \tag{23}$$

Mittels dieser Beziehung war es zuerst Robert Mayer im Jahre 1842 möglich, das mechanische Wärmeäquivalent auf Grund bekannter Messungsergebnisse zu berechnen, die die spezifische Wärme der Gase betrafen.

Die Vorstellung, daß die Wärme der Gase auf der Translation rasch dahinschießender Molekeln beruhe, wurde, wie schon erwähnt, durch Clausius im Jahre 1857 zu einer exakten Theorie ausgestaltet.[5] Diese Theorie gründete sich auf die Annahme, daß sich die Molekeln wie feste, absolut elastische Kugeln verhalten und sich mit konstanter Geschwindigkeit so lange geradlinig fortbewegen, bis sie gegen eine andere Molekel oder gegen eine feste Wand stoßen; die Zusammenstöße sollen dabei eben stets so erfolgen, daß weder die Summe der Bewegungsgröße noch die der lebendigen Kraft dadurch eine Änderung erfährt. Der Gasdruck erscheint nach dieser Auffassung durch das ständige Aufprallen der Molekeln gegen die Gefäßwände verursacht. Aus dieser Annahme ergab sich nicht nur durch eine einfache Deduktion das ideale Gasgesetz, sondern es vermochte auch Clausius aus der empirisch bekannten Abhängigkeit des Druckes von der Temperatur die mole-

[5] Den Forschungen von Clausius gingen bereits solche von Joule und Krönig einige Jahre früher voraus. Die ersten Anfänge der kinetischen Gastheorie reichen übrigens bis auf Daniel Bernoulli zurück, der die Grundgedanken dieser Theorie schon in seiner 1738 erschienenen „Hydrodynamik" veröffentlichte.

kulare Geschwindigkeit zu berechnen.[6] Hierfür fand CLAUSIUS bei Wasserstoff etwa 1840, bei Stickstoff etwa 490 und bei Sauerstoff etwa 460 Meter in der Sekunde, bezogen auf normalen Atmosphärendruck und die Temperatur des Eispunktes.

Diesen Betrachtungen von CLAUSIUS lag noch die Hypothese zugrunde, daß nicht nur die Zusammenstöße zwischen den einzelnen Molekeln zu vernachlässigen seien, sondern daß auch alle Molekeln des Gases untereinander denselben Geschwindigkeitsbetrag haben. Keine der beiden Annahmen ließ sich indessen aufrechterhalten. Im Jahre 1858 schuf CLAUSIUS den wichtigen neuen Begriff der freien Weglänge. Er verstand darunter die durchschnittliche Strecke, die eine Molekel zwischen zwei aufeinander folgenden Zusammenstößen zurücklegt.[7] Durch eine einfache (wenn auch nicht völlig exakte) Überlegung gelang es CLAUSIUS, die freie Weglänge in eine Beziehung zu bringen einerseits zu der Zahl der in der Volumeinheit enthaltenen Molekeln und andererseits zu dem Durchmesser der von ihm kugelförmig gedachten Molekeln.[8]

Im Jahre 1860 gelang es MAXWELL auf Grund einer ganz anderen Beziehung tatsächlich, für die freie Weglänge ganz bestimmte Werte zu berechnen. Diese von MAXWELL aufgefundene Beziehung betraf die innere Reibung der Gase. Treten im Inneren eines Gases Bewegungen auf, an denen viele Molekeln teilnehmen, etwa Strömungen, so zeigt die Erfahrung das Vorhandensein einer als innere Reibung bezeichneten Kraft, die die Richtung des Geschwindigkeitsgefälles (s. § 11) hat und diesem proportional ist. (Unter Geschwindigkeit ist dabei natürlich nicht die molekulare, sondern die Strömungsgeschwindigkeit zu verstehen.) Der Proportionalitätsfaktor zwischen der auf die Flächeneinheit bezogenen Kraft und dem Geschwindigkeitsgefälle wird als der Koeffizient der inneren Reibung bezeichnet. MAXWELL vermochte nun vom Standpunkte der kinetischen Gastheorie die innere Reibung zu interpretieren als einen Transport von Bewegungsgröße von rascher zu langsamer bewegten Gasschichten. Auf Grund dieser Deutung erhielt MAXWELL eine Gleichung, die die freie Weglänge mit dem Koeffizienten der inneren Reibung,

---

[6] Wird die molekulare Geschwindigkeit u genannt und die Gasdichte ϱ, so ist einfach

$$p = \frac{\varrho u^2}{3}. \tag{24}$$

[7] Nach der modernen Theorie hat es freilich keinen rechten Sinn mehr, von Zusammenstößen zu sprechen. Die Molekeln eines Gases wären winzigen Planetensystemen zu vergleichen, von deren Bestandteilen elektrische Kräfte ausgehen. Zwischen den Molekeln würden also elektrische Kräfte wirken und sie aus ihren geradlinigen Bahnen ständig ablenken, und zwar um so stärker, je näher zwei Molekeln einander kommen. Die Bewegung der Molekeln würde daher — ohne scharfe Ecken — zickzackartig verlaufen.

[8] Ist λ die freie Weglänge, n die Zahl der in der Volumeneinheit enthaltenen Molekeln und σ der molekulare Durchmesser, so ist

$$\lambda = \frac{3}{4 n \sigma^2 \pi}. \tag{25}$$

der Gasdichte und der molekularen Geschwindigkeit verknüpfte.[9] Da die molekulare Geschwindigkeit bereits durch CLAUSIUS bekannt war und auch der Koeffizient der inneren Reibung sich für die verschiedenen Gase sehr genau messen ließ, konnte so MAXWELL bestimmte Werte für die freie Weglänge berechnen. Er fand z. B. für Wasserstoff $1{,}85 \cdot 10^{-5}$ cm; dies würde bedeuten, daß eine Molekel in einer Sekunde durchschnittlich etwa zehn Milliarden Zusammenstöße erfährt. Diese Zahl hätte natürlich nur dann eine exakte Bedeutung, wenn auch tatsächlich die recht willkürlichen Voraussetzungen zuträfen, die der Gastheorie in ihrer üblichen Gestalt zugrunde liegen.

MAXWELLs Abhandlung, in der er zuerst die freie Weglänge berechnete, ist aber noch aus einem anderen Grunde von der größten Bedeutung geworden. Denn MAXWELL ersetzte in dieser Abhandlung auch die frühere Annahme, wonach alle Molekeln denselben Geschwindigkeitsbetrag haben, durch sein berühmtes Gesetz der molekularen Geschwindigkeitsverteilung. MAXWELL nahm an, daß die Verteilung der Energie über die Molekeln kanonisch sei; der für die moderne Physik so wichtige Begriff der kanonischen Verteilung wurde eben von MAXWELL im Zusammenhange mit dem Problem der molekularen Geschwindigkeit geschaffen.[10] An die Stelle der einheitlichen Geschwindigkeit trat so eine durchschnittliche.[11]

---

[9] Wird der Koeffizient der inneren Reibung η genannt, so ist bei Beibehaltung der übrigen bisherigen Bezeichnungen

$$\eta = \frac{\varrho u \lambda}{3}. \tag{26}$$

Die innere Reibung ist, da u nur von der Temperatur abhängt, somit vom Drucke unabhängig; ein zunächst merkwürdig erscheinendes Ergebnis, das aber durch die Experimente vollauf bestätigt wurde.

[10] Die Bezeichnung „kanonisch" wurde allerdings noch nicht von MAXWELL selbst gebraucht, sondern erst später von GIBBS eingeführt. Das MAXWELLsche Gesetz der Geschwindigkeitsverteilung ergibt sich aus der allgemeinen Gleichung der kanonischen Energieverteilung. Sind die Geschwindigkeitskomponenten der Molekeln $\dot{x}$, $\dot{y}$, $\dot{z}$, so ist die Zahl der Molekeln, deren Geschwindigkeitskomponenten Werte haben zwischen $\dot{x}$ und $\dot{x} + d\dot{x}$, $\dot{y}$ und $\dot{y} + d\dot{y}$ und endlich $\dot{z}$ und $\dot{z} + d\dot{z}$, durch den Ausdruck gegeben

$$dN' = N\left(\frac{m}{2\pi kT}\right)^{\frac{3}{2}} \cdot e^{-\frac{m}{2kT}(\dot{x}^2+\dot{y}^2+\dot{z}^2)}\, d\dot{x}\, d\dot{y}\, d\dot{z}, \tag{27}$$

wobei N die Gesamtzahl der Gasmolekeln bedeutet, m die Molekelmasse, k die BOLTZMANNsche Konstante, so daß also $3kT/2$ die Energie einer Molekel bei der Temperatur T darstellt. — Für die Zahl dN'' der Molekeln, deren Geschwindigkeitsbetrag zwischen u und $u + du$ liegt, findet man

$$dN'' = 4\pi N u^2 \left(\frac{m}{2\pi kT}\right)^{\frac{3}{2}} e^{-\frac{mu^2}{2kT}}\, du. \tag{28}$$

[11] Die Geschwindigkeit, die die wahrscheinlichste darstellt, verhält sich zu der mittleren Geschwindigkeit wie $\sqrt{\pi}/2$ zu 1. Der Mittelwert der kinetischen Energie ist wieder $^3/_2$ mal so groß wie die kinetische Energie, die der wahrscheinlichsten Geschwindigkeit entspricht.

Nachdem derart Clausius und Maxwell von den drei wesentlichen Unbekannten der kinetischen Gastheorie bereits zwei berechnet hatten, nämlich die molekulare Geschwindigkeit und die freie Weglänge, blieb noch als interessanteste Aufgabe die Bestimmung des molekularen Durchmessers übrig, also die Berechnung der wahren Größe der Molekeln. Die Lösung dieser Aufgabe gelang zuerst im Jahre 1865 Loschmidt. Dieser ging von der Annahme aus, daß im Zustande der Verflüssigung die Molekeln eines Gases das Volumen der gebildeten Flüssigkeit vollkommen ausfüllen, und er vermochte auf Grund dieser allerdings sehr groben Vorstellung eine obere Grenze für den Durchmesser der Molekeln zu berechnen.[12] Er fand so für die Durchmesser der „Luftmolekeln" (d. h. also der Stickstoff- oder Sauerstoffmolekeln) etwa 10^{-7} cm. Nun hatte andererseits, wie schon erwähnt, bereits Clausius eine Gleichung abgeleitet, die die freie Weglänge und den molekularen Durchmesser verknüpfte mit der Zahl der in der Volumeinheit enthaltenen Molekeln. (Es ist die Gl. 25 in Anm. 8.) So vermochte Loschmidt auch die Zahl der in 1 cm^3 bei 0^0 und 1 Atmosphäre enthaltenen Molekeln der Größenordnung nach zu bestimmen, welche Zahl natürlich nach dem Avogadroschen Gesetze für alle Gase dieselbe sein muß. Er fand als untere Grenze hierfür etwa 10^{18}. Aus der bekannten Dichte und aus dem Molekulargewicht irgendeines Gases würde daraus für die Zahl der in einer Gramm-Molekel enthaltenen Molekeln als untere Grenze folgen etwa $3 . 10^{22}$, während der tatsächliche Wert dieser Konstante, wie wir ja heute genau wissen (s. § 84), etwa zwanzigmal größer ist.

Ein Jahr, nachdem so Loschmidt zuerst die wahre Größe der Molekeln berechnet hatte, erbrachte auf gastheoretischer Grundlage Boltzmann (1866) durch sein sogenanntes „H-Theorem" die statistische Erklärung der Irreversibilität und der Entropie.[13] Durch Boltzmanns spätere Untersuchungen wurde die kinetische Gastheorie in ein vollendetes System gebracht. Zwei weitere interessante Anwendungsgebiete erschlossen sich der kinetischen Gastheorie dann einerseits in der hauptsächlich durch Jäger ausgebildeten Theorie der Flüssigkeiten und der verdünnten Lösungen, in denen sich die Molekeln der gelösten Substanz wie Gasmolekeln verhalten; andererseits aber in der Theorie der freien Elektronen, die ebenfalls ein analoges Verhalten bekunden wie die Molekeln der Gase und die die Elektrizitäts-

[12] Ist das Verhältnis zwischen dem Volumen, das das Gas vor seiner Verflüssigung und demjenigen, das es nachher einnimmt, γ, so wäre nach Loschmidt einfach

$$\sigma = 8\gamma\lambda. \tag{29}$$

[13] Die von Boltzmann mit H bezeichnete Größe ist, mit entgegengesetztem Vorzeichen genommen, identisch mit dem Logarithmus der statistischen Wahrscheinlichkeit.

und Wärmeleitung der Metalle bedingen. Durch die Übertragung der gastheoretischen Ergebnisse auf die freien Elektronen ergab sich eine Erklärung eines schon früher auf empirischem Wege von WIEDEMANN und FRANZ aufgefundenen Gesetzes, demzufolge das Verhältnis zwischen der Wärmeleitfähigkeit und dem elektrischen Leitvermögen für alle Metalle bei derselben Temperatur dasselbe ist. Daß dieses Verhältnis wiederum der absoluten Temperatur proportional ist, zeigte die kinetisch-theoretische Untersuchung, und auch diese Folgerung wurde durch die Experimente gut bestätigt.

Eine Fülle neuer Probleme entstand schließlich in den letzten Jahrzehnten der kinetischen Theorie der Materie in den molekularen Schwankungserscheinungen. Sie beruhen auf der allgemeinen Tatsache, daß ein Mittelwert, der aus einer nur kleinen Zahl von Einzelwerten gebildet ist, relativ wesentliche Änderungen seines Wertes auch ohne äußere Ursachen, bloß infolge der individuellen Zufälligkeiten, erfahren kann. Spontane Schwankungen müssen daher in der Physik bei allen Größen wahrnehmbar sein, deren Wert von einer nur geringen Zahl individueller Einzelwerte abhängt; und umgekehrt wird die Feststellung derartiger Schwankungserscheinungen als ein sicherer Beweis dafür angesehen werden dürfen, daß tatsächlich die Materie und das physikalische Geschehen individuell zusammengesetzt sind.

Die am besten untersuchte molekulare Schwankungserscheinung ist die BROWNsche Bewegung. Sie beruht auf den unregelmäßigen Molekularstößen, die ein in einer Flüssigkeit oder in einem Gase suspendierter kleiner Körper erfährt. Da auch ein kleiner Körper noch in einem winzigen Bruchteil einer Sekunde Millionen von Stößen erfährt, so werden diese infolge der durch die große Zahl bedingten statistischen Regelmäßigkeit einander in ihren Wirkungen aufheben, weil eben die Stöße aus allen Richtungen erfolgen. Je kleiner aber nun der suspendierte Körper ist, eine desto größere Rolle spielt die individuelle zufällige Unregelmäßigkeit. Die gegenseitige Kompensation der aus den verschiedensten Richtungen erfolgenden Stöße wird dann nicht mehr vollständig sein, und ist der Körper hinreichend klein, so muß er in eine Zickzackbewegung geraten und zwar um so lebhafter, je kleiner er ist. In der Tat hat nun schon im Jahre 1827 der Botaniker BROWN merkwürdige unregelmäßige Bewegungen entdeckt, die in Flüssigkeiten Pflanzenpollen ausführten, deren Lineardimensionen ungefähr den zweihundertsten Teil eines Millimeters betrugen; aber erst ein halbes Jahrhundert später erkannte CHRISTIAN WIENER die wahre Ursache dieser Erscheinung in dem inneren Bewegungszustand, der der Flüssigkeit nach der kinetischen Theorie der Materie zugeschrieben werden muß. In Gasen ist der Nachweis der BROWNschen Bewegung allerdings erst viel später EHRENHAFT gelungen. Die exakte Theorie der BROWNschen Bewegung wurde im Jahre 1905 gleichzeitig von EINSTEIN und von SMOLUCHOWSKI geschaffen. SMOLUCHOWSKI hat auch andere molekulare Schwankungserscheinungen eingehend untersucht, so namentlich die molekularen Dichteschwankungen.

Die Theorie all dieser Phänomene ist bereits so weit fortgeschritten, daß es mehrfach möglich war, auf Grund der molekularen Schwankungserscheinungen die LOSCHMIDTsche Zahl zu berechnen. Dies gelang schon durch Untersuchung der BROWNschen Bewegung SVEDBERG und PERRIN, mit besonderer Genauigkeit 1921 ERICH SCHMID, der für die LOSCHMIDTsche Zahl so den Wert 5,94 fand[14], und endlich PERRIN auch durch Messung der Konzentration von Emulsionen in verschiedenen Höhen.[15] Die Vervollkommnung der experimentellen Methoden wird die kinetische Theorie der Materie wohl noch vor zahlreiche neue Aufgaben stellen. Die große historische Bedeutung der kinetischen Gastheorie aber besteht einerseits darin, daß sie zuerst die Fruchtbarkeit und Richtigkeit des atomistischen Gedankens in exakter Weise erwies, andererseits darin, daß durch sie die statistische Methode Eingang in die Physik fand.

§ 116. Die Zustandsgleichung von VAN DER WAALS.

Die Zustandsgleichung der idealen Gase besitzt für wirkliche Gase nur eine angenäherte Gültigkeit. Am geringsten sind bei gewöhnlicher Temperatur und bei gewöhnlichem Drucke die Abweichungen bei den Gasen, die nur bei besonders hohem Drucke verflüssigt werden können und die darum früher als „permanent“ angesehen worden waren. Zu ihnen zählte man vor allem Wasserstoff, Sauerstoff, Stickstoff und später die Edelgase, während starke Abweichungen von dem idealen Gasgesetz zunächst bei der Kohlensäure auffielen. Die Abweichungen von dem idealen Gasgesetz hat nun VAN DER WAALS im Jahre 1873 durch eine kompliziertere Zustandsgleichung beschrieben, die er durch verhältnismäßig einfache theoretische Überlegungen erhielt und die durch die Erfahrung recht gut bestätigt wird. VAN DER WAALS berücksichtigte zwei Umstände, die bei der Ableitung des idealen Gasgesetzes vernachlässigt werden; erstens die Tatsache, daß infolge der Kohäsion offenbar zwischen den Molekeln anziehende Kräfte bestehen[1], zweitens aber auch, daß infolge der molekularen Zusammensetzung das Volumen

[14] Sitz.-Ber. der Wiener Akademie, 1921.

[15] Von den Lösungen unterscheiden sich die Emulsionen dadurch, daß dabei die Materie nicht bis in die Molekeln zerlegt ist, sondern daß im Lösungsmittel Teilchen schweben, die aus vielen Molekeln zusammengesetzt sind, die im Mikroskop wahrgenommen und in ihrer Größe auch gemessen werden können. Solche Emulsionen werden auch als kolloidale Lösungen bezeichnet. Unter dem Einfluß der Schwere bildet sich in Emulsionen eine bestimmte Verteilung aus, die eben zu Verschiedenheiten der Konzentration in verschiedenen Höhen führt.

[1] DEBYE hat den interessanten Versuch gemacht, diese Kohäsionskräfte und damit die Konstante a des VAN DER WAALSschen Gesetzes aus den Annahmen der Elektronentheorie zu berechnen. S. Physikal. Zeitschr. 21, 1920, S. 178—187.

eines Gases nicht unter eine bestimmte Grenze verringert werden kann.

Die wechselseitige Anziehung der Molekeln hält offenbar ein Gas ebenso zusammen wie ein äußerer Druck. Man kann somit der inneren Anziehung Rechnung tragen, indem man sich den äußeren Druck um ein Zusatzglied vermehrt denkt. Dieses muß um so größer sein, je dichter das Gas ist, und zwar muß es offenbar proportional sein dem Quadrate der Dichte, woferne wir in naheliegender Weise für das unbestimmt gelassene Gesetz der inneren Anziehung eine ähnliche Form annehmen wie für das NEWTONsche Gravitationsgesetz oder für das COULOMBsche Gesetz, in welchen Gesetzen ja die Kraft proportional ist dem Produkte zweier Massen oder zweier Elektrizitätsmengen oder zweier magnetischer Polstärken. Da nun andererseits die Dichte umgekehrt proportional ist dem spezifischen Volumen v, so kann dem Zusatzglied die Form gegeben werden a/v^2, wobei a eine für das betreffende Gas charakteristische Konstante bedeutet.

Die unterste Grenze, bis zu der das Volumen eines Gases überhaupt verringert werden kann, würde eine zweite für das Gas charakteristische Konstante darstellen, für die die Bezeichnung b üblich ist. Es erscheint dann plausibel, daß in der Zustandsgleichung an die Stelle des spezifischen Volumens die Differenz aus ihm und dieser Konstante tritt. Die verbesserte Zustandsgleichung lautet demnach

$$\left(p + \frac{a}{v^2}\right)(v - b) = R\,T. \tag{1}$$

Hiefür kann auch geschrieben werden

$$p\,v^3 - (b\,p + R\,T)\,v^2 + a\,v = a\,b. \tag{2}$$

Da diese Gleichung in bezug auf v vom dritten Grade ist, so erkennen wir, daß bei konstanter Temperatur jedem Werte von p drei Werte des spezifischen Volumens entsprechen, von denen entweder alle drei reell sind oder aber nur einer. Wird nun der Zustand eines Gases graphisch in einer p-v-Ebene dargestellt, so müßten für ein ideales Gas, weil für ein solches bei konstanter Temperatur das Produkt $p\,.\,v$ konstant bleibt, die sogenannten Isothermen gleichseitige Hyperbeln darstellen. Nach der Zustandsgleichung von VAN DER WAALS treten aber an die Stelle dieser gleichseitigen Hyperbeln Kurven dritten Grades, die von einer der v-Achse parallelen Geraden, woferne die Gleichung drei reelle Wurzeln hat, in drei Punkten geschnitten werden. Einem bestimmten Drucke entsprechen dann drei Werte v_1, v_2, v_3, wobei $v_1 < v_2 < v_3$ sei (Fig. 70).

Die Bedeutung dieser drei Werte läßt sich nun in Übereinstimmung mit der Erfahrung so erklären, daß bei einem spezifischen Volumen kleiner als v_1 der Körper flüssig ist, bei einem spezifischen Volumen größer als v_3 hingegen gasförmig, während bei den Werten zwischen v_1 und v_3 sowohl der flüssige als auch der gasförmige Aggregatzustand möglich ist. Der Teil der Isotherme, der zwischen v_1 und v_3 liegt, weist nun ein Minimum und ein Maximum auf. Das Kurvenstück zwischen Minimum und Maximum läßt sich allerdings nicht realisieren, weil ja sonst mit zunehmendem Druck auch das Volumen zunehmen müßte. Hingegen läßt sich unter geeigneten Umständen sowohl das Kurvenstück verwirklichen, das von v_1 bis zum Minimum reicht, als auch jenes, das von dem Maximum bis zu v_3 führt. Das erste Kurvenstück stellt den Zustand der überhitzten Flüssigkeit dar, das zweite den des unterkühlten oder, wie man auch sagt, übersättigten Dampfes. Koexistieren, was die Regel ist, im thermodynamischen Gleichgewicht die flüssige und die gasförmige Phase, so tritt wegen der dann vorhandenen Konstanz des Druckes[2] an die Stelle der krummen Linie ein gerades Kurvenstück, das sich von v_1 bis v_3 erstreckt.

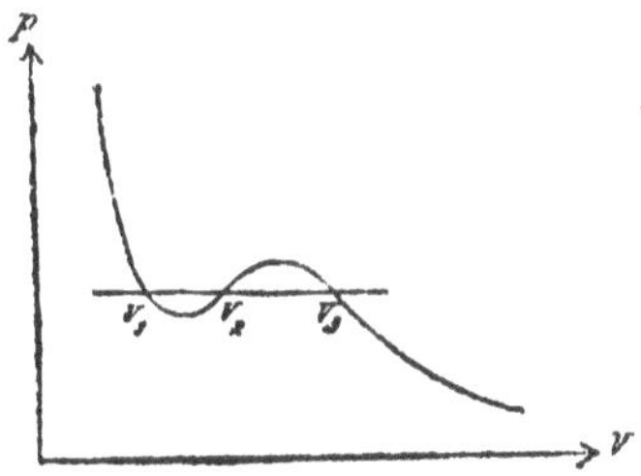

Fig. 70.

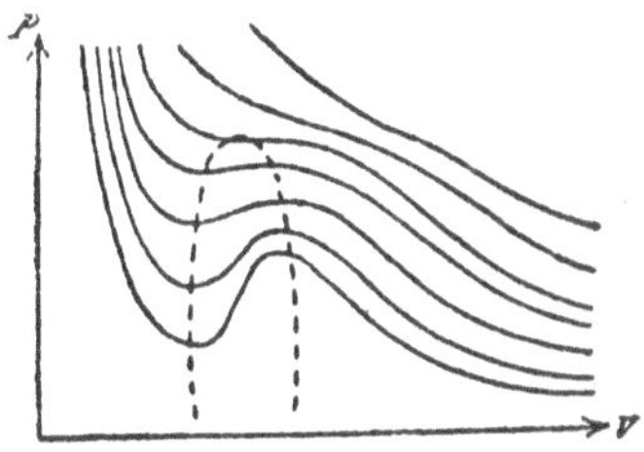

Fig. 71.

Zeichnet man die Schar der Isothermen im Sinne der van der Waalsschen Gleichung (Fig. 71), so erkennt man, daß mit zunehmender Temperatur das Kurvenminimum und das Kurvenmaximum immer näher zusammenrücken. Es läßt sich derart eine weitere Kurve konstruieren, die in Fig. 71 gestrichelt ist und die in ihrem aufsteigenden Aste die Minima aller Isothermen, in ihrem absteigenden Ast aber die Maxima aller Isothermen vereinigt. Diese Kurve besitzt einen Gipfel, ein Maximum in einem bestimmten Punkte, und der durch diesen repräsentierte Zustand des Gases wird nun als sein kritischer Zustand bezeichnet. Ihm entsprechen eine kritische Temperatur, ein kritischer Druck und ein kritisches spezifisches Volumen. Bei Temperaturen, die oberhalb der kritischen liegen, erscheint eine Verflüssigung überhaupt unmöglich, weil alle höheren Isothermen immer nur eine einzige reelle Wurzel für v ergeben können.

Nun sind ja Minimum und Maximum jeder Isotherme dadurch charakterisiert, daß für sie die Tangente der Isotherme der v-Achse parallel wird, dp/dv also verschwindet. Die Gleichung der in Fig. 71 gestrichelten Kurve lautet also

$$\frac{dp}{dv} = 0\,. \tag{3}$$

[2] S. Gl. 12 des § 114.

Nun ist nach Gl. 1

$$p = \frac{RT}{v-b} - \frac{a}{v^2}. \tag{4}$$

Indem wir diese Gleichung nach v differentiieren (bei konstant gehaltenem T, weil wir ja eine einzelne Isotherme betrachten) und den Differentialquotienten gleich null setzen, finden wir im Sinne der Gl. 3

$$\frac{RT}{(v-b)^2} = \frac{2a}{v^3}. \tag{5}$$

Hieraus und aus Gl. 4 erhalten wir die Gleichung der in Fig. 71 gestrichelten Kurve

$$p = \frac{2a(v-b)}{v^3} - \frac{a}{v^2}$$

oder

$$p = \frac{a}{v^2} - \frac{2ab}{v^3}. \tag{6}$$

Der den kritischen Zustand repräsentierende Gipfel der Kurve ist nun wiederum dadurch charakterisiert, daß für ihn die Tangente an die Kurve horizontal wird. Für den Kurvengipfel gilt also neben den natürlich auch für ihn bestehenden Gl. 4 und 6 überdies noch die Beziehung, daß für ihn der nach v gebildete Differentialquotient der rechten Seite der Gl. 6 verschwindet. Es muß also für den kritischen Zustand sein

$$\frac{d}{dv}\left(\frac{a}{v^2} - \frac{2ab}{v^3}\right) = 0.$$

Daraus folgt ohne weiteres, wenn wir die kritischen Zustandsgrößen mit Sternen bezeichnen,

$$v^* = 3b. \tag{7}$$

Setzen wir diesen Wert in die Gl. 6 ein, so ergibt sich

$$p^* = \frac{a}{27b^2}, \tag{8}$$

und endlich folgt aus Gl. 5 für die kritische Temperatur[3]

$$T^* = \frac{8a}{27bR}. \tag{9}$$

[3] Löst man die Gl. 7 und 8 nach a und b auf, so findet man daraus

$$b = \frac{v^*}{3}, \quad a = 3v^{*2}p^*, \quad R = \frac{8v^*p^*}{3T^*}.$$

Führt man zur Abkürzung die sogenannten reduzierten Zustandsgrößen ein

$$\pi = \frac{p}{p^*}, \quad \omega = \frac{v}{v^*}, \quad \tau = \frac{T}{T^*},$$

so kann die van der Waalssche Zustandsgleichung, wie man leicht erkennt, auch in einer Form geschrieben werden, die völlig unabhängig ist von allen speziellen Eigenschaften des betreffenden Gases. Die Zustandsgleichung nimmt dann die Gestalt an

$$\left(\pi + \frac{3}{\omega^2}\right)(3\omega - 1) = 8\tau. \tag{10}$$

Am kleinsten sind die Konstanten a und b, die die Abweichungen von dem idealen Gaszustand kennzeichnen, bei Wasserstoff, woraus sich dessen besondere Eignung für thermometrische Zwecke erklärt. Besonders tief liegt die kritische Temperatur bei Helium, nämlich bei -268°. Bei Wasserstoff beträgt sie -240°, bei Stickstoff -146°, bei Sauerstoff -119°. Bei Kohlensäure beträgt sie $+31^{\circ}$, so daß also Kohlensäure schon bei Zimmertemperatur verflüssigt werden kann. In der Tat sind ja auch bei diesem Gase zuerst die Abweichungen vom Boyleschen Gesetz eingehend durch Andrews untersucht worden, der dadurch als erster im Jahre 1869 zu dem wichtigen Begriffe der kritischen Temperatur gelangte.[4]

§ 117. Die spezifische Wärme fester Körper.

Wie die Wärme der Gase vom statistischen Standpunkte aus als Translationsenergie erscheint, so führt die statistische Theorie die Wärme der festen Körper auf molekulare Schwingungen zurück; sie verwertet dabei die aus dem Quantenprinzip folgende Erkenntnis, daß sich die Schwingungsenergie aus Energieelementen zusammensetzt, die der Frequenz proportional sind.

Die einfachste Vorstellung, die derart möglich ist, ist nun die, daß alle Molekeln des festen Körpers mit derselben Frequenz schwingen, die mit ν^* bezeichnet werde. Die Größe $h\nu^*/k$, die natürlich die Dimension einer Temperatur haben muß, kann dann als die charakteristische Temperatur des betreffenden Körpers bezeichnet werden. Da der Modul, mit dem die Schwingungsenergie über die Molekeln verteilt ist, gleich zu setzen ist dem Wärmemodul, also dem Produkt aus k und der Temperatur T, so ist also, wenn die charakteristische Temperatur T^* genannt wird, der Mittelwert der Energie einer Schwingung (nach Gl. 5 des § 106)

$$\bar{\varepsilon} = \frac{k T^*}{e^{\frac{T^*}{T}} - 1}. \tag{1}$$

Betrachten wir einen idealen einatomigen festen Körper, so läßt sich die Schwingung jeder Molekel zerlegen in drei zueinander senkrechte und voneinander unabhängige Partialschwingungen. Es ist daher die Schwingungsenergie einer Gramm-Molekel unter den gemachten Voraussetzungen

$$E = 3 L \bar{\varepsilon}, \tag{2}$$

wenn L die Loschmidtsche Zahl bedeutet. Setzen wir für $\bar{\varepsilon}$ den Wert aus der Gl. 1 ein und differentiieren wir nach der Temperatur, so er-

[4] Bereits ein halbes Jahrhundert vor Andrews hat auf experimentellem Wege den kritischen Zustand Cagniard de la Tour realisiert.

halten wir die auf ein Gramm-Atom bezogene spezifische Wärme, die sogenannte **Atomwärme**; sie werde mit C bezeichnet. Die Durchführung der Differentiation ergibt dann den Wert

$$C = \frac{3Lk}{\left(e^{\frac{T^*}{T}} - 1\right)^2} \cdot \left(\frac{T^*}{T}\right)^2 \cdot e^{\frac{T^*}{T}}. \tag{3}$$

Diese Gleichung nimmt eine besonders einfache Form an, wenn T so viel größer ist als T^*, daß mit einer gewissen Annäherung gesetzt werden kann

$$e^{\frac{T^*}{T}} - 1 = \frac{T^*}{T}, \quad e^{\frac{T^*}{T}} = 1$$

(gemäß der Formel, derzufolge für kleine Werte von y näherungsweise e^y gleich ist $1 + y$). Dann wird einfach, weil das Produkt $k . L$ die Gaskonstante darstellt,

$$C = 3R. \tag{4}$$

Da der Wert der Gaskonstante im thermischen Maß 1,98 Gramm-Kalorien beträgt (Gl. 11 des § 115), so müßte danach, wenn die speziellen Voraussetzungen für die Gültigkeit der Gl. 4 zutreffen, die **Atomwärme für alle festen Grundstoffe denselben Wert von 5,94 Kalorien** haben.

Dieser Satz ist in der Tat schon im Jahre 1819 auf empirischem Wege von DULONG und PETIT aufgefunden worden. Die schon damals durchgeführten Messungen haben ergeben, daß bei den meisten festen Körpern die Atomwärme bei konstantem Druck um weniger als etwa 10 % von einem durchschnittlichen Wert von 6,4 Kalorien abweicht, und die Reduktion dieses Wertes auf konstantes Volumen[1] ergibt eben 5,9 Kalorien. Hingegen zeigte sich keine Übereinstimmung bei einigen Elementen mit niedrigem Atomgewicht, so bei Beryllium, Bor und vor allem bei dem **Diamanten**, dessen Atomwärme sich bei Zimmertemperatur zu nur 1,7 cal ergab, während sie bei -50° C, wie im Jahre 1875 H. F. WEBER zeigte, gar auf 0,7 cal sinkt.

Diese **Abweichungen** von dem Gesetze von DULONG und PETIT vermochte die „klassische" Statistik nicht zu erklären, da ihre Deduktionen (worauf hier nicht näher eingegangen werden soll) mit Notwendigkeit eben zu diesem Gesetze als einem allgemein gültigen führten.[2] Vom Standpunkte der Quantentheorie aus wird hingegen der Abfall der spezifischen Wärme mit der Temperatur ohne weiteres erklärlich, zugleich aber auch die Tatsache plausibel, daß diese Abweichungen besonders deutlich bei Elementen mit geringem Atomgewicht sind; denn wenn zwei schwingende

[1] Vgl. Gl. 38 des § 112.

[2] Die klassische Statistik schrieb jedem Freiheitsgrad einer Schwingung einen kinetischen Energiebetrag $kT/2$ zu und nahm im übrigen an, daß die potentielle Energie ebenso groß sei wie die kinetische.

Massenpunkte durch gleich große Kräfte an Ruhelagen gebunden sind, so ist nach den Formeln der Mechanik die Frequenz des leichteren größer als die des schwereren[3]; der höheren Frequenz entspricht aber wieder eine höhere charakteristische Temperatur. Es kann daher sehr wohl die charakteristische Temperatur des einen Elementes tief unter der Zimmertemperatur, die des anderen hoch über ihr liegen; und letzteres und somit die stärksten Abweichungen von dem DULONGschen Gesetze werden wohl am ehesten bei den leichtesten Elementen zu erwarten sein.

Das Gesetz von DULONG und PETIT erscheint der modernen Theorie lediglich als Sonderfall der allgemeinen Formel für die Atomwärme, die näherungsweise durch die Gl. 3 dargestellt ist. Sie wurde im Jahre 1907 durch EINSTEIN aufgestellt, der damit zuerst das Quantenprinzip auf mechanische Schwingungen anwandte. In der Tat haben genaue Messungen, die nach der Aufstellung des EINSTEINschen Gesetzes NERNST und andere Forscher anstellten, gezeigt, daß die Atomwärmen aller Substanzen bei hinreichend hohen Temperaturen gegen $3R$, bei hinreichend tiefen gegen null konvergieren.[4] Bei etwa 1000^0 C beträgt die Atomwärme des Diamanten (C_v) 5,5 cal. Andererseits sinkt auch z. B. beim Kupfer die Atomwärme bei 88^0 abs. auf 3,38, bei 33^0 abs. auf 0,54, bei 23^0 abs. gar bis auf 0,22 cal. Am stärksten ist freilich der Abfall bei dem Diamanten. Bei 86^0 abs. beträgt die Atomwärme nur mehr 0,03 cal, bei 23^0 abs. ergaben die Messungen 0,00 cal; d. h. bei diesen tiefen Temperaturen hat für den Diamanten der Temperaturbegriff völlig seine Bedeutung verloren.

Um nun die Richtigkeit der EINSTEINschen Formel auch quantitativ prüfen zu können, ist es vor allem notwendig, die charakteristische Temperatur, also die charakteristische Frequenz der verschiedenen Stoffe zu ermitteln; und hierfür haben sich nun in der Tat mehrere für die Forschung gangbare Wege gezeigt. Zunächst ergibt sich, wie LINDEMANN zeigte, ein einfacher Zusammenhang zwischen der charakteristischen Frequenz und der Schmelztemperatur, wenn man die sehr plausible Annahme macht, daß bei dem Schmelzpunkt die Amplitude der Atomschwingungen gleich dem Abstande der Atome wird, so daß ein Zusammenstoß der Atome erfolgt.[5] Ferner sind, wie MADELUNG und

[3] Ist nämlich die Kraft, die einen Massenpunkt von der Masse m bei einer Entfernung x in die Ruhelage zurückzieht, $-\gamma^2 x$, so ist nach § 51 die Frequenz der Schwingung

$$\nu = \frac{\gamma}{2\pi\sqrt{m}}.$$

[4] Nahe dem Schmelzpunkt wird in der Regel der Wert von $3R$ sogar überschritten, was auf das Auftreten weiterer Schwingungen zurückzuführen ist.

[5] Die Formel, die LINDEMANN aufstellte, enthält außer der Frequenz und der Schmelztemperatur nur noch das Atomgewicht und das Atomvolumen; ein Proportionalitätsfaktor wurde empirisch ermittelt.

dann EINSTEIN zeigten, durch die charakteristische Frequenz auch die elastischen Konstanten, vor allem der Kompressibilitätsmodul, bestimmt. Schließlich wies NERNST auf den Zusammenhang hin, der zwischen den charakteristischen Frequenzen und den von RUBENS gemessenen Wellenlängen der sogenannten Reststrahlen[6] von zweiatomigen Kristallen, wie z. B. Chlorkalium, besteht.

Die auf verschiedenen Wegen ermittelten Werte der charakteristischen Frequenzen stimmten verhältnismäßig recht gut überein; für die Schwingungen ergeben sich Werte von der Größenordnung $10^{12}\,sec^{-1}$, bei dem Diamanten sogar von der Größenordnung $10^{13}\,sec^{-1}$, also Frequenzen, die durchwegs dem Ultraroten angehören. Ihnen entsprechen z. B. bei Blei, Silber, Kupfer, Aluminium charakteristische Temperaturen von etwa 100°—400° abs., bei dem Diamanten eine solche von etwa 2000° abs. Es zeigte sich aber nun, daß bei Benutzung dieser Werte die EINSTEINsche Formel den Temperaturverlauf der Atomwärme nur ungenau wiedergibt; für tiefe Temperaturen liefert sie durchwegs zu kleine Werte. NERNST und LINDEMANN haben darum zunächst eine empirische Formel aufgestellt, die den tatsächlichen Temperaturverlauf sehr genau wiedergibt; sie gewannen die Formel, indem sie zu dem Ausdruck der rechten Seite der EINSTEINschen Formel (Gl. 3) additiv noch einen hinzufügten, der ganz dieselbe Gestalt hat, statt des Bruches T^*/T jedoch überall den Bruch $T^*/2T$ enthält. EINSTEIN selbst erkannte die Ursache der Unvollkommenheit seiner Formel in der willkürlichen Annahme einer einheitlichen Frequenz. Eine bessere Übereinstimmung konnte nur von einer Theorie erwartet werden, die eine Vielheit von Frequenzen berücksichtigt, so wie dies in erster, grober Annäherung eben die NERNST-LINDEMANNsche Formel tat, indem sie neben der Hauptfrequenz ν noch eine Frequenz $\nu/2$ hervorhob.

In Durchführung dieses Gedankens ist die kinetische Theorie der festen Körper nach zwei verschiedenen Seiten hin ausgestaltet worden. BORN und KÁRMÁN sowie THIRRING haben den festen Körper (ähnlich wie BRAGG[7]) als Raumgitter aufgefaßt und für dieses in guter Übereinstimmung mit der Erfahrung die elastischen und thermischen Eigenschaften berechnet; auf der anderen Seite hat 1912 DEBYE eine in ihren Ergebnissen sehr bedeutende Theorie geschaffen, indem er von der atomistischen Struktur des festen Körpers abstrahierte. Er sah den festen Körper als ein von stehenden elastischen Wellen erfülltes Kontinuum an und übertrug auf diese Wellen das Prinzip, das zunächst allerdings für stehende elektromagnetische Wellen RAYLEIGH und JEANS (s. § 105) abgeleitet hatten.

[6] S. § 72.
[7] S. § 75.

§ 118. Der Wärmesatz von Nernst.

Im Sinne der Debyeschen Auffassung wollen wir nun einen von stehenden elastischen Wellen erfüllten Körper betrachten; dabei müssen wir offenbar zwischen longitudinalen Wellen von je einem und transversalen von je zwei Freiheitsgraden unterscheiden. Die longitudinale Wellengeschwindigkeit möge mit v_1, die transversale mit v_2 bezeichnet werden. (Beide Größen können nach Grundformeln der Elastizitätstheorie aus der Dichte und dem Elastizitätsmodul berechnet werden.) Die Zahl der longitudinalen Schwingungen, deren Frequenz zwischen ν und $\nu + d\nu$ liegt, ist nun nach dem Prinzip von Rayleigh und Jeans (Gl. 12 des § 105)

$$dZ_1 = \frac{4\pi V \nu^2}{v_1^3}, \tag{1}$$

wobei V das Volumen des Körpers bedeutet. Die Zahl der Transversalschwingungen, deren Frequenz zwischen ν und $\nu + d\nu$ liegt, ist ebenso

$$dZ_2 = \frac{4\pi V \nu^2}{v_2^3}. \tag{2}$$

Debye macht nun zunächst die Annahme, daß die Zahl der Schwingungen nicht unbegrenzt sei, sondern daß es eine maximale Frequenz $\nu_{\max}$ gebe, die dadurch bestimmt sei, daß

$$\int_0^{\nu_{\max}} dZ_1 + 2\int_0^{\nu_{\max}} dZ_2 = 3N \tag{3}$$

ist, wobei N die Gesamtzahl der den Körper bildenden Atome bedeutet; denn die longitudinalen Schwingungen erfolgen ja mit je einem, die transversalen mit je zwei. die Atomschwingungen mit je drei Freiheitsgraden. Setzen wir zur Abkürzung

$$\frac{1}{v_1^3} + \frac{2}{v_2^3} = \frac{3}{v^3}, \tag{4}$$

wobei v als die mittlere Wellengeschwindigkeit bezeichnet werden kann, so wird also

$$3N = \frac{12\pi V}{v^3}\int_0^{\nu_{\max}} \nu^2 d\nu,$$

oder

$$\nu_{\max} = v\sqrt[3]{\frac{3N}{4\pi V}}. \tag{5}$$

Die mittlere Wellengeschwindigkeit läßt sich, wie schon erwähnt, aus der Dichte und dem Elastizitätsmodul berechnen. Der Quotient N/V stellt die Zahl der in der Volumeinheit enthaltenen Atome dar; auch sie kennt man, sobald man die Dichte und das Molekulargewicht der

Substanz kennt. Es läßt sich daher nach Gl. 5 die maximale Frequenz berechnen, und die so ermittelten Werte stimmen in ihrer Größenordnung mit denen überein, die sich auf Grund der primitiveren Annahme einer einheitlichen Schwingungszahl für die charakteristische Frequenz ergeben hatten.

Für die gesamte Energiedichte ergibt sich (nach Gl. 8 des § 106) der Wert

$$\eta = \frac{12\pi h}{v^3}\int_0^{\nu_{max}} \frac{\nu^3\,d\nu}{e^{\frac{h\nu}{kT}} - 1}. \tag{6}$$

Wenn aber nun die Temperatur hinreichend tief ist, dann wird $h\nu/kT$ verhältnismäßig groß, und daher nimmt der Integrand der Gl. 6 mit wachsendem ν sehr rasch ab; wir können daher in diesem Sonderfall hinreichend tiefer Temperatur in Gl. 6 die Integrationsgrenze ν_{max} durch ∞ ersetzen. Tun wir dies, so erlangen aber die Gesetzmäßigkeiten Geltung, die in § 106 abgeleitet wurden. Auch wenn wir die Möglichkeit zugeben, daß die innere Energie des Körpers noch einen von der Temperatur unabhängigen Bestandteil aufweist, so müssen doch nach § 106 jedenfalls der dritten Potenz der Temperatur die Differentialquotienten proportional sein, die man nach der Temperatur von der Energie, von dem Druck und von der freien Energie bildet.

Der Differentialquotient der Energie nach der Temperatur stellt aber nichts anderes dar als die spezifische Wärme; sie muß also bei tiefen Temperaturen der dritten Potenz der Temperatur proportional sein. Dieser wichtige Satz ist von Debye aus seiner Theorie abgeleitet worden; Messungen, die Nernst und andere Forscher am Diamanten, an Kupfer und anderen Stoffen vornahmen, haben in der Tat den Satz von Debye bestätigt.

Mit der Energie und der freien Energie hängt nun die Entropie durch die schon öfter benutzte Beziehung zusammen

$$S = \frac{E - F}{T} \tag{7}$$

(Gl. 1 des § 111). Es müssen also auch die beiden Gleichungen bestehen

$$\lim_{T=0} \frac{dF}{dT} = 0; \quad \lim_{T=0} S = 0. \tag{8}$$

Nach diesen Gleichungen verschwindet also für den absoluten Nullpunkt sowohl der Temperaturkoëffizient der freien Energie als auch die Entropie. Diese beiden Beziehungen bilden den Inhalt eines wichtigen Satzes, den — unabhängig von der Quantentheorie — schon im Jahre 1906 Nernst aufstellte und der darum gewöhnlich als der Nernstsche Wärmesatz bezeichnet wird. Er wird nicht nur für feste Körper als gültig angenommen, sondern ganz allgemein für „kondensierte", d. h. sowohl feste als auch flüssige[1] Systeme.

Aus dem NERNSTschen Wärmesatz ergibt sich (worauf hier nicht näher eingegangen werde) eine Fülle der wichtigsten thermodynamischen und vor allem thermochemischen Folgerungen. Nur eine möge kurz besprochen werden. Da nach dem vorhin Gesagten die Entropie nur von der Temperatur abhängt, so muß für tiefste Temperaturen

$$\left(\frac{\partial S}{\partial p}\right)_{T=\text{const}} = 0 \tag{9}$$

sein. Andererseits ist nach Gl. 30 und 33 des § 112, wenn wir noch mit der Körpermasse m multiplizieren,

$$dS = \frac{m\,c_p}{T}\,dT - \frac{\partial V}{\partial T}\,dp\,. \tag{10}$$

Die Gl. 9 kann somit nur dann erfüllt sein, wenn

$$\frac{\partial V}{\partial T} = 0 \tag{11}$$

ist. Für sehr tiefe Temperaturen muß also das Volumen von der Temperatur unabhängig sein, der Ausdehnungskoeffizient also verschwinden. Die Richtigkeit dieses Satzes ist in der Tat durch Messungen von GRÜNEISEN erwiesen worden.

§ 119. Die Hohlraumstrahlung.

Stehende Schwingungen können ebensowohl wie mechanisch-elastischer auch elektromagnetischer Natur sein; die Zahl der Freiheitsgrade beträgt dann allerdings nicht drei, sondern nur zwei, weil die elektromagnetischen Wellen stets rein transversal, longitudinale Wellen also unmöglich sind. Ein System stehender elektromagnetischer Schwingungen, das einen abgeschlossenen Raum erfüllt, wird nun als Hohlraumstrahlung bezeichnet. Für ein solches System müssen natürlich die in § 106 abgeleiteten Sätze gelten, um so mehr, als ja die Beschränkung durch eine Maximalfrequenz wegfällt, die nur bei der Betrachtung von Atomschwingungen einen Sinn hatte.

Elektromagnetische Energie kann aber nun von Atomen absorbiert und emittiert werden. Es ist daher ein Energieaustausch möglich zwischen einer Hohlraumstrahlung und einem aus Molekeln zusammengesetzten Körper (den man sich als Stück der Begrenzung oder im Innern des Hohlraums denken kann). Wenn trotz der Möglichkeit

[1] Für ideale Gase folgt allerdings aus Gl. 1 des § 115, daß die spezifische Wärme von der Temperatur unabhängig sei. Die wirklichen Gase zeigen hingegen bei extrem tiefen Temperaturen „Entartungserscheinungen", welche auch auf eine Abhängigkeit der spezifischen Wärme von der Temperatur (im Sinne des NERNSTschen Wärmetheorems) hinweisen.

einer gegenseitigen Energieabgabe weder die Hohlraumstrahlung noch der Körper ihre Energiewerte ändern, dann sagt man, daß zwischen beiden thermodynamisches Gleichgewicht besteht. Nach den allgemeinen Prinzipen der Statistik (§ 101) ist dies nur dann möglich, wenn der Verteilungsmodul der elektromagnetischen Energie gleich ist dem Wärmemodul des Körpers; der Modul der Hohlraumstrahlung muß also dann gleich sein dem Produkte aus der BOLTZMANNschen Konstante k und aus der Temperatur des Körpers, mit dem die Strahlung im thermodynamischen Gleichgewicht steht. Diese Temperatur kann dann kurz als die Temperatur der Hohlraumstrahlung definiert werden. Nach den hier zutreffenden Voraussetzungen des § 106 kann aber nun die Energiedichte nur von dem Verteilungsmodul abhängen, dessen vierter Potenz sie proportional ist. Im thermodynamischen Gleichgewicht kann also die Strahlungsdichte nur eine Funktion der Temperatur sein, deren vierter Potenz sie eben proportional sein muß.

Das Gleichgewicht des zugleich bestrahlten und strahlenden Körpers muß man sich wiederum nach einer Vorstellung, die schon von PRÉVOST im Jahre 1809 begründet wurde, so vorstellen, daß der Körper in jedem beliebigen Zeitintervall ebensoviel Energie emittiert als er absorbiert.[1] Die auf die Flächeneinheit und die Zeiteinheit bezogene Menge der von der Körperoberfläche ausgestrahlten Energie wird nun als das Emissionsvermögen des Körpers bezeichnet. Nennen wir es K', so ist die Energiemenge, die ein Oberflächenelement df in dem Zeitelement dt emittiert,

$$dE = K' \, df \, dt. \tag{1}$$

Andererseits ist die gesamte Energiemenge, die auf das Flächenelement df in der Zeit dt auftrifft, gleich zu setzen

$$dE' = f(T) . df \, dt, \tag{2}$$

wobei eben, weil die Strahlungsdichte nur von der Temperatur abhängt, auch die Größe, mit der auf der rechten Seite der Gleichung $df . dt$ noch multipliziert erscheint, nur eine Funktion der Temperatur sein kann. Von der auftreffenden Energiemenge wird im allgemeinen ein Bruchteil $\varrho . dE'$ reflektiert. Die Größe $\gamma = 1 - \varrho$ wird der Absorptionskoeffizient genannt; denn die Energiemenge $\gamma \, dE'$ wird von dem bestrahlten Körper absorbiert. Im thermodynamischen Gleichgewicht muß nun

$$dE = \gamma . dE', \tag{3}$$

also nach Gl. 1 und 2

$$\frac{K'}{\gamma} = f(T) \tag{4}$$

sein.

[1] PRÉVOST faßte allerdings die Wärme stofflich auf.

Für eine bestimmte Temperatur muß danach (bei Voraussetzung thermodynamischen Gleichgewichtes) das Verhältnis des Emissionsvermögens zum Absorptionskoeffizienten für alle Körper denselben Wert haben. Dieser wichtige Satz ist zuerst von Kirchhoff im Jahre 1859 aufgestellt worden. Ist im besonderen γ gleich eins, besitzt der Körper also überhaupt kein Reflexionsvermögen, so nennt man ihn vollkommen schwarz.[2] Das Emissionsvermögen eines vollkommen schwarzen Körpers hängt also nur von der Temperatur ab.

Andererseits folgt aus den Gl. 2 und 4, daß die Energiemenge, die in der Zeiteinheit auf die Oberflächeneinheit eines beliebigen Körpers auftrifft, im thermodynamischen Gleichgewicht gleich ist dem Emissionsvermögen, das bei dieser Temperatur ein schwarzer Körper hat und das einfach mit K bezeichnet werde.

Der genaue Zusammenhang zwischen dem Emissionsvermögen und der Strahlungsdichte läßt sich nun durch eine rein geometrische Betrachtung ermitteln. Wir denken uns innerhalb des Hohlraumes ein beliebig geformtes kleines Volumen von der Größe V' abgegrenzt und um dieses als Mittelpunkt eine Kugel von dem Halbmesser r konstruiert (Fig. 72). Wir fassen nun von der Kugelfläche an der Stelle P ein beliebiges Flächenelement $d\sigma$ ins Auge, dessen Lineardimensionen klein seien gegenüber denen des abgegrenzten Volumens V'. Wir denken uns dann (vgl. die weitere Fig. 73) einen ganz beliebig gerichteten Elementarkegel von der Öffnung $d\omega$ konstruiert, der das Flächenelement $d\sigma$ zur Spitze habe. Seine Richtung wollen wir einerseits durch den Winkel ϑ bestimmen, den die Kegelrichtung mit der Flächennormalen von $d\sigma$ bildet, andererseits durch den Winkel φ, den die Kegelrichtung mit einer beliebig gewählten Ebene einschließt.

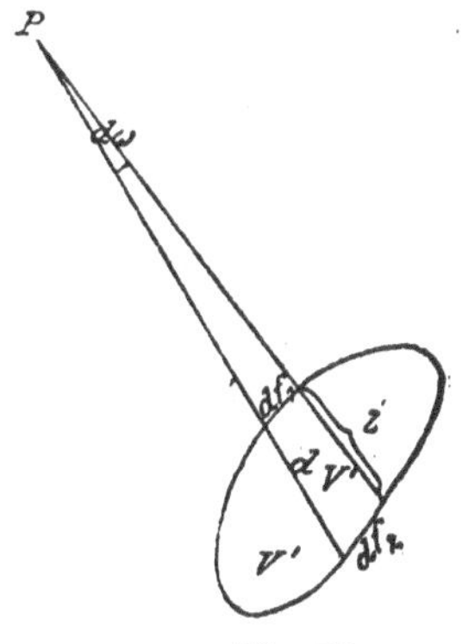

Fig. 72.

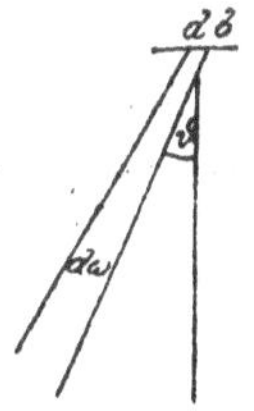

Fig. 73.

Die Energiemenge, die durch das Flächenelement $d\sigma$ in der Zeit dt in den Elementarkegel hineingelangt, wollen wir mit dE_0 bezeichnen. Es ist dann jedenfalls dE_0 den Größen $d\sigma$, dt und $d\omega$, überdies aber auch, wie man durch eine einfache Überlegung sofort erkennt, dem Kosinus des Winkels ϑ proportional. Denn von einem Strahlenbündel

[2] Als vollkommen schwarz kann unter den wirklichen Stoffen am ehesten Ruß angesehen werden. Ist γ gleich null, so nennt man den Körper vollkommen spiegelnd.

(das wir wegen der Kleinheit von $d\sigma$ als parallel ansehen dürfen) wird das Flächenelement $d\sigma$, dessen Normale mit der Strahlenrichtung den Winkel ϑ einschließt, wie man aus Fig. 74 ohne weiteres erkennt, in einem bestimmten Zeitelement dieselbe Energiemenge durchlassen wie ein zu der Strahlenrichtung senkrechtes Flächenelement von der Größe $d\sigma.\cos\vartheta$. Umgekehrt wird also das Flächenelement $d\sigma$, wenn wir es beliebig gegen die Strahlenrichtung drehen, in einem bestimmten Zeitelement Energiemengen durchlassen, die dem Kosinus des Winkels ϑ proportional sind.

Fig. 74.

Da also die vorhin in die Betrachtung eingeführte Größe dE_0 den Größen $d\omega$, $d\sigma$, dt und $\cos\vartheta$ proportional ist, so können wir, wenn wir den Proportionalitätsfaktor mit C bezeichnen, setzen

(5) $$dE_0 = C\cos\vartheta\, d\omega\, d\sigma\, dt.$$

Nun ist aber andererseits die Öffnung des Elementarkegels, d. h. der Flächeninhalt des Stückes, das der Elementarkegel aus einer Kugel von dem Radius eins herausschneidet[3],

(6) $$d\omega = \sin\vartheta\, d\vartheta\, d\varphi,$$

und somit wird

(7) $$dE_0 = C\cos\vartheta \sin\vartheta\, d\vartheta\, d\varphi\, d\sigma\, dt.$$

Andererseits müßte, wenn $d\sigma$ nicht das Element einer bloß geometrisch konstruierten Fläche, sondern etwa das Element der kugelförmigen Oberfläche eines physikalischen Körpers wäre, auf dieses Element in der Zeiteinheit von außen die Energiemenge $K d\sigma$ fallen, wenn K das Emissionsvermögen des schwarzen Körpers bei der betreffenden Temperatur bedeutet. Daher muß auch umgekehrt jedenfalls die gesamte Energie, die in dem Zeitelement dt durch das bloß geometrisch gedachte Flächenelement $d\sigma$ in das Innere der Kugel hineingelangt, gleich sein $K d\sigma\, dt$. Wir müssen also den Ausdruck $K d\sigma\, dt$ erhalten, wenn wir die rechte Seite der Gl. 7 über alle Werte von ϑ von null bis zu einem rechten Winkel und über alle Werte von φ von 0 bis 2π integrieren. Wir finden also die Beziehung

(8) $$K = C\int_0^{\frac{\pi}{2}} \sin\vartheta \cos\vartheta\, d\vartheta \int_0^{2\pi} d\varphi$$

oder

(9) $$K = 2\pi C\int_0^{\frac{\pi}{2}} \sin\vartheta\, d(\sin\vartheta) = 2\pi C\left|\frac{\sin^2\vartheta}{2}\right|_0^{\frac{\pi}{2}} = \pi C.$$

[3] Es ist ein Rechteck mit den Seiten $R\,d\vartheta$ und $R\sin\vartheta\, d\varphi$, wobei eben R, der Radius der Einheitskugel, gleich eins ist.

Hieraus folgt für die Größe dE_0 nach Gl. 5 der Wert

(10) $$dE_0 = \frac{K}{\pi} \cos \vartheta \, d\omega \, d\sigma \, dt.$$

Dies ist der Betrag der Energie, die in einen die Öffnung $d\omega$ besitzenden Elementarkegel in dem Zeitelement dt durch das Flächenelement $d\sigma$ hineingelangt, dessen Flächennormale mit der Richtung des Kegels den Winkel ϑ bildet.[4]

Wir wollen nun, indem wir zu Fig. 72 zurückkehren, mit $d\sigma$ als Spitze einen zu $d\sigma$ senkrechten Elementarkegel von der Öffnung $d\omega'$ uns konstruiert denken, der aus dem Volumen V' ein Volumelement dV' von der Länge l herausschneide. Zur Zurücklegung dieser Länge brauchen die Strahlen die Zeit

(11) $$\tau = \frac{l}{c},$$

wenn wir mit c die Lichtgeschwindigkeit bezeichnen.

Würden nun nur durch das Flächenelement $d\sigma$ Strahlen in das Volumelement dV' gelangen, so müßte offenbar in dem Volumelement dV' ständig eine ebenso große Energiemenge enthalten sein, als durch das Flächenelement $d\sigma$ in der Zeit τ in den Elementarkegel hineingelangt. Diese Energiemenge, die wir dE' nennen wollen, ist aber nach Gl. 10

(12) $$dE' = \frac{K}{\pi} \tau \, d\omega' \, d\sigma.$$

(Denn $\cos\vartheta$ wird ja gleich eins, weil die zu dem Kugelmittelpunkt führende Richtung des Elementarkegels auf $d\sigma$ senkrecht steht.)

Nennen wir nun die Flächenelemente, die der Elementarkegel aus der Begrenzung des Volumens V' herausschneidet, df_1 und df_2 und ihre gleich großen Projektionen senkrecht zu der Richtung des Elementarkegels kurz df', so wird ja (da die Entfernung von P bis zu dem abgegrenzten kleinen Volumen V' gleich r gesetzt werden darf),

(13) $$d\omega' = \frac{df'}{r^2}.$$

Andererseits ist

(14) $$dV' = l \, df',$$

und somit nimmt die Gl. 12, wenn wir in sie die Werte aus den Gl. 13, 14 und 11 einsetzen, die Form an

(15) $$dE' = \frac{K}{\pi c r^2} d\sigma \, dV'.$$

Die gesamte, in dem Volumen V' enthaltene Energie werden wir somit erhalten, wenn wir in Gl. 15 dV' über das ganze Volumen V' und $d\sigma$ über die ganze Fläche der Kugel vom Radius r integrieren.[5] Da

[4] Bei dieser Ableitung ist allerdings stillschweigend vorausgesetzt, daß der Wert des Proportionalitätsfaktors C von der Richtung unabhängig sei.

[5] Denn in das Volumen V' können ja nur solche Strahlen gelangen, die die Fläche der Kugel vom Radius r durchsetzt haben.

das erste Integral V', das zweite $4r^2\pi$ ergibt, so wird die gesamte, in dem Volumen V' enthaltene Energie, die wir E' nennen wollen,

(16) $$E' = \frac{K}{\pi c r^2} \cdot 4 r^2 \pi V'.$$

Nun stellt aber der Quotient aus der Größe E' und dem Volumen V', da wir ja dieses klein gewählt haben, nichts anderes dar als die Energiedichte η an der Stelle des Volumens V'. Wir finden somit

(17) $$\eta = \frac{4K}{c}$$

oder umgekehrt

(18) $$K = \frac{c\eta}{4}.$$

Da der Verteilungsmodul der Strahlung gleich ist kT, so ist nach Gl. 14 des § 106

(19) $$\eta = aT^4$$

und somit

(20) $$K = \frac{ac}{4} T^4,$$

wobei (wegen der Zweizahl der Freiheitsgrade) der konstante Proportionalitätsfaktor

(21) $$a = \frac{48\pi\alpha k^4}{h^3 c^3}$$

ist. Das Emissionsvermögen eines schwarzen Körpers ist also der vierten Potenz der absoluten Temperatur proportional. Dieses wichtige Gesetz wurde auf Grund von experimentellen Beobachtungen anderer Forscher zuerst von Stefan im Jahre 1879 ausgesprochen und dann von Boltzmann auf Grund theoretischer thermodynamischer Betrachtungen (die aber von den hier benutzten völlig verschieden sind) bewiesen. Ebenso wie die Energiedichte ist auch der Strahlungsdruck der vierten Potenz der Temperatur proportional, da er ja nach Gl. 24 des § 106 gleich ist dem dritten Teile der Energiedichte. Für die Konstante a haben die Messungen von Kurlbaum den Wert ergeben

(22) $$a = 7{,}06 \,.\, 10^{-15} \frac{\text{erg}}{\text{cm}^3\,\text{grad}^4}.$$

§ 120. Das Strahlungsgesetz von Planck.

Ebensowohl wie die Energiedichte läßt sich auch das Emissionsvermögen spektral nach Frequenzintervallen zerlegen. Den Anteil, der von dem gesamten Emissionsvermögen auf den Spektralbereich von ν bis $\nu + d\nu$ entfällt, findet man, indem man die Gl. 6 des § 106 mit der Gl. 18 des § 119 kombiniert. Nennt man diesen Anteil $K_\nu . d\nu$, so wird wegen der Zweizahl der Freiheitsgrade

(1) $$K_\nu = \frac{2\pi h \nu^3}{c^2} \cdot \frac{1}{e^{\frac{h\nu}{kT}} - 1}.$$

Statt nach Frequenzen kann nun das Gesamtspektrum auch nach Wellenlängen abgestuft werden. Wir betrachten ein Intervall, das von einer Frequenz ν' bis zu einer ν'' reiche; diesen Frequenzwerten mögen die Wellenlängen λ' und λ'' entsprechen. Es sei $\nu'' - \nu'$ gleich $\Delta\nu$ und $\lambda'' - \lambda'$ gleich $\Delta\lambda$. Der Anteil an dem gesamten Emissionsvermögen, der auf den betrachteten kleinen Spektralbereich entfällt, kann dann entweder gleich gesetzt werden $K_\nu \Delta\nu$ oder $-K_\lambda \Delta\lambda$. (Denn der größeren Frequenz entspricht die kleinere Wellenlänge.) Nun hängen ν und λ durch die bekannte elementare Beziehung zusammen

$$\nu = \frac{c}{\lambda}. \tag{2}$$

(Gl. 9 des § 55.) Differentiieren wir, so finden wir

$$d\nu = -\frac{c}{\lambda^2} d\lambda. \tag{3}$$

Daher ist

$$K_\lambda = \frac{c}{\lambda^2} K_\nu \tag{4}$$

und folglich nach Gl. 1 und 2

$$K_\lambda = \frac{2\pi h c^2}{\lambda^5} \cdot \frac{1}{e^{\frac{ch}{k\lambda T}} - 1}. \tag{5}$$

Diese Gleichung stellt das berühmte Strahlungsgesetz von Planck dar. Er gewann es im Jahre 1900, indem er in die theoretische Physik als eine radikale Neuerung die Hypothese des elementaren Wirkungsquantums einführte. Es bedeutete eine glänzende Rechtfertigung für die neue Hypothese, daß durch genaue Messungen das Plancksche Strahlungsgesetz gut bestätigt wurde, während sich alle früher aus der „klassischen Theorie" abgeleiteten Gesetze als nur beschränkt gültig erwiesen.[1]

Durch das Plancksche Strahlungsgesetz wird das spezifische, das sogenannte „monochromatische" Emissionsvermögen für einen kleinen Spektralbereich als Funktion zweier Veränderlicher dargestellt, einer-

[1] Die beiden früher abgeleiteten Strahlungsgesetze ergeben sich als Spezialfälle des Planckschen, und zwar je nachdem, ob das Produkt λT klein oder groß ist. Im ersten Falle wird der Exponentialausdruck der Gl. 5 groß gegenüber eins. (Der Ausdruck ch/k ist, wie sich aus den Werten von h und k ergibt, in absolutem Maß ungefähr gleich $1\frac{1}{2}$.) Infolge der Größe des Exponentialausdruckes kann also in dem betrachteten Spezialfall die Zahl 1 weggelassen werden, und Gl. 5 nimmt dann die besondere Form an

$$K_\lambda = \frac{2\pi h c^2}{\lambda^5} \cdot e^{-\frac{ch}{k\lambda T}}. \tag{5b}$$

Dieses Strahlungsgesetz, das also nur eine beschränkte Gültigkeit und zwar nur für das Ultraviolette oder für tiefe Temperaturen besitzt, ist von Wien im Jahre 1896 aufgestellt worden. — Ist hingegen das Produkt λT groß, haben wir es also mit großen Wellenlängen oder hohen Temperaturen zu tun, so wird der

seits der Temperatur und andererseits der Wellenlänge. Differentiieren wir partiell nach der Wellenlänge, so ergibt sich die Beziehung

$$(6) \qquad \frac{\partial K_\lambda}{\partial \lambda} = -\frac{10\pi h c^2}{\lambda^6\left(e^{\frac{ch}{k\lambda T}}-1\right)} + \frac{2\pi h c^2}{\lambda^5\left(e^{\frac{ch}{k\lambda T}}-1\right)^2} \cdot \frac{c h}{k \lambda^2 T} \cdot e^{\frac{ch}{k\lambda T}}.$$

Aus dieser Gleichung kann die Wellenlänge ermittelt werden, für die das spezifische Emissionsvermögen ein Maximum darstellt. (Denn daß es eine solche Wellenlänge geben muß, geht daraus hervor, daß nach Gl. 5 für jede Temperatur K_λ sowohl für $\lambda = 0$ als auch für $\lambda = \infty$ verschwinden muß.) Für diese ausgezeichnete Wellenlänge, die $\lambda_{\max}$ genannt werde, muß $\partial K_\lambda / \partial \lambda$ verschwinden. Setzt man zur Abkürzung

$$(7) \qquad \frac{c h}{k \lambda_{\max} T} = \beta,$$

so muß also die Beziehung erfüllt sein

$$-5 + \frac{\beta e^\beta}{e^\beta - 1} = 0$$

oder

$$(8) \qquad \frac{\beta}{5} + e^{-\beta} = 1.$$

Die durch die Gl. 7 definierte Größe β ist also eine konstante Zahl, und zwar ist als Wurzel der transzendenten Gleichung (8)

$$(9) \qquad \beta = 4{,}9651.$$

Das Produkt aus der Wellenlänge, der das Maximum des spezifischen Emissionsvermögens entspricht, und aus der absoluten Temperatur muß somit nach Gl. 7 ebenfalls eine Konstante sein. Wir können also, wenn wir diese mit b bezeichnen, setzen

$$(10) \qquad \lambda_{\max} \cdot T = b.$$

Mit zunehmender Temperatur verschiebt sich also die Wellenlänge des maximalen spezifischen Emissionsvermögens in der Richtung von größeren zu kleineren Wellenlängen, innerhalb des sichtbaren Spektrums also

---

Exponent des Planckschen Strahlungsgesetzes klein, und man kann daher die für kleine Werte einer Größe x gültige Näherungsformel benutzen, derzufolge e^x gleichgesetzt wird $1 + x$. Gl. 5 nimmt daher dann die Form an

$$(5c) \qquad K_\lambda = \frac{2\pi c k T}{\lambda^4}.$$

Diese Gleichung stellt das ebenfalls nur beschränkt, nämlich nur im Ultraroten oder für hohe Temperaturen gültige Strahlungsgesetz von Rayleigh (1900) dar. Es ergibt sich, wie nur nebenbei erwähnt sei, ohne weiteres aus dem Prinzip von Rayleigh und Jeans, wenn man den Mittelwert der Energie der einzelnen Eigenschwingung zu kT annimmt.

vom roten zu dem violetten Ende.[2] Das durch die Gl. 10 ausgedrückte Gesetz wurde bereits vor der Begründung der Quantentheorie durch rein thermodynamische Betrachtungen von WIEN im Jahre 1893 gewonnen; es wird als das Verschiebungsgesetz von WIEN bezeichnet. Genaue, von LUMMER und PRINGSHEIM durchgeführte Messungen haben, indem sie zugleich das Gesetz bestätigten, für die Konstante b den Wert ergeben

$$b = 0{,}294 \text{ cm grad}. \tag{11}$$

Sie hängt nach Gl. 7 mit den universellen Konstanten h und k durch die einfache Beziehung zusammen

$$b = \frac{c\,h}{\beta\,k}. \tag{12}$$

Indem nun PLANCK diese Gleichung mit der Gl. 21 des § 119 kombinierte, vermochte er die Konstanten h und k dadurch zu berechnen, daß er nach diesen beiden Größen als Unbekannten die beiden Gleichungen auflöste. In der Tat sind ja die Konstanten a und b des STEFANschen und des WIENschen Gesetzes durch Messungen bekannt, ebenso natürlich die Lichtgeschwindigkeit; sonst aber enthalten die beiden Gleichungen nur reine Zahlen. PLANCK fand so

$$h = 6{,}548 \,.\, 10^{-27} \text{ erg.sec}; \qquad k = 1{,}346 \,.\, 10^{-16} \text{ erg/grad},$$

und daraus für die LOSCHMIDTsche Zahl als den Quotienten aus Gaskonstante und k

$$L = 6{,}175 \,.\, 10^{23}.$$

Hieraus folgte endlich aus der bekannten FARADAYschen Konstanten durch Division durch L

$$e = 4{,}69 \,.\, 10^{-10} \text{ elektrostat. Einheiten.}$$

Diese Werte, die PLANCK im Jahre 1900 aus seinem Strahlungsgesetze ableitete und die die ersten exakten Werte für diese universellen Konstanten waren, stimmen in ausgezeichneter Weise mit denen überein, die sich später viel genauer aus anderen Untersuchungen ergaben.

Für die vier Fundamentalkonstanten der Atomistik, nämlich h, e, m und M (Masse der negativen und der positiven Elektronen) liefert so die moderne Physik wenigstens zwölf verschiedene, voneinander unab-

---

[2] Dadurch erklärt sich die bekannte Erfahrungstatsache, daß die Körper bei der Erhitzung zunächst rot, erst bei höheren Temperaturen gelb und bei ganz hohen weiß glühen. Auch daß alle Körper, wie zuerst DRAPER fand, bei derselben Temperatur von 525° (über dem Eispunkt) zu glühen beginnen, erklärt sich aus der Gl. 10, die ja keine Größen enthält, die von der chemischen Natur des strahlenden Körpers abhängen. Es ist aber ausdrücklich zu beachten, daß die Gesetze von PLANCK und WIEN nur für solche Strahlung gelten, die auf Kosten des Wärmevorrates des strahlenden Körpers erfolgt. (Dies ist nicht der Fall bei den sogenannten Lumineszenzerscheinungen.)

hängige Gleichungen, die nur diese Konstanten als Unbekannte in mannigfachen Kombinationen enthalten, wie die folgende Übersicht zeigt (dabei ist k ersetzt durch R/M und der Unterschied zwischen M und $M + m$ vernachlässigt).

	Methode	S. §	Vorkommende Kombination von e, h, m, M
I.	Individualbeobachtung kleiner elektrischer Ladungen	Gl. 26 des § 84	e
II.	Szintillationen der α-Teilchen	§ 76	e
III.	Ablenkung der Kathodenstrahlen	§ 69	e/m
IV.	Ablenkung von α-Strahlen	Gl. 1 des § 76	e/M
V.	Elektrolyse	Gl. 4 des § 67	e/M
VI.	Lichtelektrischer Effekt	Gl. 3 des § 78	h/e
VII.	Rydbergsche Konstante	Gl. 1 des § 83	$e^4 m/h^3$
VIII.	Violettverschiebung der Heliumlinien	Gl. 18 des § 84	m/M
IX.	Feinstruktur der Spektrallinien	Gl. 12 des § 85	e^2/h
X.	Stefansches Gesetz	Gl. 21 des § 119	M^4/h^3
XI.	Wiensches Verschiebungsgesetz	Gl. 12 des § 120	h/M
XII.	Brownsche Bewegung	§ 115	M

(Dabei sind gar nicht berücksichtigt die Dispersion des Lichtes, der Zeeman-Effekt, die Molekularströme, die Konzentration von Emulsionen und andere Erscheinungen, die ebenfalls eine Berechnung der Fundamentalkonstanten gestatten.) Wie immer man aus den zwölf erwähnten Gleichungen deren vier Unbekannte ermittelt, man erhält innerhalb der Fehlergrenzen stets dieselben Werte. Wenn es als ein Argument für die Existenz unserer Außenwelt gilt, daß Gesichts-, Gehörs- und Tastempfindungen zu denselben Objekten führen, dann darf die theoretische Physik einen sicheren Beweis für die wirkliche Existenz der Elektronen, der Atome, und des elementaren Wirkungsquantums darin erblicken, daß sich die charakteristischen Konstanten der Atomistik nach grundverschiedenen Methoden gleichwohl stets in denselben Werten ergeben.

XV. Kapitel.

Die Relativitätstheorie.

§ 121. Der Versuch von MICHELSON.

Aus der Theorie der Relativbewegung folgt (wie in § 23 ausgeführt wurde) das mechanische Relativitätsprinzip, demzufolge für zwei gegeneinander gleichförmig bewegte Koordinatensysteme alle mechanischen Gleichungen dieselbe Form besitzen. Von vornherein müßte es nun als unwahrscheinlich angesehen werden, daß dasselbe Prinzip nicht auch für die Gleichungen der Elektrodynamik und der Optik gelten sollte; indessen zeigt bereits eine kurze Überlegung, daß diese Vorstellung auf große Schwierigkeiten stößt.

Betrachten wir nämlich zwei parallele Koordinatensysteme, deren zweites gegenüber dem ersten mit der Geschwindigkeit $\mathfrak{u}$ bewegt sei (in einer Richtung, die wir mit der gemeinsamen x-Richtung zusammenfallen lassen), so sind nach den üblichen Regeln der Kinematik die Koordinaten im zweiten System (die wir durch Doppelstriche kennzeichnen wollen) mit denen des ersten Systems (die einfach gestrichen seien) durch die Beziehungen verknüpft

$$x'' = x' - u\,t\,, \quad y'' = y'\,, \quad z'' = z'\,. \tag{1}$$

Hat also in dem ersten System eine mechanische Gleichung die Form

$$\varphi\,(x', y', z', t) = 0\,, \tag{2a}$$

so verlangt das mechanische Relativitätsprinzip, daß dieselbe Funktion auch Null sein muß, wenn man x' durch $(x' - u\,t)$ ersetzt, daß also auch

$$\varphi\,(x'', y'', z'', t) = 0 \tag{2b}$$

ist.

Man erkennt aber nun ohne weiteres, daß zu den Gleichungen, die bei dem Übergang von dem ersten zum zweiten Koordinatensystem ihre Form unverändert beibehalten, die Gleichung nicht gehören kann, die die gleichförmige Ausbreitung des Lichtes in Kugelwellen beschreibt. Gilt nämlich diese Gleichung, derzufolge

$$x^2 + y^2 + z^2 - c^2\,t^2 = 0 \tag{3}$$

ist, im ersten Koordinatensystem, so kann sie nicht im zweiten gelten; denn nach Gl. 1 ist, wofern u von Null verschieden ist, unbedingt

$$x''^2 + y''^2 + z''^2 - c^2 t^2 \mp x'^2 + y'^2 + z'^2 - c^2 t^2 \,. \tag{4}$$

Im Gegensatze zu dem mechanischen Relativitätsprinzip, das den Begriff einer absoluten Bewegung als unmöglich beseitigt, schien aus der letzten Ungleichung hervorzugehen, daß es überhaupt nur ein einziges System geben könne, in dem sich das Licht nach allen Richtungen gleichförmig mit derselben Geschwindigkeit ausbreitet. Wäre dies aber der Fall, dann könnte offenbar auf der bewegten Erde von einer nach allen Richtungen gleichmäßigen Ausbreitung des Lichtes nicht die Rede sein; und es schien sich so den Physikern die verlockende Möglichkeit zu eröffnen, durch Feststellung solcher Ungleichmäßigkeiten die Bewegung der Erde relativ zu jenem ausgezeichneten einzigen System, also offenbar die Bewegung der Erde relativ zu dem sogenannten Lichtäther nachzuweisen oder gar zu messen.

Unter den mannigfachen Versuchen, die sich dieses Ziel setzten[1], hat weitaus die größte Bedeutung der berühmte Versuch von MICHELSON (1881) erlangt. Ein von einer Lichtquelle L ausgehender Strahl (Fig. 75) fällt bei diesem Versuche unter einem Winkel von 45° auf einen halbdurchlässigen Spiegel S. Er teilt sich derart in zwei zueinander senkrechte Strahlen, die von zwei weiteren Spiegeln S_1 und S_2 reflektiert werden, die beide von S um die (nahezu) gleiche Länge l entfernt sind. An der Stelle P werden mittels eines Fernrohres die Interferenzerscheinungen beobachtet, die durch Superposition der von den Spiegeln S_1 und S_2 kommenden Strahlen hervorgerufen werden. Da nämlich die Strecken SS_2 und SS_1 voneinander im allgemeinen um einen ganz kleinen Betrag verschieden sein werden, so wird man (worauf hier nicht näher eingegangen werden soll) im Fernrohr dieselben äquidistanten Interferenzstreifen wahrnehmen, wie sie (bei geeigneter Versuchsanordnung) durch Reflexion an planparallelen Platten entstehen.

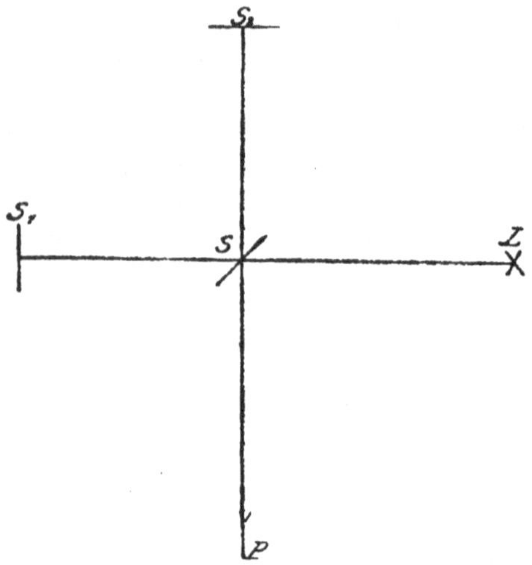

Fig. 75.

Nehmen wir nun an, es gäbe einen Lichtäther, in dem sich also das Licht nach allen Richtungen mit der gleichen Geschwindigkeit c

[1] Eine ausführliche Zusammenstellung all dieser Versuche findet sich z. B. im ersten Kapitel der „Relativitätstheorie" von LAUE (2. Aufl., Braunschweig 1913).

fortpflanzte; nehmen wir ferner an, daß in bezug auf diesen Lichtäther die Erde die Translationsgeschwindigkeit $\mathfrak{u}$ habe; nennen wir dann die Geschwindigkeit eines bestimmt gerichteten Lichtstrahles in bezug auf den Lichtäther $\mathfrak{v}_a$, hingegen seine Geschwindigkeit in bezug auf einen irdischen Beobachter $\mathfrak{v}_i$, so wäre nach der Formel für die Relativgeschwindigkeit (von der Rotation der Erde sehen wir dabei ab)

$$\mathfrak{v}_a = \mathfrak{v}_i + \mathfrak{u} \,, \tag{5}$$

wobei der Vektor $\mathfrak{v}_a$ stets den Betrag c haben müßte.

Wir denken uns nun den Apparat so gestellt, daß die Gerade SS_1 die Richtung des Vektors $\mathfrak{u}$ habe. Wir bezeichnen den Betrag der „irdischen" Geschwindigkeit des Lichtes auf der Strecke SS_1 mit v_1', auf der Strecke S_1S mit v_1''. Da in diesen beiden speziellen Fällen die Vektoren $\mathfrak{v}_i$ und $\mathfrak{u}$ gleich, bzw. entgegengesetzt gleich gerichtet sind, so liefert die Gl. 5 die Beziehungen

$$\left\{\begin{aligned} c &= v_1' + u \,, \\ c &= v_1'' - u \,. \end{aligned}\right. \tag{6}$$

Die irdische Geschwindigkeit des Lichtes auf der Strecke SS_2 soll mit v_2', auf der Strecke S_2S mit v_2'' bezeichnet werden. Da in diesen beiden Spezialfällen die Vektoren $\mathfrak{v}_i$ und $\mathfrak{u}$ aufeinander senkrecht stehen, das Quadrat des Betrages ihrer geometrischen Summe also nach dem pythagoreischen Lehrsatz einfach gleich wird der Summe der Quadrate der Einzelbeträge, so ergeben sich aus Gl. 5 die Beziehungen

$$\left\{\begin{aligned} c^2 &= v_2'^2 + u^2 \,. \\ c^2 &= v_2''^2 + u^2 \,. \end{aligned}\right. \tag{7}$$

Nennen wir also die Zeit, die das Licht zum Zurücklegen des Weges SS_1 und zurück braucht, t_1, die Zeit, in der es den Weg SS_2 und zurück durchläuft, t_2, so wird nach den Gl. 6 und 7

$$t_1 = \frac{l}{v_1'} + \frac{l}{v_1''} = \frac{l}{c-u} + \frac{l}{c+u} = \frac{2l}{c}\left(1 - \frac{u^2}{c^2}\right)^{-1}. \tag{8}$$

Hingegen wird

$$t_2 = \frac{l}{v_2'} + \frac{l}{v_2''} = \frac{2l}{\sqrt{c^2 - u^2}} = \frac{2l}{c}\left(1 - \frac{u^2}{c^2}\right)^{-\frac{1}{2}}. \tag{9}$$

Die Gl. 8 und 9 können wir nun mittels des binomischen Lehrsatzes durch Reihenentwicklung umformen. Wir benutzen dazu die bekannte für

$$-1 < x < +1$$

allgemein gültige Formel

$$(1 + x)^n = 1 + \frac{n}{1}x + \frac{n(n-1)}{1 \cdot 2}x^2 + \ldots \tag{10}$$

Danach ist

$$\left(1 - \frac{u^2}{c^2}\right)^{-1} = 1 + \frac{u^2}{c^2} + \frac{u^4}{c^4} + \ldots \tag{11}$$

hingegen

$$(12)\qquad \left(1-\frac{u^2}{c^2}\right)^{-\frac{1}{2}} = 1+\frac{1}{2}\frac{u^2}{c^2}+\frac{3}{8}\frac{u^4}{c^4}+\dots$$

und somit näherungsweise

$$(13)\qquad t_1 - t_2 = \frac{lu^2}{c^3}.$$

Falls aber nun die Größe $(t_1 - t_2)$ infolge der Erdbewegung von Null verschieden wäre, dann müßte dies offenbar zur Folge haben, daß die Interferenzstreifen gegenüber der Lage verschoben wären, die sie hätten, wenn die Erde relativ zum Lichtäther ruhte. Nennen wir den Betrag dieser Verschiebung r', den Abstand zweier benachbarter Interferenzstreifen r und die Periode des verwendeten einfarbigen Lichtes τ, so muß offenbar die Proportion bestehen

$$(14)\qquad r' : r = (t_1 - t_2) : \tau$$

oder, wenn wir die Wellenlänge des Lichtes mit λ bezeichnen und beachten, daß λ gleich $c\tau$ ist,

$$(15)\qquad \frac{r'}{r} = \frac{l}{\lambda}\cdot\frac{u^2}{c^2}.$$

Dreht man nun den ganzen Apparat in seiner Ebene um einen rechten Winkel, dann wird die Zeit t_1, die das Licht zur Zurücklegung des Weges SS_1 und zurück braucht, jetzt so groß, wie früher die Zeit t_2 war. Hingegen wird jetzt die Zeit t_2, in der das Licht die Strecke SS_2 und zurück durchläuft, so groß, wie früher die Zeit t_1 war. Es ergibt sich nunmehr also für die Differenz $(t_1 - t_2)$ der Betrag

$$(16)\qquad t_1 - t_2 = -\frac{lu^2}{c^3}.$$

Die Interferenzstreifen müßten somit jetzt gegenüber der Lage, die sie hätten, wenn die Erde ruhte, um denselben Betrag wie früher, jedoch in entgegengesetztem Sinne, verschoben sein. Insgesamt müßten also nach erfolgter Drehung des Apparates die Interferenzstreifen um eine Strecke $2r'$ gegenüber der Lage verschoben sein, die sie vor der Drehung des Apparates hatten. Drücken wir die Gesamtverschiebung der Interferenzstreifen, die durch die Drehung des Apparates bewirkt werden müßte, als Bruchteil α des Abstandes zweier benachbarter Streifen aus, so wird also

$$(17)\qquad \alpha = 2\frac{l}{\lambda}\frac{u^2}{c^2}.$$

Nun beträgt allerdings die Translationsgeschwindigkeit der Erde nur den zehntausendsten Teil der Lichtgeschwindigkeit, so daß u^2/c^2 gleich 10^{-8} wird. Andererseits maß aber bei Michelsons Versuch die Strecke l auch einige Meter und wurde schließlich durch ein verbessertes Verfahren bei einem neuerlichen Versuch von Michelson und Mor-

LEY (1887) bis zu 11 m erhöht.[2] Da λ ungefähr $6 . 10^{-5}$ cm ist, ergab sich somit für a der Wert 0,4. Bei dem Herumdrehen des Apparates hätten sich demnach die Interferenzstreifen um die Hälfte des Abstandes zweier Nachbarstreifen verschieben müssen. Von der erwarteten recht beträchtlichen Verschiebung war aber nicht das mindeste wahrzunehmen.[3]

§ 122. Das Relativitätsprinzip von Einstein.

Dasselbe Schicksal wie der Versuch von MICHELSON und MORLEY hatten auch alle anderen Experimente, die einen Einfluß der Erdbewegung auf die Lichtausbreitung nachweisen sollten; sie blieben durchwegs ergebnislos. Mit zwingender Notwendigkeit ergab sich somit die Folgerung, daß trotz der Bewegung der Erde sich gleichwohl für einen irdischen Beobachter das Licht nach allen Richtungen mit derselben Geschwindigkeit fortpflanze. Das Relativitätsprinzip scheint somit in der Tat ebenso wie für die mechanischen Erscheinungen auch für die elektrodynamischen und optischen Phänomene Geltung zu besitzen; und danach müßten überhaupt alle Gleichungen, die in bezug auf ein bestimmtes System beliebige physikalische Vorgänge beschreiben, ihre Form unverändert beibehalten, wenn das ursprüngliche System durch ein anderes ersetzt wird, das gegenüber jenem gleichförmig bewegt ist. Eine solche Folgerung schien nicht nur durch den MICHELSONschen Versuch nahegelegt; sie entspricht auch dem physikalischen Einheitsgedanken, mit dem die Vorstellung nicht verträglich ist, daß die Geltung des Relativitätsprinzipes auf einen einzelnen Zweig der Physik beschränkt sein sollte. Aber andererseits steht die Erweiterung des Relativitätsprinzipes auf das elektrodynamisch-optische Gebiet im Widerspruch mit der aus der üblichen Kinematik sich notwendigerweise ergebenden Ungleichung (4) des § 121; und der theoretischen Physik entstand somit die schwierige Aufgabe, diesen Widerspruch zu lösen.

Dies versuchten zuerst LORENTZ und FITZGERALD durch die Hypothese, daß ein jeder gegen den Äther bewegter Körper in der Richtung seiner Bewegung eine von der Größe der Geschwindigkeit abhängige Kontraktion erfahre; in der Tat ließ sich durch diese ad hoc ersonnene Annahme die Ergebnislosigkeit des MICHELSONschen Versuches erklären. Aber erst dem kritischen Scharfsinn EINSTEINS ist es gelungen, den

[2] Es wurde nämlich jeder Lichtstrahl mehrmals hin und her reflektiert.

[3] Bei noch späteren Versuchen von MORLEY und MILLER (1905) wurde die Strecke l sogar bis auf 32 m, a somit bis auf 1 erhöht. Die große Bedeutung des MICHELSONschen Versuches beruht darauf, daß bei ihm der erwartete Effekt von der zweiten Potenz des Verhältnisses u/c abhängt. LORENTZ hatte nämlich bereits (worauf hier nicht näher eingegangen werden soll) gezeigt, daß sich das Ausbleiben eines Effektes in all den Fällen durch einfache Annahmen erklären läßt, in denen für den Effekt nur die erste Potenz des Verhältnisses u/c maßgebend ist.

Widerspruch von viel allgemeinerem Gesichtspunkte aus und auf viel natürlichere Art dadurch zu lösen, daß er die Physik von einem tief eingewurzelten Vorurteil befreite, das hauptsächlich durch den Einfluß NEWTONS zu einem Fundament der theoretischen Physik geworden war; es war dies die Vorstellung einer absoluten Zeit.[1]

Mit dem größten Nachdruck wies EINSTEIN darauf hin, daß es eine durch nichts gerechtfertigte Willkür sei, wenn man zwei gegeneinander bewegten Systemen dieselbe Zeit zuschreibt. Ganz im Gegenteil müsse man fordern, daß sich die Beobachter in beiden Systemen zu ihren Zeitbestimmungen genau ebenso eines verschiedenen Zeitmaßes bedienten, wie sie zur Angabe der Lage eines bestimmten Körpers verschiedene räumliche Koordinaten gebrauchten.

Während also die beiden Seiten der Ungleichung (4) des § 121 stets voneinander verschieden sein müssen, solange an der Vorstellung einer absoluten Zeit festgehalten wird, kann sich die Ungleichung in eine Gleichung verwandeln, wenn auf ihrer linken Seite t durch t', auf ihrer rechten t durch t'' ersetzt wird, wobei t' und t'' die Zeiten sind, die sich für die Beobachter in dem ersten und in dem zweiten System bei ihren Messungen ergeben. Natürlich muß dann auch an die Stelle des einfachen, durch die Gl. 1 des § 121 gegebenen Zusammenhanges zwischen x'' und x' eine kompliziertere Verknüpfung treten, in der nicht mehr wie in jenem Zusammenhang die absolute Zeit vorkommt.

Indem derart EINSTEIN durch die Ausrottung des Vorurteils einer absoluten Zeit das Hindernis wegräumte, das einer Ausdehnung des Relativitätsgedankens auf das Gesamtgebiet der Physik im Wege gestanden war, konnte er im Jahre 1905 sein berühmtes Relativitätsprinzip aufstellen. Nach dem Relativitätsprinzip von EINSTEIN muß jedes physikalische Ereignis, das in einem bestimmten Bezugssystem durch eine bestimmte Gleichung beschrieben wird, in einem gegenüber dem ersten gleichförmig bewegten System durch dieselbe Gleichung beschrieben werden, woferne man in ihr die räumlichen und zeitlichen Koordinaten des ersten Systems durch die des zweiten ersetzt.

Umgekehrt müssen somit die räumlichen und zeitlichen Koordinaten in zwei gegeneinander gleichförmig bewegten Systemen ganz allgemein durch eine universelle, nur von der wechselseitigen Relativgeschwindigkeit abhängige Beziehung verknüpft sein, deren Form durch die Forderung bestimmt ist, daß in beiden Systemen die Geschwindigkeit des Lichtes nach allen Richtungen denselben Wert, und zwar den einer universellen Konstanten c zu besitzen scheint.

[1] Die erste Definition in NEWTONS „Mathematischen Prinzipien der Naturlehre" lautet: „Tempus absolutum verum et mathematicum in se et natura sua sine relatione ad externum quodvis aequaliter fluit". Mit aller Entschiedenheit ist NEWTONS Vorstellung einer absoluten Bewegung namentlich von MACH bekämpft worden.

§ 123. Die Lorentz-Transformation.

Auf Grund des Einsteinschen Relativitätsprinzipes entsteht als offenbar grundlegendes Problem vor allem die Aufgabe, die Beziehungen zu ermitteln, die zwischen den räumlichen und zeitlichen Veränderlichen in zwei gegeneinander gleichförmig bewegten Systemen bestehen müssen, damit in beiden Systemen die Ausbreitung des Lichtes in Kugelwellen mit derselben Geschwindigkeit c zu erfolgen scheint.

Wir bezeichnen die Veränderlichen im ersten System kurz mit x, y, z, t (t bedeutet also jetzt nicht wie in § 121 die absolute Zeit, sondern die dem ersten System eigene); die Veränderlichen im zweiten System mögen x', y', z', t' heißen. Gegenüber dem ersten Koordinatensystem (dem x-y-z-Achsenkreuz) soll sich nun das zweite Koordinatensystem (also das x'-y'-z'-Achsenkreuz) ohne Drehung mit einer Geschwindigkeit $\mathfrak{u}$ bewegen, deren Richtung wir mit der gemeinsamen Richtung der beiden x-Achsen zusammenfallen lassen. Umgekehrt ist also das erste System gegenüber dem zweiten mit der Geschwindigkeit $(-\mathfrak{u})$ bewegt. Wir wollen schließlich die beiden Koordinatensysteme uns so gelegt denken, daß in einem bestimmten Augenblick ihre Ursprünge zusammenfallen, und wollen von diesem Augenblicke an sowohl die Zeit t als auch die Zeit t' zählen. Es sollen also den Werten

$$x = y = z = t = 0 \tag{1a}$$

die Werte

$$x' = y' = z' = t' = 0 \tag{1b}$$

entsprechen.

Bezüglich der Art des funktionalen Zusammenhanges, der die sogenannten „gestrichenen" Variabeln x', y', z', t' mit den „ungestrichenen" Veränderlichen x, y, z, t verknüpft, können wir nun gewissermaßen probeweise einige sehr plausible Annahmen machen, die gerechtfertigt erscheinen werden, wenn die auf Grund dieser Annahmen abgeleiteten Beziehungen in der Tat dem Einsteinschen Relativitätsprinzip genügen werden. Wir machen also zunächst die sehr naheliegende Annahme, daß die gestrichenen Veränderlichen aus den ungestrichenen (und natürlich auch umgekehrt die ungestrichenen aus den gestrichenen) durch homogene lineare Substitutionen[1] hervorgehen.

Wir beachten ferner, daß zu jeder Zeit die Ebene, die im zweiten Koordinatensystem durch die Gleichung

$$x' = 0$$

[1] Daß die Substitutionen linear sein müssen, folgt, wie Frank und Rothe gezeigt haben („Transformation der Raum-Zeit-Koordinaten", Ann. d. Phys. 34, p. 825, 1911) aus der Forderung, daß eine Bewegung, die in bezug auf das eine System gleichförmig ist, es auch in bezug auf das zweite System sei.

bestimmt ist, im ersten Koordinatensystem durch die Gleichung $x = ut$ gegeben ist oder

$$x - ut = 0 .$$

Es muß also zu jeder Zeit x' proportional sein $(x - ut)$, so daß wir setzen können

$$x' = \varkappa (x - ut) , \tag{2}$$

wobei $\varkappa$, da der einzige in den Beziehungen auftretende Parameter die gegenseitige Geschwindigkeit der beiden Systeme ist, offenbar nur eine Funktion von u sein kann.

Was die Veränderlichen y' und z' betrifft, so dürfen wir, da die y- und die z-Achse zur Bewegungsrichtung senkrecht sind, annehmen, daß y' nur eine lineare Funktion von y und daß z' nur eine lineare Funktion von z sei; da ferner senkrecht zu der Bewegungsrichtung keine Richtung vor einer anderen irgendwie ausgezeichnet sein kann, so muß offenbar der (möglicherweise von u abhängige) Proportionalitätsfaktor zwischen y' und y derselbe sein wie der zwischen z' und z. Wir können also (wiederum probeweise) setzen

$$y' = \lambda y , \quad z' = \lambda z . \tag{3}$$

Was schließlich den Zusammenhang zwischen t' und den ungestrichenen Veränderlichen betrifft, so liegt, da die Bewegungsrichtung mit der x-Richtung zusammenfällt, die Annahme nahe, daß t' nur eine lineare Funktion von t und x, nicht aber auch von y und z sei. Wir machen also den Ansatz

$$t' = \mu t + \nu x , \tag{4}$$

wobei die Koeffizienten μ und ν wiederum nur Funktionen von u sein können. Daß in den Gl. 2, 3 und 4 keine additiven Konstanten auftreten, erklärt sich aus der durch die Formel (1) getroffenen Festsetzung.

Die vier noch unbekannten Funktionen der wechselseitigen Geschwindigkeit u, die durch die Koeffizienten $\varkappa$, λ, μ, ν dargestellt sind, lassen sich nun mittels der aus dem Relativitätsprinzip folgenden Forderung bestimmen, daß die Gleichung, die in dem ungestrichenen System eine Ausbreitung des Lichtes in Kugelwellen beschreibt, ihre Form unverändert beibehalten muß, wenn in ihr die ungestrichenen Veränderlichen x, y, z, t durch die gestrichenen Variabeln x', y', z', t' mittels der Gl. 2, 3 und 4 ersetzt werden. Die kugelwellenförmige Ausbreitung des Lichtes im ersten System läßt sich nun entweder durch die Gleichung beschreiben

$$x^2 + y^2 + z^2 = c^2 t^2 , \tag{5}$$

wenn x, y, z die Koordinaten eines Punktes der Wellenfläche zur Zeit t sind, oder aber auch, was für die folgenden Ableitungen praktischer ist, (nach Gl. 2 und 3 des § 60) durch partielle Differentialgleichungen von der Form

$$(6)\qquad \frac{\partial^2 \varphi}{\partial x^2} + \frac{\partial^2 \varphi}{\partial y^2} + \frac{\partial^2 \varphi}{\partial z^2} = \frac{1}{c^2}\frac{\partial^2 \varphi}{\partial t^2},$$

wobei für die mit φ bezeichnete beliebige Funktion der räumlichen Koordinaten und der Zeit die drei Komponenten der elektrischen und der magnetischen Feldstärke eingesetzt werden können.

Wir können also die Gleichung anschreiben

$$(7)\qquad \frac{\partial^2 \varphi}{\partial x^2} + \frac{\partial^2 \varphi}{\partial y^2} + \frac{\partial^2 \varphi}{\partial z^2} - \frac{1}{c^2}\frac{\partial^2 \varphi}{\partial t^2} \equiv \frac{\partial^2 \varphi}{\partial x'^2} + \frac{\partial^2 \varphi}{\partial y'^2} + \frac{\partial^2 \varphi}{\partial z'^2} - \frac{1}{c^2}\frac{\partial^2 \varphi}{\partial t'^2}$$

und können nunmehr verlangen, daß beide Seiten dieser Gleichung identisch sein, d. h. Glied für Glied übereinstimmen sollen, wofern wir mittels der durch die Gl. 2, 3 und 4 gegebenen Substitutionen entweder auf der rechten Seite der Gl. 7 die gestrichenen Veränderlichen durch die ungestrichenen oder umgekehrt auf der linken Seite der Gl. 7 die ungestrichenen Variablen durch die gestrichenen ersetzen. Wir wollen das letztere tun, weil sich auf diese Weise die Bestimmung der Koeffizienten $\varkappa$, λ, μ, ν etwas einfacher gestaltet.

Wir beginnen mit dem ersten Gliede der Gl. 7 und beachten, daß nach Gl. 3 die Veränderlichen y' und z' von x unabhängig sein sollen, so daß also auch umgekehrt x nicht als Funktion von allen vier gestrichenen Variablen, sondern nur von x' und t' angenommen werden muß. Es wird daher

$$(8)\qquad \frac{\partial \varphi}{\partial x} = \frac{\partial \varphi}{\partial x'}\cdot\frac{\partial x'}{\partial x} + \frac{\partial \varphi}{\partial t'}\cdot\frac{\partial t'}{\partial x}.$$

Nun ist aber nach Gl. 2 und 4

$$(9)\qquad \frac{\partial x'}{\partial x} = \varkappa, \qquad \frac{\partial t'}{\partial x} = \nu.$$

Somit wird

$$(10)\qquad \frac{\partial \varphi}{\partial x} = \varkappa\frac{\partial \varphi}{\partial x'} + \nu\frac{\partial \varphi}{\partial t'}.$$

In analoger Weise finden wir, da auch t nur mit zwei gestrichenen Variablen, nämlich nur mit x' und t', nicht aber mit y' und z' zusammenhängt,

$$(11)\qquad \frac{\partial \varphi}{\partial t} = \frac{\partial \varphi}{\partial x'}\frac{\partial x'}{\partial t} + \frac{\partial \varphi}{\partial t'}\frac{\partial t'}{\partial t}.$$

Nach Gl. 2 und 4 ist aber

$$(12)\qquad \frac{\partial x'}{\partial t} = -\varkappa u, \qquad \frac{\partial t'}{\partial t} = \mu$$

und daher

$$(13)\qquad \frac{\partial \varphi}{\partial t} = -\varkappa u\frac{\partial \varphi}{\partial x'} + \mu\frac{\partial \varphi}{\partial t'}.$$

Differentiieren wir die Gl. 10 nochmals partiell nach x, so finden wir (weil $\varkappa$ und ν nur von u abhängen)

$$(14)\qquad \frac{\partial^2 \varphi}{\partial x^2} = \varkappa \frac{\partial}{\partial x}\left(\frac{\partial \varphi}{\partial x'}\right) + \nu \frac{\partial}{\partial x}\left(\frac{\partial \varphi}{\partial t'}\right).$$

Nun ist aber, wie wir leicht erkennen, wenn wir in Gl. 10 die ganz beliebige Funktion φ durch die Funktion $\partial\varphi/\partial x'$ ersetzen,

$$(15)\qquad \frac{\partial}{\partial x}\left(\frac{\partial \varphi}{\partial x'}\right) = \varkappa \frac{\partial^2 \varphi}{\partial x'^2} + \nu \frac{\partial^2 \varphi}{\partial x' \partial t'}.$$

Ebenso finden wir, wenn wir in Gl. 10 die beliebige Funktion φ durch die Funktion $\partial\varphi/\partial t'$ ersetzen,

$$(16)\qquad \frac{\partial}{\partial x}\left(\frac{\partial \varphi}{\partial t'}\right) = \varkappa \frac{\partial^2 \varphi}{\partial x' \partial t'} + \nu \frac{\partial^2 \varphi}{\partial t'^2}.$$

Setzen wir nun die Werte aus den Gl. 15 und 16 in die Gl. 14 ein, so ergibt sich

$$(17)\qquad \frac{\partial^2 \varphi}{\partial x^2} = \varkappa^2 \frac{\partial^2 \varphi}{\partial x'^2} + 2\varkappa\nu \frac{\partial^2 \varphi}{\partial x' \partial t'} + \nu^2 \frac{\partial^2 \varphi}{\partial t'^2}.$$

Um andererseits den zweiten partiellen Differentialquotienten $\partial^2\varphi/\partial t^2$ durch die gestrichenen Veränderlichen ausdrücken zu können, differentiieren wir die Gl. 13 nochmals nach der Zeit und finden dann

$$(18)\qquad \frac{\partial^2 \varphi}{\partial t^2} = -\varkappa u \frac{\partial}{\partial t}\left(\frac{\partial \varphi}{\partial x'}\right) + \mu \frac{\partial}{\partial t}\left(\frac{\partial \varphi}{\partial t'}\right).$$

Ersetzen wir nun in Gl. 13 die beliebig gelassene Funktion φ durch die Funktion $\partial\varphi/\partial x'$, so erhalten wir

$$(19)\qquad \frac{\partial}{\partial t}\left(\frac{\partial \varphi}{\partial x'}\right) = -\varkappa u \frac{\partial^2 \varphi}{\partial x'^2} + \mu \frac{\partial^2 \varphi}{\partial x' \partial t'}.$$

Ebenso finden wir, wenn wir in Gl. 13 φ durch $\partial\varphi/\partial t'$ ersetzen,

$$(20)\qquad \frac{\partial}{\partial t}\left(\frac{\partial \varphi}{\partial t'}\right) = -\varkappa u \frac{\partial^2 \varphi}{\partial x' \partial t'} + \mu \frac{\partial^2 \varphi}{\partial t'^2}.$$

Setzen wir die Werte aus den Gl. 19 und 20 in die Gl. 18 ein, so ergibt sich

$$(21)\qquad \frac{\partial^2 \varphi}{\partial t^2} = \varkappa^2 u^2 \frac{\partial^2 \varphi}{\partial x'^2} - 2\varkappa\mu u \frac{\partial^2 \varphi}{\partial x' \partial t'} + \mu^2 \frac{\partial^2 \varphi}{\partial t'^2}.$$

Schließlich folgt aus den Gl. 8

$$(22)\qquad \frac{\partial \varphi}{\partial y} = \frac{\partial \varphi}{\partial y'} \cdot \frac{\partial y'}{\partial y} = \lambda \frac{\partial \varphi}{\partial y'}.$$

Nun ist

$$(23)\qquad \frac{\partial^2 \varphi}{\partial y^2} = \frac{\partial}{\partial y'}\left(\frac{\partial \varphi}{\partial y}\right) \cdot \frac{\partial y'}{\partial y}$$

und somit

$$(24)\qquad \frac{\partial^2 \varphi}{\partial y^2} = \lambda^2 \frac{\partial^2 \varphi}{\partial y'^2}, \quad \frac{\partial^2 \varphi}{\partial z^2} = \lambda^2 \frac{\partial^2 \varphi}{\partial z'^2}.$$

Setzen wir also die Werte aus den Gl. 17, 21 und 24 in die linke Seite der Gl. 7 ein, so erhalten wir nach erfolgter Ordnung der Glieder die Identität

$$(25)\quad \begin{cases} \dfrac{\partial^2 \varphi}{\partial x'^2} \varkappa^2 \left(1 - \dfrac{u^2}{c^2}\right) + \dfrac{\partial^2 \varphi}{\partial y'^2} \lambda^2 + \dfrac{\partial^2 \varphi}{\partial z'^2} \lambda^2 + \dfrac{\partial^2 \varphi}{\partial t'^2} \left(\nu^2 - \dfrac{\mu^2}{c^2}\right) \\ \qquad + 2\varkappa\left(\nu + \dfrac{\mu u}{c^2}\right) \dfrac{\partial^2 \varphi}{\partial x' \partial t'} \equiv \dfrac{\partial^2 \varphi}{\partial x'^2} + \dfrac{\partial^2 \varphi}{\partial y'^2} + \dfrac{\partial^2 \varphi}{\partial z'^2} - \dfrac{1}{c^2} \dfrac{\partial^2 \varphi}{\partial t'^2}. \end{cases}$$

Damit tatsächlich die beiden Seiten dieser Identitätsgleichung Glied für Glied übereinstimmen, müssen die Beziehungen erfüllt sein

$$(26)\quad \begin{cases} \varkappa^2 \left(1 - \dfrac{u^2}{c^2}\right) = 1\,, \\ \lambda^2 = 1\,, \\ \mu^2 - \nu^2 c^2 = 1\,, \\ \nu c^2 + \mu u = 0\,. \end{cases}$$

Hieraus folgen für die vier Koeffizienten der Substitutionen nach einer einfachen Rechnung[2] die Werte

$$(27)\quad \begin{cases} \varkappa = \mu = \pm \dfrac{1}{\sqrt{1 - \dfrac{u^2}{c^2}}}\,, \\ \lambda = \pm 1\,, \\ \nu = -\dfrac{\mu u}{c^2} = \mp \dfrac{\dfrac{u}{c^2}}{\sqrt{1 - \dfrac{u^2}{c^2}}}\,. \end{cases}$$

Wir erkennen somit, daß tatsächlich die probeweise gemachten Ansätze der Gl. 2, 3 und 4 richtig waren und daß (wenn wir die oberen Vorzeichen in den Gl. 27 wählen) die gestrichenen Veränderlichen mit den ungestrichenen durch die linearen Substitutionen zusammenhängen

$$(28)\quad \begin{cases} x' = \dfrac{x - u t}{\sqrt{1 - \dfrac{u^2}{c^2}}}\,, \\ y' = y\,, \\ z' = z\,, \\ t' = \dfrac{t - \dfrac{u}{c^2} x}{\sqrt{1 - \dfrac{u^2}{c^2}}}\,. \end{cases}$$

(Die Substitutionen, die sich bei Anwendung des unteren Vorzeichens der Gl. 27 ergeben würden, hätten keine physikalische Bedeutung,

---

[2] Man setzt in der dritten Gleichung für ν den aus der vierten Gleichung folgenden Wert $-\mu u/c^2$ ein.

weil dann nicht nur die Achsen der beiden Koordinatensysteme entgegengesetzte Richtung hätten, sondern auch für $u = 0$ die gestrichene zeitliche Veränderliche t' nicht in t, sondern in $(-t)$ übergehen würde.)

Die Gesamtheit der durch die Gl. 28 ausgedrückten Substitutionen bezeichnet man als eine LORENTZ-Transformation.[3] Ist im besonderen die Geschwindigkeit u so klein gegenüber der Lichtgeschwindigkeit, daß der Quotient u^2/c^2 neben Eins vernachlässigt werden kann, so nimmt die LORENTZ-Transformation die spezielle Gestalt an[4]

$$x' = x - ut\,, \quad y' = y, \quad z' = z\,, \quad t' = t\,. \tag{29}$$

In diesen Beziehungen erkennen wir die Substitutionen, die nach den hergebrachten Regeln der sogenannten „klassischen“ Kinematik die Koordinaten zweier gegeneinander gleichförmig bewegter Systeme miteinander verknüpfen. Es sind die Gl. 1 des § 121, zu denen sich noch als vierte die für die NEWTONsche Mechanik selbstverständliche Beziehung gesellt, daß beide Systeme dasselbe Zeitmaß haben. Die durch die Gl. 29 ausgedrückte spezielle Gestalt der LORENTZ-Transformation bezeichnet man, weil sie zu den Formeln der klassischen, von GALILEI begründeten Mechanik führt, als eine GALILEI-Transformation.

Da von zwei gegeneinander gleichförmig bewegten Systemen nach dem Relativitätsprinzip keines irgendwie vor dem anderen bevorzugt sein darf, so müssen natürlich ganz allgemein auch die ungestrichenen Veränderlichen (x, y, z, t) aus den gestrichenen Variablen (x', y', z', t') mittels einer LORENTZ-Transformation hervorgehen, also mittels der Gl. 28, wofern man in ihnen nur die Größe u überall durch die Größe $(-u)$ ersetzt. Denn ist das gestrichene System gegen das ungestrichene mit der Geschwindigkeit u bewegt, so muß natürlich das ungestrichene gegenüber dem gestrichenen eine relative Translationsgeschwindigkeit $(-u)$ besitzen. Es gelten also als Umkehrung der Gl. 28 die Beziehungen

$$\left\{\begin{aligned} x &= \frac{x' + u\,t'}{\sqrt{1 - \frac{u^2}{c^2}}}\,,\\ y &= y'\,,\\ z &= z'\,,\\ t &= \frac{t' + \frac{u}{c^2}\,x'}{\sqrt{1 - \frac{u^2}{c^2}}}\,. \end{aligned}\right. \tag{30}$$

[3] Der Name erklärt sich daraus, daß sich die ersten, unvollkommenen Ansätze zu den Gl. 28 bereits in einer Abhandlung von LORENTZ aus dem Jahre 1904 finden.

[4] Die vierte Gleichung denke man sich hierzu auf beiden Seiten mit u multipliziert.

Durch eine einfache Rechnung, die hier wohl nicht wiedergegeben zu werden braucht, überzeugt man sich in der Tat leicht davon, daß die Gl. 30, wenn man in ihnen für x', y', z', t' die Werte aus den Gl. 28 einsetzt, in die Identitäten übergehen

$$x = x\,, \quad y = y\,, \quad z = z\,, \quad t = t\,.$$

Auch läßt sich leicht zeigen, daß auch die Gl. 5 identisch in sich selbst übergeführt wird, wenn man in ihr die ungestrichenen Veränderlichen durch die gestrichenen ersetzt und für diese wiederum die Werte aus den Gl. 28 einsetzt.

Betrachten wir neben dem ungestrichenen und dem gestrichenen noch ein drittes System, das gegenüber dem gestrichenen abermals gleichförmig bewegt sei, so muß die Wellengleichung des Lichtes (Gl. 5 oder Gl. 6), die bei dem Übergang von dem ungestrichenen zu dem gestrichenen System unverändert erhalten blieb, ihre Form auch unverändert beibehalten, wenn wir nunmehr von dem gestrichenen zu dem dritten System übergehen; denn auch dieses ist ja wieder gegen das zweite gleichförmig bewegt. Da die Form der Gleichung also für das ungestrichene erste und für das dritte System dieselbe ist, so müssen auch das erste und das dritte System miteinander durch eine Lorentz-Transformation verknüpfbar sein. Die Tatsache, daß die Aufeinanderfolge zweier Lorentz-Transformationen wiederum zu einer Lorentz-Transformation führt, drückt man in der Sprache der Mathematik durch den Satz aus, daß die Gesamtheit aller Lorentz-Transformationen eine Gruppe bilde.

§ 124. Die Relativität des Zeit- und des Längenmaßes.

Betrachten wir zwei Ereignisse, deren eines in bezug auf das ungestrichene System an dem Orte x_1, y_1, z_1 zur Zeit t_1 und deren zweites, ebenfalls in bezug auf das ungestrichene System, an dem Orte x_2, y_2, z_2 zur Zeit t_2 stattfinde, so sind nach den die Lorentz-Transformation ausdrückenden Gleichungen (Gl. 28 des § 123) in bezug auf das gestrichene System die Zeiten, zu denen die beiden Ereignisse eintreten, durch die Zeitgrößen bestimmt

$$t_1' = \frac{t_1 - x_1 \frac{u}{c^2}}{\sqrt{1 - \frac{u^2}{c^2}}} \tag{1}$$

und

$$t_2' = \frac{t_2 - x_2 \frac{u}{c^2}}{\sqrt{1 - \frac{u^2}{c^2}}}\,. \tag{2}$$

Nehmen wir nun im besonderen an, daß

$$t_1 = t_2$$

ist, so brauchen gleichwohl die Größen t_1' und t_2' keineswegs einander gleich zu sein, wofern die Größen x_1 und x_2 verschieden sind. Die beiden Ereignisse, die sich an zwei verschiedenen Stellen abspielen, erscheinen also dem Beobachter im ungestrichenen System gleichzeitig; sie erscheinen hingegen einem Beobachter im gestrichenen System zeitlich verschieden. Zwei Ereignisse, die in bezug auf ein System gleichzeitig sind, werden es also im allgemeinen nicht in bezug auf ein System sein, das gegenüber jenem bewegt ist. Ebenso wie dem Begriffe der Zeit kommt also in der Relativitätstheorie auch dem Begriffe der Gleichzeitigkeit nur eine relative, keineswegs aber eine absolute Bedeutung zu.

Setzen wir in den Gl. 1 und 2 im besonderen

$$x_1 = x_2 ,$$

so bedeutet das, daß für einen Beobachter im ungestrichenen System beide Ereignisse an einer und derselben Stelle stattfinden. In diesem besonderen Falle folgt aus den Gl. 1 und 2

$$t_2' - t_1' = \frac{t_2 - t_1}{\sqrt{1 - \frac{u^2}{c^2}}} . \tag{3}$$

Da der Nenner des Bruches immer kleiner als Eins ist, erscheint also der zeitliche Abstand der beiden Ereignisse dem Beobachter im gestrichenen System größer als dem Beobachter im ungestrichenen System. Umgekehrt ist unter allen gegeneinander gleichförmig bewegten Systemen dasjenige, für das die beiden Ereignisse an derselben Stelle erfolgen, dadurch ausgezeichnet, daß für einen ihm angehörigen Beobachter der zeitliche Abstand der beiden Ereignisse am kürzesten erscheint. Ein Vorgang, der sich in Bezug auf ein bestimmtes System an einer einzigen Stelle abspielt (der, wenn man so sagen darf, in bezug auf dieses System „örtlich fixiert“ ist), verläuft also am raschesten für einen Beobachter dieses Systems, erscheint dagegen einem Beobachter in einem anderen System verlangsamt, und zwar in um so höherem Grade verlangsamt, je rascher dieses System gegenüber dem ersten bewegt ist.[1] In der Form eines knappen, wenn auch nicht sehr klar formulierten Satzes drückt man diese aus dem Relativitätsprinzip sich ergebende Folgerung gewöhnlich durch die Behauptung aus, daß eine bewegte Uhr langsamer gehe als eine ruhende.

Die Verschiedenheit des Zeitmaßes in zwei gegeneinander bewegten Systemen legt den Gedanken nahe, auch die Längenmaße in den

[1] Es ist zu beachten, daß der Grad der Verlangsamung nach Gl. 3 von dem Vorzeichen von u unabhängig ist.

beiden Systemen miteinander zu vergleichen. In einem beliebigen System kann nun im allgemeinen die Länge eines Stabes, wenn dieser irgendwie gegenüber dem System bewegt ist, offenbar nur derart ermittelt werden, daß für eine beliebige Zeit t_1 die Koordinaten des Anfangspunktes des Stabes x_1, y_1, z_1 und gleichzeitig, d. h. genauer gesagt, für eine in bezug auf das System mit t_1 identische Zeit t_2, die Koordinaten des Endpunktes des Stabes x_2, y_2, z_2 gemessen werden. Die Länge des Stabes in dem System ist dann durch die Beziehung bestimmt

$$l = \sqrt{(x_2 - x_1)^2 + (y_2 - y_1)^2 + (z_2 - z_1)^2}. \tag{4}$$

In dem besonderen Falle, daß der Stab ständig die Richtung der x-Achse habe, nimmt diese Gleichung die einfache Form an

$$l = x_2 - x_1 . \tag{5}$$

Wir wollen nun im besonderen das ungestrichene Koordinatensystem so legen, daß in bezug darauf (und zwar eben in der x-Richtung) der Stab ruhe. Dann ist es, da x_1 und x_2 jetzt unveränderlich sind, natürlich überflüssig, daß die Zeit t_1, zu der die Koordinate x_1, und die Zeit t_2, zu der die Koordinate x_2 gemessen werden, untereinander gleich seien; es kann vielmehr zwischen ihnen jede beliebige Beziehung angenommen werden, ohne daß dadurch irgendwie der Wert beeinflußt würde, der sich für l ergibt.

Gehen wir nunmehr von dem ungestrichenen System zu dem mit ihm durch eine Lorentz-Transformation verknüpften gestrichenen System über, dann ist in bezug auf dieses System, dem gegenüber der Stab mit einer Geschwindigkeit von dem Betrage u bewegt ist[2], die Länge des Stabes offenbar durch die Beziehung gegeben

$$l' = x_2' - x_1' . \tag{6}$$

Hierbei sind jetzt x_1' und x_2' die gestrichenen Koordinaten, die den ungestrichenen Koordinaten x_1 und x_2 nach der Lorentz-Transformation entsprechen, jedoch mit der wesentlichen einschränkenden Bedingung, daß die Zeiten t_1 und t_2, zwischen denen nach dem früher Gesagten von vornherein keine bestimmte Beziehung bestehen muß, durch einen derartigen Zusammenhang miteinander verknüpft sind, daß die nach der Lorentz-Transformation zugehörigen Werte von t_1' und t_2' identisch sind; denn in bezug auf das gestrichene System muß ja die Messung der Größen x_1' und x_2' und somit auch der entsprechenden Größen x_1 und x_2 gleichzeitig erfolgen.

Es gelten also für x_1' und x_2' nach den Gl. 28 des § 123 die Formeln

[2] Der vektorielle Wert dieser Relativgeschwindigkeit ist $-\mathfrak{u}$.

$$(7)\quad \begin{cases} x_1' = \dfrac{x_1 - u\,t_1}{\sqrt{1-\dfrac{u^2}{c^2}}}, \\[2ex] x_2' = \dfrac{x_2 - u\,t_2}{\sqrt{1-\dfrac{u^2}{c^2}}}, \end{cases}$$

wobei aber zwischen t_1 und t_2 ein derartiger Zusammenhang bestehen muß, daß sich daraus nach den Gl. 1 und 2 für t_1' und t_2' dieselben Werte ergeben. Damit dies der Fall sei, muß sein

$$t_1 - x_1\frac{u}{c^2} = t_2 - x_2\frac{u}{c^2}$$

oder

$$(8)\quad t_2 - t_1 = (x_2 - x_1)\frac{u}{c^2}.$$

Ist aber diese Beziehung erfüllt, dann wird nach Gl. 7

$$(9)\quad x_2' - x_1' = \frac{(x_2-x_1) - (x_2-x_1)\dfrac{u^2}{c^2}}{\sqrt{1-\dfrac{u^2}{c^2}}}$$

oder nach Gl. 5 und 6

$$(10)\quad l' = l\sqrt{1-\frac{u^2}{c^2}}.$$

Einem Beobachter, für den der Stab in Bewegung begriffen ist, erscheint also der Stab verkürzt[3], und unter sämtlichen gegeneinander gleichförmig bewegten Systemen ist dasjenige, für welches der Stab ruht, vor allen anderen dadurch ausgezeichnet, daß in ihm der Stab länger erscheint als in jedem anderen System.[4]

Hat der Stab die Richtung der y- oder z-Achse, so ist seine Länge in bezug auf das ungestrichene und das gestrichene System dieselbe,

---

[3] Die Kontraktionshypothese von Lorentz und Fitzgerald (s. § 122) erscheint also in der Tat als notwendige Folge des Einsteinschen Relativitätsprinzipes.

[4] Die Kontraktion ist, wie Gl. 10 zeigt, von dem Vorzeichen von u unabhängig. Ein Stab, der im gestrichenen System ruht, erscheint einem Beobachter im ungestrichenen System in genau gleicher Weise verkürzt, wie ein im ungestrichenen System ruhender Stab einem Beobachter im gestrichenen System. — Frank und Rothe haben (in der in § 123, Anm. 1, zitierten Arbeit) gezeigt, daß sich die Gleichungen der Lorentz-Transformation ohne irgendwelche weiteren Postulate lediglich auf Grund der beiden Forderungen ergeben, daß erstens die Transformationsgleichungen, wenn man u als veränderlichen Parameter auffaßt, eine lineare, homogene Gruppe bilden und zweitens die Kontraktion der Längen nicht von dem Vorzeichen, sondern nur von dem Betrage von u abhängt. Aus diesen beiden Forderungen ergibt sich, daß es eine ausgezeichnete Geschwindigkeit geben müsse, die in allen miteinander durch eine solche Transformation verknüpften Systemen denselben Wert besitzt. Daß diese ausgezeichnete Geschwindigkeit den Wert der Lichtgeschwindigkeit hat, muß dann (auf Grund des Michelsonschen Versuches) als Ergebnis der Erfahrung angesehen werden.

weil ja $y' = y$ und $z' = z$ und die Zeitkoordinaten unabhängig sind von y und z, bzw. von y' und z'. Ein im ungestrichenen System ruhender Körper, der einem Beobachter in diesem System kugelförmig erscheint, muß daher einem Beobachter im gestrichenen System als abgeplattetes Rotationsellipsoid erscheinen. Die Relativitätstheorie kennt auch keine absolute, sondern nur eine relative Gestalt.

§ 125. Die Zusammensetzung der Geschwindigkeiten.

Da durch die LORENTZ-Transformation die Raum- und Zeitkoordinaten in zwei gegeneinander gleichförmig bewegten Bezugssystemen in einen einfachen Zusammenhang gebracht sind, so lassen sich auch leicht die Beziehungen ermitteln, die zwischen den Werten der Geschwindigkeit bestehen, die ein und derselbe Massenpunkt in bezug auf die beiden verschiedenen Systeme besitzt. Denn bezeichnen wir die beiden Werte der Geschwindigkeit mit $\mathfrak{v}$ und $\mathfrak{v}'$, so sind deren Komponenten durch die Gleichungen bestimmt

(1) $$v_x = \frac{dx}{dt}, \quad v_y = \frac{dy}{dt}, \quad v_z = \frac{dz}{dt}$$

und

(2) $$v_x' = \frac{dx'}{dt'}, \quad v_y' = \frac{dy'}{dt'}, \quad v_z' = \frac{dz'}{dt'}.$$

Nun ist aber

$$\frac{dx'}{dt'} = \frac{dx'}{dt} \cdot \frac{dt}{dt'}, \quad \frac{dy'}{dt'} = \frac{dy'}{dt} \cdot \frac{dt}{dt'} \quad \text{usw.}$$

und somit

(3) $$v_x' = \frac{\dfrac{dx'}{dt}}{\dfrac{dt'}{dt}}.$$

Nach den die LORENTZ-Transformation ausdrückenden Gleichungen (Gl. 28 des § 123) ist wiederum

(4) $$\left\{\begin{aligned} \frac{dx'}{dt} &= \frac{\dfrac{dx}{dt} - u}{\sqrt{1 - \dfrac{u^2}{c^2}}}, \\ \frac{dy'}{dt} &= \frac{dy}{dt}, \quad \frac{dz'}{dt} = \frac{dz}{dt}, \\ \frac{dt'}{dt} &= \frac{1 - \dfrac{u}{c^2}\dfrac{dx}{dt}}{\sqrt{1 - \dfrac{u^2}{c^2}}}. \end{aligned}\right.$$

Setzen wir die Werte aus den Gl. 4 in die Gl. 3 ein, so finden wir (wenn wir zugleich im Sinne der Gl. 1 dx/dt durch v_x ersetzen) die folgenden Beziehungen

$$(5)\quad \begin{cases} v_x' = \dfrac{v_x - u}{1 - \dfrac{u\,v_x}{c^2}}, \\[2ex] v_y' = \dfrac{v_y\sqrt{1 - \dfrac{u^2}{c^2}}}{1 - \dfrac{u\,v_x}{c^2}}, \\[2ex] v_z' = \dfrac{v_z\sqrt{1 - \dfrac{u^2}{c^2}}}{1 - \dfrac{u\,v_x}{c^2}}. \end{cases}$$

Als Umkehrung entsprechen diesen Beziehungen die Gleichungen

$$(6)\quad \begin{cases} v_x = \dfrac{v_x' + u}{1 + \dfrac{u\,v_x'}{c^2}} \\[2ex] v_y = \dfrac{v_y'\sqrt{1 - \dfrac{u^2}{c^2}}}{1 + \dfrac{u\,v_x'}{c^2}}. \\[2ex] v_z = \dfrac{v_z'\sqrt{1 - \dfrac{u^2}{c^2}}}{1 + \dfrac{u\,v_x'}{c^2}} \end{cases}$$

Nach den Regeln der klassischen Mechanik müßte hingegen, wenn $\mathfrak{v}'$ die Relativgeschwindigkeit in bezug auf ein System S' ist, das selbst gegenüber einem System S eine konstante Translationsgeschwindigkeit von der Größe u in der x-Richtung besitzt, die Geschwindigkeit $\mathfrak{v}$ in bezug auf das System S durch die Formeln bestimmt sein

$$(7)\qquad v_x = v_x' + u\,,\quad v_y = v_y'\,,\quad v_z = v_z'\,.$$

Die klassische Formel für die Relativgeschwindigkeit besitzt also in der relativistischen Mechanik keine Gültigkeit. An ihre Stelle tritt das kompliziertere, durch die Gl. 6 ausgedrückte sogenannte Einsteinsche Theorem der Geschwindigkeitsaddition.

Setzen wir im besonderen in den Gl. 6 v_x' gleich c (und $v_y' = v_z' = 0$), so finden wir

$$(8)\qquad v_x = \frac{c + u}{1 + \dfrac{u}{c}} = c\,.$$

Die Addition einer beliebigen Geschwindigkeit zu der Lichtgeschwindigkeit ergibt also nach dem Einsteinschen Additionstheorem stets wieder die Größe c. Diese Größe spielt demnach in der Relativitätstheorie dieselbe Rolle wie das Unendliche in der Mathematik. Überlichtgeschwindigkeiten erscheinen nach der Relativitätstheorie unmöglich.[1]

§ 126. Der Versuch von Fizeau.

Eine einfache Anwendung des Einsteinschen Theorems der Geschwindigkeitsaddition gestattet eine leichte Deutung des berühmten Versuches von Fizeau (1851), dessen merkwürdiges Ergebnis früher der theoretischen Optik die größten Schwierigkeiten bereitet hatte. Fizeau hatte experimentell die Frage untersucht, mit welcher Geschwindigkeit sich das Licht in einer selbst bewegten Flüssigkeit fortpflanze, und hatte dabei überraschenderweise gefunden, daß keiner der beiden Effekte eintrat, die er wohl als möglich erwartet hatte. Weder blieb die Geschwindigkeit des Lichtes von der Strömung unbeeinflußt, noch auch wurden die Lichtwellen von der strömenden Flüssigkeit derart mitgenommen, daß die Geschwindigkeit des Lichtes in der bewegten Flüssigkeit einfach gleich gefunden worden wäre der Summe aus der Fortpflanzungsgeschwindigkeit in der ruhenden Flüssigkeit und aus der Strömungsgeschwindigkeit. Fizeau fand vielmehr, daß die Lichtwellen zwar an der Bewegung der Flüssigkeit teilnehmen, jedoch nicht mit dem vollen Betrage der Strömungsgeschwindigkeit q, sondern nur mit einem Bruchteile αq, dessen Größe von der Natur der Flüssigkeit abhängt. Zwischen dem Faktor α, der als Fresnelscher Mitführungskoeffizient[1] bezeichnet wird, und dem Brechungsexponenten der Flüssigkeit besteht dabei, wie Fizeau fand, die einfache Beziehung

$$\alpha = 1 - \frac{1}{n^2}. \tag{1}$$

---

[1] Aus § 124 folgt, daß eine mit Lichtgeschwindigkeit bewegte Uhr stillstehen, ein mit Lichtgeschwindigkeit bewegter Stab keine Länge mehr besitzen würde. Würde die Geschwindigkeit noch größer, so würde nicht nur die Länge des Stabes negativ, sondern es würde auch nach Gl. 3 des § 124 die Differenz $(t_2' - t_1')$ ein anderes Vorzeichen haben als die Differenz $(t_2 - t_1)$. Wäre also in dem ungestrichenen System ein Ereignis A die Ursache eines anderen B, so müßte dem Beobachter im gestrichenen System umgekehrt A als Wirkung von B erscheinen. Schon hieraus ergibt sich die Unmöglichkeit, daß zwei Systeme gegeneinander eine größere Relativgeschwindigkeit als c besitzen. — Daß nach der Dispersionstheorie im Bereiche anomaler Dispersion (§ 72) der Brechungsindex kleiner als Eins und somit c/n größer als c wird, steht zu der Relativitätstheorie nur in einem scheinbaren Widerspruch, der von Sommerfeld (Physik. Zeitschr. 10, S. 841, 1909) gelöst worden ist.

[1] Diese Bezeichnung erklärt sich daraus, daß bereits Fresnel auf Grund einer theoretischen Untersuchung über die Aberration des Lichtes zu der Auffassung gelangt war, daß an der Bewegung der Erde nur der Teil des Lichtäthers teilnehme, der sich in der Materie befinde, und zwar nur mit einem Bruchteile α der Geschwindigkeit, wobei eben für α bereits Fresnel den durch die Gl. 1 gegebenen Wert fand.

In Übereinstimmung mit dieser Formel fand FIZEAU, daß bei Gasen, deren Brechungsexponent nur sehr wenig von Eins verschieden ist, ein merklicher Einfluß der Bewegung des Gases nicht nachgewiesen werden kann.

In bezug auf einen „ruhenden" Beobachter (für den also die Flüssigkeit mit der Geschwindigkeit q strömt) muß demnach das Licht, da es sich in einer ruhenden Flüssigkeit von dem Brechungsexponenten n mit der Geschwindigkeit c/n fortpflanzt, die Geschwindigkeit besitzen

$$v = \frac{c}{n} + \alpha q$$

oder nach Gl. 1

$$v = \frac{c}{n} + q - \frac{q}{n^2}. \tag{2}$$

Dies ist das experimentelle Forschungsergebnis. Nach dem EINSTEINschen Geschwindigkeitsadditionstheorem läßt sich nun andererseits die Geschwindigkeit des Lichtes in der Strömungsrichtung in bezug auf einen ruhenden Beobachter rein theoretisch nach den Gl. 6 des § 125 berechnen. Machen wir die Strömungsrichtung zur x-Achse, so ist in den Gl. 6 des § 125 einfach die Größe v_x' durch den Quotienten c/n und die Größe u durch die Größe q zu ersetzen. Wir finden dann

$$v = \frac{\frac{c}{n} + q}{1 + \frac{q}{cn}}. \tag{3}$$

Multiplizieren wir Zähler und Nenner mit dem Ausdruck $(1 - q/cn)$ und vernachlässigen wir dann die sehr kleine Größe q^2/c^2n^2 neben Eins, so finden wir

$$\left\{\begin{aligned} v &= \left(\frac{c}{n} + q\right)\left(1 - \frac{q}{cn}\right) = \frac{c}{n} + q - \frac{q}{n^2} - \frac{q^2}{cn} \\ &= q - \frac{q}{n^2} + \frac{c}{n}\left(1 - \frac{q^2}{c^2}\right). \end{aligned}\right. \tag{4}$$

Lassen wir in dieser Formel wiederum den sehr kleinen Bruch q^2/c^2 neben der Zahl 1 weg, so ergibt sich in der Tat die Gl. 2. Das Ergebnis des FIZEAUschen Versuches, dessen Deutung früher die kompliziertesten Hypothesen erfordert hatte, findet also eine überaus einfache Erklärung auf Grund des EINSTEINschen Relativitätsprinzipes.

§ 127. Das DOPPLERsche Prinzip und die Aberration des Lichtes.

Zu Ergebnissen, die für die theoretische Optik von großer Bedeutung sind, gelangen wir, wenn wir die die LORENTZ-Transformation ausdrückenden Formeln auf die Gleichungen einer Lichtwelle anwenden. Wir betrachten ein System, für welches eine Lichtquelle L mit konstanter Geschwindigkeit u in einer Richtung fortschreite, die wir als x-Richtung wählen wollen (Fig. 76). Wir fragen uns nun, durch welche Gleichungen in diesem System die von der Lichtquelle kommenden Wellen beschrieben werden.

Um diese Frage zu beantworten, führen wir ein zweites (gestrichenes) Bezugssystem ein, für das die Lichtquelle ruhe und das daher mit dem ungestrichenen durch eine LORENTZ-Transformation verknüpft sein muß. In dem gestrichenen Bezugssystem (das sich also gegenüber dem ungestrichenen mit der Geschwindigkeit u in der x-Richtung bewegt) ist dann jedenfalls die Ausbreitung des Lichtes, weil es von einer ruhenden Quelle kommt, (nach Gl. 7 des § 55) durch Gleichungen von der Form beschrieben

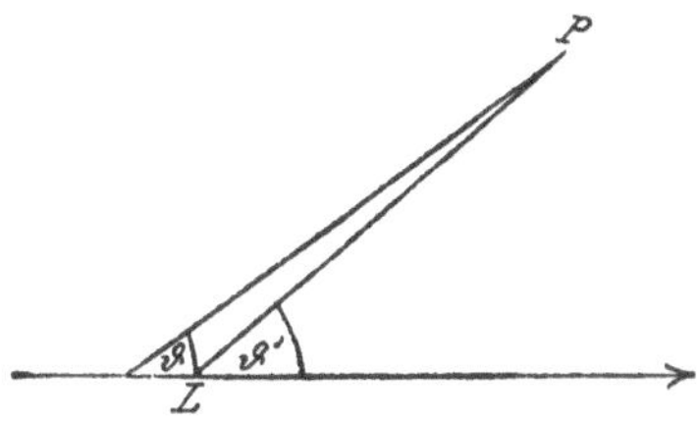

Fig. 76.

$$(1) \qquad S = A' \cos \left\{ \frac{2\pi}{\tau'} \left[t' - \frac{r'}{c} \right] + \delta' \right\}.$$

Hierbei bedeutet S eine beliebige der schwingenden elektrischen oder magnetischen Feldstärkenkomponenten, A' die Amplitude, τ' die Periode, δ' die Phasenkonstante und schließlich r' eine Entfernung, die in der Richtung einer Wellennormalen gemessen wird.

Wir fassen nun einen beliebigen, mit dem ungestrichenen Koordinatensystem fest verbundenen Punkt P ins Auge und denken uns in ihm einen Beobachter, für den also die Lichtquelle die Geschwindigkeit u besitze. Wählen wir die durch die Fortbewegungsrichtung der Lichtquelle und den Punkt P bestimmte Ebene als x-y-Ebene und somit auch als x'-y'-Ebene, so wird

$$(2) \qquad r' = x' \cos \vartheta' + y' \sin \vartheta',$$

wenn ϑ' der Winkel ist, den die Normale einer von L nach P gelangenden Welle mit der x'-Richtung (oder, was dasselbe ist, mit der x-Richtung) bildet. Da in dem System, in dem die Lichtquelle ruht, diese Wellennormale jedenfalls die Richtung LP hat, so ist also andererseits ϑ' auch der Winkel, den die Verbindungslinie zwischen Lichtquelle und Beobachter mit der x-Achse einschließt. Da ferner die Frequenz ν' der reziproke Wert der Periode τ' ist, so können wir Gl. 1 in der Form schreiben

$$(3) \qquad S' = A' \cos \left\{ 2\pi\nu' \left[t' - \frac{x' \cos \vartheta'}{c} - \frac{y' \sin \vartheta'}{c} \right] + \delta' \right\}.$$

Ersetzen wir nun mittels der die LORENTZ-Transformation ausdrückenden Gleichungen (Gl. 28 des § 123) in der Gl. 3 x', y', z', t' durch x, y, z, t, so finden wir

$$(4) \qquad S = A' \cos \left\{ 2\pi\nu' \left[\frac{t - \frac{u x}{c^2}}{\sqrt{1 - \frac{u^2}{c^2}}} - \frac{(x - ut) \cos \vartheta'}{c \sqrt{1 - \frac{u^2}{c^2}}} - \frac{y \sin \vartheta'}{c} \right] + \delta' \right\}.$$

Wir erkennen leicht, daß wir diese Gleichung auch in der mit der Gl. 3 übereinstimmenden Form schreiben können

$$S = A \cos \left\{ 2 \pi \nu \left[t - \frac{x \cos \vartheta}{c} - \frac{y \sin \vartheta}{c} \right] + \delta \right\}, \tag{5}$$

wofern wir A gleich A' und δ gleich δ' und ferner setzen

$$\nu = \nu' \frac{1 + \frac{u}{c} \cos \vartheta'}{\sqrt{1 - \frac{u^2}{c^2}}} \tag{6}$$

und

$$\cos \vartheta = \frac{\cos \vartheta' + \frac{u}{c}}{1 + \frac{u}{c} \cos \vartheta'}. \tag{7}$$

Denn in der Tat folgt aus Gl. 7 nach einer einfachen Zwischenrechnung

$$\sin \vartheta = \sqrt{1 - \cos^2 \vartheta} = \frac{\sin \vartheta' \sqrt{1 - \frac{u^2}{c^2}}}{1 + \frac{u}{c} \cos \vartheta'}. \tag{8}$$

Setzt man die Werte aus den Gl. 6, 7 und 8 in die Gl. 5 ein, so geht sie in der Tat in die Gl. 4 über.

Dem Beobachter, der das von einer für ihn bewegten Lichtquelle emittierte Licht wahrnimmt, erscheint also das Licht in einer anderen Farbe als in dem Falle, daß dieselbe Lichtquelle für ihn ruhte. Die Änderung der Frequenz ist durch Gl. 6 bestimmt. In dem speziellen Falle, daß die Lichtquelle direkt auf den Beobachter zukommt, wird $\cos \vartheta'$ gleich $(+1)$; in dem besonderen Falle, daß sie sich direkt von ihm entfernt, wird $\cos \vartheta'$ gleich (-1). In diesen beiden speziellen Fällen wird also

$$\nu = \nu' \frac{1 \pm \frac{u}{c}}{\sqrt{1 - \frac{u^2}{c^2}}}. \tag{9}$$

Vernachlässigt man in dieser Formel die Glieder zweiter Ordnung, so kann man hierfür auch näherungsweise schreiben

$$\nu = \nu' \left(1 \pm \frac{u}{c} \right). \tag{10}$$

Spektrallinien, die von bewegten Lichtquellen herrühren, müssen daher eine Verschiebung erfahren, und zwar nach dem violetten Ende, wenn sich die Lichtquelle zu dem Beobachter hin, nach dem roten Ende, wenn sie sich von dem Beobachter weg bewegt. Dieses Prinzip, das den Physikern schon lange vor der Aufstellung der Relativitätstheorie, jedoch nur in der Form der bloß näherungsweise gültigen Gl. 10 bekannt war, wird nach seinem Entdecker (der allerdings von Spektrallinien noch nichts wußte und daher 1842 nur allgemein von Farbe sprach) als das DOPPLERsche Prinzip bezeichnet.

Verschiebungen der von Gestirnen stammenden Spektrallinien sind in der Tat zuerst von HUGGINS (1868) beobachtet worden. Genaue Messungen dieser Verschiebungen ermöglichten bei vielen Gestirnen die Bestimmung der radialen Komponenten ihrer Geschwindigkeiten. Nach der Relativitätstheorie müßte aber (im Gegensatz zu der alten Theorie) auch dann eine Verschiebung der Spektrallinien wahrnehmbar sein, wenn der Beobachter senkrecht zur Bewegungsrichtung der Lichtquelle blickt. Es müßte nämlich dann, da in diesem Falle $\cos\vartheta'$ verschwindet, nach Gl. 6

(11) $$\nu = \frac{\nu'}{\sqrt{1 - \frac{u^2}{c^2}}}$$

werden. Dieser Effekt konnte wegen seiner Kleinheit allerdings bisher noch nicht beobachtet werden.

Im Jahre 1905 ist es STARK gelungen, den DOPPLER-Effekt auch bei den rasch bewegten Kanalstrahlen nachzuweisen. Auch die endliche Breite der Spektrallinien erklärt sich im Sinne des DOPPLERschen Prinzipes dadurch, daß ja nach der kinetischen Gastheorie die leuchtenden Molekeln eines Gases sich in den verschiedensten Richtungen bewegen. Bei tiefen Temperaturen müßte mit der molekularen Geschwindigkeit auch die Breite der Spektrallinien abnehmen, was in der Tat durch das Experiment erwiesen worden ist.

Während wir also aus Gl. 6 eine Veränderung der Frequenz erkennen, zeigt uns Gl. 7, daß die Normale der von einer Lichtquelle zu einem Beobachter gelangenden Welle verschieden gerichtet ist, je nachdem, ob die Lichtquelle für den Beobachter ruht oder aber für ihn bewegt ist. Während nämlich in dem ersten Fall die Wellennormale die Richtung der Verbindungslinie zwischen Lichtquelle und Beobachter hat, scheint in dem zweiten Falle dem Beobachter das Licht aus einer anderen Richtung zu kommen als aus der der Verbindungslinie; der Beobachter sieht also die für ihn bewegte Lichtquelle an einem anderen Orte als an dem, in dem sie sich tatsächlich befindet.

Ist im besonderen $\vartheta' = 0$, somit $\cos\vartheta' = 1$, blickt also der Beobachter in der Richtung der wechselseitigen Bewegung, so wird nach Gl. 7 auch $\vartheta = 0$. Ist hingegen $\cos\vartheta' = 0$, blickt also der Beobachter senkrecht zu der Richtung der wechselseitigen Bewegung, so wird nach Gl. 7

(12) $$\cos\vartheta = \frac{u}{c}.$$

Da nun infolge der jährlichen Bewegung der Erde um die Sonne die Transversalgeschwindigkeit zwischen einem irdischen Beobachter und einem Sterne zu zwei um ein halbes Jahr verschiedenen Zeiten um das Doppelte von 30 km/sec verschieden ist (wofern man nur die Komponenten nach der augenblicklichen Bewegungsrichtung der Erde in Betracht zieht), so muß der irdische Beobachter eine scheinbare jährliche Kreisbewegung aller Sterne (in einer der Ekliptik parallelen Ebene) wahrnehmen. Der Halbmesser dieser für alle Sterne gleichen Kreisbahn müßte, von der Erde aus gesehen, unter einem Winkel erscheinen, der dem durch die Gl. 12 bestimmten Winkel komplementär ist und dessen Sinus somit $^1/_{10000}$ beträgt.[1] Diese bereits im Jahre 1727 von BRADLEY nachgewiesene Tatsache wird als Aberration des Lichtes bezeichnet; sie erklärte sich sehr einfach auf Grund der Emissionshypothese[2], bereitete aber der theoretischen Optik große Schwierigkeiten, seitdem diese die Emissionshypothese hatte fallen lassen.

§ 128. Weltlinie und Eigenzeit.

Die die LORENTZ-Transformation ausdrückenden Gleichungen enthalten zwar die vollständige Grundlage der Relativitätstheorie und reichen daher auch zur Lösung aller Probleme dieser Theorie aus. Gleichwohl wäre der Relativitätstheorie vielleicht nicht eine so rasche und bedeutungsvolle Weiterentwicklung beschieden gewesen, wenn sie nicht bereits wenige Jahre nach ihrer Begründung eine außerordentliche Vereinfachung und Vertiefung durch die genialen Ideen MINKOWSKIS (1908) erfahren hätte.

Zur Darlegung der Ideen MINKOWSKIS dürfte es sich empfehlen, zunächst als besonders einfaches Beispiel eines physikalischen Vorganges die auf eine gerade Linie beschränkte Bewegung eines Massenpunktes zu betrachten. Nennen wir die Entfernung, die der bewegte Massenpunkt von einem in dieser Geraden als Ursprung gewählten Orte hat, x, so können wir in gewohnter Weise die Abhängigkeit der Größe x von der Zeit graphisch darstellen, indem wir senkrecht zu der Geraden in dem Ursprung eine zweite Achse errichten und auf ihr eine Skala der Zeitwerte auftragen. Das physikalische Ereignis, das darin besteht, daß zu einer Zeit t_1 der bewegte

[1] Denn die Geschwindigkeit der Erde (30 km/sec) ist eben der 10000ste Teil der Lichtgeschwindigkeit.

[2] In den elementaren Lehrbüchern der Physik wird auch heute noch die Aberration des Lichtes durch das Beispiel der Regentropfen veranschaulicht, die schräg auf das Fenster eines fahrenden Eisenbahnzuges auftreffen. Auf Grund solcher elementarer Vorstellungen konnte in der Tat BRADLEY aus der von ihm beobachteten Aberration und der bekannten Geschwindigkeit der Erde die Lichtgeschwindigkeit richtig bestimmen.

Körper von dem Ursprung die Entfernung x_1 habe, ist dann symbolisch durch einen Punkt repräsentiert, der in bezug auf die beiden zueinander senkrechten Achsen der x- und t-Werte die Koordinaten x_1 und t_1 habe. Durch Aneinanderreihung der Punkte, die die zeitliche Aufeinanderfolge mechanischer „Ereignisse" des bewegten Körpers repräsentieren, entsteht eine bestimmte Kurve, die den funktionalen Zusammenhang zwischen den Vektoren x und t graphisch darstellt und die wir vorderhand die „Ereigniskurve" des bewegten Massenpunktes nennen wollen.

Zur graphischen Darstellung dieses Zusammenhanges können wir uns aber auch noch eines anderen, für die folgenden Betrachtungen viel zweckmäßigeren Verfahrens bedienen. Wir können nämlich auf der zu der x-Achse senkrechten zweiten Achse statt der Werte von t auch die Länge der Strecken auftragen, die in derselben Zeit t das Licht zurücklegen würde. Das Ereignis, daß zu einer Zeit t_1 der Massenpunkt von dem Ursprung die Entfernung x_1 habe, wird also dann in der x-ct-Bildebene symbolisch durch einen Punkt mit den Koordinaten x_1 und ct_1 dargestellt.

Die Frage, die wir uns nun vorlegen wollen, soll die folgende sein. In bezug auf ein bestimmtes räumlich-zeitliches Bezugssystem sei in der x-ct-Bildebene ein Ereignis durch einen Punkt P mit den Koordinaten x und ct repräsentiert; wie muß ein Koordinatensystem beschaffen sein, damit in diesem derselbe Punkt P die Koordinaten x' und ct' habe, wenn die Werte von x' und t' mit den Werten von x und t durch eine Lorentz-Transformation verknüpft sein sollen?

Bevor wir an die Lösung dieses Problems gehen, wollen wir noch die ganz elementare, für die folgenden Betrachtungen jedoch wichtige Frage beantworten, wie sich in einem ganz beliebigen Koordinatensystem die Koordinaten ändern, wenn sich das Achsenkreuz um einen Winkel ϑ dreht. Der Punkt S (Fig. 77) habe in dem ursprünglichen System die Koordinaten ξ, η und in dem neuen, das aus dem ersten durch die Drehung hervorgeht, die Koordinaten ξ', η'. Der Winkel ϑ werde dabei in dem Sinne der Drehung positiv gerechnet, die auf kürzestem Wege die ξ-Achse in die η-Achse überführt. In Fig. 77 ist $OA = \xi$ und $AS = \eta$. Den Schnittpunkt der Geraden AS mit der ξ'-Achse nennen wir B und fällen dann von A und S auf die ξ'-Richtung Perpendikel,

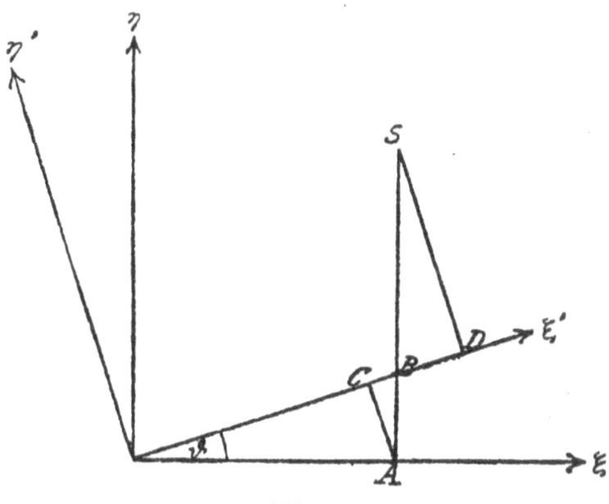

Fig. 77.

deren Fußpunkte wir mit C und D bezeichnen. OD ist dann gleich ξ'. Nun ist

$$OC = \xi \cos \vartheta ,$$
$$CD = (AB + BS) \sin \vartheta = \eta \sin \vartheta .$$

Folglich ist

(1) $$OD = \xi \cos \vartheta + \eta \sin \vartheta .$$

Andererseits ist

$$SD = BS \cos \vartheta ,$$

hingegen

$$BS = AS - AB = \eta - \xi . \operatorname{tg} \vartheta$$

und somit

(2) $$SD = \eta \cos \vartheta - \xi \sin \vartheta .$$

Da durch die Strecken OD und SD aber die Koordinaten des Punktes S im neuen, gegen das frühere um den Winkel ϑ gedrehten Koordinatensystem dargestellt sind, so ergeben sich die Beziehungen

(3) $$\begin{cases} \xi' = \xi \cos \vartheta + \eta \sin \vartheta , \\ \eta' = \eta \cos \vartheta - \xi \sin \vartheta . \end{cases}$$

Nachdem wir diese elementare Formel abgeleitet haben, gehen wir nun an die Lösung unserer eigentlichen Aufgabe. Sind die Werte von x' und ct' mit den Werten von x und ct durch eine Lorentz-Transformation verknüpft, so bestehen zwischen ihnen (nach den Gl. 28 des § 123) die Beziehungen

(4) $$\begin{cases} x' = \dfrac{x - ut}{\sqrt{1 - \dfrac{u^2}{c^2}}} , \\[2ex] ct' = \dfrac{ct - \dfrac{u}{c} x}{\sqrt{1 - \dfrac{u^2}{c^2}}} . \end{cases}$$

Die Gl. 4 lassen sich nun, wie Minkowski erkannte, auf die Form der Gl. 3 bringen, wenn man die Skala der ct-Werte durch eine Skala von imaginären l-Werten ersetzt, wobei

(5) $$l = i\,ct$$

ist. An die Stelle der Koordinaten x und ct treten also dann die Koordinaten x und l. Der Winkel, den die von dem Koordinatenursprung zu einem Punkte der Bildebene gezogene Gerade mit der x-Achse bildet, ist gleich $\operatorname{arctg}(l/x)$, und daraus erkennt man schon, daß die Tangenten der Winkel in der x-l-Ebene, wenn sie auf physikalische Größen bezogen werden, ebenfalls imaginär sein müssen. In der Tat nehmen nun die Gl. 4 eine viel einfachere Gestalt an, wenn wir einen Hilfswinkel einführen, der durch die Beziehung definiert sein soll

(6) $$\operatorname{tg} \varphi = i \frac{u}{c} .$$

Nach den bekannten goniometrischen Formeln

$$\cos\varphi = \frac{1}{\sqrt{1+\operatorname{tg}^2\varphi}}, \quad \sin\varphi = \frac{\operatorname{tg}\varphi}{\sqrt{1+\operatorname{tg}^2\varphi}} \tag{7}$$

ergeben sich dann die Beziehungen

$$\cos\varphi = \frac{1}{\sqrt{1-\frac{u^2}{c^2}}}, \quad \sin\varphi = \frac{\frac{iu}{c}}{\sqrt{1-\frac{u^2}{c^2}}}. \tag{8}$$

Da nach Gl. 5

$$-ut = l\cdot\frac{iu}{c} \tag{9}$$

ist[1], so lassen sich somit unter Benutzung der Gl. 8 die Gl. 4 in die Form bringen

$$\left\{\begin{aligned} x' &= x\cos\varphi + l\sin\varphi\,, \\ l' &= l\cos\varphi - x\sin\varphi\,. \end{aligned}\right. \tag{10}$$

Die völlige Übereinstimmung der Gl. 10 mit den Gl. 3 zeigt also, daß sich der Übergang von einem Raum-Zeit-System zu einem anderen, mit ihm durch eine LORENTZ-Transformation verknüpften, be, der bildmäßigen Darstellung durch ein x-l-Koordinatensystem als bloße Drehung des Achsenkreuzes um einen Winkel φ darstellt, dessen trigonometrische Tangente (ihrem Betrage nach) gleich u/c ist. Ist also in einem x-l-System ein Ereignis durch einen Punkt mit den Koordinaten x, l repräsentiert, so gelangt man zu demselben Punkte in der Bildebene, wenn man in einem beliebigen anderen Bezugssysteme von den Achsen aus die Koordinaten x' und l' aufträgt, woferne die Werte von x' und l' mit denen von x und l durch eine LORENTZ-Transformation verknüpft sind.

Daraus folgt, daß die Gestalt der Ereigniskurve von der Wahl des Bezugssystems völlig unabhängig sein muß; was sich bei einem Wechsel des Bezugssystems ändert, ist nur ihre Lage in bezug auf das Koordinatenachsenkreuz. Die Tatsache, daß unter den verschiedenen gleichförmig gegeneinander bewegten räumlichen, in unserem speziellen Falle eindimensionalen Bezugssystemen (gebildet von den verschiedenen x-Achsen) keines irgendwie an sich vor einem anderen bevorzugt sein kann, findet also ihre geometrische Deutung in der selbstverständlichen Tatsache, daß an sich[2] in der zweidimensionalen Bildebene ein Achsenkreuz durch seine Lage keine Sonderstellung einnehmen kann.

---

[1] Denn es ist

$$\frac{1}{i} = \frac{i}{i^2} = -i\,.$$

[2] D. h. solange nicht eine bestimmte Ereigniskurve gegeben ist.

Unsere bisherigen Betrachtungen haben wir auf die Bewegung eines Massenpunktes in einer geraden Linie beschränkt. Fassen wir die Bewegung eines Massenpunktes in einer Ebene ins Auge, so tritt an die Stelle der Bildebene ein Bildraum mit drei Koordinatenachsen, einer x-, einer y- und einer l-Achse. Die Ereigniskurve wird dann eine räumliche Kurve, deren Projektion auf die x-y-Ebene die Bahn des bewegten Massenpunktes darstellt. Betrachten wir schließlich die Bewegung eines Massenpunktes im dreidimensionalen Raum, so tritt an die Stelle der ursprünglichen Bildebene eine vierdimensionale Mannigfaltigkeit, charakterisiert durch ein vierdimensionales Koordinatensystem mit einer x-, einer y-, einer z- und einer l-Achse.

Der Übergang von einem beliebig gegebenen räumlichen Bezugssystem (x, y, z) zu einem anderen räumlichen (x', y', z'), das gegenüber dem ersten mit einer Geschwindigkeit $\mathfrak{u}$ gleichförmig fortschreitet, erscheint in der vierdimensionalen bildmäßigen Darstellung dann folgendermaßen. Man dreht zunächst das beliebig gegebene räumliche Koordinatensystem so, daß seine x-Richtung mit der Richtung des räumlichen Vektors $\mathfrak{u}$ zusammenfällt, und konstruiert dann (symbolisch) eine zu den drei räumlichen Koordinatenachsen senkrechte l-Achse. In der x-l-Ebene wird nun das Achsenkreuz, das aus der x- und der l-Achse besteht, um einen Winkel von dem Betrage $\operatorname{arctg}(u/c)$ gedreht. Dadurch ergibt sich eine neue l-Achse, die die l'-Achse genannt werde. Jedes beliebige räumliche Koordinatensystem (x', y', z'), dessen drei Achsen auf der l'-Achse senkrecht stehen, stellt dann ein räumliches Koordinatensystem dar, das gegenüber dem von vornherein gegebenen räumlichen Koordinatensystem (x, y, z) mit einer Geschwindigkeit $\mathfrak{u}$ gleichförmig fortschreitet.[3]

Die vierdimensionale Mannigfaltigkeit, die durch die Veränderlichen x, y, z, l bestimmt ist, bezeichnet man nun mit MINKOWSKI als „Welt" und eine durch vier Koordinaten in der „Welt" bestimmte Stelle als einen Weltpunkt; ein solcher repräsentiert also ein zu einer bestimmten Zeit (l/ic) an einem bestimmten Orte (x, y, z) stattfindendes Ereignis. Eine vierdimensionale Ereigniskurve (die also „die Geschichte eines materiellen Punktes abbildet") nennt man nach MINKOWSKI eine Weltlinie.[4]

Die Gestalt einer Weltlinie und die Länge ihrer Elemente sind nach dem früher Gesagten von der Wahl des Bezugssystemes unabhängig. Wir wollen die Länge eines bestimmten Elementes, das wir ins Auge fassen, mit ds, die vier auf ein beliebiges Koordinatensystem bezogenen Komponenten des Elementes mit dx, dy, dz, dl bezeichnen. Nach dem Pythagoreischen Lehrsatz ist dann

[3] Im allgemeinen werden dann die beiden räumlichen Koordinatensysteme allerdings nicht parallel sein.

[4] Ansätze zu den Ideen MINKOWSKIS finden sich allerdings schon in einer Abhandlung POINCARÉS aus dem Jahre 1906 (Rend. Circ. Mat. Palermo 21).

(11) $$\underline{\underline{ds}}^2 = dx^2 + dy^2 + dz^2 + dl^2$$

oder nach Gl. 5

(12) $$\underline{\underline{ds}}^2 = dx^2 + dy^2 + dz^2 - c^2 dt^2.$$

Nennen wir die Geschwindigkeit des bewegten Massenpunktes (in bezug auf das gewählte System) $\mathfrak{v}$, so ist

(13) $$v^2 = \left(\frac{dx}{dt}\right)^2 + \left(\frac{dy}{dt}\right)^2 + \left(\frac{dz}{dt}\right)^2,$$

und Gl. 12 läßt sich daher auch in der Form schreiben

(14) $$\underline{\underline{ds}}^2 = (v^2 - c^2)\,dt^2.$$

Wir denken uns nun neben dem bisher betrachteten ganz beliebigen ein zweites vierdimensionales Koordinatensystem konstruiert, das die spezielle Eigenschaft habe, daß seine l-Achse mit der Richtung des betrachteten Weltlinienelementes zusammenfalle (oder ihm parallel sei).[5] Wir wollen die Koordinaten in diesem zweiten, ganz speziellen Bezugssystem ξ, η, ζ, $ic\tau$ nennen. Wegen der Lage des zweiten Koordinatensystems wird dann für das betrachtete Weltlinienelement

(15) $$d\xi = d\eta = d\zeta = 0\ ,$$

so daß die allgemein gültige Gl. 12 in ihrer Anwendung auf das besondere zweite System die Form annimmt

(16) $$\underline{\underline{ds}}^2 = -\,c^2 d\tau^2.$$

Da nach der Relativitätstheorie Relativgeschwindigkeiten, die größer sind als die Lichtgeschwindigkeit, ausgeschlossen sind (vgl. § 125, Anm. 1), so kann auch v nie größer als c werden. Es wird daher nach Gl. 14, falls $\underline{\underline{ds}}$ das Element einer eine Bewegung darstellenden Weltlinie ist, $\underline{\underline{ds}}^2$ jedenfalls negativ und somit $d\tau^2$ positiv; in dem zweiten Koordinatensystem werden also dann wie in dem ersten die Raum- und Zeitgrößen reelle Größen sein. Da nun die Länge des Weltlinienelementes und somit auch $\underline{\underline{ds}}^2$ vom Bezugssystem völlig unabhängig sind, so muß dasselbe auch von der Größe $d\tau$ gelten, die man als das zur Weltlinie gehörige Element der Eigenzeit des bewegten Massenpunktes bezeichnet.[6] Auf Grund der Gl. 14 läßt sich auch ohne weiteres der Zusammenhang angeben, in dem das Eigenzeitelement zu dem in einem beliebigen Bezugssystem gemessenen Zeitelement steht. Aus Gl. 14 und 16 folgt nämlich

(17) $$d\tau = dt\sqrt{1 - \frac{v^2}{c^2}}.$$

---

[5] Nur für eine gleichförmige Bewegung ist natürlich die Weltlinie gerade, für eine ungleichförmige hingegen gekrümmt.

[6] Die Eigenzeit selbst, von einem bestimmten Augenblicke an gemessen, findet man, indem man $d\tau$ von dem Punkte der Weltlinie an integriert, der der Anfangszeit entspricht.

Wir wollen ein ausgezeichnetes Bezugssystem, dessen l-Achse dieselbe Richtung habe wie das Weltlinienelement, ein Eigensystem (für das betrachtete Stück der Bewegung) nennen.[7] Da für das Eigensystem die Geschwindigkeit Null wird, so pflegt man auch kurz zu sagen, daß durch den Übergang zu einem System, dessen l-Achse die Richtung des Weltlinienelementes hat, der Massenpunkt auf Ruhe transformiert werde.

Wir wollen schließlich zwei voneinander endlich weit entfernte Weltpunkte betrachten und sie auf ein beliebiges Bezugssystem beziehen. In bezug auf dieses sei der räumliche Abstand der beiden Weltpunkte Δr und der zeitliche Δt, also

(18) $$\Delta \underline{\underline{s}}^2 = \Delta r^2 - c^2 . \Delta t^2 .$$

Wir wollen nun zwei Fälle unterscheiden; im ersten Falle sei

(19) $$\Delta r < c . \Delta t ,$$

für das betrachtete Bezugssystem sei also Δs^2 negativ. Wir können dann den zwischen den beiden Weltpunkten gezogenen „Weltvektor" als Weltlinie einer Bewegung auffassen, bei der in der Zeit Δt der Weg Δr gleichförmig zurückgeführt wird. Indem wir den Weltvektor zur Zeitachse machen, somit Δr zum Verschwinden bringen, können wir die beiden Weltpunkte gleichörtlich im räumlichen Sinne machen. Gehen wir von dem Bezugssystem, dessen zeitliche Achse mit dem Weltvektor zusammenfällt, zu irgendeinem anderen über, das gegenüber jenem mit der Geschwindigkeit v' gleichförmig bewegt sei, so wird in diesem Bezugssystem

(20) $$\Delta r'^2 = v'^2 . \Delta t'^2 ,$$

und da v' nach einem fundamentalen Satze der Relativitätstheorie nicht größer sein kann als c, so ist somit, wenn die Ungleichung (19) für irgendein Bezugssystem zutrifft, Δs^2 in jedem Bezugssystem negativ.

Der zweite mögliche Fall ist der, daß

(21) $$\Delta r > c . \Delta t$$

ist. Es erscheint dann keine Bewegung möglich, die durch den zwischen den beiden Weltpunkten gezogenen Weltvektor repräsentiert werden könnte; denn eine solche Bewegung müßte für das betrachtete Bezugssystem mit Überlichtgeschwindigkeit erfolgen, was ja eben unmöglich ist. Es ist daher auch unmöglich, durch Übergang zu einem anderen Bezugssystem den Weltvektor zu einer Zeitachse zu machen. Trifft die Ungleichung (21) auch nur für ein einziges Bezugssystem zu, so ist Δs^2 in jedem Bezugssystem positiv. Der Weltvektor läßt sich dann nur zu einer räumlichen Achse machen. Da, wenn wir mit seiner Rich-

[7] Die Lage der ξ-, η- und ζ-Achse im Eigensystem ist natürlich ganz gleichgültig; worauf es ankommt, ist nur die Lage der $i c t$-Achse.

tung etwa die x-Richtung zusammenfallen lassen, für beide Weltpunkte die y-, z- und l-Koordinaten dieselben sind, lassen sich derart bei Zutreffen der Ungleichung (21) die beiden Weltpunkte gleichzeitig machen.

In den beiden entgegengesetzten Fällen der Ungleichungen (19) und (21) zeigt also der zwischen den beiden Weltpunkten gezogene Weltvektor durchaus verschiedenen Charakter. Im ersten Falle kann er nur zu einer Zeitachse gemacht werden, im zweiten Falle nur zu einer räumlichen Achse. Im ersten Falle spricht man darum von einem zeitartigen, im zweiten Falle von einem raumartigen Weltvektor. Im ersten Falle können die durch den Vektor verbundenen Weltpunkte gleichörtlich gemacht werden, im zweiten Falle gleichzeitig; das Umgekehrte ist in keinem der beiden Fälle möglich.[8]

---

[8] Besser läßt sich der Unterschied zwischen zeit- und raumartigen Weltvektoren veranschaulichen, wenn man sich der Darstellung in der x-ct-Ebene wie am Anfange dieses Abschnittes bedient, also statt der l-Koordinate eine reelle Koordinate einführt, die etwa mit u bezeichnet werde und gleich sei ct (also nicht ict). Wir betrachten der Einfachheit wegen zunächst wieder nur eine einzige räumliche Koordinate. In der x-u-Ebene zeichnen wir ein rechtwinkliges Koordinatensystem. Die LORENTZ-Transformation erscheint dann in graphischer Darstellung als Übergang zu den neuen Achsen Ox' und Ou', wobei die neuen Achsen mit den alten einen Winkel ψ und untereinander einen Winkel von $90° - 2\psi$ bilden; die Tangente des Winkels ψ ist aber gleich dem Quotienten aus der Relativgeschwindigkeit der beiden Bezugssysteme und aus der Lichtgeschwindigkeit (Fig. 78). Die Größe der Längen- und der Zeiteinheit im neuen System läßt sich durch diese graphische Darstellung (wie hier nur ohne Beweis mitgeteilt sei) sehr einfach ermitteln. Man konstruiert dazu die beiden gleichseitigen Hyperbeln

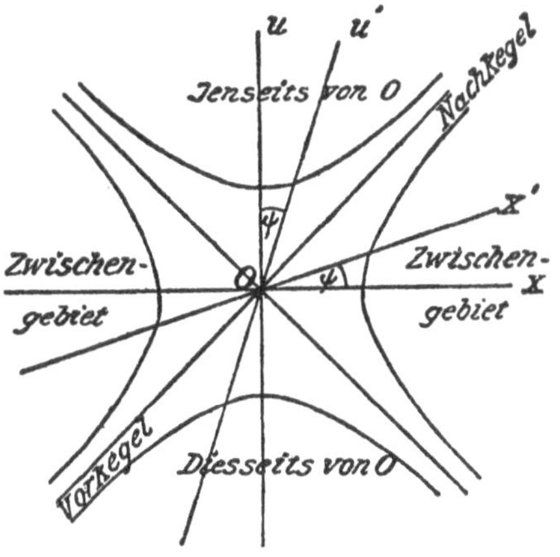

Fig. 78.

$$x^2 - u^2 = \pm 1 .$$

Die Stücke der x'- und der u'-Achse, die von dem Ursprung O bis zu den Hyperbeln reichen, stellen dann, auf das alte System bezogen, die neue Längen- und die neue Zeiteinheit dar (letztere noch multipliziert mit c). Durch das geradlinige Asymptotenpaar

$$x^2 - u^2 = 0$$

ist die Ausbreitung einer Lichtwelle dargestellt. Denken wir uns noch eine y-Achse hinzu, so tritt an die Stelle des Asymptotenpaares ein Doppelkegel, kommt noch eine z-Achse hinzu, eine doppelte kegelartige Überfläche, die als Lichtkegel bezeichnet wird. Der Lichtkegel besteht aus einem Vorkegel und einem Nachkegel. Jener ($u < 0$) stellt die Ausbreitung einer Lichtwelle dar, die zu der Zeit $t = 0$ in dem Raumpunkte $x = y = z = 0$ eintrifft. Der Nachkegel stellt die Ausbreitung einer Lichtwelle dar, die zu der Zeit $t = 0$ von dem Raumpunkte

§ 129. Die relativistische Dynamik.

Das Relativitätsprinzip verlangt, daß alle Naturvorgänge, die in einem Bezugssystem durch bestimmte Gleichungen zwischen den Koordinaten x, y, z, t beschrieben werden, in einem anderen, mit dem ersten durch eine LORENTZ-Transformation verknüpften Bezugssystem durch dieselben Gleichungen zwischen den Koordinaten x', y', z', t' dargestellt werden. Der Relativitätstheorie entsteht daher eine grundlegende Aufgabe in der Aufsuchung einer allgemein gültigen, gegenüber einer LORENTZ-Transformation invarianten Beziehung, als deren Spezialfall sich das zweite NEWTONsche Bewegungsgesetz als das Grundgesetz der klassischen Mechanik erweisen müßte. Wenn es nun ein ausgezeichnetes System gibt, für welches die allgemeine Beziehung in ihrer speziellen Form gilt, dann kann dieses System offenbar nur das Eigensystem als das einzige ausgezeichnete System sein. Für das Eigensystem werden wir daher das zweite NEWTONsche Bewegungsgesetz beibehalten dürfen. Nennen wir die durch die Komponenten

$$\frac{d^2\xi}{d\tau^2}, \quad \frac{d^2\eta}{d\tau^2}, \quad \frac{d^2\zeta}{d\tau^2}$$

definierte Beschleunigung im Eigensystem kurz die Eigenbeschleunigung, so können wir durch den Quotienten aus der angreifenden Kraft und der Eigenbeschleunigung eine von dem Bezugssystem unabhängige skalare Größe

$$\mu = \frac{\mathfrak{K}}{\mathfrak{b}_0} \tag{1}$$

definieren. Diese Größe μ wird als die Eigenmasse des materiellen Punktes bezeichnet.

In § 128 ist nun gezeigt worden, daß ebenso wie die Länge $\underline{\underline{ds}}$ des Weltlinienelementes auch die Dauer des zugehörigen Elementes der Eigenzeit eine von dem gewählten Bezugssystem völlig unabhängige Größe darstellt; dasselbe muß daher auch für den Quotienten $\underline{\underline{ds/d\tau}}$ gelten. Nach Gl. 11 des § 128 ist aber

---

$x = y = z = 0$ ausgeht. — Durch den Lichtkegel zerfällt die vierdimensionale x-y-z-u-Mannigfaltigkeit (die aber nicht die Invarianzeigenschaften der x-y-z-l-Mannigfaltigkeit besitzt) in drei Teile: Erstens das Gebiet jenseits von O, in der Zeichenebene begrenzt durch die beiden Asymptotenäste, für die u positiv ist. Nach jedem Weltpunkte dieses Teilgebietes läßt sich ein zeitartiger Vektor ziehen, der zu einem Weltpunkte führt, der später ist als der Ursprung. Zweitens das Gebiet diesseits von O, in der Zeichenebene begrenzt durch die beiden Asymptotenäste, für die u negativ ist. Nach jedem Weltpunkte dieses Teilgebietes läßt sich ein zeitartiger Vektor ziehen, der zu einem Weltpunkte führt, der früher als O ist. Drittens als übriger Teil der Mannigfaltigkeit das zweiteilige Zwischengebiet. Zu seinen Weltpunkten lassen sich von dem Ursprung raumartige Vektoren ziehen, so daß die Punkte des Zwischengebietes mit dem Ursprung gleichzeitig gemacht werden können.

$$(2)\qquad \frac{d\underline{\underline{s}}}{d\tau} = \sqrt{\left(\frac{dx}{d\tau}\right)^2 + \left(\frac{dy}{d\tau}\right)^2 + \left(\frac{dz}{d\tau}\right)^2 + \left(\frac{dl}{d\tau}\right)^2}\,.$$

Wir können daher von einem vierdimensionalen Vektor (einem sogenannten „Weltvektor") mit den Komponenten $dx/d\tau$, $dy/d\tau$, $dz/d\tau$ und $dl/d\tau$ sprechen. Wir wollen diesen symbolischen Vektor die MINKOWSKI-Geschwindigkeit nennen und mit $\underline{\underline{\mathfrak{q}}}$ bezeichnen. (Daß es sich um einen vierdimensionalen Vektor handelt, soll eben durch den Doppelstrich unter dem deutschen Buchstaben ausgedrückt werden.) Im allgemeinen wollen wir, wenn ein beliebiger vierdimensionaler Vektor $\underline{\underline{\mathfrak{A}}}$ mit den Komponenten A_x, A_y, A_z, A_l gegeben ist, den rein räumlichen dreidimensionalen Vektor, den wir aus den drei Komponenten A_x, A_y, A_z zusammensetzen können, mit $\mathfrak{A}$ (ohne den Doppelstrich) bezeichnen und ihn den räumlichen Bestandteil oder die Raumkomponente des vierdimensionalen Vektors $\underline{\underline{\mathfrak{A}}}$ nennen. Die Größe

$$\sqrt{A_x^2 + A_y^2 + A_z^2 + A_l^2}$$

wollen wir mit $\underline{\underline{A}}$ bezeichnen und den absoluten Betrag des vierdimensionalen Vektors nennen; hingegen sei der absolute Betrag des räumlichen Vektors $\mathfrak{A}$ mit A bezeichnet. Es gilt dann die Beziehung

$$(3)\qquad \underline{\underline{A}}^2 = A^2 + A_l^2\,.$$

Für die vier Komponenten der MINKOWSKI-Geschwindigkeit ergeben sich nun nach Gl. 2 die Werte

$$(4)\qquad \begin{cases} q_x = \dfrac{dx}{d\tau} = \dfrac{dx}{dt}\cdot\dfrac{dt}{d\tau} \quad \text{usw.} \\[2ex] q_l = \dfrac{dl}{d\tau} = \dfrac{dl}{dt}\cdot\dfrac{dt}{d\tau}\,. \end{cases}$$

Nun ist aber, wenn wir die „gewöhnliche" Geschwindigkeit (d. h. die Geschwindigkeit im Sinne der klassischen Mechanik) mit $\mathfrak{v}$ bezeichnen,

$$(5)\qquad \frac{dx}{dt} = v_x \quad \text{usw.}$$

Andererseits ist nach Gl. 5 des § 128

$$(6)\qquad \frac{dl}{dt} = ic\,.$$

Schließlich ist nach Gl. 17 des § 128

$$(7)\qquad \frac{dt}{d\tau} = \frac{1}{\sqrt{1 - \frac{v^2}{c^2}}}\,.$$

Es wird somit

$$(8)\qquad \mathfrak{q} = \frac{\mathfrak{v}}{\sqrt{1 - \frac{v^2}{c^2}}}\,.$$

und

(9) $$q_l = \frac{i c}{\sqrt{1 - \frac{v^2}{c^2}}}.$$

Aus Gl. 3 folgt daher

$$\underline{\underline{q}}^2 = \frac{v^2 - c^2}{1 - \frac{v^2}{c^2}}$$

oder, in Übereinstimmung mit Gl. 16 des § 128,

(10) $$\underline{\underline{q}} = i c.$$

Der absolute Betrag der MINKOWSKI-Geschwindigkeit ist also eine für alle Bewegungen gleiche Konstante.

Da die MINKOWSKI-Geschwindigkeit, wie Gl. 2 zeigt, in völliger Analogie zu der räumlichen Geschwindigkeit der klassischen Mechanik steht, so liegt der Gedanke nahe, in Analogie zu dem Kraftbegriff der klassischen Mechanik einen vierdimensionalen Vektor dadurch zu definieren, daß man ihn gleichsetzt dem eigenzeitlichen Differentialquotienten des Produktes aus Eigenmasse und MINKOWSKI-Geschwindigkeit. In der Tat ist ja in der klassischen Mechanik nach dem zweiten NEWTONschen Bewegungsgesetz die Kraft mit einer Änderung der Bewegungsgröße oder, wie man auch sagt, des Impulses durch die Beziehung verknüpft

(11) $$\mathfrak{K} = \frac{d}{dt}(m \mathfrak{v}).$$

In völliger Analogie hierzu definieren wir einen vierdimensionalen Vektor $\underline{\underline{\mathfrak{P}}}$, den wir als die MINKOWSKI-Kraft bezeichnen, durch die Gleichung

(12) $$\underline{\underline{\mathfrak{P}}} = \frac{d}{d\tau}(\mu \underline{\underline{\mathfrak{q}}}).$$

Was die Gl. 11 betrifft, so stellt sie das zweite NEWTONsche Bewegungsgesetz in der ursprünglichen Form dar, die die Kraft gleichsetzt dem zeitlichen Differentialquotienten der Bewegungsgröße.[1] Allerdings läßt sich in der klassischen Mechanik überdies noch die Größe m vor das Differentiationszeichen setzen. Es liegt aber kein Grund vor, diese überflüssige, im Wesen des zweiten NEWTONschen Bewegungsgesetzes nicht enthaltene Einschränkung auch in die folgenden Betrachtungen von vornherein mit zu übernehmen.

An Gl. 12 interessiert uns nun zunächst die Frage, in welcher Beziehung der räumliche Bestandteil des vierdimensionalen Vektors $\underline{\underline{\mathfrak{P}}}$, also der Raumvektor $\mathfrak{P}$, zu den gewöhnlichen, im Sinne der klassischen Mechanik als Geschwindigkeit, Beschleunigung und Masse bezeichneten Größen steht. Wir zerlegen hierzu die Gl. 12 in die beiden Formeln

[1] Vgl. § 2, Anm. 3.

(13) $$\mathfrak{P} = \frac{d}{d\tau}(\mu\,\mathfrak{q})$$

und

(14) $$P_l = \frac{d}{d\tau}(\mu\,q_l)$$

und befassen uns zunächst nur mit der ersten dieser beiden Gleichungen. Wir ersetzen darin $\mathfrak{q}$ durch $\mathfrak{v}$ mittels der Gl. 8 und sodann den eigenzeitlichen Differentialquotienten durch den gewöhnlichen zeitlichen mittels der Gl. 7. Wir finden so

(15) $$\mathfrak{P}\sqrt{1-\frac{v^2}{c^2}} = \frac{d}{dt}\left(\frac{\mu}{\sqrt{1-\frac{v^2}{c^2}}}\,\mathfrak{v}\right).$$

Durch diese Gleichung erscheint der räumliche Bestandteil der Minkowski-Kraft mit der Geschwindigkeit $\mathfrak{v}$ der klassischen Mechanik verknüpft. Da die Gl. 12, die die Minkowski-Kraft definiert, von dem Bezugssystem völlig unabhängig ist, so muß auch die Gl. 15 für jedes beliebige Bezugssystem Geltung besitzen.

Den Impulssatz der klassischen Mechanik können wir also (wie uns ein Vergleich der diesen Satz ausdrückenden Gl. 11 mit der Gl. 15 zeigt) nur dann in der Relativitätstheorie beibehalten, wenn wir die klassische Vorstellung von der Konstanz der Masse aufgeben. Wir müssen vielmehr annehmen, daß die Masse eine Funktion der Geschwindigkeit sei und mit der Eigenmasse durch die Beziehung zusammenhänge

(16) $$m = \frac{\mu}{\sqrt{1-\frac{v^2}{c^2}}}.$$

Für v gleich Null wird m gleich μ, weshalb die Eigenmasse auch als die Ruhmasse (und mit dem Symbol m_0) bezeichnet wird. Mit der Newtonschen Kraft $\mathfrak{K}$ hängt die räumliche Komponente der Minkowski-Kraft, wie ein Vergleich der Gl. 11 und 15 zeigt, durch die Beziehung zusammen

(17) $$\mathfrak{P} = \frac{\mathfrak{K}}{\sqrt{1-\frac{v^2}{c^2}}}.$$

Wir sehen also, daß in der relativistischen Dynamik an die Stelle des Newtonschen Kraftgesetzes die allgemeinere Beziehung tritt

(18) $$\mathfrak{K} = \frac{d}{dt}\left(\frac{\mu}{\sqrt{1-\frac{v^2}{c^2}}}\,\mathfrak{v}\right).$$

Das durch diese Formel dargestellte Grundgesetz der relativistischen Dynamik geht für den Fall, daß die Geschwindigkeit des bewegten Massenpunktes klein gegen die Lichtgeschwindigkeit ist, in das Newtonsche Kraftgesetz über, so daß also die gesamte klassische Mechanik nur als Spezialfall der allgemeineren relativistischen Mechanik erscheint.

Die aus der Relativitätstheorie nach Gl. 18 folgende Zunahme der Masse mit wachsender Geschwindigkeit[2] ist in der Tat von BUCHERER und HUPKA (1909/10) durch Beobachtung der magnetischen Ablenkung von sehr raschen β-Strahlen experimentell nachgewiesen worden. Eine zweite glänzende Bestätigung der relativistischen Dynamik stellt die schon früher (§ 87) besprochene Feinstruktur der Spektrallinien dar.[3]

In unseren bisherigen Betrachtungen haben wir die Masse definiert als diejenige Größe, mit der die Geschwindigkeit multipliziert werden muß, damit der zeitliche Differentialquotient dieses den Impuls darstellenden Produktes die angreifende Kraft ergebe. Man kann die Masse aber auch mittels der Beziehung definieren, die zwischen der Kraft und der Beschleunigung besteht. Um diese Beziehung zu finden, wollen wir, wie es bei der Ableitung der natürlichen Bewegungsgleichungen (s. § 5) geschah, ein rechtwinkliges Koordinatensystem derart legen, daß seine eine Achse mit der augenblicklichen Bewegungsrichtung, seine zweite mit der augenblicklichen Richtung der Normalen zusammenfalle; die dritte Achse steht dann auf der Schmiegungsebene senkrecht und hat die Richtung der sogenannten Binormalen. Bezeichnen wir die Komponenten der Kraft $\mathfrak{K}$, der Beschleunigung $\mathfrak{b}$ und der Geschwindigkeit $\mathfrak{v}$ nach den drei Achsen mit den Indizes 1, 2, 3, so wird

(19) $$K_3 = b_3 = v_3 = 0\,, \quad v_2 = 0\,,$$

folglich

(20) $$v_1 = v$$

und deshalb wieder (nach Gl. 7 des § 5)

(21) $$b_1 = \frac{dv}{dt}.$$

Nun folgt, wenn wir die in Gl. 18 angezeigte Differentiation nach der Zeit (unter der Voraussetzung der Konstanz der Eigenmasse) ausführen,

(22) $$\mathfrak{K} = \mathfrak{v}\,\mu \frac{d}{dt}\left(\frac{1}{\sqrt{1-\frac{v^2}{c^2}}}\right) + \frac{\mu}{\sqrt{1-\frac{v^2}{c^2}}}\,\mathfrak{b}\,.$$

[2] Nach der Theorie muß die Masse für eine mit Lichtgeschwindigkeit erfolgende Bewegung unendlich groß werden.

[3] Vor EINSTEIN hat allerdings schon ABRAHAM auf Grund der Vorstellung eines absoluten Raumes und eines kugelförmigen Elektrons eine Formel für die Massenveränderlichkeit abgeleitet. Seine Formel ist aber von der EINSTEINschen etwas verschieden; nach ihr wäre die Schwingungsdifferenz des Wasserstoffdubletts nur vierfünftelmal so groß wie nach der EINSTEINschen Formel. Die tatsächlichen Messungen bestätigen die EINSTEINsche Formel und widerlegen die von ABRAHAM.

Zerlegen wir diese vektorielle Gleichung in drei analytische unter Benutzung der Gl. 19 und 20 (die dritte, auf die Binormale bezügliche Gleichung fällt einfach weg), so erhalten wir demnach zunächst als für die erste Achse geltende Beziehung

$$K_1 = \frac{v\mu}{\left(1-\frac{v^2}{c^2}\right)^{\frac{3}{2}}}\frac{v}{c^2}\frac{dv}{dt} + \frac{\mu}{\sqrt{1-\frac{v^2}{c^2}}}\,b_1$$

oder, wenn wir beide Brüche auf gleichen Nenner bringen und schließlich auch Gl. 21 benutzen,

$$K_1 = \frac{\mu}{\left(1-\frac{v^2}{c^2}\right)^{\frac{3}{2}}}\,b_1\,. \tag{23}$$

Für die zweite Achse ergibt sich aus Gl. 22 (da nach Gl. 19 v_2 einfach verschwindet)

$$K_2 = \frac{\mu}{\sqrt{1-\frac{v^2}{c^2}}}\,b_2\,. \tag{24}$$

Während also in der klassischen Mechanik der Quotient K_1/b_1 und der Quotient K_2/b_2 gleich groß sind, sind in der relativistischen Dynamik die beiden Größen voneinander verschieden. Man bezeichnet den ersten Quotienten, weil er sich auf die Komponenten in der Bewegungsrichtung bezieht, als longitudinale Masse, den zweiten Quotienten, weil er sich auf die zur Bewegung senkrechten Komponenten bezieht, als die transversale Masse. Nennen wir jene m_1 und diese m_2, so ergeben sich für beide nach Gl. 23 und 24 die Werte

$$\left\{\begin{aligned} m_1 &= \frac{\mu}{\left(1-\frac{v^2}{c^2}\right)^{\frac{3}{2}}}\,, \\ m_2 &= \frac{\mu}{\sqrt{1-\frac{v^2}{c^2}}}\,. \end{aligned}\right. \tag{25}$$

Es ist also nur die Transversalmasse der durch den Impulssatz definierten sogenannten Impulsmasse (s. Gl. 16) gleich.

Da, wie aus den Gl. 25 ersichtlich ist,

$$m_1 > m_2 \tag{26}$$

ist, ist somit auch

$$\frac{K_1}{b_1} > \frac{K_2}{b_2}$$

oder

$$\frac{b_2}{b_1} > \frac{K_2}{K_1}\,. \tag{27}$$

Kraft und Beschleunigung sind also im allgemeinen nicht gleichgerichtet; die Richtung der Beschleunigung bildet vielmehr mit der Bewegungsrichtung stets einen größeren Winkel als die Richtung der Kraft.

§ 130. Die träge Masse der Energie.

Zu sehr bedeutungsvollen Folgerungen, die sich aus der Relativitätstheorie ergeben, gelangen wir, wenn wir auf die vierdimensionale, die MINKOWSKI-Kraft definierende Vektorgleichung

$$\underline{\underline{\mathfrak{P}}} = \frac{d}{d\tau}(\mu\, \underline{\underline{\mathfrak{q}}}) \tag{1}$$

(Gl. 12 des § 129) die Integrationsmethode anwenden, die in der klassischen Mechanik zu dem Satze von der Erhaltung der mechanischen Energie führt. In der klassischen Mechanik ergibt sich ja (s. § 12), wenn wir die das zweite NEWTONsche Bewegungsgesetz darstellende Gleichung

$$\mathfrak{K} = \frac{d}{dt}(m\,\mathfrak{v}) \tag{2}$$

skalar mit der Geschwindigkeit multiplizieren, die das Energieprinzip ausdrückende Beziehung

$$\mathfrak{K}\,\mathfrak{v} = \frac{dL}{dt}, \tag{3}$$

wobei die kinetische Energie

$$L = \frac{1}{2} m v^2 \tag{4}$$

ist.

Wir zerlegen nun die Gl. 1 in die beiden Gleichungen[1]

$$\mathfrak{P} = \frac{d}{d\tau}(\mu\,\mathfrak{q}) = \mu \frac{d\mathfrak{q}}{d\tau} + \mathfrak{q}\frac{d\mu}{d\tau} \tag{5}$$

(welche Gleichung sich also nur auf die räumlichen Komponenten bezieht) und

$$P_l = \frac{d}{d\tau}(\mu\, q_l) = \mu\frac{dq_l}{d\tau} + q_l\frac{d\mu}{d\tau}. \tag{6}$$

Sodann multiplizieren wir die Gl. 5 skalar mit $\mathfrak{q}$ und die Gl. 6 mit q_l. Addieren wir nunmehr die beiden Gleichungen, so finden wir

$$\mathfrak{P}\,\mathfrak{q} + P_l q_l = \mu\left(\mathfrak{q}\frac{d\mathfrak{q}}{d\tau} + q_l\frac{dq_l}{d\tau}\right) + \frac{d\mu}{d\tau}(q^2 + q_l^2). \tag{7}$$

Nun ist aber

$$\mathfrak{q}\frac{d\mathfrak{q}}{d\tau} + q_l\frac{dq_l}{d\tau} = \frac{1}{2}\frac{d}{d\tau}(q^2 + q_l^2).$$

Andererseits ist nach Gl. 3 und 10 des § 129

$$q^2 + q_l^2 = \underline{\underline{q}}^2 = -c^2,$$

[1] Bezüglich der Größe μ wollen wir von vornherein keinerlei einschränkende Voraussetzungen machen; bei der Differentiation des Produktes $\mu\,\mathfrak{q}$ nach der Zeit wollen wir daher keineswegs von vornherein μ als konstant ansehen.

also konstant, so daß der eigenzeitliche Differentialquotient hiervon verschwindet. Gl. 7 läßt sich also auf die einfache Form bringen[2]

(8) $$\mathfrak{P}\mathfrak{q} + P_l q_l = - c^2 \frac{d\mu}{d\tau}.$$

Wir wollen nun zunächst den speziellen Fall betrachten, daß die Eigenmasse des bewegten Körpers sich mit der Zeit nicht ändere, was keineswegs von vornherein als allgemein gültig angesehen zu werden braucht. Ist also μ konstant, so nimmt die Gl. 8 die einfache Form an

(9) $$\mathfrak{P}\mathfrak{q} = - P_l q_l.$$

Nun ist aber nach Gl. 8 und 17 des § 129

(10) $$\mathfrak{P}\mathfrak{q} = \frac{\mathfrak{K}\mathfrak{v}}{1 - \frac{v^2}{c^2}}.$$

Andererseits ist nach Gl. 14 und 9 des § 129

$$P_l q_l = - \frac{c^2}{\sqrt{1 - \frac{v^2}{c^2}}} \cdot \frac{d}{d\tau}\left(\frac{\mu}{\sqrt{1 - \frac{v^2}{c^2}}}\right).$$

Hierfür können wir aber auf Grund der Gl. 7 des § 129 auch schreiben

(11) $$P_l q_l = - \frac{1}{1 - \frac{v^2}{c^2}} \frac{d}{dt}\left(\frac{\mu c^2}{\sqrt{1 - \frac{v^2}{c^2}}}\right).$$

Setzen wir nun in die Gl. 9 die Werte aus den Gl. 10 und 11 ein, so erhalten wir die Formel

(12) $$\mathfrak{K}\mathfrak{v} = \frac{d}{dt}\left(\frac{\mu c^2}{\sqrt{1 - \frac{v^2}{c^2}}}\right).$$

Diese Gleichung muß für jedes beliebige Koordinatensystem gelten, weil ja die vierdimensionale Vektorgleichung (1), aus der sie gewonnen wurde, von dem Bezugssystem unabhängig ist. Wie ein Vergleich mit Gl. 3 zeigt, können wir also auch in der relativistischen Dynamik den Energiesatz beibehalten, wofern wir die einfache klassische Formel für die lebendige Kraft durch die kompliziertere Beziehung ersetzen

(13) $$L = \frac{\mu c^2}{\sqrt{1 - \frac{v^2}{c^2}}}.$$

---

[2] Die Summe $\mathfrak{P}\mathfrak{q} + P_l q_l$ wird auch symbolisch als das innere Produkt der beiden Vierervektoren der Minkowski-Kraft und der Minkowski-Geschwindigkeit bezeichnet.

oder, wenn wir an die Stelle der Eigenmasse mittels der Gl. 16 des § 129 die Impulsmasse setzen,

$$(14) \qquad L = m\,c^2\,.$$

Formen wir die rechte Seite der Gl. 13 mittels des binomischen Lehrsatzes um (s. Gl. 12 des § 121), so finden wir

$$(15) \qquad L = \mu\,c^2 + \frac{1}{2}\mu\,v^2 + \frac{3}{8}\mu\frac{v^4}{c^2} + \dots$$

Die Differenz $(L - \mu\,c^2)$, die in erster Annäherung gleich ist $\frac{1}{2}\mu\,v^2$, stellt also die kinetische Energie des bewegten Massenpunktes dar, deren Wert demnach von dem Bezugssystem abhängt. Für v gleich 0, also auf ein Eigensystem bezogen, wird

$$(16) \qquad L_0 = \mu\,c^2\,.$$

Diese Größe bezeichnet man als die Eigenenergie des bewegten Körpers. Ihr gegenüber ist die sogenannte kinetische Energie im allgemeinen verschwindend klein; selbst die Wucht einer abgeschossenen Gewehrkugel würde nur ungefähr den billionsten Teil ihrer Eigenenergie darstellen.

Aus Gl. 16 müssen wir aber nun weiterhin wohl schließen, daß jede Änderung der Eigenenergie eines Körpers verbunden sein muß mit einer äquivalenten Änderung der Eigenmasse. Eine etwa durch Strahlung oder Erwärmung bedingte Aufnahme von Energie von dem Betrage W muß eine Vermehrung der Eigenmasse um die Größe

$$(17) \qquad m = \frac{W}{c^2}\,,$$

hingegen eine Abgabe von Energie in derselben Größe eine gleich große Verminderung der Masse zur Folge haben.

Wenn aber, wie hieraus folgt, der Energie als solchen eine träge Masse zugeschrieben werden muß, dann erscheinen in der Relativitätstheorie die Sätze von der Erhaltung der Energie und von der Erhaltung der Masse nicht mehr als voneinander unabhängige, selbständige Prinzipe, sie sind vielmehr durch die Relativitätstheorie zu einem einzigen Prinzip verschmolzen. Die Ursache dafür, daß trotzdem mit ungemein großer Annäherung beide Sätze ihre selbständige Rolle innehaben, liegt in der verschwindenden Kleinheit der Masseänderungen, die mit beobachtbaren Energieänderungen verbunden sind. So würde z. B. selbst der durch die ungeheure Wärmeentwicklung des Radiums bewirkte und auf 1 g bezogene Massenverlust in einem Jahre nur etwa $5 \cdot 10^{-8}$ g, also einen kaum nachweisbaren Betrag ergeben.

Der durch die Gl. 17 ausgedrückte Satz von der Trägheit der Energie ist für einen speziellen Fall von EINSTEIN (1905) entdeckt und dann auf Grund der zuerst von MOSENGEIL uud von HASENÖHRL festgestellten Trägheit der Hohlraumstrahlung durch PLANCK zu einem der wichtigsten Prinzipe der modernen Physik ausgestaltet worden.

Ein wichtiges Anwendungsgebiet scheint sich neuestens für den Satz von der Trägheit der Energie in der Atomtheorie zu erschließen. Durch diesen Satz werden zunächst die Abweichungen der Atomgewichte von den ganzen Zahlen verständlich, weiterhin aber auch Probleme der Kernstabilität geklärt. Erfordert die Bildung eines Atomkernes eine Arbeit W, so muß nach dem Satze von der Trägheit der Energie das betreffende Atom einen Massendefekt von dem Betrage W/c^2 aufweisen. Die Abweichung des Atomgewichtes von der ganzen Zahl wäre also, wenn L die LOSCHMIDTsche Zahl bedeutet, durch den Ausdruck bestimmt $L\,W/c^2$.

Andererseits ist eine Zertrümmerung des Atomkernes nur möglich, wenn eine Energie zur Verfügung steht, die dem Massendefekt äquivalent ist. Für Helium ist z. B. der in Atomgewichtseinheiten gemessene Massendefekt gleich der Differenz zwischen dem vierfachen Atomgewichte des Wasserstoffs und dem des Heliums, also (nach Gl. 24 des § 84) $4 . 1{,}0077 - 4{,}002$ oder 0,029. Die außerordentliche Stabilität der Heliumkerne wird verständlich, wenn wir nun etwa das Massenäquivalent der kinetischen Energie eines sehr raschen α-Teilchens berechnen (das ja selbst einen Heliumkern darstellt). α-Teilchen, die von Ra-C ausgesandt werden, haben die hohe Geschwindigkeit von $c/15$ und in Atomgewichtseinheiten die Masse 4. Das Massenäquivalent der kinetischen Energie eines solchen α-Teilchens ist also in Atomgewichtseinheiten $2/(15)^2$ oder 0,009; es beträgt also nur ein Drittel des Massendefektes des α-Teilchens selbst. Dadurch erklärt es sich eben, daß bei der künstlichen Zerlegung der Stickstoffkerne (§ 96) die zusammenstoßenden α-Teilchen selbst der Zertrümmerung entgehen.

§ 131. Der Materietensor.

Ebenso wie der Begriff des Vektors läßt sich auch der des Tensors (§ 28) aus dem Drei- in das Vierdimensionale übertragen. In einer Mannigfaltigkeit von beliebiger Dimensionszahl hat ein Tensor im allgemeinen soviel Komponenten, als die Zahl der möglichen zweifachen Koordinatenkombinationen beträgt; in einer n-dimensionalen Mannigfaltigkeit ist daher die Zahl der Komponenten gleich n^2, und ein „Welttensor“ hat somit sechzehn Komponenten nach folgendem Schema:

$$(1)\qquad \left\{\begin{matrix} t_{xx} & t_{xy} & t_{xz} & t_{xl} \\ t_{yx} & t_{yy} & t_{yz} & t_{yl} \\ t_{zx} & t_{zy} & t_{zz} & t_{zl} \\ t_{lx} & t_{ly} & t_{lz} & t_{ll} \end{matrix}\right. .$$

Die 16 Größen, die in diesem Schema vereinigt sind, bilden dann die Komponenten eines Tensors, wenn sie sich bei Koordinatentransformationen so transformieren wie die Produkte von Vektorkomponenten, und daraus folgt umgekehrt, daß man (wie später in § 134 allgemeiner exakt bewiesen werden wird) die Komponenten eines Tensors erhält, wenn man die Komponenten zweier Vektoren paarweise miteinander multipliziert. Natürlich kann man auch aus jedem Vektor einen Tensor derart ableiten, daß man alle seine Komponenten paarweise untereinander multipliziert.

Mittels dieser Methode wollen wir einen Tensor aus dem Vektor ableiten, dessen Komponenten die vierdimensionalen Richtungskosinus eines Weltlinienelementes darstellen. Dieser Vektor hat also die Komponenten

$$\frac{dx}{ds}, \quad \frac{dy}{ds}, \quad \frac{dz}{ds}, \quad \frac{dl}{ds}. \tag{2}$$

Da ds gleich ist $ic\,d\tau$ (nach Gl. 16 des § 128), so ist dieser Vektor nichts anderes als die noch mit $-i/c$ multiplizierte MINKOWSKI-Geschwindigkeit. Ist $\mathfrak{v}$ die räumliche Geschwindigkeit, so sind also (nach Gl. 8 und 9 des § 129) die vier Vektorkomponenten

$$-\frac{i}{c}\frac{\mathfrak{v}}{\sqrt{1-\frac{v^2}{c^2}}}, \quad \frac{1}{\sqrt{1-\frac{v^2}{c^2}}}. \tag{3}$$

Der Tensor, der sich ergibt, wenn man die vier Komponenten dieses Vektors paarweise untereinander multipliziert, hat also die Komponenten

$$\left\{\begin{array}{ll} t_{xx} = \frac{v_x^2}{c^2 - v^2}, & t_{xy} = \frac{v_x v_y}{c^2 - v^2}, \\ t_{xl} = -\frac{i c v_x}{c^2 - v^2}, & t_{ll} = \frac{c^2}{c^2 - v^2}, \end{array}\right. \tag{4}$$

und analoge Ausdrücke gelten für die anderen Komponenten. Zugleich bemerken wir, daß die Komponenten dieses Tensors ihren Wert nicht ändern, wenn die beiden Indizes vertauscht werden; es ist

$$t_{xy} = t_{yx}; \quad t_{xl} = t_{lx} \quad \text{usw.} \tag{5}$$

Einen derartigen Tensor nennt man symmetrisch. Ein symmetrischer Welttensor ist also, obwohl er 16 Komponenten hat, doch bereits durch zehn Größen bestimmt.

Andererseits wollen wir an Stelle der bisher betrachteten Masse die Massendichte einführen. Dichte ist Quotient aus Masse und Volumen; dabei müssen wir aber beachten, daß das Volumen V durch eine LORENTZ-Transformation geändert wird. Denn da durch eine solche in der Bewegungsrichtung die Lineardimensionen im Verhältnis $1 : \sqrt{1 - v^2/c^2}$ verkleinert werden, während in der y- und z-Richtung keine Kontraktion eintritt, so ist zwar nicht V selbst, wohl aber

(6) $$\frac{V}{\sqrt{1-\frac{v^2}{c^2}}} = \text{invariant,}$$

nämlich von dem Bezugssystem unabhängig. Dividieren wir die ebenfalls vom Bezugssystem unabhängige Eigenmasse μ durch diese Invariante, so müssen wir somit wiederum einen Skalar erhalten, der mit ϱ_0 bezeichnet werde. Es ist also

(7) $$\varrho_0 = \frac{\mu}{V}\sqrt{1-\frac{v^2}{c^2}}.$$

Andererseits ist nun, wenn die Impulsmasse mit m bezeichnet wird, nach Gl. 16 des § 129

(8) $$\mu = m\sqrt{1-\frac{v^2}{c^2}}.$$

Da der Quotient m/V die Massendichte ϱ darstellt, ist also

(9) $$\varrho_0 = \varrho\,\frac{c^2-v^2}{c^2}.$$

Multiplizieren wir demnach die Komponenten des Tensors t noch mit der Invariante ϱ_0, so erhalten wir für die Komponenten des derart gebildeten neuen Tensors, der T genannt werde, nach Gl. 4 die Werte

(10) $$\left\{\begin{array}{ll} T_{xx} = \varrho\,\frac{v_x^2}{c^2}, & T_{xy} = T_{yx} = \varrho\,\frac{v_x v_y}{c^2}, \\ T_{xl} = T_{lx} = -\,\frac{i\varrho v_x}{c}, & T_{ll} = \varrho; \end{array}\right.$$

und analoge Ausdrücke erhalten wir für die übrigen Komponenten.

Die rein zeitliche Komponente dieses Tensors stellt also nichts anderes als die Dichte der Materie dar; wir wollen darum im folgenden diesen Tensor kurz den Materietensor nennen. Aber auch die räumlich-zeitlichen Komponenten (T_{xl}, T_{yl}, T_{zl}) haben eine einfache Bedeutung. Ist die Geschwindigkeit klein gegenüber der Lichtgeschwindigkeit, so stellen nämlich diese Komponenten nichts anderes dar als die noch mit $-i/c$ multiplizierte Dichte der Bewegungsgröße oder Impulsdichte. Die rein räumlichen Komponenten werden, wenn die mechanische Geschwindigkeit klein ist gegenüber der Lichtgeschwindigkeit, klein von der zweiten Ordnung, und es wird daher dann die für eine spätere Betrachtung wichtige Summe der vier Komponenten mit gleichen Indizes

(11) $$T_{xx} + T_{yy} + T_{zz} + T_{ll} = \varrho.$$

Sind die Größen v_x, v_y, v_z klein gegen c, so wird nach den Formeln (2) und (3)

(12) $$\frac{dx}{ds},\quad \frac{dy}{ds},\quad \frac{dz}{ds}\quad \text{klein gegen}\quad \frac{dl}{ds};\quad \frac{dl}{ds} = 1.$$

Da aber wiederum $l = ict$ ist, kann, falls dl/ds gleich 1 gesetzt werden darf, endlich auch gesetzt werden

$$(13) \qquad \frac{d^2 x}{d s^2} = -\frac{1}{c^2} \frac{d^2 x}{d t^2}.$$

Auch diese Formel ist für eine spätere Betrachtung wichtig.

§ 132. Viererstrom und elektromagnetischer Feldtensor.

Indem wir von der relativistischen Mechanik zu der relativistischen Elektrodynamik übergehen, müssen wir mit den Begriffen der Elektrizitätsmenge, der Ladungsdichte und der Stromdichte beginnen. Da die elektrische Ladung eine Größe ist, die mit dem Bewegungszustand gar nichts zu tun hat, so können wir wohl annehmen, daß die Elektrizitätsmenge durch eine Lorentz-Transformation nicht geändert wird. Die Ladungsdichte, die in üblicher Weise mit ϱ bezeichnet werde (obwohl in § 131 die Massendichte auch so bezeichnet wurde), ist der Quotient aus Elektrizitätsmenge und Volumen; nach Gl. 6 des § 131 muß daher

$$(1) \qquad \varrho \sqrt{1 - \frac{v^2}{c^2}} = \text{invariant}$$

sein.

Multiplizieren wir mit dieser Invariante die vier Komponenten der Minkowski-Geschwindigkeit, so müssen also die so erhaltenen Produkte wiederum die Komponenten eines Weltvektors darstellen. Nun sind nach Gl. 8 und 9 des § 129 die vier Komponenten der Minkowski-Geschwindigkeit

$$\frac{v_x}{\sqrt{1-\frac{v^2}{c^2}}}, \quad \frac{v_y}{\sqrt{1-\frac{v^2}{c^2}}}, \quad \frac{v_z}{\sqrt{1-\frac{v^2}{c^2}}}, \quad \frac{ic}{\sqrt{1-\frac{v^2}{c^2}}}.$$

Indem wir diese Ausdrücke mit der Invariante der Gl. 1 und überdies zur Vereinfachung späterer Rechnungen mit $4\pi/c$ multiplizieren, erhalten wir also die vier Komponenten eines Weltvektors, der mit $\underline{\underline{\mathfrak{s}}}$ bezeichnet werde; es sind

$$(2) \qquad s_x = \frac{4\pi}{c} \varrho v_x; \quad s_y = \frac{4\pi}{c} \varrho v_y; \quad s_z = \frac{4\pi}{c} \varrho v_z; \quad s_l = 4\pi i \varrho.$$

Nun stellt aber das Produkt aus der Ladungsdichte und der räumlichen dreidimensionalen Geschwindigkeit nichts anderes dar als die Dichte des als Konvektionsstrom aufgefaßten elektrischen Stromes (diese Auffassung liegt ja der Elektronentheorie zugrunde; vgl. § 68). Der Weltvektor $\underline{\underline{\mathfrak{s}}}$ wird darum als Viererstrom bezeichnet. Durch Zerlegung in seine räumlichen und in seine zeitliche Komponente wird er in Konvektionsstrom und Ladung (bezogen auf die Volumeinheit) gespalten. Die Art dieser Zerlegung ist aber natürlich nur relativ und hängt von dem Standpunkt des beschreibenden Beobachters ab; eine absolute und vom Standpunkt des Beobachters unabhängige Bedeutung kommt nur dem Viererstrom als solchem zu.

Bevor wir nun zu der Frage übergehen, welche Gestalt in vierdimensionaler Darstellung die elektrodynamischen Grundgleichungen annehmen, ist zunächst noch eine kurze Zwischenbetrachtung über Welttensoren notwendig. Im vorhergehenden Abschnitt wurden bereits symmetrische Tensoren betrachtet, deren Komponenten sich nicht ändern, wenn ihre beiden Indizes vertauscht werden. Haben nun andererseits die Komponenten eines Tensors die Eigentümlichkeit, daß sie bei einer Vertauschung ihrer Indizes das Vorzeichen wechseln, so wird der Tensor als schiefsymmetrisch bezeichnet. Für einen solchen ist also beispielsweise

$$t_{xy} = -t_{yx}, \quad t_{zl} = -t_{lz}, \tag{3}$$

und da die Komponenten mit zwei gleichen Indizes sich selbst entgegengesetzt gleich sein müssen, was nur im Falle des Verschwindens möglich ist, so ist

$$t_{xx} = t_{yy} = t_{zz} = t_{ll} = 0. \tag{4}$$

Da von den 16 Komponenten eines schiefsymmetrischen Welttensors vier verschwinden und die übrigen paarweise gleichen Betrag haben, so genügen also sechs Größen, um einen schiefsymmetrischen Welttensor vollkommen zu bestimmen.

Ganz allgemein ist in einer Geometrie von beliebiger Dimensionszahl die Zahl der Komponenten eines Vektors gleich der Zahl der Koordinatenachsen, hingegen die Zahl der Komponenten eines schiefsymmetrischen Tensors gleich der Zahl der Koordinatenebenen. Im Dreidimensionalen sind beide Zahlen gleich, und daher konnte sich die oberflächliche Ausdrucksweise einbürgern, die in der dreidimensionalen Geometrie fälschlich die schiefsymmetrischen Tensoren als axiale Vektoren bezeichnet.

Die dreidimensionale Analysis ließ nun bereits erkennen, daß man aus jedem Tensor einen Vektor mittels des Zusammenhanges ableiten kann, der in der Mechanik deformierbarer Körper die auf die Volumeinheit wirkende innere Kraft mit der Spannung verknüpft. Wie die Bewegungsgleichungen des deformierbaren Körpers (Gl. 10 des § 36) zeigen, erhält man ja die Komponenten eines Vektors, wenn man die Ausdrücke bildet

$$\frac{\partial P_{xx}}{\partial x} + \frac{\partial P_{xy}}{\partial y} + \frac{\partial P_{xz}}{\partial z},$$

$$\frac{\partial P_{yx}}{\partial x} + \frac{\partial P_{yy}}{\partial y} + \frac{\partial P_{yz}}{\partial z},$$

$$\frac{\partial P_{zx}}{\partial x} + \frac{\partial P_{zy}}{\partial y} + \frac{\partial P_{zz}}{\partial z},$$

wobei mit P die Spannung bezeichnet ist. Diese Rechenoperation, die als Bildung der Vektordivergenz bezeichnet wird[1], läßt sich nun natürlich auch in das Vierdimensionale übertragen. Nennen wir die Komponenten der aus dem Welttensor t gebildeten Vektordivergenz etwa q_x, q_y usw., so gelten die Beziehungen

$$q_x = \frac{\partial t_{xx}}{\partial x} + \frac{\partial t_{xy}}{\partial y} + \frac{\partial t_{xz}}{\partial z} + \frac{\partial t_{xl}}{\partial l} \tag{5}$$

und so fort.

Nach dieser Zwischenbemerkung über die Welttensoren gehen wir nunmehr zu den elektromagnetischen Grundgleichungen über, von denen wir im Sinne des Relativitätsprinzipes postulieren müssen, daß sie unabhängig vom Bezugssystem gelten sollen. Die elektromagnetischen Grundgleichungen sind in der MAXWELLschen Theorie zwei vektorielle und zwei skalare, in analytischer Darstellung also insgesamt acht (s. Gl. 4 des § 68). Unter diesen Gleichungen bilden eine erste Gruppe von vier Gleichungen diejenigen, in denen entweder die Stromdichte oder die Ladungsdichte auftritt, im Sinne der Relativitätstheorie also die Komponenten des Viererstromes. Es sind die Gleichungen

$$\left\{\begin{aligned} \operatorname{rot} \mathfrak{H} &= \frac{4\pi}{c} \varrho \mathfrak{v} + \frac{1}{c} \frac{\partial \mathfrak{E}}{\partial t}, \\ \operatorname{div} \mathfrak{E} &= 4\pi \varrho \end{aligned}\right. \tag{6}$$

($\mathfrak{H}$ die magnetische und $\mathfrak{E}$ die elektrische Feldstärke).

Wir wollen nun die Gl. 6 nach den Komponenten des Viererstroms auflösen, zugleich aber die zeitlichen Differentialquotienten ersetzen durch solche nach der l-Koordinate. Denn da $l = i c t$ ist, so wird, wenn A eine ganz beliebige Größe darstellt,

$$\frac{1}{c} \frac{\partial A}{\partial t} = \frac{1}{c} \frac{\partial A}{\partial l} \frac{d l}{d t} = \frac{\partial (i A)}{\partial l}. \tag{7}$$

Für die Komponenten des Viererstroms finden wir somit nach den Gl. 2 und 6 die Werte

$$\left\{\begin{aligned} s_x &= \frac{\partial H_z}{\partial y} - \frac{\partial H_y}{\partial z} - \frac{\partial (i E_x)}{\partial l}, \\ s_y &= -\frac{\partial H_z}{\partial x} + \frac{\partial H_x}{\partial z} - \frac{\partial (i E_y)}{\partial l}, \\ s_z &= \frac{\partial H_y}{\partial x} - \frac{\partial H_x}{\partial y} - \frac{\partial (i E_z)}{\partial l}, \\ s_l &= \frac{\partial (i E_x)}{\partial x} + \frac{\partial (i E_y)}{\partial y} + \frac{\partial (i E_z)}{\partial z} \end{aligned}\right. \tag{8}$$

Wie wir aus diesen vom Bezugssystem unabhängigen Gleichungen erkennen, kann der Viererstrom aufgefaßt werden als Vektordiver-

[1] Die in üblicher Weise gebildete Divergenz eines Vektors (div $\mathfrak{A}$) wird auch als skalare Divergenz bezeichnet $\left(\frac{\partial A_x}{\partial x} + \frac{\partial A_y}{\partial y} + \frac{\partial A_z}{\partial z}\right)$.

genz eines schiefsymmetrischen Tensors, dessen Komponenten die Werte haben

$$(9)\qquad \left\{\begin{array}{cccc} 0 & H_z & -H_y & -iE_x\,, \\ -H_z & 0 & H_x & -iE_y\,, \\ H_y & -H_x & 0 & -iE_z\,, \\ iE_x & iE_y & iE_z & 0\;. \end{array}\right.$$

Dieser schiefsymmetrische Tensor wird als elektromagnetischer Feldtensor bezeichnet; seine rein räumlichen Komponenten stellen also die magnetische[2], seine räumlich-zeitlichen Komponenten hingegen die elektrische Feldstärke dar. Die Zerlegung des elektromagnetischen Feldes in ein elektrisches und in ein magnetisches ist also ebenso relativ wie die Unterscheidung von Raum und Zeit und ebenso vom Standpunkte des beschreibenden Beobachters abhängig. Wie so viele andere Begriffe der klassischen Physik hat auch der des Magnetismus durch die Relativitätstheorie seine absolute Bedeutung verloren.

Die erste Gruppe der elektromagnetischen Grundgleichungen läßt sich also in die knappe Aussage zusammenfassen, daß der Viererstrom die Vektordivergenz des elektromagnetischen Feldtensors darstelle. Aber auch die zweite Gruppe der Grundgleichungen findet in vierdimensionaler Darstellung einen einfachen Ausdruck. Wir brauchen hierzu nur den Begriff der Rotation aus dem Drei- in das Vierdimensionale zu übertragen.

Wir wollen unter h, k, r drei beliebige unter den vier Indizes x, y, z, l verstehen und auch allgemein die Koordinaten durch x mit einem Index bezeichnen; es bedeute also x_h die x- oder y- oder z- oder l-Koordinate, je nachdem ob der Index h gleich ist x oder y oder z oder l. Wir können dann von einem beliebigen Weltvektor $\underline{\underline{\mathfrak{A}}}$ 16 Größen nach dem Schema ableiten

$$(10)\qquad B_{hk} = \frac{\partial A_k}{\partial x_h} - \frac{\partial A_h}{\partial x_k}\,.$$

Von diesen Größen sind vier gleich null (wenn $h = k$ ist), die anderen zwölf sind paarweise entgegengesetzt gleich. Die Größen B_{hk} stellen nun (wie hier nicht exakter bewiesen zu werden braucht) die Komponenten eines schiefsymmetrischen Tensors dar, der als die Rotation des Weltvektors bezeichnet wird.[3] Man erkennt auch leicht, daß die dreidimensionale Rotation nach ganz derselben Gleichung gebildet wird, nur

[2] Die Vorzeichen kann man sich folgendermaßen merken. Sind h, k, r drei beliebige unter den drei Indizes x, y, z, so gilt die Regel: die h-k-Komponente des Feldtensors ist mit positivem Vorzeichen gleich H_r, woferne die Aufeinanderfolge h, k, r aus der Aufeinanderfolge x, y, z durch zyklische Vertauschung hervorgeht.

[3] Mit Rücksicht auf die Komponentenzahl auch als „Sechser-Rotation".

daß eben im Dreidimensionalen traditionell in oberflächlicher Weise von einer x-Komponente eines axialen Vektors, statt von der y-z-Komponente eines schiefsymmetrischen Tensors gesprochen wird. Aus Gl. 10 folgt nun durch partielle Differentiation

$$\frac{\partial B_{hk}}{\partial x_r} = \frac{\partial^2 A_k}{\partial x_h \partial x_r} - \frac{\partial^2 A_h}{\partial x_k \partial x_r}. \tag{11}$$

Indem wir die drei Indizes h, k, r zyklisch vertauschen, bilden wir die zwei analogen Gleichungen

$$\left\{\begin{aligned} \frac{\partial B_{kr}}{\partial x_h} &= \frac{\partial^2 A_r}{\partial x_k \partial x_h} - \frac{\partial^2 A_k}{\partial x_r \partial x_h}, \\ \frac{\partial B_{rh}}{\partial x_k} &= \frac{\partial^2 A_h}{\partial x_r \partial x_k} - \frac{\partial^2 A_r}{\partial x_h \partial x_k}. \end{aligned}\right. \tag{12}$$

Wir addieren nun die Gl. 11 und 12 und finden so

$$\frac{\partial B_{hk}}{\partial x_r} + \frac{\partial B_{kr}}{\partial x_h} + \frac{\partial B_{rh}}{\partial x_k} = 0. \tag{13}$$

Diese Beziehung charakterisiert jeden Tensor, der seinerseits durch Rotationsbildung aus einem Vektor hervorgeht.[4]

Nach dieser tensoranalytischen Vorbemerkung gehen wir nunmehr zu der zweiten Gruppe der elektromagnetischen Grundgleichungen über, nämlich zu den Gleichungen, die den Viererstrom nicht enthalten. Sie lauten

$$\left\{\begin{aligned} \operatorname{rot} \mathfrak{E} &= -\frac{1}{c}\frac{\partial \mathfrak{H}}{\partial t}, \\ \operatorname{div} \mathfrak{H} &= 0. \end{aligned}\right. \tag{14}$$

Ersetzen wir wiederum nach Gl. 7 den zeitlichen Differentialquotienten durch einen nach der l-Koordinate, so erhalten wir das Gleichungsquadrupel

$$\left\{\begin{aligned} \frac{\partial E_z}{\partial y} - \frac{\partial E_y}{\partial z} + \frac{\partial (i H_x)}{\partial l} &= 0, \\ \frac{\partial E_x}{\partial z} - \frac{\partial E_z}{\partial x} + \frac{\partial (i H_y)}{\partial l} &= 0, \\ \frac{\partial E_y}{\partial x} - \frac{\partial E_x}{\partial y} + \frac{\partial (i H_z)}{\partial l} &= 0, \\ \frac{\partial H_x}{\partial x} + \frac{\partial H_y}{\partial y} + \frac{\partial H_z}{\partial z} &= 0. \end{aligned}\right. \tag{15}$$

Multiplizieren wir die ersten drei dieser Gleichungen mit i und ersetzen wir die Komponenten der elektrischen und der magnetischen Feldstärke nach Gl. 9 durch die Komponenten des elektromagnetischen Feldtensors,

[4] Diese Beziehung stellt die Verallgemeinerung der dreidimensionalen Gleichung dar

$$\operatorname{div} \operatorname{rot} \mathfrak{A} = 0$$

(Gl. 6 des § 35).

der mit F bezeichnet werde, so nehmen die Gl. 15 (wenn je zwei Glieder umgestellt werden) die Gestalt an[5]

$$(16)\qquad \begin{cases} \dfrac{\partial F_{lz}}{\partial y} + \dfrac{\partial F_{zy}}{\partial l} + \dfrac{\partial F_{yl}}{\partial z} = 0\,, \\ \dfrac{\partial F_{lx}}{\partial z} + \dfrac{\partial F_{xz}}{\partial l} + \dfrac{\partial F_{zl}}{\partial x} = 0\,, \\ \dfrac{\partial F_{ly}}{\partial x} + \dfrac{\partial F_{yx}}{\partial l} + \dfrac{\partial F_{xl}}{\partial y} = 0\,, \\ \dfrac{\partial F_{yz}}{\partial x} + \dfrac{\partial F_{zx}}{\partial y} + \dfrac{\partial F_{xy}}{\partial z} = 0\,. \end{cases}$$

Alle diese Gleichungen sind aber identisch mit den Gl. 13. Der elektromagnetische Feldtensor muß also ebenso die Rotation eines Weltvektors darstellen, wie die magnetische Feldstärke durch Rotationsbildung aus dem MAXWELLschen Vektorpotential herleitbar ist (Gl. 9 des § 42). Dieser Weltvektor, der ebenfalls eine unbestimmte Konstante enthält, auf den aber hier nicht näher eingegangen zu werden braucht, wird als das Viererpotential des elektromagnetischen Feldes bezeichnet.[6]

In vierdimensionaler Darstellung lassen sich also die MAXWELLschen Gleichungen in die überaus einfache Aussage zusammenfassen, daß der Viererstrom die Vektordivergenz des elektromagnetischen Feldtensors ist, der seinerseits die Rotation eines Weltvektors darstellt.

[5] Bei der Rechnung ist zu beachten, daß $i \cdot i = -1$ ist.

[6] Aus den MAXWELLschen Gleichungen findet man in der Tat durch eine einfache Rechnung, daß die x-, y- und z-Komponenten des Viererpotentials identisch sind mit den Komponenten des MAXWELLschen Vektorpotentials. Die l-Komponente ist gleich dem mit i multiplizierten sogenannten Feldpotential, das schon in der klassischen Elektrodynamik von LORENTZ eingeführt worden war. Zu dem Begriff des Feldpotentials gelangte LORENTZ durch folgende einfache Überlegung. Bezeichnen wir das MAXWELLsche Vektorpotential mit $\mathfrak{B}$, so ist ja

$$\mathfrak{H} = \operatorname{rot} \mathfrak{B}$$

und da die Reihenfolge der Operationen der Rotationsbildung und der partiellen Differentiation vertauscht werden kann,

$$\operatorname{rot}\left(\mathfrak{E} + \frac{1}{c}\,\frac{\partial \mathfrak{B}}{\partial t}\right) = 0\,.$$

Andererseits kann aber wieder (nach Gl. 5 des § 35) jeder Vektor, dessen Rotation verschwindet, aufgefaßt werden als Gradient einer skalaren Funktion der Koordinaten. Es kann also gesetzt werden

$$\mathfrak{E} + \frac{1}{c}\,\frac{\partial \mathfrak{B}}{\partial t} = -\operatorname{grad} \varphi\,,$$

und φ stellt dann das LORENTZsche Feldpotential dar.

XVI. Kapitel.

Theorie der Gravitation.

§ 133. Das Gravitationsgesetz als Verallgemeinerung des Beharrungsgesetzes.

Durch das von Einstein im Jahre 1905 aufgestellte Relativitätsprinzip hat der Begriff der absoluten Ruhe für die Physik jede Bedeutung verloren. Aber trotzdem war durch dieses Prinzip der Begriff der absoluten Bewegung noch keineswegs völlig beseitigt worden. Denn die Gleichwertigkeit zweier gegeneinander bewegter Systeme bleibt zunächst doch auf den Spezialfall einer gleichförmigen Translation beschränkt. Wenn es auch nach dem Relativitätsprinzip kein einzeln bevorzugtes Bezugssystem geben kann, so bleibt doch noch eine Mannigfaltigkeit ausgezeichneter Koordinatensysteme übrig, die alle gegeneinander gleichförmig bewegt sind. Es sind die schon in der Mechanik (§ 23) besprochenen fundamentalen Bezugssysteme oder, wie man sie auch nennt, die Inertialsysteme; denn nur in bezug auf solche Systeme erscheint die Bewegung eines Körpers gleichförmig, der allein dem Einflusse seiner Trägheit, seiner „inertia" unterliegt. Ein Beobachter hingegen, der den Vorgang auf ein anderes System bezieht, wird das Vorhandensein sogenannter Trägheitskräfte feststellen müssen, für die die Zentrifugalkraft und die Coriolis-Kraft (§ 22) Beispiele darstellen. Der Ruck, den man in einem Eisenbahnzuge bei einem plötzlichen Bremsen oder bei dem Durchfahren einer scharfen Kurve empfindet, ist ebenso die Wirkung solcher Trägheitskräfte wie das Phänomen des Foucaultschen Pendelversuches oder die Abplattung der Erde.

So fühlen wir uns zu der Annahme verleitet, daß es zwar keine absoluten Geschwindigkeiten gebe, wohl aber absolute Beschleunigungen und Rotationen. Eine solche Annahme würde letzten Endes ja aber doch eine Rückkehr zu den durch das Relativitätsprinzip überwundenen Vorurteilen bedeuten, zu den Newtonschen Thesen eines absoluten Raumes und einer absoluten Zeit. Es ist begreiflich, daß mit einer solchen nur partiellen und in sich widerspruchsvollen Relativität sich die theoretischen Physiker auf die Dauer nicht zufrieden geben konnten, und am allerwenigsten der Schöpfer der Relativitätstheorie selbst. Eine genial einfache Überlegung brachte EINSTEIN auf den richtigen Weg, auf dem er freilich noch ungeheuere Schwierigkeiten überwinden mußte, um zu dem Ziele selbst zu gelangen.

Um EINSTEINS Grundgedanken zu verstehen, denken wir uns ein räumliches Inertialsystem (x, y, z) und einen in bezug auf dieses ruhenden Beobachter A, der mittels dieses Systems die von ihm wahrgenommenen physikalischen Vorgänge beschreibe. Ein Massenpunkt M, der sich etwa in der z-Richtung nur unter dem Einflusse seines Beharrungsvermögens bewege, wird sich dann für den Beobachter A gleichförmig geradlinig bewegen; und dasselbe gilt überhaupt für jeden Körper, der irgendeine Geschwindigkeit in irgendeiner Richtung hat, jedoch keinen äußeren Kräften unterliegt.

Wir denken uns nun ein zweites räumliches Koordinatensystem (x', y', z') derart, daß die beiden z-Achsen zusammenfallen mögen und die beiden x- und die beiden y-Achsen untereinander stets parallel seien; doch soll sich der Ursprung des zweiten Systems von dem des ersten in der gemeinsamen z-Achse in positiver Richtung mit der konstanten Beschleunigung γ fortbewegen. Auf dieses zweite System beziehe ein zweiter Beobachter B die von ihm wahrgenommenen Vorgänge, darunter auch die Bewegung des vorhin erwähnten, von ihm ebenfalls beobachteten Massenpunktes M. Dessen Bewegung wird dem Beobachter B natürlich gleichförmig beschleunigt erscheinen, beschleunigt im Betrage γ entgegengesetzt der positiven z-Richtung. Wir denken uns nun verschiedene Körper von verschiedener Masse und verschiedener chemischer Beschaffenheit, etwa einen aus Blei und einen aus Stein und einen aus Kork und so fort; sie mögen sich in irgendwelchen Richtungen mit irgendwelchen Geschwindigkeiten bewegen, jedoch nur unter dem Einflusse der eigenen Trägheit. Für den Beobachter B werden dann natürlich alle diese Körper die gleiche, von der Masse und der chemischen Beschaffenheit unabhängige Beschleunigung ($-\gamma$) aufweisen; und diese Tatsache wird nun der Beobachter B, wenn er gar nichts von dem Beobachter A und seiner eigenen Beschleunigung gegen jenen weiß, offenbar so deuten, daß er ein homogenes Schwerefeld annehmen wird, in dem er sich befinde. Denn für ein solches ist es ja, wie die Physiker seit GALILEI wissen, charakteristisch, daß alle in ihm befindlichen Körper dieselbe, von allen ihren Eigenschaften unabhängige Beschleunigung erfahren.

Für die Beschreibung der physikalischen Vorgänge, die sich in der Umgebung der beiden Beobachter abspielen, ist es also ganz gleichgültig, ob man sich auf den Standpunkt des Beobachters A stellt, der die Vorgänge auf sein Koordinatensystem bezieht, oder aber auf den Standpunkt des Beobachters B, der sich des anderen Koordinatensystems bedient und überdies ein homogenes Schwerefeld annimmt. Die physikalischen Vorgänge bieten keine Möglichkeit, eine Entscheidung zwischen den beiden Auffassungen zu treffen, die danach als gleichberechtigt angesehen werden müssen[1]; und diese Erkenntnis, die man als das EINSTEINsche Äquivalenzprinzip zu bezeichnen pflegt, läßt uns bereits vermuten, daß mit dem Problem der allgemeinen Relativität offenbar auf das engste das Problem der Gravitation verknüpft sein muß.

Durch das Äquivalenzprinzip auf den richtigen Weg geleitet, vermögen wir den Grundgedanken der allgemeinen Relativitätstheorie zu ahnen, daß, wie die Gravitationskräfte, so auch die Trägheitskräfte überhaupt, die für das Verhalten eines bewegten Körpers an einer bestimmten Raumstelle zu einer bestimmten Zeit charakteristisch sind, nicht eine Folge absoluter Beschleunigungen sind, sondern bestimmt sind durch die räumlich-zeitliche Verteilung der Materie in der Welt. Umgekehrt aber eröffnet sich dadurch auch wieder die Möglichkeit einer Auffassung, die in dem Gravitationsgesetz nichts anderes erblickt als die durch ein wahrhaft allgemeines Relativitätsprinzip geforderte Verallgemeinerung des GALILEIschen Beharrungsgesetzes.

Wie wäre nun eine Verallgemeinerung dieses Gesetzes möglich? Es lehrt, daß sich ein jeder Körper, auf den keine äußeren Kräfte wirken, mit konstanter Geschwindigkeit in gerader Bahn bewege, daß also nicht nur die Bahn geradlinig sei, sondern auch die drei räumlichen Koordinaten lineare Funktionen der Zeit seien. Aus dem Dreidimensionalen in das Vierdimensionale übersetzt, sagt also das Beharrungsprinzip aus, daß die Weltlinie, die eine kräftefreie Bewegung beschreibt, eine Gerade sein müsse. Ist nun diese Aussage noch einer Verallgemeinerung fähig? In der Tat gelingt eine solche durch eine Verallgemeinerung der geometrischen Grundlagen der Physik.

Um dies zu verstehen, wollen wir der Einfachheit halber zunächst an zweidimensionale Geometrie denken. Wann eine in einer Zeichenebene gezogene Linie als Gerade anzusehen sei, kann wohl kaum fraglich erscheinen. Nun ist aber eine zweidimensionale Geometrie ebensowohl wie in einer Ebene auch in einer Kugelfläche, ja überhaupt in jeder beliebig gekrümmten Fläche möglich; und die Frage, wann eine in einer solchen Fläche gezogene Linie als gerade anzusehen sei, ist schon schwieriger zu beantworten. Wir betrachten etwa auf einem Globus zwei Punkte, die auf demselben Parallelkreis liegen, aber wesentlich verschiedene geographische Länge haben mögen.

---

[1] Besonders anschaulich ist das von EINSTEIN selbst gebrachte Beispiel des in einen großen Kasten irgendwo im Weltenraum eingeschlossenen Physikers. Der Kasten sei an einem Seil befestigt, das über eine Rolle führe und das mit konstanter Beschleunigung herabgezogen werde. Der in dem Kasten eingeschlossene Physiker, der nichts von der Welt außerhalb des Kastens, nichts von der Rolle und nichts von dem Seil weiß, wird natürlich ein Schwerefeld feststellen (das sich, wenn wir uns den Kasten auf der Erde statt im Weltenraum denken, über das irdische Schwerefeld noch überlagert).

Da wir zweidimensionale Geometrie betreiben, können wir natürlich aus der Globusfläche nicht heraus. Was ist aber dann die in der Globusfläche gezogene Gerade, die die beiden Orte verbindet? Ist es das Stück des Parallelkreises zwischen ihnen? Damit die Frage überhaupt einen Sinn habe, muß offenbar erst der vage Begriff der „Geraden" durch einen allgemeineren, wohl definierten ersetzt werden; und dieser, der Geometrie schon längst bekannt, ist der der geodätischen Linie, die definiert ist als die kürzeste Verbindungslinie zwischen zwei Punkten in der Fläche. Auf Grund dieser Definition erkennt man (was nur als Beispiel angeführt sei) durch eine geometrische Untersuchung, daß das Stück des Parallelkreises zwischen den beiden vorhin betrachteten Punkten keineswegs eine geodätische Linie darstellt, daß man eine solche vielmehr erhält, wenn man durch einen der beiden Punkte einen größten Kugelkreis legt, der zugleich durch den zweiten Punkt hindurchgeht.[2]

Nun können wir uns wohl eine gekrümmte Fläche anschaulich vorstellen, also eine zweidimensionale Mannigfaltigkeit, die in eine dreidimensionale „eingebettet" ist; dagegen können wir uns nicht einen gekrümmten Raum vorstellen, der ja an sich schon dreidimensional ist. Aber das Fehlen einer menschlichen Vorstellungsmöglichkeit bietet kein Hindernis für eine abstrakt mathematische Behandlung. Nachdem zuerst GAUSS im Jahre 1827 eine allgemeine Flächentheorie entwickelt hatte, zeigte dann im Jahre 1854 der große Mathematiker RIEMANN, wie auch unsere übliche dreidimensionale räumliche Geometrie aufgefaßt werden kann als Spezialfall einer allgemeineren dreidimensionalen Geometrie, für die also der Raum ebenso „gekrümmt" ist wie in einer zweidimensionalen Geometrie die Fläche; und was für die dreidimensionale Geometrie gilt, das gilt ebenso, wie auch schon RIEMANN wußte, für jede Geometrie von beliebiger Dimensionszahl; es muß also auch gelten für die als MINKOWSKI-Welt bezeichnete vierdimensionale Mannigfaltigkeit, die Raum und Zeit miteinander verknüpft. Auch diese haben wir uns, wenn wir ihrer mathematischen Behandlung statt einer speziellen eine allgemeine Geometrie zugrundelegen, als gekrümmt zu denken, wobei natürlich der Grad der Krümmung von Stelle zu Stelle in stetiger Weise verschieden sein kann.

EINSTEINS genialer Gedanke ist es nun, daß die Krümmung der MINKOWSKI-Welt in einem Zusammenhang stehe mit der räumlich-zeitlichen Materieverteilung. EINSTEINS verallgemeinertes Beharrungsgesetz, das eben zugleich das neue Gravitationsgesetz darstellt, sagt nichts anderes aus, als daß sich ein jeder Massenpunkt stets so

[2] Wir verlegen vorübergehend den Pol in den einen Punkt und wählen nun aus der Mannigfaltigkeit der Meridiane denjenigen aus, der durch den zweiten Punkt hindurchgeht.

bewege, daß seine Weltlinie geodätisch sei in der durch die Materie gekrümmten MINKOWSKI-Welt.[3]

Diese Auffassung der Gravitation führt unmittelbar zu einer sehr bedeutungsvollen Folgerung. Wir denken uns an irgendeiner Raumstelle und zu irgendeiner Zeit einen Massenpunkt mit irgendwelcher Geschwindigkeit; doch sei seine Masse nur eine „Probemasse", d. h. sie sei so klein, daß sie das materielle Feld und also auch die Krümmung der MINKOWSKI-Welt nicht zu beeinflussen vermag (genau so, wie wir in der Elektrostatik Probeladungen betrachten, die auf das elektrische Feld ohne Einfluß bleiben). Die Bewegung der Probemasse ist dann nach dem vorhin gesagten dargestellt durch die geodätische Linie, die an dem betreffenden Weltpunkt in der Richtung gelegt wird, die der gegebenen Geschwindigkeit entspricht. Nun denken wir uns nochmals den Probekörper an demselben Orte, zu derselben Zeit und mit derselben Geschwindigkeit; doch sei diesmal seine Masse etwa nur halb so groß wie vorhin. Die Bewegung wird nun durch genau dieselbe geodätische Linie dargestellt wie in dem ersten Fall. Andererseits ist aber durch die Weltlinie bei gegebenem Bezugssystem die Beschleunigung vollkommen bestimmt; denn sie hängt nur von dem funktionalen Zusammenhang ab, der in der Kurvengleichung die vier Weltkoordinaten untereinander verknüpft. Wird also das Gravitationsgesetz als eine Verallgemeinerung des Beharrungsgesetzes angesehen, so ergibt sich aus dieser Auffassung als notwendige Folge, daß die als Gravitationswirkung interpretierte Beschleunigung von der Masse unabhängig sein muß.

Diese Erkenntnis können wir auch anders ausdrücken. In üblicher Weise definieren wir als die träge Masse eines Körpers das konstante Verhältnis, das zwischen einer beliebigen, an dem Körper angreifenden Kraft und der durch sie hervorgerufenen Beschleunigung besteht. (Von der relativistischen Korrektion sehen wir hierbei ab.) Wir gelangen so zu einer Einheitsmasse, deren Größe von den benutzten Einheiten der Kraft und der Beschleunigung abhängt. Andererseits können wir nun wiederum die Masse von Körpern derart feststellen, daß wir es messen, eine wieviel mal größere Anziehungskraft sie im Gravitationsfelde erfahren als jene Einheitsmasse. Die Zahl, die dieses Verhältnis darstellt, bestimmt dann die schwere Masse des Körpers. Wenn nun tatsächlich die Beschleunigung im Schwerefeld von der trägen Masse unabhängig ist, dann muß nach dem zweiten NEWTONschen Bewegungsaxiom die Schwerkraft genau proportional sein der trägen Masse. Es muß also der doppelten trägen Masse auch die doppelte Schwerkraft entsprechen, also auch die doppelte schwere Masse und so fort; es müssen ganz allgemein schwere und träge Masse identisch sein.

[3] Dabei ist natürlich vorausgesetzt, daß auf den Massenpunkt keine äußeren Kräfte wirken, zu denen wir wohl elektromagnetische, nicht mehr aber nach der neuen Auffassung sogenannte Gravitationskräfte zu zählen haben.

Diese Erkenntnis fand einen bestimmten Ausdruck ja schon in Galileis Feststellung, daß alle Körper, von welcher Masse immer, im leeren Raume gleich rasch fallen. In der klassischen Mechanik wurde es als ganz selbstverständlich hingenommen, daß die träge Masse dem Gewicht proportional sei. Auf das genaueste wurde die Richtigkeit dieser Annahme durch Präzisionsmessungen von Eötvös (1890) bestätigt. Diese Messungen gründeten sich darauf, daß ja das Gewicht der Körper eine Resultierende aus zwei Kräften darstellt, aus der sogenannten reinen Attraktion und aus der Zentrifugalkraft, die durch die Erdrotation hervorgerufen wird. Während jene Kraft durch die schwere Masse bedingt ist, hängt diese von der trägen Masse ab. Die mit außerordentlicher Genauigkeit durchgeführten Messungen von Eötvös zeigten nun, daß bei größter Verschiedenheit der Masse und der chemischen Beschaffenheit gleichwohl nicht der mindeste Richtungsunterschied der resultierenden Kraft feststellbar war. Der Satz von der Identität der schweren und der trägen Masse erscheint durch diese Messungen völlig sichergestellt. Aber während er vor Einstein als eine Selbstverständlichkeit galt, über die die Physiker nicht weiter nachdachten, ist erst durch Einsteins Theorie der tiefere Grund dieser merkwürdigen Gesetzmäßigkeit offenbar geworden.

Das neue Gravitationsgesetz ist aber nun natürlich noch unvollständig, solange wir nicht wissen, nach welcher Beziehung die Krümmung der Minkowski-Welt durch die Materie erfolgt. Um auch zu der Lösung dieser Frage geführt zu werden, denken wir uns in einer irgendwie gekrümmten Fläche ein zweifaches System von Kurvenscharen, die wir als x- und als y-Kurven unterscheiden wollen, wobei jedoch keine x-Kurve eine andere x-Kurve und keine y-Kurve eine andere y-Kurve schneiden soll (Fig. 79). Wir können uns dann jede der aufeinanderfolgenden x-Kurven mit fortlaufenden Zahlen bezeichnet denken und ebenso jede y-Kurve.

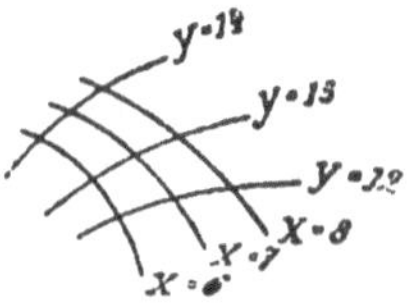

Fig. 79.

Wir können uns aber auch etwa zwischen den Kurven $x = 6$ und $x = 7$ noch neun dazwischenliegende Kurven gezeichnet denken, die natürlich wiederum einander nicht schneiden sollen und können dann diesen Kurven die Zahlenwerte 6,1; 6,2; ... 6,9 zuordnen. Ebenso können wir auch wiederum zwischen den Kurven $x = 6{,}1$ und $x = 6{,}2$ neun Kurven einschieben und diesen die Zahlenwerte geben 6,11; 6,12 ... 6,19. Auf diese Weise können wir schließlich jedem Punkte der Fläche zwei Zahlenwerte, einen x- und einen y-Wert, zuordnen und diese dann im weiteren Sinne dieses Wortes als die Koordinaten des betreffenden Punktes ansehen; wir bezeichnen sie als seine Gaussischen Koordinaten. Die in der ebenen Geometrie benutzten Cartesischen Koordinatensysteme stellen natürlich nur Spezialfälle der Gaussischen dar.

Denken wir uns nun, nachdem wir ein GAUSSsches Koordinatensystem derart festgelegt haben, in der Fläche drei benachbarte, also ein Dreieck bildende Punkte gezeichnet. In dem Sonderfall der ebenen Geometrie wären dann durch die Koordinaten der drei Punkte die Längen der Dreiecksseiten, die Winkel und der Flächeninhalt des Dreiecks vollkommen bestimmt. In einer Geometrie auf einer ganz beliebig gekrümmten Fläche ist dies jedoch nicht der Fall. Die Angaben der Koordinaten reichen dann zur Bestimmung der Längen, der Winkel und des Flächeninhaltes noch nicht aus. Es müssen überdies noch für den betreffenden Bereich drei weitere Größen gegeben sein, die wir etwa mit g_{xx}, g_{xy}, g_{yy} bezeichnen können; und wie nun GAUSS entdeckte, stellen diese drei Größen die Komponenten eines Tensors dar, den man, weil er erst die Maßverhältnisse in dem Bereich bestimmt, den metrischen Fundamentaltensor nennt. Er muß für die betreffende Stelle, an der wir uns das kleine Dreieck konstruiert dachten, unbedingt gegeben sein, wenn wir aus den Koordinaten der drei Punkte die Seiten, die Winkel und den Inhalt berechnen wollen. Er bestimmt erst eigentlich die Art der Geometrie[4], und er geht darum auch notwendigerweise in alle Formeln einer allgemeinen Flächentheorie ein. Umgekehrt kann der Fundamentaltensor auch wiederum durch Ausmessungen des vorhin erwähnten Dreiecks ermittelt werden, ohne daß man etwas darüber zu wissen braucht, wie an der betreffenden Stelle die Fläche „in den Raum eingebettet" ist.

Eine allgemeine Flächengeometrie hat also überhaupt erst dann einen Sinn, sie ist überhaupt erst dann möglich, wenn für jede Stelle der Fläche der Fundamentaltensor gegeben ist. Was nun für eine allgemeine zweidimensionale Geometrie gilt, das gilt ebenso für jede allgemeine Geometrie von beliebiger Dimensionszahl. Der Fundamentaltensor ist symmetrisch und hat daher im Zweidimensionalen drei, im Dreidimensionalen sechs und im Vierdimensionalen zehn Komponenten; im allgemeinen ist er natürlich als in stetiger Weise von Stelle zu Stelle verschieden zu denken. Es kann somit jede geometrische Mannigfaltigkeit zugleich aufgefaßt werden als das Feld ihres metrischen Fundamentaltensors oder, wie man kurz sagt, als metrisches Feld.

Wie nun rein mathematische Untersuchungen zeigen, läßt sich aus dem Fundamentaltensor durch Rechenoperationen ein vom Koordinaten-

[4] Es ist ja bekannt, daß in einer Geometrie auf einer Kugelfläche andere Sätze gelten als in der euklidischen Planimetrie. So gilt z. B. in der Geometrie auf einer Kugelfläche der bekannte Satz EUKLIDS nicht, demzufolge die Winkelsumme in einem Dreieck 180° beträgt. In der Tat, denken wir uns auf der Erdkugel ein sphärisches Dreieck gebildet von den nördlichen Quadranten der Meridiane von 0° und von 90° östlicher Länge und von dem entsprechenden Äquatorquadranten, so hat ja dieses Dreieck drei rechte Winkel, also eine Winkelsumme von 270°. — Außer in der Ebene selbst gelten übrigens die Sätze der Planimetrie auch auf solchen Flächen, die durch Verbiegung einer ebenen Fläche erzeugt werden können, also z. B. auf einer Zylinder- oder Kegelfläche.

system völlig unabhängiger Skalar ableiten, der als der RIEMANNsche Skalar bezeichnet wird; auch dieser ist im allgemeinen natürlich von Stelle zu Stelle in stetiger Weise verschieden. Innerhalb der geometrischen Mannigfaltigkeit kann man sich nun irgendein Gebiet abgegrenzt und den RIEMANNschen Skalar darüber integriert denken. Von diesem Integral kann man dann weiterhin die Variation berechnen unter der Annahme, daß innerhalb des Gebietes die Komponenten des Fundamentaltensors beliebig und voneinander unabhängig variiert werden mögen, jedoch derart, daß an der Begrenzung selbst die Variationen verschwinden mögen. Es ist ganz ähnlich, wie in der Mechanik die Bewegung zwischen Anfang und Ende variiert wird, aber derart, daß für Anfang und Ende tatsächliche und variierte Bewegung zusammenfallen. Berechnet man nun die vorhin erwähnte Variation des Integrals, so führt die Rechnung zu einem vom Koordinatensystem unabhängigen Tensor, der in unserer Betrachtung etwa der Krümmungstensor genannt werde. (Doch sei, um etwaigen Mißverständnissen vorzubeugen, nachdrücklich darauf hingewiesen, daß die Bezeichnung „Krümmungstensor" vielfach auch in anderem Sinne gebraucht wird.) Die Deduktion dieses Tensors ergibt sich auf rein mathematischem Wege, ganz unabhängig von aller Physik.

Das EINSTEINsche Gravitationsgesetz ergänzt nun die Aussage, daß die Weltlinie eines Massenpunktes geodätisch sei, durch die weitere Behauptung, daß an jeder Stelle der MINKOWSKI-Welt der Krümmungstensor identisch sei mit dem Materietensor (§ 131), identisch bis auf einen universellen Proportionalitätsfaktor, der durch die üblichen physikalischen Maßeinheiten bedingt ist.

Da sowohl die geodätische Linie als auch der Krümmungstensor von dem benutzten GAUSSischen Koordinatensystem unabhängig ist, so gilt somit auch das EINSTEINsche Gravitationsgesetz, mit anderen Worten also das verallgemeinerte Beharrungsgesetz, für jedes beliebige GAUSSische Koordinatensystem. Solange nun die Relativitätstheorie in der MINKOWSKI-Welt nur Cartesische Koordinatensysteme gekannt hatte, hatte sie durch Ursprungsverlegung und Drehung vierdimensionaler Koordinatenkreuze immer nur Übergänge bewerkstelligen können zwischen solchen räumlichen Koordinatensystemen, die gegeneinander gleichförmig bewegt sind; denn andere als lineare vierdimensionale Koordinatentransformationen standen nicht zur Verfügung. Ganz anders ist es bei der Benutzung GAUSSischer Koordinatensysteme. Was im Raume als Übergang zwischen zwei Koordinatensystemen erscheint, die ganz beliebig gegeneinander bewegt sind, findet im Vierdimensionalen immer seine Darstellung durch eine Transformation von einem zu irgendeinem anderen GAUSSischen Koordinatensystem.

Das verallgemeinerte Beharrungsgesetz muß also in der Form des EINSTEINschen Gravitationsgesetzes in genau gleicher Weise für zwei verschiedene räumliche Koordinatensysteme gelten, wie immer auch diese gegeneinander bewegt sein mögen. Wohl aber transformieren sich bei einem solchen Übergange die **Komponenten** des Fundamentaltensors, und die dadurch mit dem Übergange verknüpften Änderungen sind es eben, die von der klassischen Mechanik als **Trägheitskräfte** interpretiert wurden, die je nach der Wahl des Bezugssystems verschieden ausfallen.

Der einst so heftige Kampf zwischen dem ptolemäischen und dem copernikanischen Weltsystem erscheint von diesem neuen Standpunkte aus als gegenstandslos. Durch kein Mittel können wir es entscheiden, ob sich die Erde dreht und der Fixsternhimmel ruht oder ob das umgekehrte der Fall ist. Denken wir uns die Erde ruhend und den Fixsternhimmel rotierend, so müßte die dadurch bedingte Krümmung der MINKOWSKI-Welt derartig sein, daß doch wiederum Ausmessungen der Erdoberfläche deren Abplattung ergeben müßten, wie tatsächlich auf Grund der EINSTEINschen Gravitationstheorie THIRRING nachgewiesen hat.[5] COPERNICUS hat das ptolemäische Weltsystem nicht widerlegt; er hat nur (wofür ihm jedoch nicht minder die Unsterblichkeit gebührt) gezeigt, daß zur Erklärung der Himmelserscheinungen mit der ptolemäischen Auffassung eine andere gleichwertig ist, die vor jener aber den Vorzug einer unvergleich größeren Einfachheit besitzt.

Ebenso wie das verallgemeinerte Beharrungsgesetz **invariant** ist gegenüber beliebigen vierdimensionalen Koordinatentransformationen und somit die auf die Komponenten bezüglichen Gleichungen in jedem Koordinatensystem gelten, so lassen sich nun auch die **Gleichungen des elektromagnetischen Feldes** (§ 132) in eine Form bringen, die für jedes Koordinatensystem gilt. Denn auch der Zusammenhang, der einen Vektor mit seiner Rotation oder einen schiefsymmetrischen Tensor mit seiner Vektordivergenz verknüpft, ist etwas vom Koordinatensystem völlig Unabhängiges; nur die Gleichungen, die die **Komponenten** untereinander verknüpfen, sind natürlich bei Zugrundelegung der RIEMANNschen Geometrie komplizierter als in der euklidischen Geometrie.

Durch die neue Theorie, die der Beschreibung der MINKOWSKI-Welt mittels des EINSTEINschen Gravitationsgesetzes die RIEMANNsche Geometrie zugrundelegt, erscheint das Relativitätspostulat in vollkommener Weise erfüllt. Darum wird diese Theorie (die in diesem Abschnitte nur in ihren Grundlagen geschildert wurde und die erst in den nächsten Abschnitten exakt besprochen werden soll) als die **allgemeine Relativitätstheorie** bezeichnet; sie wurde von EINSTEIN im Jahre 1915 geschaffen. Die frühere EINSTEINsche Theorie aber, die nunmehr nur noch als Sonderfall erscheint, wird seitdem die **spezielle Relativitätstheorie** genannt.

---

[5] Über die Wirkung rotierender ferner Massen in der EINSTEINschen Gravitationstheorie; Physik. Zeitschrift **19**, 33 (1918).

§ 134. Der metrische Fundamentaltensor.

Um die mathematischen Grundlagen der EINSTEINschen Gravitationstheorie in exakter Weise entwickeln zu können, denken wir uns zunächst in einer irgendwie gekrümmten Fläche zwei benachbarte Punkte, die in bezug auf ein beliebiges GAUSSisches Koordinatennetz die Koordinaten x, y bzw. $x + dx$, $y + dy$ haben mögen; der Abstand der beiden Punkte (gemessen in der Fläche) sei ds. Da wir einen unendlich kleinen Bereich der Fläche als eben ansehen können, denken wir uns andererseits in einem kleinen, die beiden erwähnten Punkte enthaltenden Flächenbereich ein Cartesisches Koordinatensystem konstruiert; in bezug darauf möge der erste Punkt die Koordinaten ξ und η haben, der zweite die Koordinaten $\xi + d\xi$ und $\eta + d\eta$. Die Größen x und y können dann jedesfalls als Funktionen der beiden Größen ξ und η angesehen werden, und indem man die beiden Gleichungen, die diesen Zusammenhang ausdrücken, nach ξ und η auflöst, ergeben sich zwei andere Gleichungen

(1) $$\xi = \varphi_1(x, y); \qquad \eta = \varphi_2(x, y).$$

Hieraus folgt durch Differentiation

(2) $$\begin{cases} d\xi = \dfrac{\partial \varphi_1}{\partial x} dx + \dfrac{\partial \varphi_1}{\partial y} dy, \\ d\eta = \dfrac{\partial \varphi_2}{\partial x} dx + \dfrac{\partial \varphi_2}{\partial y} dy. \end{cases}$$

Das Quadrat der Entfernung der beiden Punkte ist im Cartesischen Koordinatensystem

(3) $$ds^2 = d\xi^2 + d\eta^2,$$

im GAUSSischen System somit nach Gl. 2

(4) $$\begin{cases} ds^2 = \left[\left(\dfrac{\partial \varphi_1}{\partial x}\right)^2 + \left(\dfrac{\partial \varphi_2}{\partial x}\right)^2\right] dx^2 + \left[\left(\dfrac{\partial \varphi_1}{\partial y}\right)^2 + \left(\dfrac{\partial \varphi_2}{\partial y}\right)^2\right] dy^2 \\ \qquad + 2\left[\dfrac{\partial \varphi_1}{\partial x}\dfrac{\partial \varphi_1}{\partial y} + \dfrac{\partial \varphi_2}{\partial x}\dfrac{\partial \varphi_2}{\partial y}\right] dx\,dy. \end{cases}$$

Verstehen wir unter x_h eine der beiden Koordinaten x oder y, je nachdem ob der Index h gleich gesetzt wird 1 oder 2, so können wir der Gl. 4 auch die Form geben

(5) $$ds^2 = \sum_h \sum_k g_{hk}\, dx_h\, dx_k \qquad (h = 1,2;\ k = 1,2).$$

Hierbei ist nach Gl. 4

(6) $$g_{hk} = \frac{\partial \varphi_1}{\partial x_h} \cdot \frac{\partial \varphi_1}{\partial x_k} + \frac{\partial \varphi_2}{\partial x_h}\, \frac{\partial \varphi_2}{\partial x_k}.$$

Es ist somit

(7) $$g_{hk} = g_{kh}.$$

Indem wir in den Gl. 5—7 die Indizes h und k statt bloß zweier Werte deren drei oder vier annehmen lassen und so fort und entsprechend auch zu φ_1 und φ_2 noch φ_3, φ_4 usw. hinzufügen, erhalten wir die Grundformeln einer RIEMANNschen Geometrie von beliebiger Dimensionszahl. Im Zweidimensionalen treten vier Größen g_{hk} auf, worunter zwei gleiche, im Dreidimensionalen sind es neun Größen, worunter drei gleiche, im Vierdimensionalen sechszehn, worunter vier gleiche, nach dem Schema

$$(8) \qquad \left\{\begin{matrix} g_{11} & g_{12} & g_{13} & g_{14}, \\ g_{21} & g_{22} & g_{23} & g_{24}, \\ g_{31} & g_{32} & g_{33} & g_{34}, \\ g_{41} & g_{42} & g_{43} & g_{44}, \end{matrix}\right.$$

wobei

$$g_{12} = g_{21}; \quad g_{13} = g_{31} \text{ usw.}$$

Die Gl. 5 stellt die Verallgemeinerung des pythagoreischen Lehrsatzes in der RIEMANNschen Geometrie dar. Man ersieht aus dieser Gleichung ohne weiteres, daß die Cartesischen Koordinatensysteme Spezialfälle der GAUSSischen darstellen, indem nämlich für rechtwinklige Cartesische Systeme die Größen g_{hk} eins oder null sind, je nachdem, ob die beiden Indizes gleich oder verschieden sind. Für rechtwinklige Cartesische Systeme ist

$$(9) \qquad g_{hk} = \begin{cases} 1\,(h = k), \\ 0\,(h \neq k), \end{cases}$$

so daß in diesem speziellen Falle das Schema (8) die einfache Form annimmt

$$(10) \qquad \left\{\begin{matrix} 1 & 0 & 0 & 0, \\ 0 & 1 & 0 & 0, \\ 0 & 0 & 1 & 0, \\ 0 & 0 & 0 & 1. \end{matrix}\right.$$

Wir wollen nun vorübergehend nochmals zu der früher betrachteten Fläche mit den beiden benachbarten Punkten zurückkehren. Wir faßten vorhin ein GAUSSisches Koordinatensystem ins Auge, auf das bezogen die beiden benachbarten Punkte die Koordinaten haben sollten x, y, bzw. $x + dx, y + dy$. Wir denken uns nun dieses GAUSSische Koordinatensystem ersetzt durch ein anderes, ebenfalls GAUSSisches; die Koordinaten der Punkte in bezug auf dieses neue System mögen bezeichnet werden mit x', y', bzw. $x' + dx'$. $y' + dy'$. Da die neuen Koordinaten aufgefaßt werden können als Funktionen der früheren, so ist daher

$$(11) \qquad \left\{\begin{aligned} dx' &= \frac{\partial x'}{\partial x} dx + \frac{\partial x'}{\partial y} dy, \\ dy' &= \frac{\partial y'}{\partial x} dx + \frac{\partial y'}{\partial y} dy. \end{aligned}\right.$$

Wir denken uns nun irgend eine Kraft gegeben; in bezug auf das ursprüngliche Koordinatensystem habe sie die Komponenten X, Y, in bezug auf das neue die Komponenten X', Y'. Dann muß jedesfalls die Arbeit, die diese Kraft auf dem Wegelement mit den Komponenten dx, dy, bzw. dx', dy' verrichtet, von dem Koordinatensystem unabhängig oder, wie man auch sagt, eine Invariante gegenüber Koordinatentransformationen sein. Es muß also sein

$$X'\,dx' + Y'\,dy' = X\,dx + Y\,dy. \tag{12}$$

Setzen wir in dieser Gleichung für dx' und dy' die Werte aus den Gl. 11 ein, so finden wir

$$\left(X'\frac{\partial x'}{\partial x} + Y'\frac{\partial y'}{\partial x}\right)dx + \left(X'\frac{\partial x'}{\partial y} + Y'\frac{\partial y'}{\partial y}\right)dy = X\,dx + Y\,dy. \tag{13}$$

Soll diese Beziehung allgemein erfüllt sein, so müssen die Gleichungen bestehen

$$\left\{\begin{aligned} X &= X'\frac{\partial x'}{\partial x} + Y'\frac{\partial y'}{\partial x}, \\ Y &= X'\frac{\partial x'}{\partial y} + Y'\frac{\partial y'}{\partial y}. \end{aligned}\right. \tag{14}$$

Da der Übergang von dem einen Koordinatensystem zu dem anderen in keiner Hinsicht vor dem entgegengesetzten ausgezeichnet ist, muß natürlich auch umgekehrt sein

$$X' = X\frac{\partial x}{\partial x'} + Y\frac{\partial y}{\partial x'}\,. \tag{15}$$

Gehen wir nun von dem bisher betrachteten zweidimensionalen zu einem Koordinatensystem von beliebiger Dimensionszahl über, so können wir die Transformationsformeln der Gl. 11 und 15 in allgemeinerer Form auch so schreiben

$$dx_h' = \sum_k \frac{\partial x_h'}{\partial x_k}\,dx_k \tag{16}$$

und

$$X_h' = \sum_k X_k \frac{\partial x_k}{\partial x_h'}\,. \tag{17}$$

Auf Grund dieser Gleichungen definieren wir nun eine Größe als kovarianten Vektor, wenn seine Komponenten das Transformationsgesetz erfüllen:

$$A_h' = \sum_k A_k \frac{\partial x_k}{\partial x_h'}\,. \tag{18}$$

Hingegen definieren wir eine Größe als kontravarianten Vektor, wenn sich seine Komponenten nach dem Gesetz transformieren

$$A^{h'} = \sum_k A^k \frac{\partial x_h'}{\partial x_k}\,. \tag{19}$$

Es ist üblich und ist auch bei den Gl. 18 und 19 geschehen, daß man bei kovarianten Vektoren den Index unten, hingegen bei kontravarianten Vektoren oben schreibt.

Sind A_h die Komponenten eines beliebigen kovarianten, B^h die eines beliebigen kontravarianten Vektors, so folgt aus den Gl. 18 und 19 ohne weiteres

$$\sum_h A_h' B^{h'} = \sum_k A_k B^k$$

oder

(20) $$\sum_h A_h B^h = \text{Invariante}.$$

Für unsere weiteren Betrachtungen wollen wir nun im übrigen eine Vereinfachung der Schreibweise einführen. Wir wollen für das Folgende (in diesem und in allen folgenden Abschnitten) die Vorschrift einführen, daß **überall dort, wo in einem Gliede ein Index zweimal auftritt, über diesen Index summiert werden soll, ohne daß erst das Summenzeichen hingeschrieben wird.**

Betrachten wir nun zwei kovariante Vektoren B_h und C_k, so können wir neue Größen ableiten, indem wir jede Komponente des einen Vektors mit jeder des anderen Vektors multiplizieren; wir können also setzen

(21) $$A_{hk} = B_h \cdot C_k .$$

Da die beiden Summen $B_h\, d x_h$ und $C_k\, d x_k$ invariant sind, so gilt dies auch von der Doppelsumme

$$B_h C_k\, d x_h\, d x_k = A_{hk}\, d x_h\, d x_k .$$

Nach Gl. 17 transformieren sich somit die Größen A_{hk} nach der Formel

(22) $$A_{pr}' = A_{hk} \frac{\partial x_h}{\partial x_p'} \cdot \frac{\partial x_k}{\partial x_r'} .$$

(Das doppelte Summenzeichen ist dabei bereits nach der eben angegebenen Schreibregel weggelassen.) Man definiert nun ganz allgemein jede Größe, deren Komponenten sich nach der Gl. 22 transformieren, als einen kovarianten Tensor zweiten Ranges.[1] Aus Gl. 22 erkennen wir ferner auch, daß, wenn auch nicht die Komponenten jedes kovarianten Tensors aufgefaßt werden können als Produkte der Komponenten zweier Vektoren, doch jedesfalls jeder Tensor aufgefaßt werden kann als Summe von geeignet zu wählenden Tensoren, deren Komponenten diese einfache (durch die Gl. 21 ausgedrückte) Eigenschaft zukommt.

In analoger Weise erhält man einen kontravarianten Tensor zweiten Ranges, indem man alle Komponenten eines kontravarianten Vektors mit allen Komponenten einen anderen kontravarianten Vektors multipliziert, also z. B. bildet

(23) $$A^{hk} = B^h C^k .$$

[1] Vektoren gelten als Tensoren ersten, Skalare als Tensoren nullten Ranges.

Es ist ohne weiteres klar, daß sich ein kontravarianter Tensor zweiten Ranges nach der Formel transformieren muß (vgl. Gl. 19)

$$A^{pr'} = A^{hk} \frac{\partial x_p'}{\partial x_h} \frac{\partial x_r'}{\partial x_k} . \tag{24}$$

Aus den Gl. 22 und 24 folgt für zwei beliebige Tensoren, von denen einer kovariant und einer kontravariant ist, die Invarianz der Doppelsumme

$$A_{hk} B^{hk} = \text{Invariante} . \tag{25}$$

Multipliziert man schließlich alle Komponenten eines kovarianten Vektors mit allen Komponenten eines kontravarianten, so erhält man die Komponenten eines sogenannten **gemischten Tensors** zweiten Ranges, also z. B.

$$A_h^k = B_h C^k . \tag{26}$$

Man sagt, daß dieser Tensor hinsichtlich des Index h kovariant, hinsichtlich des Index k kontravariant sei. Für die Komponenten gilt das Transformationsgesetz

$$A_p^{r'} = A_h^k \frac{\partial x_h}{\partial x_p'} \cdot \frac{\partial x_r'}{\partial x_k} . \tag{27}$$

Es unterliegt nun keiner Schwierigkeit, auch Tensoren von **höherem** als zweitem **Rang** zu bilden. So ergibt sich z. B. ein kovarianter **Tensor dritten Ranges**, wenn man sämtliche Komponenten eines kovarianten Tensors zweiten Ranges mit sämtlichen Komponenten eines kovarianten Vektors multipliziert. Auf den Typus

$$A_{hkp} = B_h C_k D_p \tag{28}$$

lassen sich alle kovarianten Tensoren dritten Ranges zurückführen. Ebenso wäre

$$A_{hkp}^r = B_h C_k D_p E^r \tag{29}$$

das Beispiel eines **gemischten Tensors vierten Ranges** usw. Im Vierdimensionalen hat im allgemeinen ein Tensor dritten Ranges 64, einer vierten Ranges 256, einer vom Range z aber 4^z Komponenten.

Auf Grund der durch die Gl 20 ausgedrückten Invarianzeigenschaft kann man nun aus jedem gemischten Tensor von beliebigem Range einen anderen Tensor von einem um **zwei niedrigeren Range** ableiten, indem man einen oberen und einen unteren Index gleich setzt und über diesen Index summiert. Durch diese Operation kann man z. B. aus dem durch die Gl. 29 definierten gemischten Tensor vierten Ranges einen Tensor zweiten Ranges mittels der Beziehung ableiten

$$A_{hk} = A_{hkp}^p . \tag{30}$$

In der Tat ist ja, wenn wir vorübergehend die sonst grundsätzlich wegzulassenden Summenzeichen schreiben, dann

$$A_{hk} = \sum_p A^p_{hkp} = B_h C_k \sum_p D_p E^p. \tag{31}$$

Da aber die Summe $D_p E^p$ nach Gl. 20 gegenüber Koordinatentransformationen invariant ist, ist tatsächlich nach Gl. 21 die durch Gl. 30 definierte Größe A_{hk} ein kovarianter Tensor zweiten Ranges.

Man bezeichnet die Rechenoperation, durch die man derart aus jedem beliebigen Tensor[2] vom Range z einen anderen Tensor vom Range $(z-2)$ gewinnen kann, als die Verjüngung eines Tensors. Die Verjüngung eines gemischten Tensors zweiten Ranges führt zu einem Tensor nullten Ranges, also zu einem Skalar.

Kehren wir nach diesem Exkurs über den allgemeinen Tensorbegriff zu den Größen g_{hk} zurück, so können wir nun sogleich einen wichtigen Schluß aus den Gl. 5 und 25 ziehen. Die in der Gl. 5 auftretende Größe ds^2 ist ja eine vom Koordinatensystem unabhängige Invariante; die Größen dx_h und dx_k sind aber nach Gl. 16 Komponenten zweier kontravarianter Vektoren; das Produkt $dx_h . dx_k$ muß somit eine Komponente eines kontravarianten Tensors zweiten Ranges sein. Da andererseits aber nach Gl. 5

$$ds^2 = g_{hk}\, dx_h\, dx_k$$

ist, so müssen somit nach Gl. 25 die Größen g_{hk} Komponenten eines kovarianten Tensors zweiten Ranges sein. Man bezeichnet diesen eben als den metrischen Fundamentaltensor[3]; die geometrische Mannigfaltigkeit, in der er im allgemeinen von Stelle zu Stelle in stetiger Weise verschieden ist, erscheint damit als das Feld dieses Fundamentaltensors oder, wie man kurz sagt, als metrisches Feld.

Aus den sechzehn Komponenten des metrischen Fundamentaltensors lassen sich nun durch einfache Rechnungen sechszehn andere Größen ableiten, die ebenfalls für die folgenden Betrachtungen wichtig sind. Wir können nämlich die sechszehn Größen des Schemas (8) als Determinante auffassen und zu jedem g_{hk} die Unterdeterminante bilden, die sich ergibt, indem man die Horizontal- und die Vertikalreihe wegläßt, der das betreffende Glied g_{hk} angehört.[4] (Dabei hat die Unterdeterminante den ihr Vorzeichen bestimmenden Faktor $(-1)^{h+k}$, wobei für h und k die entsprechenden der Zahlen 1, 2, 3 oder 4 zu

---

[2] Denn jeder beliebige Tensor läßt sich ja auf einen solchen zurückführen, dessen Komponenten aufgefaßt werden können als Produkte der Komponenten von Vektoren.

[3] „Metrisch" deshalb, weil nach Gl. 5 der Fundamentaltensor die Maßverhältnisse, die Metrik erst bestimmt.

[4] Zu dem Gliede g_{33} gehört z. B. die Unterdeterminante

$$G_{33} = \begin{vmatrix} g_{11} & g_{12} & g_{14} \\ g_{31} & g_{32} & g_{34} \\ g_{41} & g_{42} & g_{44} \end{vmatrix}.$$

setzen sind.[5]) Der Betrag g der Determinante ergibt sich dann nach einem bekannten Satze, indem man alle Glieder einer bestimmten (vertikalen oder horizontalen) Reihe mit den zugehörigen Unterdeterminanten multipliziert.[6] Nennen wir die zu g_{hk} gehörige Unterdeterminante G_{hk}, so ist also

$$g = g_{1k} \cdot G_{1k} = g_{2k} G_{2k} = g_{3k} G_{3k} = g_{4k} G_{4k},$$

wobei immer nach unserer Schreibregel über den Index k zu summieren ist. Infolgedessen ist die Doppelsumme

$$g_{hk} G_{hk} = 4g$$

oder, was ja dasselbe ist

(32) $$g_{hk} \frac{G_{hk}}{g} = 4.$$

Nach Gl. 25 müssen also, weil ja die Zahl 4 natürlich invariant ist gegenüber Koordinatentransformationen, die Größen G_{hk}/g die Komponenten eines kontravarianten Tensors zweiten Ranges sein. Man nennt diesen den **kontravarianten Fundamentaltensor** und führt die Bezeichnung ein

(33) $$g^{hk} = \frac{G_{hk}}{g}.$$

Multiplizieren wir alle Komponenten des kovarianten Fundamentaltensors mit allen Komponenten des kontravarianten, so erhalten wir einen gemischten Tensor vierten Ranges

(34) $$g_{hp}^{kr} = g_{hp} \cdot g^{kr}$$

und durch Verjüngung dieses Tensors (indem wir p gleich r setzen und dann über p summieren) den sogenannten **gemischten Fundamentaltensor**. Es ist also

(35) $$g_h^k = g_{hp}\, g^{kp} = \frac{g_{hp} G_{kp}}{g}.$$

Ist nun der Index h gleich dem Index k, dann stellt der Zähler des Bruches nichts anderes dar als den Wert, den man erhält, wenn man die Glieder einer Reihe der Determinante mit den zugehörigen Unterdeterminanten multipliziert und diese Produkte addiert. Dann erhält man aber den Betrag g der Determinante; es ist daher

$$g_h^k = 1, \quad \text{falls } k = h.$$

Wir betrachten nun zweitens den Fall, daß k von h verschieden sei. Die Summe $g_{hp} \cdot G_{kp}$ erhalten wir dann, wenn wir die Glieder der h^{ten}

---

[5] Für die Unterdeterminante G_{23} ist also $h + k = 5$, demnach hat diese Unterdeterminante negatives Vorzeichen; hingegen ist wieder z. B. G_{13} oder G_{24} positiv.

[6] Nach demselben Satz berechnet man die Beträge der Unterdeterminanten selbst. Es ist also z. B.

$$-G_{23} = g_{11}(g_{32} g_{44} - g_{34} g_{42}) - g_{12}(g_{31} g_{44} - g_{34} g_{41}) + g_{14}(g_{31} g_{42} - g_{32} g_{41}).$$

Horizontalreihe multiplizieren mit den Unterdeterminanten, die zu der k^{ten} Horizontalreihe gehören. Der Wert, den wir so erhalten, ist aber identisch mit dem Betrag einer Determinante, die sich ergibt, wenn die Glieder der h^{ten} Horizontalreihe ersetzt werden durch die Glieder der k^{ten} Reihe.[7] Wir hätten dann also eine Determinante, in der die h^{te} und die k^{te} Reihe identisch sind. Eine Determinante, in der zwei Reihen gleich sind, hat aber, wie man leicht einsieht, den Betrag Null. Denn eine Determinante ändert das Vorzeichen ihres Betrages, wenn zwei ihrer Reihen vertauscht werden.[8] Für eine Determinante mit zwei gleichen Reihen muß also $g = -g$ sein, was natürlich nur dann möglich ist, wenn g verschwindet. Es wird also

$$g_{hp} G_{kp} = 0, \qquad \text{falls } k \neq h,$$

und somit wird ganz allgemein der gemischte Fundamentaltensor, für den das Symbol δ_h^k üblich ist,

$$g_h^k = \delta_h^k = \begin{cases} 1 \ (k = h) \\ 0 \ (k \neq h) \end{cases}. \tag{36}$$

Schließlich soll noch gezeigt werden, wie mittels des Fundamentaltensors aus einem gegebenen kovarianten Vektor ein kontravarianter abgeleitet werden kann und umgekehrt. Ist A_h ein beliebiger kovarianter Vektor, so können wir einen Tensor dritten Ranges bilden

$$A_h^{kp} = g^{kp} A_h.$$

Indem wir diesen gemischten Tensor verjüngen, d. h. p gleich h setzen und über h summieren, erhalten wir einen kontravarianten Vektor

$$A^k = g^{hk} A_h. \tag{37}$$

Umgekehrt können wir aus einem kontravarianten Vektor B^k einen kovarianten ableiten mittels der Beziehung

$$B_p = g_{kp} B^k. \tag{38}$$

Setzen wir im besonderen für B^k den durch die Gl. 37 definierten Vektor A^k ein, so ergibt sich für B_p der Wert

$$B_p = g_{kp}\, g^{hk}\, A_h = \delta_p^h A_h = A_p\,; \tag{39}$$

d. h. der Vektor A_h gehört in derselben Weise zu dem Vektor A^h wie der Vektor A^h zu dem Vektor A_h. Statt von einem kovarianten Vektor A_h

[7] Es ist z. B. $g_{1p} G_{2p}$ der Betrag der Determinante

$$\begin{vmatrix} g_{21} & g_{22} & g_{23} & g_{24} \\ g_{21} & g_{22} & g_{23} & g_{24} \\ g_{31} & g_{32} & g_{33} & g_{34} \\ g_{41} & g_{42} & g_{43} & g_{44} \end{vmatrix}$$

[8] Dieser bekannte Satz folgt aus der vorhin angegebenen Regel für das Vorzeichen der Unterdeterminanten.

und einem kontravarianten Vektor A^h können wir daher einfach von einem einzigen Vektor sprechen, dessen kovariante Komponenten A_h und dessen kontravariante Komponenten A^h sind.

In ganz analoger Weise können wir aus einem kovarianten Tensor zweiten Ranges A_{hk} durch Multiplikation mit g^{pr} und nachträgliches Verjüngen hinsichtlich der Indizes r und k einen gemischten Tensor ableiten

$$A_h^p = g^{pk} A_{hk}. \tag{40}$$

Hieraus folgt durch abermalige Multiplikation mit g^{si} und nachherige Verjüngung hinsichtlich der Indizes h und i

$$A^{ps} = g^{pk} g^{sh} A_{hk}. \tag{41}$$

Derart kann man aus jedem kovarianten Tensor einen gemischten und kontravarianten ableiten und somit auch von den kovarianten, kontravarianten und gemischten Komponenten eines und desselben Tensors sprechen.

§ 135. Die geodätische Linie.

Nachdem wir in dem letzten Abschnitte den Begriff des Fundamentaltensors gewonnen haben, entsteht uns nun die weitere, ebenfalls rein mathematische Aufgabe, die allgemeine Gleichung einer geodätischen Linie zu finden, die definiert ist als die kürzeste Verbindung zwischen zwei beliebigen Punkten A und B innerhalb einer geometrischen Mannigfaltigkeit. Für die geodätische Linie muß also die Bedingung erfüllt sein

$$\delta \int_A^B ds = 0, \tag{1}$$

wenn ds das Element der geodätischen Linie bedeutet und die Variation so vorgenommen wird, daß auch die variierte Kurve von dem Punkte A zu dem Punkte B führt.[1]

Wir denken uns nun in einer n-dimensionalen Mannigfaltigkeit eine Schar von $(n-1)$-dimensionalen Überflächen konstruiert, die durch die Gleichung gegeben seien

$$\lambda = \varphi(x_1, x_2, x_3, \ldots x_n). \tag{2}$$

Jedem beliebigen Werte des veränderlichen Parameters λ wird dann eine bestimmte Überfläche entsprechen, und da andererseits die geodätische Linie zwischen A und B von diesen Überflächen geschnitten wird, so werden wir auch jedem Punkte der zwischen A und B gezogenen geodätischen Linie einen ganz bestimmten Wert von λ zuordnen können.

[1] Die Länge der geodätischen Linie braucht übrigens nach deren Definition nicht notwendigerweise ein Minimum, sondern nur allgemein ein Extremum zu sein.

Betrachten wir nun zwei benachbarte Überflächen, denen die Werte λ und $\lambda + d\lambda$ entsprechen, so wird das Stück der geodätischen Linie, das zwischen diesen beiden Überflächen liegt, gleich gesetzt werden können

$$ds = w\,d\lambda. \tag{3}$$

Der Wert des Proportionalitätsfaktors w ergibt sich dabei aus der Gleichung

$$ds^2 = g_{hk}\,dx_h\,dx_k \tag{4}$$

(Gl. 5 des § 134, in das n-Dimensionale übertragen). Hieraus folgt

$$w^2 = g_{hk}\frac{dx_h}{d\lambda}\,\frac{dx_k}{d\lambda}. \tag{5}$$

Von der variierten Verbindungslinie zwischen den Punkten A und B wird durch die beiden Überflächen mit den Werten λ und $\lambda + d\lambda$ ein Stück herausgeschnitten, das ds' genannt werde. Es ist dann

$$ds' = w'\,d\lambda, \tag{6}$$

wobei

$$ds' - ds = \delta(ds) \tag{7}$$

und

$$w' - w = \delta w \tag{8}$$

ist. Es ist somit

$$\delta(ds) = \delta w\,d\lambda, \tag{9}$$

und da ja in Gl. 1 die Reihenfolge von Integration und Variation vertauscht werden kann, weil beide Operationen voneinander unabhängig sind, so kann die Gl. 1 somit auch in der Form geschrieben werden

$$\int_A^B \delta w\,d\lambda = 0. \tag{10}$$

Um nun die Variation von w zu finden, variieren wir die Gl. 5 und finden dann

$$2w\,\delta w = \frac{dx_h}{d\lambda}\,\frac{dx_k}{d\lambda}\,\delta g_{hk} + g_{hk}\frac{dx_h}{d\lambda}\,\delta\left(\frac{dx_k}{d\lambda}\right) + g_{hk}\frac{dx_k}{d\lambda}\,\delta\left(\frac{dx_h}{d\lambda}\right). \tag{11}$$

Man erkennt ohne weiteres, daß die letzte und die vorletzte Doppelsumme dieser Gleichung wegen der Symmetrie des Fundamentaltensors identisch sind und man für jede der beiden Doppelsummen schreiben kann

$$g_{hp}\,\frac{dx_h}{d\lambda}\,\delta\left(\frac{dx_p}{d\lambda}\right).$$

Andererseits ist, weil ja der metrische Fundamentaltensor eine Funktion der Koordinaten ist,

$$\delta g_{hk} = \frac{\partial g_{hk}}{\partial x_p}\,\delta x_p. \tag{12}$$

Gl. 11 läßt sich somit auf die Form bringen

(13) $$\delta w = \frac{1}{2w}\frac{dx_h}{d\lambda}\frac{dx_k}{d\lambda}\frac{\partial g_{hk}}{\partial x_p}\delta x_p + \frac{g_{hp}}{w}\frac{dx_h}{d\lambda}\delta\left(\frac{dx_p}{d\lambda}\right).$$

Nun ist aber andererseits

(14) $$\delta\left(\frac{dx_p}{d\lambda}\right) = \frac{d(\delta x_p)}{d\lambda}.$$

Daher ist[2]

(15) $$\frac{g_{hp}}{w}\frac{dx_h}{d\lambda}\delta\left(\frac{dx_p}{d\lambda}\right) = \frac{d}{d\lambda}\left(\frac{g_{hp}}{w}\frac{dx_h}{d\lambda}\delta x_p\right) - \frac{d}{d\lambda}\left(\frac{g_{hp}}{w}\frac{dx_h}{d\lambda}\right)\delta x_p.$$

Wenn wir nun diese Gleichung mit $d\lambda$ multiplizieren und zwischen den Grenzen A und B integrieren, so verschwindet das erste Glied der rechten Seite, weil ja sowohl für A als auch für B die Variation der Koordinaten verschwindet; denn in dem Anfangs- und Endpunkt fallen ja die geodätische Linie und die variierte Kurve zusammen.

Setzen wir somit den Wert aus Gl. 15 in die Gl. 13 und von dort in die jetzt mit entgegengesetztem Vorzeichen gedachte Gl. 10 ein, so finden wir

(16) $$\int \Theta_p \, d\lambda \, \delta x_p = 0,$$

wobei sich für die Größen Θ_p der Wert ergibt

(17) $$\Theta_p = \frac{d}{d\lambda}\left(\frac{g_{hp}}{w}\frac{dx_h}{d\lambda}\right) - \frac{1}{2w}\frac{dx_h}{d\lambda}\frac{dx_k}{d\lambda}\frac{\partial g_{hk}}{\partial x_p}.$$

Wegen der Willkür bei der Variation der Koordinaten kann aber die Gl. 16 nur dann erfüllt sein, wenn

(18) $$\Theta_p = 0$$

ist. Die Gleichungen, die sich ergeben, wenn man in einer n-dimensionalen Geometrie $p = 1, 2, 3 \ldots n$ setzt, stellen dann die Gleichungen der geodätischen Linie dar.

In unseren bisherigen Betrachtungen war der Parameter willkürlich wählbar. Wir können daher festsetzen, daß λ gleich sein soll der von dem Punkte A aus gemessenen Bogenlänge s der geodätischen Linie. Es wird dann einfach ds gleich $d\lambda$ und somit w gleich eins. Gl. 17 und 18 nehmen dann die einfachere Form an

(19) $$g_{hp}\frac{d^2x_h}{ds^2} + \frac{dg_{hp}}{ds}\frac{dx_h}{ds} - \frac{1}{2}\frac{dx_h}{ds}\frac{dx_k}{ds}\frac{\partial g_{hk}}{\partial x_p} = 0.$$

Nun ist aber

(20) $$\frac{dg_{hp}}{ds} = \frac{\partial g_{hp}}{\partial x_k}\frac{dx_k}{ds}.$$

Ferner können wir für das Folgende die Identität benutzen

(21) $$\frac{\partial g_{hp}}{\partial x_k}\frac{dx_k}{ds}\frac{dx_h}{ds} \equiv \frac{\partial g_{kp}}{\partial x_h}\frac{dx_h}{ds}\frac{dx_k}{ds}.$$

[2] Nach der Formel
$$A.dB = d(AB) - B.dA.$$

Denn die linke Seite dieser Gleichung ändert ja ihren Wert nicht, wenn lediglich andere Buchstabenbezeichnungen eingeführt werden und statt h nunmehr k und statt k nunmehr h geschrieben wird. Derart können wir das zweite Glied der Gl. 19 gleich setzen der halben Summe der beiden Ausdrücke, die auf den beiden Seiten der Gl. 21 stehen. Wir können somit die Gl. 19 in der Form schreiben

$$g_{hp}\frac{d^2 x_h}{d s^2} + \begin{bmatrix} h\,k \\ p \end{bmatrix} \frac{d x_h}{d s}\,\frac{d x_k}{d s} = 0\,, \tag{22}$$

wobei der Ausdruck in der eckigen Klammer, den man als CHRISTOFFELsches Drei-Indizes-Symbol bezeichnet, die Bedeutung hat

$$\begin{bmatrix} h\,k \\ p \end{bmatrix} = \frac{1}{2}\left(\frac{\partial g_{hp}}{\partial x_k} + \frac{\partial g_{kp}}{\partial x_h} - \frac{\partial g_{hk}}{\partial x_p}\right). \tag{23}$$

Wie aus dieser Definition ohne weiteres folgt, ist wegen der Symmetrie des Fundamentaltensors auch das Drei-Indizes-Symbol symmetrisch; es ändert seinen Wert nicht, wenn seine beiden oberen Indizes vertauscht werden.

Wir führen nun zur Vereinfachung folgender Rechnungen ein weiteres, ebenfalls symmetrisches Drei-Indizes-Symbol durch die definierende Gleichung ein

$$\begin{Bmatrix} h\,k \\ r \end{Bmatrix} = g^{rp}\begin{bmatrix} h\,k \\ p \end{bmatrix}. \tag{24}$$

Sodann multiplizieren wir die Gl. 22 mit g^{rp} und summieren über p. Das erste Glied wird dann nach Gl. 35 des § 134

$$g_h^r\,\frac{d^2 x_h}{d s^2}\,,$$

wobei über den Index h, ebenso wie bereits in Gl. 22, zu summieren ist. Diese über h erstreckte Summe ergibt aber einfach $d^2 x_r / d s^2$, weil (nach Gl. 36 des § 134) g_h^r nur dann von null verschieden und eben gleich eins ist, wenn h und r gleich sind. Die Gleichung der geodätischen Linie nimmt somit die endgültige Gestalt an

$$\frac{d^2 x_r}{d s^2} = -\begin{Bmatrix} h\,k \\ r \end{Bmatrix}\frac{d x_h}{d s}\,\frac{d x_k}{d s}\,. \tag{25}$$

§ 136. Der RIEMANNsche Tensor.

Ebenso wie sich durch die Operation der Verjüngung aus einem beliebigen Tensor ein Tensor niedrigeren Ranges ableiten läßt, so muß es natürlich auch umgekehrt möglich sein, durch reine Rechenoperationen aus einem beliebigen Tensor einen Tensor höheren Ranges abzuleiten. Wir werden hierbei zweckmäßig von einem Skalar als einem Tensor nullten Ranges ausgehen. Nehmen wir an, es sei φ irgendeine skalare Funktion der Koordinaten, also eine Invariante gegenüber Koordinatentransformationen; denken wir uns nun weiter ganz unabhängig von jedem Koordinatensystem eine geodätische Linie konstruiert, und nennen wir s die (wiederum von jedem Koordinatensystem unabhängige) Länge der geodätischen Linie, von einem bestimmten ihrer Punkte aus gemessen; dann ist es klar, daß der Differentialquotient $d\varphi / ds$ ebenfalls eine von dem Koordinatensystem unabhängige Größe sein muß. Andererseits ist natürlich, wenn, wie wir vorausgesetzt haben, φ eine Funktion der Koordinaten ist,

$$\frac{d\varphi}{ds} = \frac{\partial \varphi}{\partial x_h} \frac{d x_h}{ds}. \tag{1}$$

Aus der Definition des kovarianten Vektors folgt dann gemäß Gl. 20 des § 134 (da ja $d x_h$ Komponenten eines kontravarianten Vektors sind), daß die vier Größen

$$A_h = \frac{\partial \varphi}{\partial x_h} \tag{2}$$

die Komponenten eines kovarianten Vektors sind.[1]

Bilden wir nun den zweiten Differentialquotienten von φ nach s, so muß auch dieser natürlich wieder eine Invariante sein. Wir finden, wenn wir den ersten Differentialquotienten mit ψ bezeichnen,

$$\frac{d^2 \varphi}{d s^2} = \frac{d\psi}{ds} = \frac{\partial \psi}{\partial x_k} \frac{d x_k}{ds}. \tag{3}$$

Nun ist aber nach Gl. 1

$$\frac{\partial \psi}{\partial x_k} = \frac{\partial^2 \varphi}{\partial x_h \partial x_k} \frac{d x_h}{ds} + \frac{\partial \varphi}{\partial x_h} \frac{\partial}{\partial x_k}\left(\frac{d x_h}{ds}\right). \tag{4}$$

Daher wird

$$\frac{d^2 \varphi}{d s^2} = \frac{\partial^2 \varphi}{\partial x_h \partial x_k} \frac{d x_h}{ds} \frac{d x_k}{ds} + \frac{\partial \varphi}{\partial x_h} \frac{d^2 x_h}{d s^2}. \tag{5}$$

Da die rechte Seite dieser Gleichung zwei voneinander ganz unabhängige Summen enthält, kann man in dem letzten Gliede bei bloßer Änderung der Schreibweise den Buchstaben h durch den Buchstaben r ersetzen (ohne daß dieselbe Änderung auch bei dem ersten Gliede der rechten Seite erfolgen müßte). Da aber nun ds das Element einer geodätischen Linie darstellt (und $d x_h$ die Komponenten dieses Elementes sind), so muß somit die Gleichung der geodätischen Linie anwendbar sein (Gl. 25 des § 135). Die Gl. 5 nimmt infolgedessen die Form an

$$\frac{d^2 \varphi}{d s^2} = \left(\frac{\partial^2 \varphi}{\partial x_h \partial x_k} - \begin{Bmatrix} h k \\ r \end{Bmatrix} \frac{\partial \varphi}{\partial x_r}\right) \frac{d x_h}{ds} \frac{d x_k}{ds}. \tag{6}$$

Die linke Seite dieser Gleichung stellt nun eine Invariante dar. Nach den für die Tensoren geltenden Definitionen muß daher der Ausdruck in der runden Klammer die Komponenten eines kovarianten Tensors

[1] Dieser Vektor ist der Gradient von φ.

bilden.[2] Wir wollen dessen Komponenten mit A_{hk} bezeichnen.[3] Es ist dann bei Berücksichtigung von Gl. 2

$$A_{hk} = \frac{\partial A_h}{\partial x_k} - \begin{Bmatrix} h\,k \\ r \end{Bmatrix} A_r . \tag{7}$$

Dieser Tensor heißt die **Erweiterung** des Vektors A.

Multiplizieren wir nun sämtliche Komponenten dieses Tensors mit sämtlichen Komponenten eines kovarianten Vektors B, so erhalten wir einen kovarianten **Tensor dritten Ranges**. Wir wollen seine Komponenten bezeichnen mit

$$C_{hkp} = A_{hp} B_k . \tag{8}$$

Es ist also nach Gl. 7

$$C_{hkp} = B_k \frac{\partial A_h}{\partial x_p} - \begin{Bmatrix} h\,p \\ r \end{Bmatrix} A_r B_k . \tag{9}$$

Mit Rücksicht auf das erste Glied der rechten Seite dieser Gleichung liegt nun der Gedanke nahe, noch einen anderen Tensor dritten Ranges in ähnlicher Weise zu definieren, und zwar mittels der Gleichung

$$D_{hkp} = B_{kp} A_h , \tag{10}$$

wobei der Tensor B_{kp} aus dem Vektor B_k durch die Differentialoperation der Gl. 7 abgeleitet sei; es ist also für B_{kp} der Wert einzusetzen, der sich ergibt, wenn wir in Gl. 7 statt A nunmehr B schreiben. Es ist demnach

$$D_{hkp} = A_h \frac{\partial B_k}{\partial x_p} - \begin{Bmatrix} k\,p \\ r \end{Bmatrix} A_h B_r . \tag{11}$$

Wir wollen nun einen Tensor zweiten Ranges definieren durch die Gleichung

$$E_{hk} = A_h B_k \tag{12}$$

und einen Tensor dritten Ranges durch die Formel

$$E_{hkp} = C_{hkp} + D_{hkp} . \tag{13}$$

Dann finden wir

$$E_{hkp} = \frac{\partial E_{hk}}{\partial x_p} - \begin{Bmatrix} h\,p \\ r \end{Bmatrix} E_{rk} - \begin{Bmatrix} k\,p \\ r \end{Bmatrix} E_{hr} . \tag{14}$$

Man bezeichnet den Tensor dritten Ranges E_{hkp} als die **Erweiterung** des Tensors zweiten Ranges E_{hk}. Die Gl. 14 wurde allerdings unter der Voraussetzung abgeleitet, daß die Komponenten E_{hk} in der Form des Produktes der Komponenten zweier Vektoren darstellbar sind. Da sich aber auf einen derartigen Tensor (nach dem in § 134 Gesagten) jeder beliebige Tensor zweiten Ranges zurückführen läßt, kann man

[2] Denn dx/ds sind ja die Komponenten eines kontravarianten Vektors.

[3] Es wird wohl zu keinem Mißverständnis führen, daß der Tensor zweiten Ranges und der Vektor beide mit dem Buchstaben A bezeichnet werden. Der Unterschied kommt ja dadurch genügend zum Ausdruck, daß der Tensor zwei Indizes, der Vektor hingegen nur einen hat.

durch das in Gl. 14 dargestellte Verfahren aus jedem beliebigen Tensor zweiten Ranges einen Tensor dritten Ranges gewinnen.

Wir wollen daher in Gl. 14 für E_{hk} den durch die Gl. 7 definierten Tensor A_{hk} einsetzen. Die Erweiterung dieses Tensors wollen wir mit A_{hkp} bezeichnen. Gl. 7 wollen wir jedoch in etwas geänderter Form schreiben, indem wir den Buchstaben r in Gl. 7 durch den Buchstaben s ersetzen.[4] Wir müssen dies tun, um Verwicklungen bei der folgenden Ableitung zu vermeiden. Wir ersetzen also in Gl. 14 E_{hk} durch A_{hk}, wobei

$$(15)\qquad A_{hk} = \frac{\partial A_h}{\partial x_k} - \left\{ {hk \atop s} \right\} A_s$$

ist. Wir finden dann

$$(16)\quad \begin{cases} A_{hkp} = \dfrac{\partial^2 A_h}{\partial x_k\, \partial x_p} - \dfrac{\partial}{\partial x_p} \left\{ {hk \atop s} \right\} A_s - \dfrac{\partial A_s}{\partial x_p} \left\{ {hk \atop s} \right\} - \left\{ {hp \atop r} \right\} \dfrac{\partial A_r}{\partial x_k} \\ \qquad + \left\{ {hp \atop r} \right\} \left\{ {rk \atop s} \right\} A_s - \left\{ {kp \atop r} \right\} \dfrac{\partial A_h}{\partial x_r} + \left\{ {kp \atop r} \right\} \left\{ {hr \atop s} \right\} A_s . \end{cases}$$

Wenn wir nun in dieser Gleichung die Indizes k und p vertauschen, so bleiben dabei ungeändert das erste, ferner wegen der Symmetrie der Drei-Indizes-Symbole das sechste und das siebente (letzte) Glied der rechten Seite. Ebenso wenig ändert sich dabei die Summe aus dem dritten und dem vierten Gliede. Denken wir uns also die Gl. 16 gebildet für A_{hpk} und diese Gleichung von der Gl. 16 subtrahiert, so bleiben nur solche Glieder übrig, die mit der Größe A_s multipliziert sind. Man kann daher setzen

$$(17)\qquad A_{hkp} - A_{hpk} = R^s_{hkp} A_s .$$

Die Größe R^s_{hkp} muß dabei, was schon in ihrer Schreibweise zum Ausdrucke kam, nach den Definitionen der Tensoren ein **gemischter Tensor vierten Ranges** sein, und zwar kontravariant in bezug auf den Index s, kovariant in bezug auf die übrigen.

Nach Gl. 16 findet man

$$(18)\qquad {}'R^s_{hkp} = \frac{\partial}{\partial x_k} \left\{ {hp \atop s} \right\} - \frac{\partial}{\partial x_p} \left\{ {hk \atop s} \right\} + \left\{ {hp \atop r} \right\} \left\{ {rk \atop s} \right\} - \left\{ {hk \atop r} \right\} \left\{ {rp \atop s} \right\} .$$

Aus der Bedeutung der Christoffelschen Drei-Indizes-Symbole (Gl. 23 und 24 des § 135) folgt, daß der Tensor vierten Ranges vollkommen bestimmt ist, sobald man die Komponenten des metrischen Fundamentaltensors in ihrer Abhängigkeit von den Koordinaten kennt. Ist das metrische Feld konstant, der Fundamentaltensor also unabhängig von den Koordinaten, so verschwindet der Tensor vierten Ranges; und zwar verschwindet er dann, da ja der Tensor etwas von dem Koordinatensystem Unabhängiges ist, für **alle** Koordinatensysteme. Hierin besteht die große Bedeutung des gemischten Tensors vierten Ranges,

[4] Der Index s hat im Folgenden natürlich nicht das mindeste mit dem früher so bezeichneten Bogenelement zu tun.

den zuerst Riemann abgeleitet hat und der darum als Riemannscher Tensor bezeichnet wird. Das Verschwinden des Riemannschen Tensors ist also die notwendige Bedingung für die Konstanz des metrischen Feldes.[5]

Wie jeder gemischte Tensor läßt sich natürlich auch der Riemannsche Tensor verjüngen. Tun wir dies, indem wir den Index s gleich p setzen und über p summieren, so finden wir für den verjüngten Riemannschen Tensor die Formel

$$(19)\qquad R_{hk} = \frac{\partial}{\partial x_k}\begin{Bmatrix} h\,p \\ p \end{Bmatrix} - \frac{\partial}{\partial x_p}\begin{Bmatrix} h\,k \\ p \end{Bmatrix} + \begin{Bmatrix} h\,p \\ r \end{Bmatrix}\begin{Bmatrix} r\,k \\ p \end{Bmatrix} - \begin{Bmatrix} h\,k \\ r \end{Bmatrix}\begin{Bmatrix} r\,p \\ p \end{Bmatrix}.$$

Aus dem verjüngten Riemannschen Tensor können wir nun noch nach Gl. 25 des § 134 eine skalare Invariante mittels der Beziehung ableiten

$$(20)\qquad R = g^{hk} R_{hk}\,.$$

Die Größe R wird als die Riemannsche Invariante bezeichnet. Endlich können wir den kovarianten Komponenten des verjüngten Riemannschen Tensors auch die kontravarianten zuordnen (nach Gl. 41 des § 134) mittels der Gleichung

$$(21)\qquad R^{ps} = g^{pk} g^{sh} R_{hk}\,.$$

§ 137. Das Einsteinsche und das Newtonsche Gravitationsgesetz.

Integriert man die Riemannsche Invariante über ein beliebig abgegrenztes Gebiet der geometrischen Mannigfaltigkeit und bildet man dann die Variation dieses Integrals derart, daß der Fundamentaltensor nur innerhalb der Begrenzungen variiert wird, so wird man durch rein mathematische Untersuchungen (die als viel zu umständlich hier wegbleiben mögen) zu den Komponenten eines Tensors geführt

$$(1)\qquad S_{hk} = R_{hk} - \tfrac{1}{2} g_{hk} R\,,$$

und dieser „Krümmungstensor“[1] ist es nun, dem die Einsteinsche Theorie den Materietensor bis auf einen universellen Proportionalitätsfaktor gleichsetzt.

Die Komponenten des Materietensors findet man nach § 131, indem man die Größen dx_h/ds paarweise multipliziert und dann noch mit der Ruhdichte ϱ_0 der Eigenmasse vervielfacht. Da die Größen dx_h/ds (nach Gl. 16 und 19 des § 134) kontravariant sind, ϱ_0 aber ein Skalar ist, so

[5] Es läßt sich beweisen, daß diese Bedingung auch hinreichend ist.

[1] Es wird, wenn die Variation an der Grenze verschwindet,

$$\delta \int R\,d\omega = \int (R_{hk} - \tfrac{1}{2} g_{hk} R)\,\delta g^{hk}\,d\omega\,.$$

erhalten wir auf dem angegebenen Wege die **kontravarianten Komponenten des Materietensors**

(2) $$T^{hk} = \varrho_0 \frac{d x_h}{d s} \frac{d x_k}{d s}.$$

Nach der EINSTEINschen Theorie muß nun die Beziehung bestehen

(3) $$T_{hk} = S_{hk},$$

also

(4) $$T_{hk} = R_{hk} - \tfrac{1}{2} g_{hk} R$$

oder auch

(5) $$\varrho_0 \frac{d x_h}{d s} \frac{d x_k}{d s} = R^{hk} - \frac{1}{2} g^{hk} R,$$

wobei die kontravarianten Komponenten des verjüngten RIEMANNschen Tensors durch Gl. 21 des § 136 bestimmt sind.

Eine für die folgenden Betrachtungen wichtige Beziehung können wir nun unmittelbar aus der Gl. 4 ableiten. Nach Gl. 25 des § 134 muß sich ja eine skalare Invariante, die T genannt werde, mittels der Beziehung bilden lassen

(6) $$T = g^{hk} T_{hk}.$$

Andererseits ist (nach Gl. 20 des § 136) $g^{hk} R_{hk}$ gleich R und (nach Gl. 32 des § 134) $g^{hk} g_{hk}$ gleich vier. Multiplizieren wir daher die Gl. 4 mit g^{hk} und summieren wir dann über h und k, so finden wir

$$T = R - 2R$$

oder

(7) $$R = -T.$$

Das EINSTEINsche Gravitationsgesetz postuliert nun, daß gleichzeitig mit den „**Feldgleichungen**" (5) auch die Gleichung erfüllt sein müsse, derzufolge **die die Bewegung darstellende Weltlinie geodätisch** ist. Es muß also nach Gl. 25 des § 135 auch die Beziehung bestehen

(8) $$\frac{d^2 x_r}{d s^2} = - \left\{ \begin{matrix} h\,k \\ r \end{matrix} \right\} \frac{d x_h}{d s} \frac{d x_k}{d s}.$$

In den beiden gleichzeitig erfüllten Gl. 5 und 8 findet also das EINSTEINsche Gravitationsgesetz seinen analytischen Ausdruck.

Um nun diese Gleichungen zu diskutieren, wollen wir zunächst einen Spezialfall betrachten, in dem drei die Rechnungen sehr vereinfachende **Voraussetzungen** erfüllt sein mögen. Die **erste Voraussetzung** sei, daß **die Abweichungen von der euklidischen Geometrie nur gering seien.** Es sollen also (bei Benutzung eines rechtwinkligen Koordinatensystems) die Größen g_{hk} nur wenig verschieden sein von 1 oder 0, je nachdem ob k gleich h oder ungleich h ist. Nach der Definition der Unterdeterminanten und des kontravarianten Fundamentaltensors können dann auch die Größen g^{hk} nur wenig verschieden sein von 1 oder 0, je nachdem ob wieder k gleich oder ungleich h ist.[2] Unsere erste Voraussetzung läßt sich also durch die Formel ausdrücken

$$\left.\begin{matrix} g_{hk} \\ g^{hk} \end{matrix}\right\} \text{ wenig verschieden von } \delta_h^k\,, \tag{9}$$

wobei eben δ_h^k den gemischten Fundamentaltensor bedeutet, dessen Komponenten immer eins oder null sind (Gl. 36 des § 134).

Ist nun die Gl. 9 erfüllt, dann lassen sich auch die geschlungenen Drei-Indizes-Symbole in eine einfachere Form bringen. Nach der diese Symbole definierenden Gl. 24 des § 135 ist ja

$$\begin{Bmatrix} h\,k \\ r \end{Bmatrix} = g^{rp} \begin{bmatrix} h\,k \\ p \end{bmatrix}.$$

In der Summe von vier Gliedern, die auf der rechten Seite steht, können aber nun nach Gl. 9 drei Summanden vernachlässigt werden; es kommt nur der eine Summand in Betracht, für den p gleich ist r; für diesen kann aber g^{pr} nach Gl. 9 einfach gleich eins gesetzt werden, und näherungsweise ist somit

$$\begin{Bmatrix} h\,k \\ r \end{Bmatrix} = \begin{bmatrix} h\,k \\ r \end{bmatrix}. \tag{10}$$

Statt der geschlungenen Drei-Indizes-Symbole können also in dem von uns zu betrachtenden Spezialfall einfach die eckigen Symbole geschrieben werden.

Da die Drei-Indizes-Symbole nur die partiellen Differentialquotienten der g_{hk} nach den Koordinaten enthalten, so folgt ferner aus der Gl. 9, daß die Drei-Indizes-Symbole infolge unserer Voraussetzung kleine Größen sein müssen, klein wenigstens von der ersten Ordnung.

Als zweite Voraussetzung fügen wir nun zu der ersten die Annahme hinzu, daß die auftretenden mechanischen Geschwindigkeiten klein seien gegenüber der Lichtgeschwindigkeit. Ist dem so, dann treffen die Näherungsformeln zu, die schon in § 131 (Gl. 11, 12, 13) abgeleitet wurden. Es ist dann

$$\frac{d x_1}{d s}, \frac{d x_2}{d s}, \frac{d x_3}{d s} \text{ klein;} \qquad \frac{d x_4}{d s} \text{ nahezu } = 1\,, \tag{11}$$

ferner

$$T = \varrho \tag{12}$$

und endlich

$$\frac{d^2 x_r}{d s^2} = -\frac{1}{c^2}\frac{d^2 x_r}{d t^2}. \tag{13}$$

Als dritte vereinfachende Voraussetzung führen wir schließlich die Annahme ein, daß das Gravitationsfeld statisch sei; d. h. die Komponenten g_{hk} sollen sich zwar räumlich, nicht aber zeitlich ändern.

[2] Dies folgt ja schon aus dem Schema (10) des § 134.

Es sollen die partiellen Differentialquotienten nach x_4 einfach vernachlässigbar sein. Wir setzen daher

(14) $$\frac{\partial g_{hk}}{\partial x_4} = 0 .$$

Treffen unsere drei Voraussetzungen zu, so nimmt zunächst die Gleichung der geodätischen Linie eine sehr einfache Gestalt an. Der Ausdruck

(15) $$\left\{ {h k \atop r} \right\} \frac{d x_h}{d s} \frac{d x_k}{d s}$$

stellt ja eine Doppelsumme von 16 Summanden dar (da sowohl über h als auch über k zu summieren ist). 15 von diesen Summanden können aber nach Gl. 11 vernachlässigt werden neben dem einen Gliede

$$\left\{ {4\,4 \atop r} \right\} \frac{d x_4}{d s} \frac{d x_4}{d s} .$$

Nun ist nach Gl. 10 und nach der Definition der Drei-Indizes-Symbole (Gl. 23 des § 135)

$$\left\{ {4\,4 \atop r} \right\} = \left[{4\,4 \atop r} \right] = \frac{1}{2} \left(\frac{\partial g_{4r}}{\partial x_4} + \frac{\partial g_{r4}}{\partial x_4} - \frac{\partial g_{44}}{\partial x_r} \right)$$

oder, da die partiellen Differentialquotienten nach x_4 zufolge Gl. 14 verschwinden,

(16) $$\left\{ {4\,4 \atop r} \right\} = - \frac{1}{2} \frac{\partial g_{44}}{\partial x_r} .$$

Berücksichtigen wir weiterhin die Gl. 11 und 13, so nimmt somit die Gleichung der geodätischen Linie in dem von uns betrachteten Spezialfall die einfache Form an

(17) $$\frac{d^2 x_r}{d t^2} = - \frac{c^2}{2} \frac{\partial g_{44}}{\partial x_r} ,$$

und zu dieser Gleichung kommt nun noch die Gl. 5 hinzu, die bei dem Zutreffen der gemachten Voraussetzungen ebenfalls eine wesentliche Vereinfachung erfährt.

Zunächst läßt sich der Ausdruck für den verjüngten Riemannschen Tensor sehr vereinfachen. Dieser Ausdruck (Gl. 19 des § 136) besteht aus vier Gliedern. Von ihnen können wir zunächst die letzten zwei weglassen, die Produkte zweier Drei-Indizes-Symbole darstellen, weil ja nach dem früher Gesagten diese Symbole klein, wenigstens von der ersten Ordnung, sind. Setzen wir weiterhin den Index k gleich 4, dann fällt nach Gl. 14 auch das erste Glied weg, und es bleibt nur das zweite übrig. Es wird also

(18) $$R_{h4} = - \frac{\partial}{\partial x_p} \left\{ {h\,4 \atop p} \right\} .$$

Daher wird nach Gl. 16

(19) $$R_{44} = \frac{1}{2} \left(\frac{\partial^2 g_{44}}{\partial x_1^2} + \frac{\partial^2 g_{44}}{\partial x_2^2} + \frac{\partial^2 g_{44}}{\partial x_3^2} + \frac{\partial^2 g_{44}}{\partial x_4^2} \right) .$$

In diesem Ausdruck verschwindet nach Gl. 14 der partielle Differentialquotient nach x_4. Die Summe der zweiten partiellen Ableitungen nach den räumlichen Koordinaten stellt aber die bekannte LAPLACEsche Ableitung dar, für die das Symbol Δ üblich ist (§ 35). Es wird somit

(20) $$R_{44} = \tfrac{1}{2} \Delta g_{44}\,.$$

Gehen wir nun zu den kontravarianten Komponenten des verjüngten RIEMANNschen Tensors über, so ist (nach Gl. 41 des § 134)

(21) $$R^{44} = g^{4h} g^{4k} R_{hk}\,.$$

In dieser Doppelsumme von 16 Summanden können aber nach Gl. 9 alle anderen Summanden vernachlässigt werden neben dem einen, für den $h = k = 4$ ist. Es wird somit, weil ja wiederum g^{44} näherungsweise gleich eins ist,

(22) $$R^{44} = R_{44}\,.$$

Andererseits wird nach Gl. 7 und 12

(23) $$R = -\varrho\,.$$

Wir setzen nun in Gl. 5 $h = k = 4$. Die Differentialquotienten werden dann nach Gl. 11 gleich eins, ϱ_0 ist ja gleich ϱ, und wir erhalten daher die Beziehung

$$\varrho = \tfrac{1}{2} \Delta g_{44} + \tfrac{1}{2} \varrho$$

oder

(24) $$\varrho = \Delta g_{44}\,.$$

Diese Gleichung stellt eine partielle Differentialgleichung zweiter Ordnung dar; ihre Lösung ist uns aber bereits aus verschiedenen Betrachtungen der klassischen Physik bekannt. Ist nämlich a irgendeine skalare Funktion der räumlichen Koordinaten und S eine andere solche Funktion und sind S und a durch die partielle Differentialgleichung verknüpft

$$\Delta S = a\,,$$

dann ist (nach Gl. 28 des § 39) der Wert von S in irgendeinem „Aufpunkte"

$$S = -\frac{1}{4\pi} \int \frac{a\,d\tau}{r}\,,$$

wobei r die Entfernung des Volumelementes $d\tau$ von dem Aufpunkte bedeutet und a eben den Wert des Skalars in dem Volumelement $d\tau$. Die Volumintegration ist dabei, wie aus der Elektrostatik bekannt, so durchzuführen, daß das den Aufpunkt enthaltende Volumelement von der Integration ausgeschlossen bleibt. Es wird somit in unserem Falle

(25) $$g_{44} = -\frac{1}{4\pi} \int \frac{\varrho\,d\tau}{r}\,.$$

Kombinieren wir endlich diese Gleichung mit der Gl. 17 (in der wir aber den Index r durch den Index h ersetzen wollen[3]), so nimmt die Bewegungsgleichung im materiellen Feld die Form an

$$\frac{d^2 x_h}{d t^2} = \frac{c^2}{8\pi} \frac{\partial}{\partial x_h} \int \frac{\varrho \, d\tau}{r}. \tag{26}$$

In den bisherigen Betrachtungen haben wir nun ein solches Maß der Masse benutzt, daß der universelle Proportionalitätsfaktor zwischen Krümmungs- und Materietensor einfach gleich eins wurde. Messen wir hingegen die Massendichte in üblicher Weise in g/cm^3, so tritt in den bisherigen Formeln an die Stelle von ϱ das Produkt $f\varrho$, wobei eben f einen universellen Proportionalitätsfaktor bedeutet. Wir führen nun eine neue universelle Konstante durch die Beziehung ein

$$\varkappa = \frac{f c^2}{8\pi}; \tag{27}$$

dann wird

$$\frac{d^2 x_h}{d t^2} = \varkappa \frac{\partial}{\partial x_h} \int \frac{\varrho \, d\tau}{r}. \tag{28}$$

Wir denken uns nun die bisher betrachtete kontinuierliche Massenverteilung nur als Annäherung; in Wirklichkeit sei eine Menge von diskreten Massenpunkten vorhanden, deren individuell verschiedene Masse m sei und die von dem betrachteten Aufpunkt die individuell verschiedene Entfernung r haben mögen; dann wird

$$\int \frac{\varrho \, d\tau}{r} = \sum \frac{m}{r}. \tag{29}$$

Endlich denken wir uns in dem Aufpunkte selbst einen Massenpunkt von der Masse m'. Multiplizieren wir dann noch die Gl. 28 mit m', so erhalten wir die Beziehung

$$m' \frac{d^2 x_h}{d t^2} = \frac{\partial}{\partial x_h} \sum \frac{\varkappa m m'}{r}. \tag{30}$$

Nun sind die drei Größen $d^2 x_h / d t^2$ nichts anderes als die Komponenten des räumlichen Vektors $d\mathfrak{v}/dt$, wenn $\mathfrak{v}$ die Geschwindigkeit des Massenpunktes m' ist; andererseits sind nach einer früher abgeleiteten und schon oft benutzten Beziehung die drei Größen $\partial(1/r)/\partial x_h$ die Komponenten des Vektors $-\mathfrak{r}/r^3$, wenn $\mathfrak{r}$ der zu dem Aufpunkt von einer Masse m gezogene Radiusvektor ist.[4] Die Gl. 30 kann somit in der

[3] Damit der Buchstabe r nicht in zweifacher Bedeutung in derselben Gleichung vorkomme.

[4] Denn x_h sind ja die Koordinaten des Aufpunktes. Es trifft also die Gl. 6 des § 39 zu, nach der bei veränderlich gedachter Lage des Aufpunktes

$$\operatorname{grad}_a \left(\frac{1}{r}\right) = -\frac{\mathfrak{r}}{r^3}$$

ist, wenn $\mathfrak{r}$ den von dem Quellpunkte zu dem Aufpunkte gezogenen Radiusvektor bedeutet.

Form geschrieben werden

$$(31) \qquad m' \frac{d\mathfrak{v}}{dt} = - \sum \frac{\varkappa m m' \mathfrak{r}}{r^3}.$$

Die linke Seite dieser Gleichung kann aufgefaßt werden als eine Kraft, die der Massenpunkt m' infolge des Vorhandenseins der anderen Massen erfährt; demnach kann auch die rechte Seite der Gleichung interpretiert werden als die Resultierende aus Einzelkräften, die zwischen dem Massenpunkt m' und allen übrigen Massen wirken. Diese Kräfte müssen, wie die Gleichung zeigt, die Richtung der Verbindungslinie haben, und zwar müssen sie (da sie entgegengesetztes Vorzeichen haben wie der von m zu m' gezogene Radiusvektor) m' gegen m zu nähern trachten, also anziehende Kräfte sein. Der Betrag der Kraft ist wiederum bis auf den universellen Proportionalitätsfaktor gleich dem Produkte der beiden Massen, gebrochen durch das Quadrat ihrer Entfernung.

Ein jeder Massenpunkt bewegt sich also infolge des Vorhandenseins anderer Massenpunkte so, als ob zwischen allen Massen eine universelle Anziehung bestünde, für die das eben angegebene Gesetz gilt. Dieses ist aber kein anderes als das bekannte Gravitationsgesetz, das schon Newton aufgestellt hat.

§ 138. Die räumliche und zeitliche Metrik im Gravitationsfelde.

Daß das Newtonsche Gravitationsgesetz als erste Näherung aus dem Einsteinschen hervorgeht, bedeutet an sich schon einen großen Erfolg der Einsteinschen Theorie. Die Möglichkeit einer empirischen Prüfung dieser neuen Theorie ergibt sich aber erst dadurch, daß aus dem vollkommeneren Einsteinschen Gesetz die Notwendigkeit verschiedener Erscheinungen folgt, die sich aus dem Newtonschen Gesetz nicht ableiten lassen.

Die Einsteinschen Gravitationsgleichungen sind partielle Differentialgleichungen zweiter Ordnung, in denen die Komponenten des metrischen Fundamentaltensors nach den Koordinaten differentiiert erscheinen. Das allgemeine Problem bestünde nun darin, bei gegebener räumlich-zeitlicher Materieverteilung die Größen g_{hk} als Funktionen der Weltkoordinaten zu errechnen. Die strenge Lösung dieses Problems ist viel zu kompliziert, als daß sie bisher gelungen wäre. Wohl aber hat schon Einstein und in exakterer Weise dann Schwarzschild die Lösung für den speziellen Fall ermittelt, daß das Gravitationsfeld von einem einzelnen ruhenden Massenpunkt erzeugt werde, in welchem Falle natürlich das Schwerefeld räumliche Kugelsymmetrie besitzen muß.

Die Rechnungen, die zu umständlich sind, als daß sie hier wiedergegeben werden sollten, führten zu folgender Lösung. Bezeichnen wir mit M die felderzeugende einzelne Masse, mit $\varkappa$ die universelle Gravitationskonstante und setzen wir zur Abkürzung

$$(1) \qquad \alpha = \frac{\varkappa M}{c^2},$$

dann ist in einer Entfernung r von dem felderzeugenden Massenpunkte an einer von Materie freien Stelle mit den räumlichen Koordinaten x_1, x_2, x_3

$$(2) \qquad \left\{\begin{aligned} g_{hk} &= \delta_h^k + \frac{2\alpha\, x_h x_k}{r^3} \\ g_{h4} &= g_{4h} = 0 \\ g_{44} &= 1 - \frac{2\alpha}{r} \end{aligned}\right\} \quad \begin{pmatrix} h = 1, 2, 3 \\ k = 1, 2, 3 \end{pmatrix} \quad \delta_h^k = \begin{cases} 1 & (h = k) \\ 0 & (h \neq k) \end{cases}.$$

Da die Gravitationskonstante die Dimension hat $g^{-1}\,cm^3\,sec^{-2}$, so hat die durch die Gl. 1 definierte Größe α die Dimension einer Länge; sie wird darum als der Gravitationsradius der Masse bezeichnet. Nun ist

$$(3) \qquad \varkappa = 6{,}68 \,.\, 10^{-8}\, g^{-1}\, cm^3\, sec^{-2},$$

und man erhält somit den Gravitationsradius einer Masse in Zentimetern, indem man die Zahl von Grammen noch multipliziert mit $7 \,.\, 10^{-29}$. Es ist daher z. B. der Gravitationsradius des negativen Elektrons etwa $6 \,.\, 10^{-56}$ cm, also unvorstellbar klein. Die Masse der Erde ist etwa $6 \,.\, 10^{27}$ g, ihr Gravitationsradius also ungefähr 4 mm. Die Sonne ist etwa 330.000 mal schwerer als die Erde; ihr Gravitationsradius würde danach etwas größer sein als 1 km.

Die Gl. 2 gelten nur in dem Raume außerhalb der felderzeugenden Masse. Für die verursachten Abweichungen von der euklidischen Metrik ist daher, wie man aus den Gl. 2 erkennt, das Verhältnis maßgebend zwischen dem Gravitationsradius und dem Halbmesser der kugelförmig gedachten Masse. Für ein negatives Elektron von einem Halbmesser von etwa 10^{-13} cm wäre das Verhältnis ungeheuer klein, nämlich von der Größenordnung 10^{-43}. Für die Erde wäre das Verhältnis etwa $6 \,.\, 10^{-10}$, für die Sonne $2 \,.\, 10^{-6}$. Für einen Stern, der einen zehnmal größeren Durchmesser als die Sonne und dieselbe Dichte hätte, wäre das Verhältnis hundertmal größer; denn die Masse und somit auch der Gravitationsradius wächst ja wie die dritte Potenz des Kugelhalbmessers. Für einen Stern von Sonnendichte und einem Halbmesser von etwa $5 \,.\, 10^{13}$ cm würde der Gravitationsradius gleich dem Halbmesser; ein solcher Stern hätte einen Radius, der der Entfernung der Planetoiden von der Sonne entspricht. Ein merklicher Einfluß eines Gravitationsfeldes auf die räumliche und zeitliche Metrik wäre daher bei atomaren Vorgängen kaum zu erwarten, überhaupt kaum auf der Erde, sondern eher auf der Sonne und in deren näheren Umgebung sowie auf großen Sternen. Eine empirische Bestätigung der Einsteinschen Gravitationstheorie erscheint daher weniger durch Laboratoriumsversuche als vielmehr durch astronomische Messungen möglich.

Um nun die Metrik im Gravitationsfelde näher zu untersuchen, betrachten wir ganz allgemein zwei räumlich und zeitlich benachbarte Ereignisse, denen die Weltkoordinaten entsprechen mögen, $x . y,\ z,\ ict$, bzw. $x + dx,\ y + dy,\ z + dz,\ ic(t + dt)$. Die vierdimensionale Entfernung der beiden Weltpunkte ds ist ja eine Invariante, also vom Gravitationsfeld unabhängig. Nach dem verallgemeinerten pythagoreischen Lehrsatze (Gl. 5 des § 134) ist, weil die g_{h4} nach Gl. 2 verschwinden,

$$ds^2 = \sum_{h=1}^{h=3} \sum_{k=1}^{k=3} g_{hk}\, dx_h\, dx_k + g_{44}\, dx_4{}^2, \tag{4}$$

wobei

$$dx_4 = ict$$

ist.

Sind nun im besonderen die beiden Ereignisse gleichzeitig, dann stellt ds den räumlichen Abstand der beiden Orte dar, an denen die beiden Ereignisse stattfinden. Wir wollen auch hierbei zwei Spezialfälle unterscheiden. Im ersten Falle mögen beide Orte in der x-Achse liegen in der Entfernung r, bzw. $r + dr$ vom felderzeugenden Massenpunkt. Es ist also dann

$$x_1 = r, \qquad x_2 = x_3 = 0, \qquad dx_2 = dx_3 = dt = 0, \tag{5}$$

also einfach

$$ds^2 = g_{11}\, dx_1{}^2 \tag{6}$$

oder

$$dx_1 = \frac{ds}{\sqrt{g_{11}}}$$

oder endlich näherungsweise nach Gl. 2

$$dx_1 = \frac{ds}{\sqrt{1 + \frac{2\alpha}{r}}} = ds\left(1 - \frac{\alpha}{r}\right). \tag{7}$$

In diesem Falle erscheint also der in die x-Richtung, somit **radial gelegte Maßstab durch das Gravitationsfeld verkürzt.**

Im zweiten Spezialfall möge der Maßstab **tangential** angelegt werden, also an derselben Stelle, jedoch parallel etwa der y-Achse. Dann ist

$$x_1 = r, \qquad x_2 = x_3 = 0, \qquad dx_1 = dx_3 = dt = 0, \tag{8}$$

und somit wird

$$ds^2 = g_{22}\, dx_2{}^2. \tag{9}$$

Nun ist nach Gl. 2 und 8

$$g_{22} = 1 + \frac{2\alpha\, x_2{}^2}{r^3} = 1. \tag{10}$$

Ein tangential angelegter Maßstab erfährt danach im Gravitationsfeld überhaupt keine Veränderung seiner Länge. Ein Metermaßstab, der auf der Erde aus einer horizontalen in eine vertikale Lage gedreht wird, müßte dabei eine Verkürzung um ungefähr $^1/_2\,\mu\mu$ erfahren, also eine Verkürzung, die noch etwa zehnmal kleiner wäre als die durch die Erdbewegung hervorgerufene LORENTZ-Kontraktion.

Finden die beiden Ereignisse, die durch die beiden benachbarten (früher betrachteten) Weltpunkte dargestellt sind, an demselben Orte statt, so bedeutet ds den zeitlichen Abstand der beiden Ereignisse (noch multipliziert mit ic). Es ist also dann

(11) $$ds^2 = g_{44}\,dx_4^2,$$

also nach Gl. 2

(12) $$dx_4 = \frac{ds}{\sqrt{1-\frac{2\alpha}{r}}} = ds\left(1+\frac{\alpha}{r}\right).$$

Im Gravitationsfeld erscheinen also, weil dx_4 größer ist als ds, alle Vorgänge verlangsamt.

Die Änderung der räumlichen und zeitlichen Metrik im Gravitationsfeld muß sich natürlich auch darin äußern, daß im Schwerefeld Lichtstrahlen nicht geradlinig verlaufen, sondern, wie man auch ohne Rechnung vermuten kann, gekrümmt werden. In der Tat führt die genaue Rechnung (die als zu weitläufig hier nicht wiedergegeben werde) zu folgendem Ergebnis. Geht ein Lichtstrahl an einer schweren Masse vom Gravitationsradius α in einer Entfernung r vorbei (gemessen vom Zentrum der schweren Masse), so erfährt er eine Biegung, deren Gesamtbetrag[1] im Bogenmaß gleich ist $4\alpha/r$.

Berücksichtigt man die Veränderung der Metrik im Gravitationsfeld, so nehmen auch die KEPLERschen Gesetze eine kompliziertere Form an. Die genaue Rechnung (die als zu umständlich hier nicht wiedergegeben werden möge) führt zu dem Ergebnis, daß sich die großen Achsen der Planetenbahnen selbst in der Bahnebene langsam drehen müssen und zwar in dem Richtungssinn, in dem der Planet umläuft. Das Perihel der Planetenbahn muß also langsam vorrücken, und zwar, wie die exakte Rechnung zeigt, bei jedem Umlauf um einen Winkel

(13) $$\varphi = \frac{6\pi\alpha}{a(1-\varepsilon^2)}$$

(im Bogenmaß gemessen); dabei ist α der Gravitationsradius der Sonne, a die halbe große Achse und ε die Exzentrizität der Bahn.

[1] Die Hälfte dieses Betrages ergibt sich übrigens (wie EINSTEIN bereits 1911 fand) dadurch, daß der Lichtstrahl schon an sich infolge seiner Energie im Schwerefeld abgelenkt wird (wie aus den beiden Sätzen von der Trägheit der Energie und von der Identität der trägen und der schweren Masse folgt).

§ 139. Die empirische Bestätigung der Einsteinschen Gravitationstheorie.

Die von der Einsteinschen Theorie im Gegensatze zu der Newtonschen geforderte Perihelbewegung der Planeten ist in der Tat bereits im Jahre 1845 durch den Astronomen Leverrier bei dem der Sonne nächsten Planeten, bei dem Merkur, festgestellt worden, ohne daß es den Astronomen gelungen wäre, für diese der Newtonschen Theorie widersprechende Erscheinung eine befriedigende Erklärung zu erbringen. Die Perihelbewegung erfolgt in dem Sinne der Planetenbewegung und beträgt, wie schon damals Leverrier feststellte, 43 Bogensekunden in einem Jahrhundert.[1] Genau diesen Wert erhielt nun aber auch Einstein aus der Gleichung seiner Theorie (Gl. 13 des § 138), als er darin die bekannten Werte der großen Achse und der Exzentrizität der Merkurbahn und des Gravitationshalbmessers der Sonne einsetzte. War schon die Ableitung des Newtonschen Gravitationsgesetzes als eines Spezialfalles eine großartige Leistung der Einsteinschen Theorie, so bedeutete einen noch größeren Erfolg die wunderbare, qualitativ und quantitativ vollkommene Bestätigung, die die Einsteinsche Theorie durch die einzige den Astronomen schon früher bekannte Erscheinung erfuhr, die im Widerspruche zu der Newtonschen Theorie stand.

Eine zweite glänzende Bestätigung erfuhr die Einsteinsche Gravitationstheorie auf Grund der vorhin besprochenen Tatsache, daß ein Lichtstrahl bei dem Vorbeigehen an einer schweren Masse abgebogen wird; die gesamte Biegung beträgt hierbei, wie schon erwähnt wurde, $4\alpha/r$. Da an der Oberfläche der Sonne das Verhältnis α/r, wie auch schon erwähnt wurde, $2 . 10^{-6}$ ist, so müßte ein unmittelbar an der Sonne vorbeigehender Lichtstrahl eine Biegung von insgesamt $8 . 10^{-6}$ oder (im üblichen Winkelmaß) von 1,7 Bogensekunden erfahren.[2] Geht der Lichtstrahl in einer Entfernung von γ Sonnenhalbmessern vorbei, vom Sonnenzentrum aus gemessen, so wäre seine Biegung $1{,}7''/\gamma$. Infolge der Strahlkrümmung könnte aber nun der den Strahl aussendende Stern einem irdischen Beobachter nicht an seinem tatsächlichen Orte erscheinen; die Sterne, die der Sonne am Himmel benachbart sind, müßten daher um ein klein wenig von der Sonne weg verschoben erscheinen, und zwar um so mehr, je näher sie der Sonne sind (Fig. 80).

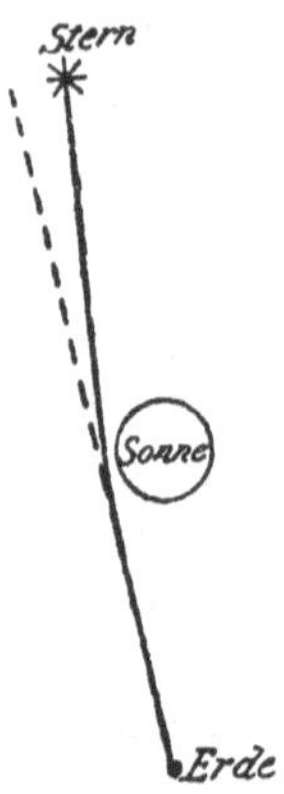

Fig. 80.

[1] Um so viel ist nämlich die tatsächlich beobachtete Perihelbewegung größer, als sie nach der Anziehung aller in Betracht kommender Himmelskörper sein sollte.

[2] Es ist ja (weil 360° im Bogenmaße gleich 2π sind) die Einheit des Bogenmaßes gleich $360 . 60 . 60''/2\pi$.

Nun sind allerdings die Sterne, die in der Nähe der Sonne stehen, im allgemeinen unsichtbar; aber während einer **totalen Sonnenfinsternis** können sie wahrgenommen werden. Bei einer solchen müßte sich also der „EINSTEIN-Effekt", falls er tatsächlich vorhanden ist, offenbaren. Als für den 29. Mai 1919 in den Äquatorgegenden eine totale Sonnenfinsternis erwartet wurde, wurden daher unter der Leitung des Astronomen EDDINGTON zwei englische Expeditionen ausgerüstet, die ihre Beobachtungen in Sobral in Brasilien und auf der Principe-Insel an der Westküste von Afrika anstellten.[3] Sie photographierten während der Finsternis die Sonne mit den sie umgebenden Fixsternen, und die genauen Ausmessungen der Platten ergaben in der Tat den von EINSTEIN vorausgesagten Effekt, nicht nur qualitativ, sondern auch quantitativ vollkommen richtig, innerhalb einer Fehlergrenze von etwa 10 %.

Eine dritte Möglichkeit einer empirischen Prüfung ergibt sich aus der Änderung der zeitlichen Metrik im Gravitationsfeld. Daraus schloß EINSTEIN, daß **Spektrallinien**, die von Sternen mit großer Masse zu uns gelangen, eine **Rotverschiebung** zeigen müßten. Dies und die Größe der Verschiebung ergibt sich unmittelbar aus der Gl. 12 des § 138. Für die Sonne wäre die relative Verschiebung $2 . 10^{-6}$; sie würde also etwa im Violetten 0,008 ÅNGSTRÖM-Einheiten betragen (1 Å.-E. = 0,1 $\mu\mu$ = $1 . 10^{-8}$ cm). Ein derartiger Effekt liegt an der Grenze der derzeit erreichbaren Messungsgenauigkeit. Eine endgültige Entscheidung war daher auch bisher noch nicht möglich, wenn auch Messungen von GREBE und BACHEM mit großer Wahrscheinlichkeit für das Vorhandensein des Effektes sprechen.[4] [5]

---

[3] Die Hälfte des Effektes hatte EINSTEIN schon vor der Aufstellung der allgemeinen Relativitätstheorie im Jahre 1911 vorausgesagt (vgl. Anm. 1 des § 138). Bereits im Jahre 1914 wollte eine deutsche Expedition bei einer im August 1914 in Südrußland eingetretenen Sonnenfinsternis den vorausgesagten Effekt beobachten; aber ihr Vorhaben wurde durch den Kriegsausbruch vereitelt.

[4] Vgl. den Vortrag von GREBE auf dem Naturforschertag in Nauheim 1920, Physikal. Zeitschrift 21, S. 662 (1920). — Falls die Rotverschiebung tatsächlich vorhanden ist, könnten bei Vervollkommnung der Messungen aus diesen wiederum Schlüsse über die Größe der Sterne gezogen werden.

[5] Nur kurz sei auf eine interessante (von EINSTEIN selbst übrigens abgelehnte) Verallgemeinerung der allgemeinen Relativitätstheorie hingewiesen, die im Jahre 1918 WEYL versucht hat. WEYLS Theorie gründet sich auf das Postulat, daß in einer wahrhaft allgemeinen, vorurteilsfreien Geometrie nicht nur, wie in der RIEMANNschen, das Problem der Richtungsübertragung, sondern auch das der **Längenübertragung** an sich unbestimmt sei. Wie jenes Problem einen Sinn erst durch den metrischen Fundamentaltensor erhält, so soll dieses Problem einen Sinn erst durch einen Vektor erhalten, der in einer wahrhaft allgemeinen Geometrie notwendigerweise als eine von Stelle zu Stelle verschiedene Größe auftreten müßte. Indem WEYL diesen Vektor als elektromagnetisches Viererpotential deutet (s. § 132), glaubt er durch ihn das **elektromagnetische Feld** der MINKOWSKI-Welt bestimmt. Eine gemeinverständliche Darstellung der WEYLschen Theorie hat der Verfasser dieses Buches in dem Aufsatz versucht „Die Physik als geometrische Notwendigkeit"; „Naturwissenschaften", 8, 1920, S. 121—127.

§ 140. Größe und Masse des Universums.

Schon in der klassischen Gravitationstheorie war den Physikern und Astronomen die Unvereinbarkeit des NEWTONschen Gravitationsgesetzes mit der Vorstellung einer räumlichen Unendlichkeit des Weltalls aufgefallen. Eine einfache Überlegung läßt uns diese Unvereinbarkeit erkennen. Wir denken uns einen Raum, dessen Lineardimensionen groß seien gegenüber der Entfernung zweier benachbarter Fixsterne, aber doch klein gegenüber der Ausdehnung etwa der Milchstraße. Den Quotienten aus der gesamten Masse aller in diesem Volumen enthaltenen Sterne und aus dem Volumen selbst können wir dann als die Dichte in diesem Teil des Universums ansehen. Wir denken uns nun um eine irgendwie als willkürliches Zentrum gewählte Stelle zwei Kugelflächen konstruiert mit den großen Radien r und $r + \Delta r$, wobei auch Δr noch immer groß sei gegenüber dem mittleren Abstand zweier benachbarter Fixsterne. Von beiden Kugelflächen wird dann eine „Kugelschale“ (allerdings von sehr großer Dicke) begrenzt. Ist nun die Dichte im Weltall ziemlich gleichmäßig (indem in dem unendlichen Raum keine Stelle vor der anderen bevorzugt erscheint), dann ist die gesamte Masse, die in der Kugelschale enthalten ist, proportional r^2; die Anziehung, die von jeder Masse auf das Zentrum wirkt, ist wiederum umgekehrt proportional r^2. Die gesamte Attraktion, die von einer Kugelschale ausgeht, ist somit näherungsweise proportional der Schalendicke, aber von r selbst unabhängig. Denken wir uns also den Raum unendlich und gleichmäßig dicht mit Sternen erfüllt, so müßte auf jede Stelle von allen Richtungen eine Anziehungskraft wirken, die unendlich, zumindest aber unbestimmt wäre, so daß ein stabiles Sonnensystem ganz undenkbar wäre.

Denkt man sich andererseits aber wieder das Weltall räumlich unendlich, an Sternenzahl aber endlich, dann müßte es auf Grund der Ergebnisse der kinetischen Gastheorie unverständlich bleiben, wieso sich nicht die den Molekeln vergleichbaren Sterne im unendlichen Weltenraume verlieren, wieso überhaupt zwischen ihnen ein dynamisches Gleichgewicht möglich ist.

Diese Schwierigkeiten der klassischen Theorie vermochte nun EINSTEIN durch die Annahme zu überwinden, daß das Weltall zwar grenzenlos sei, gleichwohl aber ein endliches Volumen besitze. Die Möglichkeit einer solchen Annahme ergibt sich ja ohne weiteres aus der RIEMANNschen Geometrie. Genau so wie eine Kreislinie eine endliche Länge hat, ohne Anfang und Ende zu besitzen, genau so, wie es auf der Erdoberfläche keinen Anfang und kein Ende gibt und gleichwohl die Erde eine bestimmte Zahl von Quadratmetern enthält, genau so könnte ein gekrümmter Raum (den wir uns freilich nicht vorstellen können) bei endlichem Volumen grenzenlos sein. Wie eine auf der

Erdoberfläche gezogene geodätische Linie als größter Kugelkreis wieder zum Ausgangspunkte zurückführt, so wäre dies auch bei einer dreidimensionalen kugeligen Oberfläche, einem sogenannten sphärischen Raum, der Fall. Wie bei der Kreislinie und der Kugelfläche, so ist auch bei einem sphärischen Raum ein Krümmungsradius anzunehmen, und mit ihm, der R genannt werde, hängt dann (wie hier nur ohne Beweis mitgeteilt sei) das endliche Volumen durch die einfache Beziehung zusammen

$$V = 2\pi^2 R^3. \tag{1}$$

Durch das Relativitätsprinzip hat nun allerdings der Begriff des Raumes seine Selbständigkeit verloren. Aber auf Grund der wichtigen Erfahrungstatsache, daß die relativen Sterngeschwindigkeiten durchwegs klein sind gegen die Lichtgeschwindigkeit, können wir gleichwohl mit einer gewissen Annäherung die MINKOWSKI-Welt in Raum und Zeit spalten, also doch näherungsweise von einem Raum sprechen, und diesen sieht nun EINSTEIN als sphärisch in dem eben angegebenen Sinne an, also als unbegrenzt bei endlichem Volumen.

Die Annahme eines sphärisch gekrümmten Raumes führt andererseits dazu, daß in dem EINSTEINschen Gravitationsgesetz noch ein Zusatzglied hinzukommt, das jedoch für die Ableitung des NEWTONschen Gesetzes als eines Spezialfalles sowie der drei Effekte der allgemeinen Relativitätstheorie unwesentlich ist. Das kosmologische Gravitationsgesetz setzt nämlich den Materietensor nicht dem Krümmungstensor selbst gleich, sondern der Differenz aus dem Krümmungstensor und dem noch mit einer universellen Konstanten multiplizierten Fundamentaltensor; auch in dieser Form ist das Gravitationsgesetz natürlich unabhängig von dem Koordinatensystem. Nennen wir die universelle, die sogenannte kosmologische Konstante λ, so nimmt die EINSTEINsche Gravitationsgleichung (bei kovarianter Schreibweise) die Gestalt an

$$R_{hk} - \tfrac{1}{2} g_{hk} R - \lambda g_{hk} = T_{hk}. \tag{2}$$

Zu dieser Gleichung kommt nun natürlich unverändert noch die hinzu, die es ausdrückt, daß die Weltlinie geodätisch sei.

Verknüpft man aber nun beide Gleichungen mit der dritten, die es zum Ausdrucke bringt, daß in dem (aus der MINKOWSKI-Welt abgespaltenen) Raum die sphärische Metrik in dem früher besprochenen Sinne herrscht, dann führt die Rechnung zu den beiden Beziehungen

$$\lambda = \frac{4\pi\varkappa\varrho}{c^2} = \frac{1}{R^2}, \tag{3}$$

wenn $\varkappa$ die Gravitationskonstante bedeutet und ϱ die mittlere Massendichte im Universum und R den Krümmungsradius des Universums darstellt (und nicht etwa, wie in Gl. 2, die RIEMANNsche Invariante).

Andererseits ist, wenn wir die Gesamtmasse des Universums mit M bezeichnen, nach Gl. 1

$$\varrho = \frac{M}{2\pi^2 R^3}, \tag{4}$$

also nach Gl. 3

$$\frac{4\pi \varkappa M}{2 c^2 \pi^2 R^3} = \frac{1}{R^2}$$

oder

$$M = \frac{R c^2 \pi}{2 \varkappa}. \tag{5}$$

Durch diese von Einstein im Jahre 1917 abgeleitete Gleichung erscheint die Masse des Universums mit seinem Krümmungshalbmesser verknüpft[1]; andererseits zeigt uns aber diese Formel, wenn wir sie nach der Gravitationskonstanten auflösen, wie selbst die Anziehung zwischen den kleinsten Bleikugeln im irdischen Laboratorium in ihrer Stärke abhängt von der Größe und der Masse des ganzen Weltalls.

---

[1] Indem de Sitter auf Grund astronomischer Forschungsergebnisse die mittlere Dichte im Universum abschätzte, gelangte er zu einem Werte des Krümmungshalbmessers von etwa 20 Millionen Lichtjahren. Eine geodätische Linie wäre im sphärisch gekrümmten Raume etwa hundert Millionen Lichtjahre lang. Da infolge der Raumkrümmung jeder Lichtstrahl nach etwa 100 Millionen Jahren wieder zu der Lichtquelle zurückkehren müßte, so wäre es (wenn man einen so weit entfernten Stern überhaupt sehen könnte) denkbar, daß ein Stern des nördlichen Himmels mit einem des südlichen identisch ist; genau so wie etwa auf dem Äquator ein von einem Punkte um 10,000 km östlich entfernter Ort identisch wäre mit einem, der in westlicher Richtung um 30,000 km entfernt ist. — Auf Grund der Schätzung de Sitters würde sich nach Gl. 5 die Masse des Universums zu ungefähr 10^{53} g ergeben; sie wäre also trillionenmal so groß wie die Masse der Sonne. Durch eine Zahl von der Größenordnung 10^{77} wäre die Gesamtzahl aller Elektronen im Weltall bestimmt.

Anhang.

Zusammenfassung des Inhalts des zweiten Bandes.

XI. Kapitel. Theorie der Spektren.

§ 78. In ihrer Anwendung auf Schwingungsvorgänge führt die Hypothese des elementaren Wirkungsquantums zu der Folgerung, daß sich Schwingungsenergie aus Energieelementen von der Größe $h\nu$ zusammensetze. Die Energieelemente der elektromagnetischen Strahlung werden als Lichtquanten bezeichnet. Die wechselseitige Umwandlung zwischen korpuskularer und Wellenstrahlung wird durch ein von Einstein aufgestelltes Gesetz geregelt, wonach die Umwandlung zwischen der kinetischen Energie je eines Elektrons und je einem Lichtquantum erfolgt; das kinetische Energieelement ist aber dargestellt durch das Produkt eV, wenn V die Potentialdifferenz bedeutet, der das Elektron seine kinetische Energie verdankt. Die Einsteinsche Gleichung erklärt Gesetzmäßigkeiten, die bei der Erregung von Röntgenstrahlung durch Kathodenstrahlen, bei dem lichtelektrischen Effekt und bei der Fluoreszenz festgestellt werden. Im Sinne der Einsteinschen Gleichung kann jede Energie durch eine äquivalente Frequenz oder eine äquivalente Spannung gemessen werden.

§ 79. In seiner Anwendung auf periodische Kreisbewegungen führt das Quantenprinzip nach Bohr zu der Folgerung, daß solche Kreisbahnen ausgezeichnet seien, für die der mit 2π multiplizierte Drehimpuls ein ganzzahliges Vielfaches des elementaren Wirkungsquantums darstellt. Der der Quantenzahl n entsprechende Bahnhalbmesser ist demnach durch die Gleichung bestimmt

$$m a v = \frac{n h}{2\pi}.$$

§ 80. Die Anwendung dieses Satzes auf das Rutherfordsche Modell des Wasserstoffatoms führte Bohr zu der Folgerung, daß sich die Energiewerte der quantentheoretisch ausgezeichneten Bahnen umgekehrt verhalten wie die Quadrate der Quantenzahlen.

§ 81. Indem Bohr annahm, daß bei dem Übergang zwischen zwei quantentheoretisch ausgezeichneten Bahnen je ein Lichtquantum emittiert oder absorbiert wird, gelangte er zu einer allgemeinen Spektralformel, die eine zweifache Mannigfaltigkeit von Frequenzwerten, somit eine einfache Mannigfaltigkeit von Serien ergibt; nach der BOHRschen Spektralformel ist

$$v = \frac{2\pi^2 z^2 e^4 m}{h^3}\left(\frac{1}{s^2} - \frac{1}{n^2}\right)$$

(z Kernladungszahl, s und n Quantenzahlen).

§ 82. Die einfachen Gesetzmäßigkeiten, die BALMER in der optischen Serie des Wasserstoffs entdeckt hatte und die später auch in zwei anderen Serien des Wasserstoffs festgestellt wurden, finden durch die BOHRsche Theorie ihre Erklärung. Die optische Serie entsteht bei der Emission durch Übergang in einen zweiquantigen Endzustand. Zwei fälschlich dem Wasserstoff zugeschriebene Serien wurden durch die BOHRsche Theorie als dem ionisierten Helium zugehörig erkannt, was auch in der Tat durch spätere Experimente bestätigt wurde.

§ 83. Die spektroskopische Fundamentalkonstante, die RYDBERGsche Schwingungszahl, ist mit dem elementaren Wirkungsquantum und den Grundgrößen der Elektronentheorie durch die Formel verknüpft

$$N = \frac{2\pi^2 e^4 m}{h^3}.$$

Diese Formel gestattet eine genaue Berechnung von e und h und weiterhin auch der LOSCHMIDTschen Zahl, die die Zahl der in einem Grammatom enthaltenen Atome darstellt.

§ 84. Die sogenannte Violettverschiebung der Heliumlinien gegenüber den Wasserstofflinien vermochte BOHR vollkommen zu erklären, als er auch die Mitbewegung des Atomkernes berücksichtigte. Die derart verbesserte Theorie gestattet es, durch Ausmessung der Violettverschiebung die spezifische Ladung der negativen Elektronen zu berechnen; der so ermittelte Wert stimmt vollkommen mit demjenigen überein, den die Messung der Ablenkung der Kathodenstrahlen ergeben hatte.

§ 85. Indem SOMMERFELD die Kreisbahnen des BOHRschen Modells durch elliptische Bahnen ersetzte und im Sinne der Relativitätstheorie die Abhängigkeit der Masse von der Geschwindigkeit berücksichtigte, erhielt er statt der zweifachen eine vierfache Mannigfaltigkeit von Frequenzwerten und damit eine theoretische Erklärung für die Feinstruktur der Spektrallinien. Die aus der Theorie berechnete Schwingungsdifferenz des Wasserstoffdubletts stimmt vollkommen mit der beobachteten überein; besonders glänzend wurde die Theorie durch die Ausmessungen des Heliumspektrums bestätigt.

§ 86. Die von KOSSEL begründete Erweiterung der BOHRschen Atomtheorie nimmt an, daß die den Kern umgebenden negativen Elektronen in Schalen verteilt seien, denen bei stabiler Anordnung ganz bestimmte Besetzungszahlen zukommen. Die inneren Schalen aller Atome weisen daher gleiche Beschaffenheit auf. Die Lineardimensionen der Schalen erscheinen hierbei wiederum durch Quantenbeziehungen geregelt.

§ 87. Die zentralen Serien der Atome stellen deren Röntgenspektren dar. Durch den Übergang in die innerste Schale entsteht die *K*-Serie, durch Übergang in die zweit-, drittinnerste Schale usw. die *L*-, die *M*-Serie und so fort. Aus der Art der Entstehung dieser Linien ergeben sich wichtige Dublettbeziehungen. Die Anregungsspannung einer Linie ist immer äquivalent der Energie des Endniveaus. Die Quadratwurzel aus der Frequenz einer bestimmten Röntgenlinie wächst nahezu linear mit der Kernladungszahl, ebenso die vierte Wurzel aus der Schwingungsdifferenz des *L*-Dubletts.

§ 88. Auf Elektronenübergänge, die sich an der Atomperipherie abspielen, sind die sogenannten optischen Spektren zurückzuführen. Die sinngemäße Anwendung der Bohrschen Prinzipe erklärt viele Gesetzmäßigkeiten, die bei den optischen Spektren schon früher festgestellt worden waren.

§ 89. Die Anwendung der Bohrschen Prinzipe auf die Rotationsbewegung starr gedachter Molekeln führt zu einer Deutung des Rotationsspektrums und der Gesetzmäßigkeiten, die die Bandenspektren charakterisieren. Im Gegensatze zu der Elektronenenergie ist die molekulare Rotationsenergie dem Quadrate der Quantenzahl direkt proportional.

§ 90. Läßt man in dem Atommodell positive und negative Elektrizität ihre Rollen vertauschen, so ergibt sich ein Modell, das etwa tausendmal kleinere Lineardimensionen hat und das daher als Kernmodell angesehen werden kann.

XII. Kapitel. Theorie der Grundstoffe.

§ 91. Die Untersuchung der Röntgenspektren ermöglicht es, die Grundstoffe nach wachsender Kernladungszahl in eine natürliche Reihe zu ordnen, die von dem Wasserstoff bis zu dem Uran reicht und die bei Berücksichtigung von fünf einstweilen noch vorhandenen Lücken 92 Stellen umfaßt. Mit ganz wenigen und unwesentlichen Ausnahmen nimmt in dieser Reihe auch das Atomgewicht von Element zu Element zu.

§ 92. Da die Elektronen in den Atomschalen nur bei bestimmten Besetzungszahlen stabil angeordet sein können, so werden im allgemeinen Atome mit stabilen Schalen nicht elektrisch neutral sein können, sondern Ionen darstellen. Der Unterschied zwischen der Kernladungszahl und der Zahl der den Kern umgebenden negativen Elektronen bestimmt die (positive oder negative) Valenz. Sie äußert sich bei der Elektrolyse und bei der chemischen Bindung. Aus der völligen chemischen Passivität der Edelgase muß geschlossen werden, daß deren Schalen auch im neutralen Zustande voll besetzt sind. Durch die Edelgase zerfällt die natürliche Reihe der Grundstoffe in einzelne Perioden: in eine zweigliedrige Vorperiode, in zwei kleine Perioden von je acht Elementen, zwei große von je 18 und in eine ganz große von 32; die letzte Periode bricht mit dem Uran ab. Nach der Wertigkeit lassen sich acht Gruppen von Grundstoffen unterscheiden, die wiederum in je zwei Untergruppen zerfallen.

§ 93. Außer in der Valenz äußert sich die chemische Periodizität auch in vielen physikalischen und chemischen Eigenschaften, vor allem hinsichtlich des Atomvolumens und des Spektrums. Nach dem spektroskopischen Verschiebungssatz von SOMMERFELD und KOSSEL weisen die Funkenspektren der Grundstoffe einer Gruppe denselben Charakter auf wie die Bogenspektren der vorangehenden Gruppe.

§ 94. Die von den Ionen ausgehenden elektrostatischen Kräfte sind die Ursache der chemischen Affinität und der Molekelbildung. Da in den Atomen die Elektrizität individuell in der Form einzelner Elektronen verteilt ist, können neben heteropolaren auch homöopolare Bindungen auftreten; auf solche sind die mehratomigen Grundstoffmolekeln und die Komplexverbindungen zurückzuführen. Als Riesenmolekeln müssen die Kristalle angesehen werden.

§ 95. Aus der Tatsache, daß zwei Atome bei gleicher Kernladungszahl gleichwohl eine verschiedene Zahl von positiven Elektronen und somit verschiedene Masse haben können, erklärt sich die Erscheinung der Isotopie, die zuerst bei den Radioelementen, später mittels der Kanalstrahlenanalyse auch bei vielen gewöhnlichen Grundstoffen nachgewiesen wurde. Isotope zeigen bei verschiedenem Atomgewicht das gleiche chemische und fast das gleiche physikalische Verhalten.

§ 96. Eine α-Umwandlung verschiebt einen Grundstoff im periodischen System um zwei Stellen nach links, bei gleichzeitiger Verminderung des Atomgewichtes um vier Einheiten. Eine β-Umwandlung verschiebt den Grundstoff um eine Stelle nach rechts ohne eine merkliche Änderung des Atomgewichtes. Die Physik kennt bisher zwei Umwandlungsreihen, die des Urans, die sich in die Radium- und die Aktiniumreihe teilt, und die des Thoriums.

§ 97. Indem RUTHERFORD Stickstoffkerne mit α-Teilchen bombardierte, gelang ihm die künstliche Zertrümmerung der Stickstoffkerne, wobei einerseits Wasserstoff-, andererseits X_3-Kerne frei werden. Aus diesen Versuchen und aus den Erscheinungen der Radioaktivität muß geschlossen werden, daß sich die Kerne der Grundstoffe aus den Kernen der einfachsten Elemente (H, X_3, He) und aus negativen Elektronen aufbauen.

XIII. Kapitel. Statistik.

§ 98. Die Betrachtung individueller Zustandsverteilungen führt zu dem Begriff der statistischen Wahrscheinlichkeit; man versteht darunter die Zahl der Komplexionen, durch die eine bestimmte Verteilung realisiert werden kann. Ist w_i der Bruchteil, der sich in dem durch den Index i charakterisierten Zustand befindet, und N die Gesamtzahl der

Individuen, so gilt für den Wahrscheinlichkeitslogarithmus die Beziehung

$$\ln W = - N \sum w_i \ln w_i .$$

Aus dem Begriff der statistischen Wahrscheinlichkeit folgt unmittelbar, daß zwischen zwei Verteilungen der Übergang in der Richtung zunehmender statistischer Wahrscheinlichkeit wahrscheinlicher ist als in der entgegengesetzten Richtung. Da es andererseits für die statistische Wahrscheinlichkeit eine obere Grenze geben muß, so muß daher jedes System, dessen Zustandsverteilung sich ständig ändert, ein scheinbares Bestreben zeigen, in die wahrscheinlichste Verteilung überzugehen und, wenn diese erreicht ist, in ihr zu verharren.

§ 99. Einem System komme von einer Größe eine bestimmte Quantität B zu, die gleich sei der Summe der Teilbeträge, die hiervon auf die einzelnen Individuen entfallen; der Teilbetrag, der einem Individuum in einem bestimmten Einzelzustand zukommt, sei vollkommen bestimmt durch solche Größen, die in einem Augenblick für alle Individuen des Systems denselben Wert haben und die darum als Parameter des Systems bezeichnet werden. Als kanonisch kann dann eine Verteilung definiert werden, deren statistische Wahrscheinlichkeit ein Extremum darstellt für solche Variationen der Verteilung, bei denen die gesamte Quantität, die Individuenzahl und die Parameter ungeändert bleiben. Die kanonische Verteilung ist durch die Formel beschrieben

$$w_i = e^{\frac{\psi - \beta_i}{\Theta}},$$

wobei der Verteilungsmodul Θ und die Größe ψ durch die Gleichungen bestimmt sind

$$\frac{B}{N} = \frac{\sum \beta_i e^{-\frac{\beta_i}{\Theta}}}{\sum e^{-\frac{\beta_i}{\Theta}}}; \qquad \psi = - \Theta \ln \sum e^{-\frac{\beta_i}{\Theta}}.$$

Bezeichnet man das Produkt $N\psi$ mit Ψ, so ist

$$\ln W = \frac{B - \Psi}{\Theta}.$$

Die Größen B, ψ, Ψ und W sind vollkommen bestimmt durch Verteilungsmodul und Parameter. Es läßt sich zeigen, daß die kanonische Verteilung die wahrscheinlichste ist, in die jedes System überzugehen strebt. Infinitesimale kanonische Änderungen verlaufen ohne Änderung der statistischen Wahrscheinlichkeit und erscheinen darum in beiden Richtungen gleich wahrscheinlich; sie erscheinen umkehrbar oder reversibel.

§ 100. Indem wir unter der Quantität nunmehr Energie E verstehen, für die der Erhaltungssatz gelte, ergeben sich zwei wichtige Formeln. Wird mit dQ eine unendlich kleine Energiemenge bezeichnet, die dem System von der Energie E zugeführt wird, während es gleichzeitig durch Änderung seiner Parameter die Arbeit dA verrichtet, so ist

$$dQ = dE + dA.$$

Weiterhin ist aber

$$\frac{dQ}{\Theta} = d(\ln W).$$

Es stellen also einerseits die Differenz zwischen der zugeführten Energie und der Arbeit, andererseits der Quotient aus der zugeführten Energie und dem Modul vollständige Differentiale zweier Funktionen dar, die nur von dem augenblicklichen Zustand des Systems abhängen und durch Modul und Parameter vollständig bestimmt sind. Die zweite Funktion hat aber nach dem früher Gesagten die Eigentümlichkeit, daß sie einem Maximum zuzustreben und nur bei reversiblen Prozessen konstant zu bleiben scheint.

§ 101. Der Wahrscheinlichkeitslogarithmus eines zusammengesetzten Systems ist gleich der Summe der Wahrscheinlichkeitslogarithmen der Einzelsysteme. Er stellt dann ein Maximum dar, wenn alle Teilsysteme bei kanonischer Einzelverteilung denselben Modul haben; dann besteht zwischen ihnen statistisches Gleichgewicht. Systeme mit verschiedenen Modulwerten trachten diese auszugleichen und zwar derart, daß nicht von selbst Energie von einem System mit kleinerem zu einem mit größerem Modulwert übergeht.

§ 102. Die negativen partiellen Ableitungen von der als freien Energie bezeichneten Größe Ψ nach den Parametern können als statistische Kräfte bezeichnet und diese zusammen mit den Parametern und dem Verteilungsmodul als Zustandsgrößen des Systems angesehen werden. Es zeigt sich, daß zwischen diesen $(2r + 1)$ Zustandsgrößen r Zustandsgleichungen bestehen müssen, so daß von den $(2r + 1)$ Zustandsgrößen beliebige $(r + 1)$ als unabhängige Zustandsvariable ausgewählt werden können. Als statistisch homogen wird ein System definiert, das nur einen einzigen Parameter hat, der gebildet wird von dem Quotienten aus dem Volumen und der Individuenzahl. Für ein solches System ist der Druck gleich der negativen partiellen Ableitung der freien Energie nach dem Volumen.

§ 103. Betrachtet man Kreisprozesse, die sich aus zwei isomodulischen und zwei adiabatischen Teilprozessen zusammensetzen, so kann als Wirkungsgrad des Kreisprozesses das Verhältnis zwischen der verrichteten Arbeit und der bei dem ersten isomodulischen Teilprozeß aufgenommenen Energie angesehen werden. Durch Messungen des Wirkungsgrads ist es einem Beobachter auch dann möglich, eine exakte Skala der Modulwerte zu schaffen, wenn ihm jeder Einblick in das Innere der Systeme verwehrt ist und er lediglich das Verhalten der Systeme nach außen zu erkennen vermag.

§ 104. Ist die individuelle Energie eine rein quadratische Funktion eines Teiles der individuellen Zustandsgrößen, und zwar von insgesamt s, und gehören zu den Zustandsgrößen, von denen die individuelle Energie nicht abhängt, die Lagenkoordinaten der punktförmig gedachten Individuen, so ist der Mittelwert der individuellen Energie

$$\bar{\varepsilon} = s \frac{\Theta}{2}$$

(Gleichverteilungssatz). Ist das System überdies statistisch homogen, so wird einfach

$$p v = N \Theta .$$

§ 105. In einem System stehender Schwingungen ist nach dem Satze von RAYLEIGH und JEANS die auf die Volumeinheit bezogene Zahl der Eigenschwingungen, deren Frequenz in einem Intervall zwischen ν und $\nu + d\nu$ liegt, gleich $4\pi\nu^2/v^3$ (v die Fortpflanzungsgeschwindigkeit der Schwingungen).

§ 106. Ein System stehender Schwingungen befindet sich im statistischen Gleichgewicht, wenn alle Teilsysteme von verschiedenen Frequenzen denselben Wert des Verteilungsmoduls haben. In einem quantenhaft schwingenden System ist dann die Energiedichte der vierten Potenz des Verteilungsmoduls proportional und der Druck wiederum gleich dem dritten Teil der Energiedichte.

XIV. Kapitel. Thermodynamik.

§ 107. Die molekular verteilte Energie wird von der theoretischen Physik als die im Inneren der Körper enthaltene Wärme interpretiert. In solchen Fällen, in denen Energie unter Wärmeentwicklung scheinbar verloren geht, läßt sich die entstandene Wärme direkt in Energieeinheiten messen. Andererseits läßt sich durch Anstellung von Kreisprozessen und durch Messungen von deren Wirkungsgraden eine exakte Skala der Wärmemodulwerte schaffen. Eine konventionell willkürliche Skala der Wärmemodulwerte stellt dann die übliche Temperaturskala dar.

§ 108. Die Schaffung einer Temperaturskala ermöglicht weiterhin auch die Schaffung einer willkürlichen Einheit der Wärmemenge. Die in Energieeinheiten gemessene Energie, die dieser willkürlichen Wärmeeinheit gleichkommt, stellt das mechanische Wärmeäquivalent dar.

§ 109. Die in der allgemeinen Statistik gewonnenen Sätze müssen ihre Gültigkeit behalten, wenn in ihnen der Verteilungsmodul der Temperatur proportional gesetzt und statt von Energie von Wärme gesprochen wird. Es ergeben sich so die beiden Hauptsätze der Thermodynamik: I. Wird einem System eine unendlich kleine Wärmemenge zugeführt, während es gleichzeitig Arbeit verrichtet, so stellt die Differenz zwischen der zugeführten Wärme und der verrichteten Arbeit das vollständige Differential einer Funktion dar, die als die innere Energie nur von dem augenblicklichen Zustand des Systems abhängt und daher bei einer Zahl von r Parametern durch $(r + 1)$ unabhängige Zustandsvariable bestimmt ist. II. Der Quotient aus der zugeführten infinitesimalen Wärmemenge und der Temperatur

$$\frac{dQ}{T} = dS$$

stellt das totale Differential einer zweiten, als Entropie bezeichneten Funktion dar, die ebenfalls nur von dem augenblicklichen Zustand des Systems abhängt und daher auch durch $(r+1)$ Zustandsvariable vollkommen bestimmt ist. Drückt man das Verhältnis zwischen Wärmemodul und Temperatur durch die universelle Konstante k aus, setzt man also

$$\Theta = kT,$$

so wird die Entropie

$$S = k \ln W$$

(Boltzmannsches Entropiegesetz). Die Entropie muß dieselben Eigentümlichkeiten zeigen wie der Wahrscheinlichkeitslogarithmus. Die Entropie scheint einem Maximum zuzustreben und nur bei reversiblen Vorgängen konstant zu bleiben. Verschiedene Körper können sich nur bei Gleichheit der Temperatur im thermodynamischen Gleichgewicht befinden. Körper von verschiedener Temperatur trachten diese auszugleichen, und zwar derart, daß dabei Wärme nicht von selbst von einem kälteren Körper zu einem wärmeren übergeht.

§ 110. Der Satz von der Vermehrung der Entropie ist kein Gesetz im eigentlichen Sinne, sondern nur eine Regel, deren Befolgung viel wahrscheinlicher ist als deren Verletzung. Merkliche Ausnahmefälle sind (wegen der Kleinheit der Molekeln) unter allem menschlichen Vorstellungsvermögen selten und dürfen somit als praktisch ausgeschlossen gelten.

§ 111. Bei isothermen Prozessen ist die geleistete Arbeit gleich der Abnahme der freien Energie. Andererseits gilt für Prozesse, die ohne Leistung äußerer Arbeit verlaufen, die Helmholtzsche Gleichung

$$E - F = -T\frac{dF}{dT}.$$

Mit dem Begriff der freien Energie (F) hängt eng der des thermodynamischen Potentials zusammen, das für ein homogenes System die Form annimmt

$$\Phi = E - TS + pV.$$

§ 112. Ausdehnungskoeffizient, Spannungskoeffizient und Kompressionsmodul, die die Zustandsänderungen eines Systems charakterisieren, sind miteinander durch eine Gleichung verknüpft, die es gestattet, aus zweien dieser Größen die dritte zu berechnen. Da sich die innere Energie entweder ausdrücken läßt als Funktion von Temperatur und Volumen oder als Funktion von Temperatur und Druck, und da dasselbe auch für die Entropie gilt, so läßt sich eine Reihe von Sätzen über die Zustandsänderungen eines homogenen Systems ableiten. Bei einer isothermen Vergrößerung des Volumens nimmt z. B. ein Körper Wärme auf oder er gibt sie ab, je nachdem ob sein Spannungskoeffizient bei der betreffenden Temperatur positiv oder negativ ist. Ist der Ausdehnungskoeffizient positiv, so bewirkt eine adiabatische Vermehrung des Druckes Erwärmung, eine adiabatische Vermehrung des Zuges Abkühlung. Ist der Ausdehnungskoeffizient negativ, so ist es umgekehrt.

§ 113. Bei dem Versuche von THOMSON und JOULE wird Gas unter einem Überdruck aus einem Behälter adiabatisch in einen zweiten übergeleitet. Die Messungsergebnisse bieten die Möglichkeit, die Skala eines Thermometers auf die thermodynamische Temperaturskala zu reduzieren.

§ 114. Ein System, das aus verschiedenen Phasen eines Stoffes im thermodynamischen Gleichgewicht zusammengesetzt ist, stellt einen gesättigten Komplex koexistierender Phasen dar. Gleichgewicht ist nur möglich, wenn alle koexistierenden Phasen denselben Druck und dieselbe Temperatur und, auf die Masseneinheit bezogen, dasselbe thermodynamische Potential haben. Koexistieren zwei Phasen, so besteht daher ein funktionaler Zusammenhang zwischen Sättigungsdruck und Sättigungstemperatur; ihm entspricht bei graphischer Darstellung in einer p-T-Ebene eine Sättigungskurve, bei Koexistenz von drei Phasen aber ein sogenannter Tripelpunkt.

§ 115. Bei einem System von Molekeln, bei dem die Voraussetzungen zutreffen, die zu dem Gleichverteilungssatz führten, nimmt die Zustandsgleichung die einfache Form an

$$pv = RT,$$

wenn v das auf eine Grammolekel bezogene spezifische Volumen ist und R das Produkt aus der Konstanten k und der LOSCHMIDTschen Zahl. Diese Gleichung stellt das Gesetz der idealen Gase dar. Die Voraussetzungen, die zu dieser Gleichung führen, erscheinen erfüllt, wenn man sich die Gasmolekeln in rascher Translationsbewegung denkt, voneinander jedoch so weit entfernt, daß die Kräfte, die zwischen den Molekeln allenfalls wirken, außer Betracht bleiben und die Molekeln wie Massenpunkte angesehen werden können. Aus dem Gasgesetz folgt, daß bei konstanter Temperatur Druck und Volumen einander umgekehrt proportional sind (Gesetz von BOYLE); ferner daß bei gleichem Druck und gleicher Temperatur gleiche Volumina verschiedener Gase dieselbe Zahl von Molekeln enthalten müssen (Gesetz von AVOGADRO). Das Verhältnis der beiden spezifischen Wärmen wird für einatomige Gase gleich $^5/_3$, während es für mehratomige Gase zwischen 1 und $^5/_3$ liegen muß.

§ 116. Indem VAN DER WAALS die anziehenden Kräfte zwischen den Molekeln berücksichtigte und weiterhin auch den Umstand, daß infolge der molekularen Zusammensetzung das spezifische Volumen eines

Gases nicht unter eine bestimmte Grenze verringert werden kann, gelangte er zu der nach ihm benannten Zustandsgleichung

$$\left(p + \frac{a}{v^2}\right)(v - b) = RT$$

(a und b Konstanten). Die durch diese Gleichung dargestellten Isothermen haben, woferne T unterhalb eines bestimmten kritischen Wertes liegt, für einen gegebenen Wert von p drei reelle Wurzeln für $v (v_1 < v_2 < v_3)$. Bei einem spezifischen Volumen kleiner als v_1 soll nach der Theorie von VAN DER WAALS die Substanz flüssig, bei einem spezifischen Volumen größer als v_3 gasförmig sein, während im allgemeinen zwischen den Werten v_1 und v_3 die Isotherme durch eine der v-Achse parallele Gerade zu ersetzen sein soll, die der Koexistenz beider Aggregatzustände entspricht. Oberhalb der kritischen Temperatur erscheint daher eine Verflüssigung eines Gases unmöglich.

§ 117. Die Wärme der festen Körper wird von der modernen Theorie auf molekulare Schwingungen zurückgeführt, deren Energie im Sinne der Quantenhypothese sich aus Energieelementen von der Größe $h\nu$ zusammensetzen soll. Daraus folgt näherungsweise das schon früher bekannt gewesene Gesetz von DULONG und PETIT, wonach die auf das Grammatom bezogene spezifische Wärme, die sogenannte Atomwärme, gleich ist der dreifachen Gaskonstanten R, also etwa gleich ist sechs Kalorien. Durch die neuere Theorie erklären sich aber auch die Abweichungen von dem DULONGschen Gesetz, die schon bei normaler Temperatur bei dem Diamanten, bei tiefen Temperaturen aber bei allen Körpern beobachtet werden.

§ 118. Sieht man mit DEBYE den festen Körper näherungsweise als ein von stehenden elastischen Wellen erfülltes Kontinuum an, so führt die statistische Theorie zu der Folgerung, daß bei tiefsten Temperaturen die spezifische Wärme der dritten Potenz der Temperatur proportional ist (Satz von DEBYE), und daß für den absoluten Nullpunkt sowohl der Temperaturkoeffizient der freien Energie als auch die Entropie verschwindet (NERNSTscher Wärmesatz). Danach muß für sehr tiefe Temperaturen allgemein auch der Ausdehnungskoeffizient verschwinden.

§ 119. Ein System stehender elektromagnetischer Schwingungen wird als Hohlraumstrahlung bezeichnet, woferne es mit Körpern im thermodynamischen Gleichgewicht steht. Die Energiedichte der Hohlraumstrahlung ist der vierten Potenz der Temperatur proportional. Dasselbe gilt von dem Emissionsvermögen eines schwarzen Körpers (STEFANsches Gesetz), weil, wie eine geometrische Betrachtung zeigt, das Emissionsvermögen gleich ist dem vierten Teil der noch mit der Lichtgeschwindigkeit multiplizierten Energiedichte der Strahlung. Für den universellen Proportionalitätsfaktor zwischen Emissionsvermögen und der vierten Potenz der Temperatur ergibt die Quantentheorie die Deutung

$$a = \frac{48 \pi \alpha k^4}{h^3 c^3},$$

wobei $\alpha = 1{,}008$ eine reine Zahl ($= \pi^4/90$) darstellt.

§ 120. Zerlegt man das Emissionsvermögen spektral, so gilt für das spezifische Emissionsvermögen in seiner Abhängigkeit von Farbe und Temperatur das PLANCKsche Strahlungsgesetz

$$K_\lambda = \frac{2 \pi h c^2}{\lambda^5} \cdot \frac{1}{e^{\frac{ch}{k \lambda T}} - 1}.$$

Das spezifische Emissionsvermögen besitzt ein Maximum für eine Wellenlänge, deren Verschiebung mit der Temperatur durch die Beziehung bestimmt ist

$$\lambda_{\max} \cdot T = b$$

(WIENsches Verschiebungsgesetz). Die universelle Konstante b ist dabei, wie die Quantentheorie zeigt, gleich $ch/\beta k$, wenn β (die Wurzel einer transzendenten Gleichung) die reine Zahl 4,9651 bedeutet. Aus den Konstanten des STEFANschen und des WIENschen Gesetzes konnte PLANCK als erster die Werte von h und k und damit auch der LOSCHMIDTschen Zahl sowie des elektrischen Elementarquantums genau berechnen.

XV. Kapitel. Relativitätstheorie.

§ 121. Aus der klassischen Physik schien sich die Folgerung zu ergeben, daß es nur ein einziges Bezugssystem geben könne, in dem sich das Licht nach allen Richtungen mit derselben Geschwindigkeit ausbreitet. Es schien daher die Möglichkeit gegeben, durch ein geeignetes optisches Experiment, das von MICHELSON erdacht wurde, eine absolute Bewegung der Erde nachzuweisen. Die tatsächliche Durchführung des Versuches zeigte aber, daß der erwartete Effekt bestimmt nicht vorhanden sei.

§ 122. Den vermeintlichen Widerspruch zwischen der theoretischen Physik und dem MICHELSONschen Versuche vermochte EINSTEIN dadurch zu lösen, daß er die Unhaltbarkeit des Vorurteiles einer absoluten Zeit aufdeckte. Das EINSTEINsche Relativitätsprinzip behauptet, daß die Zeitangaben, mittels deren ein physikalischer Vorgang beschrieben wird, relativ und von dem Standpunkte des beschreibenden Beobachters abhängig sind; daß andererseits aber die Zeitangaben durch die Forderung bedingt sind, daß sich, durch sie ausgedrückt, für den Beobachter das Licht stets nach allen Richtungen mit derselben Geschwindigkeit ausbreiten soll.

§ 123. Bei einem Übergang von einem Koordinatensystem zu einem anderen, das gegenüber dem ersten in der gemeinsamen x-Richtung mit der konstanten Translationsgeschwindigkeit u gleichförmig bewegt ist, erfahren die räumlichen Koordinaten und die Zeit eine sogenannte LORENTZ-Transformation, die durch die Formeln beschrieben wird

$$x' = \frac{x - u\,t}{\sqrt{1 - \frac{u^2}{c^2}}}\,, \qquad y' = y\,,$$

$$z' = z\,, \qquad t' = \frac{t - \frac{u}{c^2}\,x}{\sqrt{1 - \frac{u^2}{c^2}}}\,.$$

§ 124. Durch das Relativitätsprinzip verliert der Begriff der Gleichzeitigkeit seine absolute Bedeutung. Zwei Ereignisse, die in bezug auf einen Beobachter gleichzeitig zu erfolgen scheinen, scheinen es nicht für einen Beobachter, der gegenüber dem ersten bewegt ist. Ein bewegter Körper erfährt in der Bewegungsrichtung eine Kontraktion im Verhältnis $1 : \sqrt{1 - v^2/c^2}$. Eine „bewegte Uhr" geht langsamer als eine ruhende.

§ 125. An die Stelle des Satzes vom Geschwindigkeitsparallelogramm tritt in der Relativitätstheorie das EINSTEINsche Theorem der Geschwindigkeitsaddition. Wird zu einer Geschwindigkeit $\mathfrak{v}'$ noch eine hinzuaddiert von dem Betrage u und von einer Richtung, die als x-Richtung gewählt werde, so ist die resultierende Geschwindigkeit $\mathfrak{v}$ durch die Gleichungen bestimmt

$$v_x = \frac{v_x' + u}{1 + \frac{u\,v_x'}{c^2}} \qquad \text{und} \qquad v_y = \frac{v_y'\sqrt{1 - \frac{u^2}{c^2}}}{1 + \frac{u\,v_x'}{c^2}}$$

(für v_z gilt eine analoge Gleichung wie für v_y). Überlichtgeschwindigkeiten erscheinen danach unmöglich.

§ 126. Durch das EINSTEINsche Theorem der Geschwindigkeitsaddition ergibt sich eine einfache Deutung für den FIZEAUschen Versuch, der gezeigt hatte, daß Licht an der Bewegung einer strömenden Flüssigkeit nur mit einem Bruchteil $\alpha\,q$ der Strömungsgeschwindigkeit q teilzunehmen scheint; α, der sogenannte Mitführungskoeffizient, hängt dabei mit dem Brechungsexponenten n der Flüssigkeit durch die Beziehung zusammen

$$\alpha = 1 - \frac{1}{n^2}\,.$$

§ 127. Die Anwendung der LORENTZ-Transformation auf die Gleichung einer Lichtwelle führt zu dem DOPPLERschen Prinzip, wonach Spektrallinien, die von einer bewegten Lichtquelle herrühren, eine Verschiebung nach dem Violett oder dem Rot erfahren müssen, je nachdem ob sich die Lichtquelle zu dem Beobachter hin oder von ihm weg bewegt. Näherungsweise ist, wenn u die radiale Komponente der Geschwindigkeit bedeutet,

$$\nu = \nu'\left(1 \pm \frac{u}{c}\right).$$

Im Gegensatze zu der älteren Theorie läßt die Relativitätstheorie eine geringe Verschiebung auch bei einer Transversalbewegung erwarten. Auch die Aberration des Lichtes findet durch das Relativitätsprinzip ihre Erklärung.

§ 128. Den durch das Relativitätsprinzip ausgedrückten Zusammenhang zwischen der relativen Zeit und den drei räumlichen Koordinaten kann man, wie MINKOWSKI fand, auch dahin geometrisch interpretieren, daß sich die mit ic multiplizierte Zeit und die räumlichen Koordinaten untereinander so verhalten wie vier Koordinaten in einer vierdimensionalen Geometrie. In der vierdimensionalen, Raum und Zeit verknüpfenden Mannigfaltigkeit, die als die MINKOWSKI-Welt bezeichnet wird, entspricht einer LORENTZ-Transformation eine Drehung des vierfachen Achsenkreuzes um einen Winkel, dessen trigonometrische Tangente ihrem Betrage nach gleich ist u/c. Jede Bewegung erscheint hinsichtlich der Abhängigkeit des Ortes von der Zeit darstellbar durch eine von dem Bezugssystem unabhängige Weltlinie. Die Länge eines Weltlinienelementes stellt, durch ic dividiert, das Element der Eigenzeit des bewegten Massenpunktes dar.

§ 129. Das zweite NEWTONsche Bewegungsgesetz besitzt in der Relativitätstheorie nur mehr eine angenäherte Gültigkeit, nämlich nur für den Fall, daß die mechanische Geschwindigkeit klein ist gegenüber der Lichtgeschwindigkeit. Sonst hängt die Masse von der Geschwindigkeit ab, indem die Impulsmasse

$$m = \frac{\mu}{\sqrt{1 - \frac{v^2}{c^2}}}$$

ist, wenn μ die Eigenmasse bedeutet. Diese Formel wird durch Messungen über die Ablenkung von verschieden raschen β-Strahlen und über die Feinstruktur der Spektrallinien bestätigt. Nach der Relativitätstheorie sind im allgemeinen auch nicht mehr Beschleunigung und Kraft gleich gerichtet, sondern die Beschleunigung bildet mit der Bewegungsrichtung stets einen größeren Winkel als die Kraft.

§ 130. Die Relativitätstheorie führt zu dem wichtigen Satze von der Trägheit der Energie. Jeder Energiemenge kommt danach eine träge Masse zu, die sich durch Division der Energie durch c^2 ergibt, und umgekehrt besitzt jede Masse eine Eigenenergie μc^2. Durch den Satz von der Trägheit der Energie lassen sich die Abweichungen der Atomgewichte von den ganzen Zahlen erklären.

§ 131. Ist ds das Element einer Weltlinie und x_h eine der vier Weltkoordinaten, so stellen die vier Größen dx_h/ds die Komponenten eines Weltvektors dar. Multipliziert man diese Größen paarweise untereinander und die Produkte noch mit der Ruhdichte der Eigenmasse, so erhält man die 16 Komponenten des „Materietensors“. Die räumlich-zeitlichen Komponenten stellen die (noch mit $-i/c$ multiplizierte) Impulsdichte dar, die rein zeitliche Komponente aber die Massendichte.

§ 132. Die drei räumlichen Komponenten der elektrischen Stromdichte und die elektrische Ladungsdichte lassen sich zu einem vierdimensionalen Vektor zusammenfassen, der als Viererstrom bezeichnet wird. Andererseits stellen die drei Komponenten der magnetischen und die drei (imaginären) der elektrischen Feldstärke die sechs Komponenten eines schiefsymmetrischen vierdimensionalen Tensors dar, der als der elektromagnetische Feldtensor bezeichnet wird. Die MAXWELLschen Gleichungen lassen sich in die einfache Aussage zusammenfassen, daß der Viererstrom die Vektordivergenz des elektromagnetischen Feldtensors ist, der seinerseits die Rotation eines Weltvektors darstellt.

XVI. Kapitel. Theorie der Gravitation.

§ 133. Die allgemeine Relativitätstheorie legt der Beschreibung der MINKOWSKI-Welt statt der euklidischen die allgemeinere RIEMANNsche Geometrie zugrunde, indem sie annimmt, daß die MINKOWSKI-Welt infolge der räumlich-zeitlichen Materieverteilung „gekrümmt“ sei. Die Behauptung, daß in dieser gekrümmten Welt die Bewegung eines Massenteilchens, auf das keine elektromagnetischen Kräfte wirken, durch eine geodätische Weltlinie beschrieben sei, stellt die Verallgemeinerung des Beharrungsgesetzes und zugleich das neue Gravitationsgesetz dar. Aus dieser Auffassung folgt unmittelbar der Satz von der Identität der schweren und der trägen Masse. Da in der allgemeinen Relativitätstheorie an die Stelle der Cartesischen die allgemeineren GAUSSischen Koordinatensysteme treten, so kann nunmehr jeder Übergang zwischen zwei ganz beliebig gegeneinander bewegten räumlichen Bezugssystemen dargestellt werden durch eine vierdimensionale Koordinatentransformation. Als ein Sonderfall der neuen Theorie erscheint somit die frühere, seitdem als spezielle bezeichnete Relativitätstheorie, die die Gleichwertigkeit zweier Bezugssysteme auf den Spezialfall der gleichförmigen Translation beschränkt hatte.

§ 134. In der RIEMANNschen Geometrie tritt an die Stelle des pythagoreischen Lehrsatzes dessen Verallgemeinerung

$$d s^2 = \sum_h \sum_k g_{hk} \, d x_h \, d x_k ,$$

wobei die Größen g_{hk} die Komponenten des metrischen Fundamentaltensors darstellen. Für rechtwinklige Cartesische Koordinatensysteme wird g_{hk} gleich eins oder null, je nachdem ob h gleich k oder ungleich k ist. Bei Zugrundelegung der RIEMANNschen Geometrie muß unterschieden werden zwischen kovarianten und kontravarianten Vektoren, die sich bei Änderungen des Koordinatensystems verschieden transformieren. Vektoren sind aufzufassen als Tensoren ersten Ranges. Indem man sämtliche Komponenten zweier Vektoren paarweise miteinander multipliziert, erhält man die Komponenten eines Tensors zweiten Ranges, allgemein durch paarweise ausgeführte Multiplikation aus zwei Tensoren von dem Range z' und z'' einen vom Range $(z' + z'')$. Andererseits kann man durch die Operation der Verjüngung aus jedem Tensor einen von einem um zwei niedrigeren Range ableiten. Bildet man aus den kovarianten Größen g_{hk} die Determinante, so stellen die Unterdeterminanten, dividiert durch den Betrag der Determinante, die Komponenten g^{hk} des kontravarianten Fundamentaltensors dar.

§ 135. Aus der Definition der geodätischen Linie als der kürzesten Verbindung zwischen zwei Punkten folgt deren Gleichung in der RIEMANNschen Geometrie. In dieser Gleichung treten die CHRISTOFFELschen Drei-Indizes-Symbole auf, die sich zusammensetzen aus den Komponenten des metrischen Fundamentaltensors und aus deren partiellen Ableitungen nach den Koordinaten.

§ 136. In Verbindung mit der Gleichung der geodätischen Linie führen mathematische Überlegungen zu einem gemischten Tensor vierten Ranges, der als der RIEMANNsche Tensor bezeichnet wird und der nur von den Drei-Indizes-Symbolen und von deren partiellen Ableitungen nach den Koordinaten abhängt. Die Verjüngung des Tensors führt zu einem Tensor zweiten Ranges (verjüngter RIEMANNscher Tensor R_{hk}); und aus diesem läßt sich ein Skalar

$$R = \sum_h \sum_k g^{hk} R_{hk}$$

ableiten, der als die RIEMANNsche Invariante bezeichnet wird.

§ 137. Integriert man den RIEMANNschen Skalar über ein beliebig abgegrenztes Gebiet einer geometrischen Mannigfaltigkeit und bildet man dann die Variation dieses Integrals derart, daß der Fundamentaltensor nur innerhalb der Begrenzungen variiert wird, so wird man zu einem Tensor geführt

$$S_{hk} = R_{hk} - \tfrac{1}{2} g_{hk} R.$$

Diesen Tensor setzen die EINSTEINschen Feldgleichungen bis auf einen universellen Proportionalitätsfaktor (f) gleich dem Materietensor, also

$$R_{hk} - \tfrac{1}{2} g_{hk} R = f T_{hk}.$$

In der MINKOWSKI-Welt, deren Krümmung durch diese Feldgleichungen beschrieben wird, soll nun die Bewegung eines Massenpunktes durch eine geodätische Weltlinie dargestellt sein. Macht man die speziellen Annahmen, daß erstens die Abweichungen von der euklidischen Geometrie gering sind, zweitens die mechanischen Geschwindigkeiten klein sind gegenüber der Lichtgeschwindigkeit, und drittens das Gravitationsfeld statisch ist, so wird man in erster Annäherung zu dem bekannten NEWTONschen Gravitationsgesetz geführt. Die Gravitationskonstante ist

$$\varkappa = \frac{f c^2}{8\pi}.$$

§ 138. Ist das Gravitationsfeld von einem einzelnen ruhenden Massenpunkt erzeugt, so wird näherungsweise

$$g_{44} = 1 - \frac{2\alpha}{r}.$$

Hierbei bedeutet r die Entfernung von dem Massenpunkt, α aber den Gravitationsradius der felderzeugenden Masse, der sich ergibt, wenn man die Masse mit $\varkappa/c^2$ multipliziert. Im Gravitationsfeld erscheinen alle Vorgänge verlangsamt im Verhältnis $1:(1 + \alpha/r)$. Lichtstrahlen müssen im Schwerefeld gekrümmt werden, und auch die KEPLERschen Gesetze müssen eine kompliziertere Form annehmen als in der klassischen Theorie; es muß das Perihel der Planetenbahnen in der Umlaufsrichtung langsam vorrücken und zwar bei jedem Umlauf um den Betrag

$$\varphi = \frac{6\pi\alpha}{a(1-\varepsilon^2)},$$

wenn a die große halbe Achse und ε die Exzentrizität der Planetenbahn ist.

§ 139. Die EINSTEINsche Gravitationstheorie erscheint durch zwei Erfahrungstatsachen qualitativ und quantitativ vollkommen bestätigt: erstens durch die schon früher entdeckte Perihelbewegung des sonnennächsten Planeten, des Merkur, und zweitens durch die bei einer Sonnenfinsternis im Jahre 1919 festgestellte und gemessene Biegung, die von Sternen kommende Lichtstrahlen bei dem Vorbeigehen an der Sonne erfahren. Als dritter Effekt kann noch die Rotverschiebung der von der Sonne oder von schweren Sternen herrührenden Spektrallinien hinzukommen.

§ 140. Durch eine Erweiterung seines Gravitationsgesetzes gelangte EINSTEIN zu der Annahme, daß der Raum sphärisch gekrümmt sei und somit trotz seiner Grenzenlosigkeit ein endliches Volumen besitze. Er fand die Gleichung

$$M = \frac{R c^2 \pi}{2\varkappa}.$$

Durch diese Beziehung erscheint die Gesamtmasse des Universums (M) mit dem Krümmungshalbmesser des Raumes (R) und der Gravitationskonstante verknüpft.

Übersicht über die häufigsten Bezeichnungen des zweiten Bandes.

Atomtheorie (Kap. XI und XII).

E Energie
L LOSCHMIDTsche Zahl
M Masse des positiven Elektrons
N RYDBERGsche Schwingungszahl
U molekularer Drehimpuls
V Potential
a Bahnradius (in § 87 Abschirmungskonstante)
b (in § 87) Abschirmungskonstante
c Lichtgeschwindigkeit
e elektrisches Elementarquantum
h elementares Wirkungsquantum
m Masse des negativen Elektrons
m_H Masse des Wasserstoffatoms
n Quantenzahl
p Drehimpuls oder generalisierter Impuls
q Lagenkoordinate
s Quantenzahl
v Geschwindigkeit
w Winkelgeschwindigkeit
z Kernladungszahl
Θ molekulares Trägheitsmoment
α Verhältnis der einquantigen Bahngeschwindigkeit des Wasserstoffatoms zu c
ν Frequenz
ω Umlaufszahl.

Statistische Wärmelehre (Kap. XIII und XIV).

A Arbeit
B (in § 94) individuell verteilte Quantität
C Mol- oder Atomwärme
E Energie
F freie Energie
J mechanisches Wärmeäquivalent
K Emissionsvermögen
L LOSCHMIDTsche Zahl
N Individuen-, bzw. Molekelzahl
Q Energie-, bzw. Wärmemenge
R Gaskonstante
S Entropie
T absolute Temperatur
U statistische, bzw. thermische Kraft
V Volumen
W statistische Wahrscheinlichkeit
Z Zahl der Eigenschwingungen
a STEFANsche Konstante (in § 116 erste VAN DER WAALSsche Konstante)
b WIENsche Konstante (in § 116 zweite VAN DER WAALSsche Konstante)
c_p spez. Wärme bei konstantem Druck
c_v spez. Wärme bei konstantem Volumen
e spez. Energie
h elementares Wirkungsquantum

m individuelle oder molekulare Masse
n Zahl der Gramm-Molekeln
p Druck
q spez. Wärmemenge
s spez. Entropie (oder Zahl der Freiheitsgrade)
u Parameter
v spez. Volumen oder Geschwindigkeit
w_i Bruchteil der Individuenzahl im i-ten Zustand
Θ Verteilungsmodul
Φ thermodynamisches Potential
Ψ freie Energie
α Ausdehnungskoeffizient (oder die reine Zahl 1,0823)
β Spannungskoeffizient (oder Teilbetrag der Quantität oder die reine Zahl 4,9651)
γ Absorptionskoeffizient
ε individuelle oder molekulare Energie
ζ Dichte der freien Energie
η Energiedichte
ϑ thermometrische Temperatur
$\varkappa$ Verhältnis der beiden spez. Wärmen (in § 112 Kompressionsmodul)
λ Wellenlänge (in § 114 spez. Reaktionswärme)
ν Frequenz
φ thermodynamisches Potential der Masseneinheit.
ψ freie Energie pro Individuum.

Relativitätstheorie (Kap. XV und XVI).

A, B, C beliebiger Vektor oder Tensor
E ($\mathfrak{E}$) elektrische Feldstärke
F elektromagnetischer Feldtensor
G Unterdeterminante des metrischen Fundamentaltensors
H ($\mathfrak{H}$) magnetische Feldstärke
K ($\mathfrak{K}$) Kraft
R RIEMANNscher Tensor oder Skalar (in § 140 Krümmungsradius der Welt)
S Krümmungstensor
T Materietensor
b Beschleunigung
c Lichtgeschwindigkeit
ds Weltlinienelement
g metrischer Fundamentaltensor
m Masse
q MINKOWSKI-Geschwindigkeit (in § 126 Strömungsgeschwindigkeit)
s Viererstrom
t Zeit (in § 131 Tensor)
u relative Translationsgeschwindigkeit zweier Bezugssysteme
v Geschwindigkeit
α Gravitationsradius (in § 126 Mitführungskoeffizient)
δ gemischter Fundamentaltensor
$\varkappa$ Gravitationskonstante
μ Eigenmasse
ϱ Massen- oder Ladungsdichte
τ Eigenzeit.

Die universellen Konstanten der Physik.

Konstante	Symbol	Wert	BRIGGSscher Logarithmus
Elektrisches Elementarquantum	e	$4{,}774 \cdot 10^{-10}\, g^{\frac{1}{2}}\, cm^{\frac{3}{2}}\, sec^{-1}$ ($\pm 0{,}004$)	0,6789 − 10
Masse des negat. Elektrons	m	$9{,}00 \cdot 10^{-28}\, g$ ($\pm 0{,}02$)	0,954 − 28
Masse des posit. Elektrons	M	$1{,}662 \cdot 10^{-24}\, g$	0,2206 − 24
Elementares Wirkungsquantum	h	$6{,}545 \cdot 10^{-27}$ erg sec ($\pm 0{,}012$)	0,8159 − 27
Lichtgeschwindigkeit	c	$2{,}9990 \cdot 10^{10}\, cm\, sec^{-1}$	10,47698
BOLTZMANNsche Konstante	k	$1{,}372 \cdot 10^{-16}\, erg\, grad^{-1}$	0,1374 − 16
Gravitationskonstante	$\varkappa$	$6{,}68 \cdot 10^{-8}\, g^{-1}\, cm^{3}\, sec^{-2}$	0,825 − 8
LOSCHMIDTsche Zahl	L	$6{,}060 \cdot 10^{23}$	23,7825
Ladung d. einwert. Grammatoms	$L \cdot e/c$	$9{,}6494 \cdot 10^{3}\, g^{\frac{1}{2}}\, cm^{\frac{1}{2}}$	3,98450
——	M/m	1845	3,2660
RYDBERGsche Schwingungszahl	N_∞	$3{,}2910 \cdot 10^{15}\, sec^{-1}$	15,51733
——	N_∞/c	$109737{,}11\, cm^{-1}$ ($\pm 0{,}06$)	5,04035
Spez. Ladung des negativen Elektrons	e/m	$5{,}304 \cdot 10^{17}\, g^{-\frac{1}{2}}\, cm^{\frac{3}{2}}\, sec^{-1}$	17,7246
Spez. Ladung des positiven Elektrons	e/M	$2{,}87 \cdot 10^{14}\, g^{-\frac{1}{2}}\, cm^{\frac{3}{2}}\, sec^{-1}$	14,458
Verhältnis der einquant. Geschwindigkeit des Wasserstoffatoms zu c	α	$7{,}30 \cdot 10^{-3}$	0,863 − 3
Mechanisches Wärmeäquivalent	J	$4{,}19 \cdot 10^{7}$ erg/cal	7,622
Gaskonstante	R	$8{,}315 \cdot 10^{7}$ erg/grad	7,9199
„ (in thermischem Maß)	R	1,98 cal/grad	0,297
STEFANsche Konstante (theoretisch berechnet)	a	$7{,}65 \cdot 10^{-15}\, erg\, cm^{-3}\, grad^{-4}$	0,884 − 15
WIENsche Konstante	b	0,2885 cm . grad	0,460 − 1

Chronologische Übersicht.

Um 400 v. Chr.	DEMOKRIT begründet die Atomistik.
Um 350 v. Chr.	ARISTOTELES entwirft auf verfehlter Grundlage das erste System der Dynamik.
Um 250 v. Chr.	ARCHIMEDES stellt den Satz vom Massenmittelpunkt auf.
Um 1250 n. Chr.	Bei JORDANUS NEMORARIUS Anfänge des Prinzips der virtuellen Verrückungen.
1543.	COPERNICanisches Weltsystem.
Um 1590.	GALILEI begründet die Lehre vom freien Fall und von der Pendelbewegung.
Um 1600.	STEVIN stellt zuerst Kräfte durch gerichtete Strecken dar.
1609.	Erstes und zweites KEPLERsches Gesetz.
1619.	Drittes KEPLERsches Gesetz.
Um 1620.	SNELLIUS entdeckt das Brechungsgesetz.
1638.	Veröffentlichung der „Discorsi“ GALILEIs.
1644.	DESCARTES formuliert das Beharrungsgesetz.
1660.	Gesetz von BOYLE.
1663.	GRIMALDI veröffentlicht die Entdeckung der Lichtbeugung.
1669.	Stoßgesetze von HUYGENS.
1669.	BARTHOLINUS teilt die Entdeckung der Doppelbrechung mit.
1672.	NEWTON entdeckt die Dispersion des Lichtes.
1673.	HUYGENS entwickelt in seinem Horologium oscillatorium die Theorie der Kreis- und der Pendelbewegung.
1676.	RÖMER bestimmt die Fortpflanzungsgeschwindigkeit des Lichtes.
1686.	LEIBNIZ stellt den Begriff der lebendigen Kraft auf.
1687.	NEWTON veröffentlicht sein großes Werk „Philosophiae naturalis principia mathematica“.
1690.	HUYGENS entwickelt in seinem „Traité de la lumière“ die Undulationstheorie des Lichtes.
1704.	NEWTON veröffentlicht seine „Optik“.
1717.	JOHANN BERNOULLI formuliert das Prinzip der virtuellen Verrückungen.
1724.	FAHRENHEIT begründet die Thermometrie.
1727.	BRADLEY entdeckt die Aberration des Lichtes.
1727.	GRAY entdeckt die Elektrizitätsleitung.
1733.	DUFAY entdeckt den Dualismus der Elektrizität.
1736.	EULER entwickelt in seiner „Mechanica“ die natürlichen Bewegungsgleichungen.

1738. „Hydrodynamica“ von DANIEL BERNOULLI.
1743. Prinzip von D'ALEMBERT.
1763. EULER verknüpft zuerst die Dynamik mit der analytischen Geometrie des Raumes.
1763. EULER begründet die Mechanik fester Körper.
1770. WILKE schafft den Begriff der spezifischen Wärme.
1773. Anfänge der Potentialtheorie bei LAGRANGE.
1785. Gesetz von COULOMB.
1788. LAGRANGE veröffentlicht seine „Mécanique analytique“.
1797. KIRWAN begründet die Hypothese des molekularen Magnetismus.
1799. LAPLACE beginnt die Veröffentlichung seiner „Mécanique céleste“.
1800. YOUNG stellt das Superpositionsprinzip der Schwingungen auf.
1801. YOUNG berechnet die Wellenlängen der verschiedenen Farben.
1802. Gesetz von GAY-LUSSAC.
1802. DALTONS Gesetz der Partialdrucke.
1805. DALTONS Gesetz der multiplen Proportionen.
1808. MALUS entdeckt die Polarisation des reflektierten Lichtes.
1809. PRÉVOSTS Theorie der Wärmestrahlung.
1811. Satz von GAUSS.
1811. Gesetz von AVOGADRO.
1814. Entdeckung der FRAUNHOFERschen Linien.
1817. YOUNG erkennt die Transversalität der Lichtschwingungen.
1819. Gesetz von DULONG und PETIT.
1820. OERSTED entdeckt den Elektromagnetismus.
1820. Gesetz von BIOT und SAVART.
1820. AMPÈRE entdeckt die ponderomotorische Wirkung elektrischer Ströme.
1821. FRESNEL stellt die nach ihm benannten optischen Grundgleichungen auf.
1822. AMPÈRES Theorie der Molekularströme.
1822. FOURIERS „Théorie analytique de la chaleur“.
1824. SADI CARNOT untersucht thermodynamische Kreisprozesse.
1827. Gesetz von OHM.
1827. Entdeckung der BROWNschen Bewegung.
1828. Satz von GREEN.
1829. CORIOLIS entwickelt die Theorie der Relativbewegung.
1831. FARADAY entdeckt die Induktionsströme.
1833. FARADAY entdeckt die Grundgesetze der Elektrolyse.
1833. GAUSS begründet das absolute Maßsystem.
1834. Regel von LENZ.
1834. HAMILTONsches Prinzip.
1838. FARADAYS Theorie der dielektrischen Polarisation.
1842. ROBERT MAYER stellt das Energieprinzip auf und berechnet das mechanische Wärmeäquivalent.
1842. DOPPLERS Prinzip.

1843. JOULE ermittelt experimentell den Wert des mechanischen Wärmeäquivalents.
1845. NEUMANNS Induktionsgesetz.
1845. FARADAY entdeckt die Drehung der Polarisationsebene im Magnetfeld.
1845. FARADAY entdeckt im Magnetismus eine universelle Eigenschaft aller Materie.
1847. HELMHOLTZ begründet in exakter Weise das Energieprinzip.
1851. THOMSON stellt den zweiten Hauptsatz der Thermodynamik auf.
1851. JOULE berechnet zuerst molekulare Geschwindigkeiten.
1851. Versuch von FIZEAU.
1852. Fluoreszenzgesetz von STOKES.
1852. WEBERS Theorie des Magnetismus.
1854. CLAUSIUS schafft den Begriff der Entropie.
1856. WEBER und KOHLRAUSCH finden eine elektrische Konstante gleich der Lichtgeschwindigkeit.
1857. CLAUSIUS begründet in exakter Weise die kinetische Gastheorie.
1858. CLAUSIUS schafft den Begriff der freien Weglänge.
1858. HELMHOLTZens Untersuchungen über Wirbelbewegungen.
1859. FEDDERSEN entdeckt die elektrischen Schwingungen.
1859. KIRCHHOFF und BUNSEN begründen die Spektralanalyse.
1859. Strahlungstheoretischer Satz von KIRCHHOFF.
1859. PLÜCKER entdeckt die Kathodenstrahlen.
1860. MAXWELL berechnet aus der inneren Reibung der Gase die freie Weglänge.
1860. MAXWELLs Gesetz der Geschwindigkeitsverteilung.
1865. LOSCHMIDT berechnet zuerst die wahre Größe der Molekeln.
1866. BOLTZMANNS Entropiegesetz und statistische Erklärung der Irreversibilität.
1869. HITTORF entdeckt die magnetische Ablenkung der Kathodenstrahlen.
1869. ANDREWS entdeckt den kritischen Zustand.
1870. LOTHAR MEYER und gleichzeitig auch MENDELEJEFF entdecken die chemische Periodizität.
1873. MAXWELL veröffentlicht seine elektromagnetische Theorie.
1873. Zustandsgleichung von VAN DER WAALS.
1876. ROWLAND zeigt die Ablenkung der Magnetnadel durch Konvektionsströme.
1879. STEFANsches Strahlungsgesetz.
1881. J. J. THOMSON weist theoretisch die Existenz einer elektromagnetischen Masse nach.
1881. MICHELSONS Versuch.
1884. Satz von POYNTING.
1885. Spektroskopische Formel von BALMER.
1886. GOLDSTEIN entdeckt die Kanalstrahlen.

1888. Hertz bestätigt durch seine Versuche die Maxwellsche Theorie.
1889. Drudes Theorie der Metalloptik.
1890. Wiener weist stehende Lichtwellen nach.
1890. Kayser und Runge entdecken die spektroskopischen Gesetzmäßigkeiten der Alkalimetalle.
1890. Deslandres entdeckt das Grundgesetz der Bandenspektren.
1893. Verschiebungsgesetz von Wien.
1895. Lorentz begründet die Elektronentheorie.
1895. Entdeckung der Röntgenstrahlen.
1896. Becquerel entdeckt die Radioaktivität.
1896. Zeeman entdeckt die Zerlegung der Spektrallinien im Magnetfeld.
1898. Entdeckung des Radiums durch das Ehepaar Curie.
1899. Kaufmann und Wiechert ermitteln Geschwindigkeit und spezifische Ladung der Kathodenstrahlen.
1900. Planck begründet die Quantentheorie.
1900. Plancks Strahlungsgesetz.
1900. Planck berechnet zuerst die Loschmidtsche Zahl genau.
1900. Rutherford entdeckt die Emanation.
1900. Statistischer Satz von Rayleigh.
1901. Lebedew weist experimentell den Lichtdruck nach.
1902. Rutherford und Soddy begründen die Theorie des Atomzerfalls.
1903. Ramsay und Soddy weisen die Bildung von Helium aus Emanation nach.
1905. Einstein begründet die Relativitätstheorie.
1905. Einstein entdeckt den Satz von der Trägheit der Energie.
1905. Einstein begründet die Theorie der Lichtquanten.
1905. Einstein und gleichzeitig Smoluchowski begründen die Theorie der Brownschen Bewegung.
1906. Wärmesatz von Nernst.
1907. Einstein erklärt durch die Quantenhypothese die Abweichungen von dem Dulongschen Gesetz.
1908. Minkowski schafft den Begriff einer vierdimensionalen, Raum und Zeit verknüpfenden Welt.
1908. Spektroskopisches Kombinationsprinzip von Ritz.
1912. Laue entdeckt die Interferenz der Röntgenstrahlen.
1912. Debyes Gesetz der spezifischen Wärme.
1913. Bohr begründet die Quantentheorie der Spektren.
1913. Moseley begründet die Röntgenspektroskopie.
1913. Van den Broek erkennt die Identität von Kernladungs- und chemischer Ordnungszahl.
1913. Die Bragg ergründen die Struktur der Kristalle.
1913. Soddy und Fajans stellen die Verschiebungssätze der Grundstoffumwandlungen auf.

1915. EINSTEINs allgemeine Relativitätstheorie.
1915. EINSTEIN und DE HAAS erbringen den experimentellen Nachweis der Molekularströme.
1915. SOMMERFELD erklärt die Feinstruktur der Spektrallinien.
1916. KOSSELs Theorie des Atombaues und der Valenz.
1916. SCHWARZSCHILD begründet die Quantentheorie der Bandenspektren.
1917. EINSTEINs kosmologische Gleichungen.
1918. Auswahlprinzip von RUBINOWICZ.
1918. Spektroskopischer Verschiebungssatz von SOMMERFELD und KOSSEL.
1919. Empirische Bestätigung der EINSTEINschen Gravitationstheorie.
1919. ASTON entdeckt die Isotopie des Chlors.
1919. RUTHERFORD gelingt die künstliche Zerlegung des Stickstoffkerns.
1920. RUTHERFORD entdeckt das X_3.

Literaturübersicht.

Für ein eingehenderes Studium der theoretischen Physik und ihrer einzelnen Zweige kommen (nach der Ansicht des Verfassers dieses Buches) derzeit vor allem wohl die folgenden Werke in Betracht:

SCHAEFER, CLEMENS, Einführung in die theoretische Physik. — Erster Band, Leipzig (VEIT & COMP.) 1914: Mechanik materieller Punkte, Mechanik starrer Körper und Mechanik der Kontinua. — Zweiten Bandes erster Teil, Berlin (VEREINIGUNG WISSENSCHAFTLICHER VERLEGER) 1921: Theorie der Wärme, Molekular-kinetische Theorie der Materie.

ABRAHAM, MAX, Theorie der Elektrizität, zwei Bände, 5. bzw. 3. Auflage Leipzig-Berlin (B. G. TEUBNER) 1918 bzw. 1914.

DRUDE, PAUL, Lehrbuch der Optik, 2. Aufl., Leipzig (HIRZEL) 1906.

PLANCK, MAX, Vorlesungen über Thermodynamik, 5. Aufl., Leipzig (VEIT & COMP.) 1917.

SOMMERFELD, ARNOLD, Atombau und Spektrallinien, 2. Aufl., Braunschweig (VIEWEG) 1921.

WEYL, HERMANN, Raum-Zeit-Materie, Vorlesungen über allgemeine Relativitätstheorie, 4. Aufl., Berlin (J. SPRINGER) 1921.

JÄGER, GUSTAV, Die Fortschritte der kinetischen Gastheorie (Band 12 der Sammlung „Die Wissenschaft"), 2. Aufl., Braunschweig (VIEWEG) 1919.

MEYER, STEFAN und SCHWEIDLER, ERNST VON, Radioaktivität, Leipzig (B. G. TEUBNER) 1916.

Hingewiesen sei endlich auch noch auf den Sammelband:

LORENTZ-EINSTEIN-MINKOWSKI: Das Relativitätsprinzip, 3. Aufl., Leipzig-Berlin (B. G. TEUBNER) 1920.

Namenverzeichnis zum ersten und zweiten Bande.

(Die römischen Zahlen bedeuten die Bandzahl, die arabischen die Seitenzahl. Die angegebenen Professuren sind bei Toten die zuletzt, bei Lebenden, soweit bekannt, die Anfang 1921 bekleideten. Ist nichts anderes vermerkt, so handelt es sich im allgemeinen um Professuren der Physik.)

ABEGG, RICHARD (1869—1909), Prof. d. physikal. Chemie a. d. Univ. Breslau
Valenzsumme II, 50.
ABRAHAM, MAX (geb. 1875), zuletzt Prof. d. Mech. a. d. techn. Hochsch. Mailand
veränderliche Masse II, 192.
D'ALEMBERT, JEAN LE ROND (1717—1783), Mitgl. d. Pariser Akademie
Prinzip von D'ALEMBERT I, 87—89.
AMPÈRE, ANDRÉ MARIE (1775—1836), Prof. d. Univ. Paris
Schwimmerregel I, 196
ponderomotorische Wirkung elektrischer Ströme I, 204
Molekularströme I, 205, 325.
ANDREWS, THOMAS (1813—1885), Prof. d. Chemie a. d. Univ. Belfast
kritischer Zustand II, 141.
ÅNGSTRÖM, JONAS (1814—1874), Prof. d. Astronomie a. d. Univ. Upsala
Spektroskopische Einheit II, 12.
ARAGO, DOMINIQUE FRANÇOIS JEAN (1786—1853), Prof. d. Math. a. d. École polytechnique in Paris
Interferenzversuche I, 256.
ARCHIMEDES (ca. 290—212 v. Chr.), wirkte in Syrakus
Hebelprinzip I, 42
Massenmittelpunkt I, 73.
ARISTOTELES (384—322 v. Chr.), Philosoph in Athen
Dynamik I, 9
Virtuelle Verschiebungen I, 86.
ARRHENIUS, SVANTE (geb. 1859), Prof. d. physikal. Chemie a. d. Univ. Stockholm
Dissoziationstheorie I, 298
Lichtdruck I, 315.
ASTON, T. W., Doz. d. Univ. Cambridge
Isotopie II, 62.
AVOGADRO, AMADEO (1776—1856), Prof. d. Chemie a. d. Univ. Turin
AVOGADROsches Gesetz II, 130.

BACHEM, ALBERT, Priv.-Doz. d. Univ. Bonn
Rotverschiebung der Spektrallinien II, 241.
BALMER, J. J., Gymn.-Prof. in Basel
Wasserstoffspektrum II, 11.
BARKLA, CHARLES GLOVER, Prof. d. Univ. Edinburgh
Eigenstrahlung I, 333.
BARNETT, S. J., Doz. d. Univ. Columbus, Ohio, U. S. A.
Molekularströme I, 331.
BARTHOLINUS, ERASMUS (1625—1698), Prof. d. Medizin a. d. Univ. Kopenhagen
Doppelbrechung I, 287.

BECQUEREL, HENRI (1852—1908), Prof. d. École polytechnique in Paris
Radioaktivität I, 343.
BERGMANN, A. (1907 Dr. phil., Jena)
BERGMANN-Serie II, 36.
BERNOULLI, DANIEL (1700—1782), Prof. d. Univ. Basel
kinetische Gastheorie II, 132.
BERNOULLI, JOHANN (1667—1748), Prof. d. Univ. Basel
Prinzip der virtuellen Verrückungen I, 86.
BERZELIUS, JÖNS JACOB, Frh. v. (1779—1848), Prof. d. Medizin u. Chemie am med.-chir. Instit. in Stockholm
Valenztheorie II, 60.
BIOT, JEAN BAPTISTE (1774—1862), Prof. d. Univ. Paris
Elektromagnetismus I, 196.
BJERRUM, NIELS, Prof. d. Chemie a. d. landw. Hochsch. in Kopenhagen.
Rotationsspektrum II, 39.
BLACK, JOSEPH (1728—1799), Prof. d. Chemie a. d. Univ. Edinburgh
Konstanz des Schmelzpunktes II, 124.
BOHR, NIELS, Prof. d. Univ. Kopenhagen
Quantentheorie der Spektren II, 8 ff.
BOLTZMANN, LUDWIG (1844—1906), Prof. d. Univ. Wien
MAXWELLsche Relation I, 267
Entropiegesetz II, 108
Irreversibilität II, 135
STEFANsches Gesetz II, 152.
BORN, MAX (geb. 1882), Prof. d. Univ. Göttingen
Würfelanordnung der Elektronen II, 50
Elektronenaffinität II, 60
Raumgitter II, 144.
BOYLE, ROBERT (1672—1691). Präsident der Royal Society in London
Gasgesetz II, 129.
BRADLEY, JAMES (1692—1762), Prof. d. Astronomie a. d. Univ. Oxford
Aberration des Lichtes II, 180.
BRAGG, WILLIAM HENRY (geb. 1862), Prof. d. Univ. Leeds
Kristallstruktur I, 338—340.
BRAGG, W. LAWRENCE (geb. 1890), Prof. d. Univ. Manchester
Kristallstruktur I, 336—340.
BRAVAIS, AUGUSTE (1811—1863), Prof. d. École polytechnique in Paris
Kristallstruktur I, 335.
BREWSTER, DAVID, Sir (1781—1868), Prof. d. Univ. St. Andrews
Polarisationswinkel I, 272.
BROGLIE, DE
Eigenstrahlung I, 341.
BROWN, ROBERT (1773—1858), Botaniker in London
BROWNsche Bewegung II, 136.
BUCHERER, ALFRED (geb. 1863), Prof. d. Univ. Bonn
relativistische Massenformel II, 192.
BUNSEN, ROBERT (1811—1899), Prof. d. Chemie a. d. Univ. Heidelberg
Spektralanalyse II, 37.

CAGNIARD DE LA TOUR, CHARLES (1777—1859), Ingenieur in Paris
Kritischer Zustand II, 141.
CARNOT, SADI (1796—1832), Ingenieur in Paris
Kreisprozeß II, 109.
CAVENDISH, HENRY (1731—1810), Chemiker in London
Gravitationskonstante I, 40.

CELSIUS, ANDERS (1701—1744), Prof. d. Astronomie a. d. Univ. Upsala
Temperaturskala II, 105.
CHASLES, MICHEL (1793—1880), Prof. d. Mathematik a. d. Univ. Paris
elementare Schraubung I, 122.
CHRISTOFFEL, ELWIN (1829—1900), Prof. d. Mathematik d. Univ. Straßburg
Drei-Indizes-Symbole II, 226.
CLAPEYRON, BÉNOIT PIERRE ÉMILE (1799—1864), Prof. d. École des Ponts-et-Chaussées in Paris
Kreisprozeß II, 109.
CLAUSIUS, RUDOLF (1822—1888), Prof. d. Univ. Bonn
Elektrolyse I, 298
Entropie II, 109.
kinetische Gastheorie II, 109.
spezifische Wärme im gesättigten Zustand II, 126.
molekulare Geschwindigkeit II, 132.
freie Weglänge II, 133.
COPERNICUS, NIKOLAUS (1473—1543), Domherr zu Frauenburg in Ostpreußen
Weltsystem I, 36.
CORIOLIS, GUSTAVE GASPARD (1792—1843), Prof. d. École des Ponts-et-Chaussées in Paris
lebendige Kraft I, 48
Relativbewegung I, 111.
COULOMB, CHARLES AUGUSTIN (1736—1806), Mitgl. d. Pariser Akademie
elektrostatisches Grundgesetz I, 170
magnetostatisches Grundgesetz I, 173
Oberflächenladung I, 182.
CROOKES, WILLIAM, Sir (1832—1919), Privatgelehrter in London
Kathodenstrahlen I, 307.
CURIE, MARYA, geb. SKLODOWSKA (geb. 1867), Prof. d. Univ. Paris
Radium I, 343.
CURIE, PIERRE (1859—1906), Prof. d. Univ. Paris
Ferromagnetismus I, 328
Radium I, 343.

DALTON, JOHN (1766—1844), lebte in Manchester
Atomtheorie II, 60
Partialdruck II, 130.
DEBYE, PETER (geb. 1884), Prof. d. techn. Hochsch. Zürich
Kristallstruktur I, 339
VAN DER WAALSsche Konstante II, 137
spezifische Wärme bei tiefen Temperaturen II, 144—146.
DELUC, JEAN ANDRÉ (1727—1817), Prof. d. Philosophie u. Geologie a. d. Univ. Göttingen
Konstanz des Schmelzpunktes II, 124.
DESCARTES, RENÉ (1596—1650), Philosoph
Beharrungsgesetz I, 9
analytische Geometrie I, 24
Wirkungsvermögen I, 47
Bewegungsgröße I, 73.
DES COUDRES, THEODOR (geb. 1862), Prof. d. Univ. Leipzig
Geschwindigkeit der Kathodenstrahlen I, 308.
DE SITTER, W., Prof. d. Astronomie a. d. Univ. Leiden
Größe des Weltalls II, 244.
DESLANDRES, HENRI (geb. 1853), Prof. d. Univ. Paris
Bandenspektrum II, 39.

DOPPLER, CHRISTIAN (1803—1853), Prof. d. Univ. Wien
DOPPLERsches Prinzip II, 179.
DORN, ERNST (1848—1916), Prof. d. Univ. Halle
Radium-Emanation I, 347.
DRAPER, J. WILLIAM (1811—1882), Prof. d. Chemie a. d. Univ. in New-York
Glühen II, 155.
DRUDE, PAUL (1863—1906), Prof. d. Univ. Berlin
Metalloptik I, 283
Valenzelektronen I, 320.
DUANE, WILLIAM (geb. 1872), Prof. d. HARVARD-Univ. Cambridge, U. S. A.
Erregung der Röntgenstrahlen II, 5.
DUFAY, CHARLES FRANÇOIS DE CISTERNAY (1698—1739), Intendant d. botan. Gartens in Paris
Dualismus der Elektrizität I, 171.
DULONG, PIERRE LOUIS (1775—1838), Prof. d. École polytechnique in Paris
spezifische Wärme II, 142.

EDDINGTON, ARTHUR STANLEY (geb. 1882), Prof. d. Astronomie a. d. Univ. Cambridge
Krümmung der Lichtstrahlen im Schwerefeld II, 241.
EHRENHAFT, FELIX (geb. 1879), Prof. d. Univ. Wien
Individualbeobachtung kleiner elektrischer Ladungen I, 300—301
Photophorese I, 315
BROWNsche Bewegung in Gasen II, 136.
EINSTEIN, ALBERT (geb. 1879), Prof. d. Univ. Berlin
Molekularströme I, 321
Lichtquanten II, 4
photochemisches Gesetz II, 6
spezifische Wärme fester Körper II, 143
BROWNsche Bewegung II, 136
Relativitätsprinzip II, 161 ff.
Geschwindigkeitsaddition II, 174
Trägheit der Energie II, 196
Gravitationsgesetz II, 209—214, 230—236.
kosmologische Gleichungen II, 243.
EÖTVÖS, ROLAND, Baron v. (1848—1919), Prof. d. Univ. Budapest
Identität der trägen und schweren Masse II, 211.
EPSTEIN, PAUL, Priv.-Doz. d. Univ. Zürich
Quantentheorie des STARK-Effekts II, 28.
EULER, LEONHARD (1707—1783), Prof. in Petersburg
rechtwinklige Auflösung der krummlinigen Bewegung I, 23—29
natürliche Bewegungsgleichungen I, 29—32
Störungstheorie I, 81
kleinste Wirkung I, 98
Bewegung starrer Körper I, 135—137
hydrodynamische Grundgleichungen I, 166.

FAHRENHEIT, GABRIEL DANIEL (1686—1736), Privatgelehrter in Holland und England
Thermometrie II, 108.
FAJANS, KASIMIR (geb. 1887), Prof. d. physikal. Chemie a. d. Univ. München
Verschiebungssatz II, 65.
FARADAY, MICHAEL (1791—1867), Prof. a. d. Royal Institution in London
Induktionsströme I, 205
Dielektrikum I, 208
magnetische Permeabilität I, 211
dielektrische Polarisation I, 215
elektrolytisches Grundgesetz I, 297

Drehung der Polarisationsebene im Magnetfeld I, 320
Diamagnetismus I, 326.

FEDDERSEN, WILHELM (1832—1918), Privatgelehrter in Leipzig
elektrische Schwingungen I, 263.

FITZGERALD, GEORGE (1851—1901), Prof. d. Univ. Dublin
Kontraktionshypothese II, 161.

FIZEAU, HIPPOLYTE (1819—1896), Mitglied der Pariser Akademie
FIZEAUscher Versuch II, 175.

FLAMM, LUDWIG (geb. 1885), Prof. d. techn. Hochsch. in Wien
universelle Konstanten II, 21.

FOUCAULT, JEAN BERNARD LÉON (1819—1868), Prof. d. Univ. Paris
Pendelversuch II, 206.

FOURIER, JEAN BAPTISTE (1768—1830), Sekretär d. Pariser Akademie
Superposition von Wellen I, 247
Wärmeleitung II, 108.

FOWLER, A. (geb. 1868), Prof. d. Astronomie am Imperial College of Science and Technology in London
Heliumspektrum II, 13.

FRANK, PHILIPP (geb. 1884), Prof. d. deutschen Univ. Prag
Relativitätsprinzip II, 163, 172.

FRANKLIN, BENJAMIN (1706—1790), Staatsmann, zuletzt in Philadelphia
Theorie der Elektrizität I, 171—172.

FRANZ, RUDOLF, war Gymn.-Prof. in Berlin
Elektrizitäts- und Wärmeleitung II, 136.

FRAUNHOFER, JOSEF (1787—1826), Prof. d. Univ. München
Spektrallinien II, 37.

FRESNEL, AUGUSTIN JEAN (1788—1827), Ingenieur in Paris
Interferenz des Lichtes I, 253—255
Transversalität des Lichtes I, 256—259
optische Grundgleichungen I, 272—273
Lichtausbreitung in Kristallen I, 291
Mitführungskoeffizient II, 175.

FRIEDRICH, WALTER, Priv.-Doz. d. Univ. Freiburg i. B.
Interferenz der Röntgenstrahlen I, 336.

GALILEI, GALILEO (1564—1642), Prof. d. Univ. Padua
ideale Bewegung I, 9
Fallbewegung I, 12
Momentangeschwindigkeit I, 17
Keim des Potentialbegriffs I, 51.

GALVANI, LUIGI (1737—1798), Prof. d. Anatomie a. d. Univ. Bologna
elektrische Ströme I, 194.

GAUSS, KARL FRIEDRICH (1777—1855), Prof. d. Mathematik a. d. Univ. Göttingen
Satz von GAUSS I, 148—152
Fundamentaltensor II, 212
Koordinatensystem II, 211 ff.

GAY-LUSSAC, LOUIS JOSEPH (1778—1850), Prof. d. Univ. Paris
Ausdehnung der Gase II, 129—130
Grundidee des THOMSONschen Versuches II, 119.

GEIGER, HANS, Prof. d. Physikal.-Techn. Reichsanstalt in Berlin
Zählung von α-Teilchen I, 345
Reichweite I, 345.

GIBBS, WILLARD (1839—1903), Prof. d. Univ. New Haven, U. S. A.
statistische Mechanik II, 109.
Phasenregel II, 127.

GIESEL, FRIEDRICH (geb. 1852), Chemiker in Braunschweig
Ablenkung der β-Strahlen I, 344.
GOLDSTEIN, EUGEN (geb. 1850), Privatgelehrter in Berlin
Kathodenstrahlen I, 307
Kanalstrahlen I, 309.
GRASSMANN, HERMANN (1809—1877), Gymn.-Prof. in Stettin
Vektorrechnung I, 57.
GRAY, STEPHEN (1670—1736), Privatgelehrter in London
Elektrizitätsleitung I, 182.
GREBE, LEONHARD (geb. 1883), Prof. d. Univ. Bonn
Rotverschiebung der Spektrallinien II, 241.
GREEN, GEORGE (1793—1841), Gelehrter in Cambridge
Vektoranalytischer Satz I, 159.
GRIMALDI, FRANCESCO MARIA (1618—1663), Lehrer d. Math. am Ordenskolleg d. Jesuiten in Bologna
Beugung des Lichtes I, 251.
GROTHUSS, THEODOR VON (1785—1822), Privatgelehrter in Gedditz (Litauen)
Elektrolyse I, 298.
GRÜNEISEN, EDUARD (geb. 1877), Prof. d. Univ. Berlin
Ausdehnungskoeffizient bei tiefsten Temperaturen II, 147.
GUERICKE, OTTO VON (1602—1686), Bürgermeister von Magdeburg
elektrische Abstoßung I, 170.

HAAS, ARTHUR
quantentheoretische Bedeutung der spektroskopischen Konstanten II, 14
Kernmodell II, 41.
HAAS, W. J. DE, Prof. d. Techn. Hochsch. in Delft
Molekularströme I, 331.
HAGEN, ERNST, Dir. d. Physikal.-Techn. Reichsanstalt Berlin
Metalloptik I, 286.
HAHN, OTTO (geb. 1879), Prof. d. Univ. Berlin
Protactinium II, 63.
HALE, GEORGE (geb. 1868), Prof. d. Astronomie a. d. Univ. Chicago
ZEEMAN-Effekt auf der Sonne I, 324.
HAMILTON, WILLIAM ROWAN, Sir (1805—1865), Prof. d. Astronomie a. d. Univ. Dublin
Vektorrechnung I, 57
HAMILTONsches Prinzip I, 94—97.
HASENÖHRL, FRITZ (1874—1915), Prof. d. Univ. Wien
Trägheit der Hohlraumstrahlung II, 197.
HEAVISIDE, OLIVER (geb. 1850), Privatgelehrter in London
MAXWELLsche Gleichungen I, 218.
HELMHOLTZ, HERMANN VON (1821—1894), Prof. d. Univ. Berlin
kinetisches Potential I, 97
Strömung, Wirbel, Dilatation I, 148
Wirbelbewegungen I, 169
Dispersion I, 316
Energieprinzip II, 109
freie Energie II, 109
thermodynamische Gleichung II, 109.
HERO VON ALEXANDRIA, antiker Techniker (Lebenszeit ungewiß)
Hebelprinzip I, 42
Minimalprinzip I, 97.
HERSCHEL, FRIEDRICH WILHELM (1738—1822), Astronom in London
ultrarote Strahlen I, 341.

HERTZ, HEINRICH (1857—1894). Prof. d. Univ. Bonn
nicht holonome Bedingungen I, 90
MAXWELLsche Gleichungen I, 218
elektrische Wellen I, 263
stehende Schwingungen I, 276.

HEURLINGER, TORSTEN VALTER FREDRIK, Doz. d. Univ. Lund
Bandenspektrum II, 39.

HEUSLER, FR.
magnetische Legierungen I, 326.

HITTORF, WILHELM (1824—1914), Prof. d. Univ. Münster
Elektrolyse I, 298
Kathodenstrahlen I, 307.

HÖLDER, OTTO (geb. 1859), Prof. d. Math. a. d. Univ. Leipzig
nicht holonome Systeme I, 90.

HOOKE, ROBERT (1635—1703), Mitgl. d. Londoner Akademie
Elastizität I, 142
Farben dünner Blättchen I, 251.

HUGGINS, WILLIAM, Sir (1824—1910), Astronom in London
DOPPLERsches Prinzip bei Fixsternen II, 179.

HUNT, FRANKLIN L., Doz. d. HARVARD-Univ. in Cambridge, U. S. A.
Erregung der Röntgenstrahlen II, 5.

HUPKA, ERICH († 1919), zuletzt Doz. d. Hochschule Tsingtau
relativistische Massenformel II, 192.

HUYGENS, CHRISTIAN (1629—1695), wirkte in Paris und Holland
Kreisbewegung I, 29—31
Undulationstheorie I, 252
optische Polarisation I, 257
Doppelbrechung I, 287.

JÄGER, GUSTAV (geb. 1865), Prof. d. Univ. Wien
kinetische Theorie der Flüssigkeiten und verdünnten Lösungen II, 135.

JEANS, JAMES H. (geb. 1877), zuletzt Prof. d. Univ. Princeton, U. S. A.
Dichte der Eigenschwingungen II, 97.

JORDANUS NEMORARIUS (im 13. Jahrhundert)
Prinzip der virtuellen Geschwindigkeiten I, 86.

JOULE, JAMES PRESCOTT (1818—1889), Industrieller in Manchester
Stromwärme I, 195
Wärmeäquivalent II, 109
kinetische Gastheorie II, 109, 132
Versuch von THOMSON und JOULE II, 119
Ausdehnung der Gase II, 130.

KARMAN, THEODOR VON (geb. 1881), Prof. d. Mechanik a. d. techn. Hochsch. Aachen
Raumgitter II, 144.

KAUFMANN, WALTER (geb. 1871), Prof. d. Univ. Königsberg
Kathodenstrahlen I, 307, 309.

KAYSER, HEINRICH (geb. 1853), Prof. d. Univ. Bonn
Spektren der Alkalimetalle II, 37.

KEPLER, JOHANNES (1571—1630), wirkte in Graz, Prag und Linz
Gesetze der Planetenbewegung I, 36.

KERR, JOHN (1824—1907), Prof. d. Univ. Glasgow
Magnetooptik I, 320.

KIRCHHOFF, GUSTAV (1824—1887), Prof. d. Univ. Berlin
Spektralanalyse II, 37
Gesetz von KIRCHHOFF II, 149.

KIRWAN, RICHARD (1735—1812), irischer Privatgelehrter
Molekularmagnetismus I, 325.
KNIPPING, PAUL, Berlin
Interferenz der Röntgenstrahlen I, 336.
KOHLRAUSCH, RUDOLF (1809—1858), Prof. d. Univ. Erlangen
elektrische Konstante und Lichtgeschwindigkeit I, 197
Elektrolyse I, 298.
KOSSEL, WALTER, Prof. d. Univ. Kiel
Atommodell II, 28
Röntgenlinienerregung II, 33.
Elektronentheorie der Valenz II, 57 ff.
spektroskopischer Verschiebungssatz II, 55.
KRÖNIG, AUGUST (1822—1879), Realschulprof. in Berlin
kinetische Gastheorie II, 109, 132.
KURLBAUM, FERDINAND (geb. 1857), Prof. d. Techn. Hochsch. Berlin
STEFANsches Strahlungsgesetz II, 152.

LAGRANGE, JOSEPH LOUIS (1736—1813), Prof. d. École polytechnique in Paris
Kraftfunktion I, 52
virtuelle Verrückungen I, 86
unbestimmte Multiplikatoren I, 92
generalisierte Bewegungsgleichungen I, 98—102.
LAMPA, ANTON (geb. 1868), zuletzt Prof. d. deutschen Univ. Prag
elektrische Wellen I, 341.
LANDÉ, ALFRED (geb. 1888), Priv.-Doz. d. Univ. Frankfurt
Elektronenaffinität II, 60.
LANGEVIN, P., Prof. d. Univ. Paris
Magnetismus I, 326.
LANGMUIR, IRVING, Dir. d. Labor. d. General Electric Company, New York
Würfelanordnung der Elektronen II, 50.
LANTSBERRY, W. C.
H-Strahlen II, 68.
LAPLACE, PIERRE SIMON, Graf (1749—1827), wirkte in Paris
Gravitationsgesetz I, 35
Potential I, 53
invariable Ebene I, 77
Dreikörperproblem I, 81
LAPLACEscher Operator I, 157
LAPLACEsche Gleichung I, 176.
LAUE, MAX VON (geb. 1873), Prof. d. Univ. Berlin
Interferenz der Röntgenstrahlen I, 335.
LEBEDEW, PETER NIKOLAJEWITSCH (1866—1912), Prof. d. Univ. Moskau
Lichtdruck I, 315.
LECHER, ERNST (geb. 1856), Prof. d. Univ. Wien
Fortpflanzungsgeschwindigkeit elektrischer Wellen I, 263.
LEIBNIZ, GOTTFRIED WILHELM (1646—1716)
lebendige Kraft I, 47—48
konservative Systeme I, 80.
LENARD, PHILIPP (geb. 1862), Prof. d. Univ. Heidelberg
optische Serie II, 36.
LENZ, EMIL (1804—1865), Akademiker in St. Petersburg
LENZsche Regel I, 205.
LENZ, W. (geb. 1888), Prof. d. Univ. Rostock
Bandenspektrum II, 39
Kernmodell. II, 41.

LEONARDO DA VINCI (1452—1519)
statisches Moment I, 42.
LEVERRIER, URBAIN (1811—1877), Dir. d. Sternwarte in Paris
Perihelbewegung des Merkur II, 240.
LINDEMANN, F. A.
spezifische Wärme II, 143—144.
LORENTZ, HENDRIK ANTOON (geb. 1853), zuletzt Prof. d. Univ. Leiden
Elektronentheorie I, 302—303
Kontraktionshypothese II, 161
LORENTZ-Transformation II, 168
Feldpotential II, 205.
LOSCHMIDT, JOSEF (1821—1895), Prof. d. Univ. Wien
LOSCHMIDTsche Zahl II, 15
Größe der Molekeln II, 135.
LUMMER, OTTO (geb. 1860), Prof. d. Univ. Breslau
WIENsches Verschiebungsgesetz II, 155.
LYMAN, THEODORE, Prof. d. HARVARD-Univ. Cambridge, U. S. A.
Ultraviolett I, 342
Wasserstoff-Serie II, 13.

MACH, ERNST (1838—1916), Prof. d. Philosophie a. d. Univ. Wien
Gegner NEWTONS II, 162.
MAC LAURIN (1698—1746), Prof. d. Mathematik a. d. Univ. Edinburgh
analytische Geometrie und Mechanik I, 29
Reihenformel I, 229.
MADELUNG, ERWIN (geb. 1881), Prof. d. Univ. Frankfurt
spezifische Wärme II, 143.
MALUS, ETIENNE LOUIS (1775—1812), Prof. d. École polytechnique in Paris
Polarisation des Lichtes I, 257, 272—273.
MARIOTTE, EDME (1620—1684), Mitglied d. Pariser Akademie
Gasgesetz II, 130.
MARSDEN, ERNEST, Prof. d. Univ. Wellington, Neu-Seeland
H-Strahlen II, 68.
MASSIEU, FRANÇOIS (1832—1896), Prof. d. Mineralogie a. d. Univ. Rennes
charakteristische Funktionen II, 113.
MAUPERTUIS, PIERRE LOUIS MOREAU DE (1698—1759), Präsident d. Berliner Akademie
kleinste Wirkung I, 97.
MAXWELL, JAMES CLERK (1831—1879), Prof. d. Univ. Cambridge
Vektorrechnung I, 58
Vektorpotential I, 198
MAXWELLsche Theorie I, 215—222
elektromagnetische Schwingungen I, 263
MAXWELLsche Relation I, 267
Lichtdruck I, 315
kinetische Gastheorie II, 109
innere Reibung der Gase II, 133
freie Weglänge II, 134
molekulare Geschwindigkeitsverteilung II, 134.
MAYER, ROBERT (1814—1878), Stadtarzt in Heilbronn
erster Hauptsatz II, 108
Wärmeäquivalent II, 132.
MEITNER, LISE, Prof. d. Kaiser-Wilhelm-Instituts f. Chemie in Berlin
Protactinium II, 63.

MENDELEJEFF, DMITRIJ IWANOWITSCH (1834—1907), Prof. d. Chemie a. d. Univ. in St. Petersburg
periodisches System der Elemente II, 55.
MEYER, LOTHAR (1830—1895), Prof. d. Chemie a. d. Univ. Tübingen
periodisches System der Elemente II, 55.
MEYER, STEFAN (geb. 1872), Prof. d. Univ. Wien
β-Strahlen I, 344
X_3-Umwandlung II, 68—69.
MICHELSON, ALBERT (geb. 1852), Prof. d. Univ. Chicago
MICHELSONscher Versuch II, 158—160.
MILLER, DAYTON C., Prof. d. Univ. Cleveland, U. S. A.
MICHELSONscher Versuch II, 161.
MILLIKAN, ROBERT ANDREWS (geb. 1868), Prof. d. Univ. Chicago
elektrisches Elementarquantum I, 300; II, 21
lichtelektrischer Effekt II, 5.
MINKOWSKI, HERMANN (1864—1909), Prof. d. Mathematik a. d. Univ. Göttingen
geometrische Interpretation des Relativitätsprinzips II, 180ff.
MOIVRE, ABRAHAM DE (1667—1754), Mathematiker in London
MOIVREsche Formel I, 229.
MORLEY, EDWARD WILLIAMS (geb. 1838), Prof. d. Chemie a. d. Western Reserve University, U. S. A.
MICHELSONscher Versuch II, 161.
MOSELEY, HENRY G. J. (1888—1915)
Röntgenspektroskopie I, 342; II, 29, 56.
MOSENGEIL, KURD VON († 1907)
Trägheit der Hohlraumstrahlung II, 197.

NERNST, WALTER (geb. 1864), Prof. d. physikal. Chemie a. d. Univ. Berlin
spezifische Wärme II, 143
NERNSTscher Wärmesatz, II, 146—147.
NEUMANN, FRANZ (1798—1895), Prof. d. Univ. Königsberg
Induktionsgesetz I, 206
Polarisationsebene I, 273.
NEWTON, ISAAC (1643—1727), Prof. d. Univ. Cambridge
zweites Bewegungsgesetz I, 13—24
Gravitationsgesetz I, 39; II, 236
drittes Bewegungsgesetz I, 72
Periodizität des Lichtes I, 251—252
absolute Zeit II, 162.
NICOL, WILLIAM (1768—1851), Lehrer d. Physik in Edinburgh
NICOLsches Prisma I, 296.

OERSTED, HANS CHRISTIAN (1777—1851), Prof. d. Univ. Kopenhagen
Elektromagnetismus I, 195.
OHM, GEORG SIMON (1787—1854), Prof. d. Univ. München
OHMsches Gesetz I, 194.
OSTWALD, WILHELM (geb. 1853), zuletzt Prof. d. physikal. Chemie a. d. Univ. Leipzig
Verdünnungsgesetz I, 298.
OVERN, OSWALD B., Doz. d. Univ. Iowa City, U. S. A.
L-Serie II, 31.

PASCHEN, FRIEDRICH (geb. 1865), Prof. d. Univ. Tübingen
Wasserstoffserie II, 12
Heliumspektrum II, 14
Feinstruktur der Spektrallinien II, 26—27.

PERRIN, JEAN, Prof. d. Univ. Paris
Kathodenstrahlen I, 307.
BROWNsche Bewegung II, 137.
PETIT, ALEXIS (1791—1820), Prof. d. École polytechnique in Paris
Atomwärme II, 142.
PETRUS PEREGRINUS (im 13. Jahrhundert), englischer Forscher
Magnetismus I, 173.
PICKERING, EDUARD CHARLES (1858—1919), Prof. d. Astronomie a. d. HARVARD-Univ. in Cambridge, U. S. A.
Heliumspektrum II, 13.
PLANCK, MAX (geb. 1858), Prof. d. Univ. Berlin
elementares Wirkungsquantum II, 4, 153
Strahlungsgesetz II, 153
LOSCHMIDTsche Zahl II, 155
Trägheit der Energie II, 197.
PLÜCKER, JULIUS (1801—1868), Prof. d. Univ. Bonn
Kathodenstrahlen I, 307.
POINCARÉ, HENRI (1854—1912), Prof. d. Mathematik a. d. Univ. Paris
vierdimensionale Mannigfaltigkeit II, 184.
POINSOT, LOUIS (1777—1859), Prof. d. Mathematik a. d. École polytechnique in Paris
Kräftepaar I, 123
Trägheitsellipsoid I, 132.
POISSON, SIMÉON DENIS (1781—1840), Prof. d. École polytechnique in Paris
POISSONsche Gleichung I, 181
Molekularströme I, 325.
POYNTING, HENRY (1852—1914), Prof. d. Univ. Birmingham
Energieströmung I, 219.
PRÉVOST, PIERRE (1751—1839), Prof. d. Akademie in Genf
Wärmestrahlung II, 148.
PRINGSHEIM, ERNST (1859—1917), Prof. d. Univ. Breslau
WIENsches Verschiebungsgesetz II, 155.

RAMSAY, WILLIAM, Sir (1852—1916), Prof. d. Chemie a. d. Univ. London
Helium aus Emanation I, 348.
RANKINE, WILLIAM JOHN (1820—1872), Ingenieur in Glasgow
Energiebegriff I, 54.
RAYLEIGH, Lord, JOHN WILLIAM STRUTT (1842—1919), Prof. d. Univ. London
Dichte der Eigenschwingungen II, 97
Strahlungsgesetz II, 154.
REGENER, ERICH, Prof. d. techn. Hochsch. in Stuttgart
Zählung der α-Teilchen I, 345.
RIEMANN, BERNHARD (1826—1866), Prof. d. Mathematik a. d. Univ. Göttingen
nicht-euklidische Geometrie II, 209
RIEMANNscher Tensor II, 230.
RITTER, JOHANN WILHELM (1776—1810), Privatgelehrter in München
ultraviolette Strahlen I, 341.
RITZ, WALTER (1878—1909), Priv.-Doz. d. Univ. Göttingen
spektroskopisches Kombinationsprinzip II, 11.
RÖMER, OLAF (1644—1710), Prof. d. Mathematik a. d. Univ. Kopenhagen
Lichtgeschwindigkeit I, 251.
RÖNTGEN, WILHELM KONRAD (geb. 1845), zuletzt Prof. d. Univ. München
Röntgenstrahlen I, 332 ff.
ROTHE, HERMANN (geb. 1882), Prof. d. Mathematik a. d. techn. Hochsch. in Wien
Relativitätsprinzip II, 163—172.

ROWLAND, HENRY (1848—1901), Prof. d. Univ. Baltimore
Konvektionsströme I, 302.
RUBENS, HEINRICH (geb. 1865), Prof. d. Univ. Berlin
Metalloptik I, 286
Reststrahlen I, 319; II, 144
Ultrarot I, 341.
RUBINOWICZ, ADALBERT (geb. 1889), Prof. d. Univ. Laibach
Auswahlprinzip II, 27.
RUMFORD, BENJAMIN THOMSON, Graf VON (1753—1814), wirkte zuletzt in Paris
mechanische Wärmetheorie II, 109.
RUNGE, KARL (geb. 1856), Prof. d. Mathematik a. d. Univ. Göttingen
Spektren der Alkalimetalle II, 37.
RUTHERFORD, ERNEST (geb. 1871), Prof. d. Univ. Cambridge
radioaktive Strahlung I, 343
Zählung der α-Teilchen I, 345
Thorium-Emanation I, 347
Theorie des Atomzerfalls I, 347
Atommodell I, 354
Stickstoffkerne, Zerlegung II, 67—69
X_3, II, 68—69.
RYDBERG, JOHANNES ROBERT (1854—1919), Prof. d. Univ. Lund
RYDBERGsche Schwingungszahl II, 14, 37
RYDBERG-SCHUSTERsche Regel II, 36.

SAVART, FELIX (1791—1841), Prof. in Paris
Elektromagnetismus I, 196.
SCHERRER, P. (geb. 1890), Prof. d. Techn. Hochsch. in Zürich
Kristallstruktur I, 339.
SCHMID, ERICH (geb. 1896), Assistent d. techn. Hochsch. in Wien
LOSCHMIDTsche Zahl aus BROWNscher Bewegung II, 137.
SCHUSTER, ARTHUR (geb. 1851), Prof. d. Univ. Manchester
RYDBERG-SCHUSTERsche Regel II, 36.
SCHWARZSCHILD, KARL (1873—1916), Prof. d. Astronomie a. d. Univ. Berlin
Quantentheorie des STARK-Effektes II, 28
Bandenspektrum II, 39
Gravitationsfeld II, 236.
SCHWEIDLER, EGON, Ritter VON (geb. 1873), Prof. d. Univ. Innsbruck
β-Strahlen I, 344
Schwankungen I, 349.
SELLMEIER, W.
Dispersionstheorie I, 316.
SIEGBAHN, MANNE, Prof. d. Univ. Lund
M-Serie I, 342.
SILBERSTEIN, LUDWIG (geb. 1872), zuletzt Prof. d. Univ. Rom
wechselseitige Masse I, 312.
SMEKAL, ADOLF (geb. 1895), Priv.-Doz. d. Univ. Wien
räumliche Anordnung der Elektronen im Atom II, 28
Atomkern II, 42.
SMOLUCHOWSKI, MARYAN, Ritter VON (1872—1917), Prof. d. Univ. Krakau
Irreversibilität II, 109
BROWNsche Bewegung II, 136.
SNELLIUS RUDOLPH (1546—1613), Prof. d. Mathematik a. d. Univ. Leiden
Brechungsgesetz I, 251.
SODDY, FREDERICK (geb. 1877), Prof. d. Chemie a. d. Univ. Oxford
Theorie des Atomzerfalls I, 347

Helium aus Emanation I, 348
Verschiebungssatz II, 65.
SOMMERFELD, ARNOLD (geb. 1868), Prof. d. Univ. München
Feinstruktur der Spektrallinien II, 22—27
optisches Spektrum II, 35
spektroskopischer Verschiebungssatz II, 55
Überlichtgeschwindigkeit II, 175.
STARK, JOHANNES (geb. 1874), Prof. d. Univ. Würzburg
STARK-Effekt I, 324; II, 28
STARK-Serie II, 36
DOPPLER-Effekt bei Kanalstrahlen II, 179.
STEFAN, JOSEF (1835—1893), Prof. d. Univ. Wien
Strahlungsgesetz II, 152.
STEINER, JAKOB (1796—1863), Prof. d. Mathematik a. d. Univ. Berlin
Trägheitsmoment I, 129.
STERN, O., Prof. d. Univ. Frankfurt
keine Isotopie des Wasserstoffs II, 64.
STEVIN, SIMON (1548—1620), holländischer Techniker
Darstellung von Kräften durch gerichtete Strecken I, 10, 54.
STIRLING, JAMES (1696—1770), Privatgelehrter in London
STIRLINGsche Formel II, 74.
STOKES, GEORGE (1819—1903), Prof. d. Mathematik a. d. Univ. Cambridge
vektoranalytischer Satz I, 156
Theorie der Röntgenstrahlung I, 334
Fluoreszenzgesetz II, 6.
STONEY, GEORGE (1826—1911), Prof. d. Univ. Dublin
Elektron I, 303.
SVEDBERG, THE, Prof. d. physikal. Chemie a. d. Univ. Upsala
LOSCHMIDTsche Zahl II, 137.
SYMMER, ROBERT († 1763), Mitglied d. Royal Society in London
Dualismus der Elektrizität I, 172.

THALES (um 600 v. Chr.), Philosoph in Milet
elektrische Anziehung I, 170.
THIRRING, HANS (geb. 1888), Prof. d. Univ. Wien
Raumgitter II, 144
allgemeine Relativitätstheorie II, 214.
THOMSON, JOSEPH JOHN, Sir (geb. 1857), Prof. d. Univ. Cambridge
elektrisches Elementarquantum I, 300
elektromagnetische Masse I, 311
Atommodell I, 354
Kanalstrahlanalyse II, 62
Isotopie des Neons II, 62.
THOMSON, WILLIAM, Lord KELVIN (1824—1907), Prof. d. Univ. Glasgow
zweiter Haupsatz II, 109
thermodynamische Temperaturskala II, 119ff.

UBALDI, GUIDO MARCHESE DEL MONTE (1545—1607)
statisches Moment I, 42.

VAN DEN BROEK, A.
Kernladungs- und Ordnungszahl II, 56.
VAN DER WAALS, JOHANNES (geb. 1837), Prof. d. Univ. Amsterdam
Zustandsgleichung II, 137—141.
VOIGT, WOLDEMAR (1850—1919), Prof. d. Univ. Göttingen
Zerlegung von Spektrallinien im elektrischen Felde I, 324.

Volmer, Max, Berlin
keine Isotopie des Wasserstoffs II, 64.
Volta, Alessandro (1745—1827), Prof. d. Univ. Pavia
elektrische Ströme I, 194.

Weber, Heinrich Friedrich (geb. 1843), Prof. d. techn. Hochsch. Zürich
spezifische Wärme des Diamanten II, 142.
Weber, Wilhelm (1804—1891), Prof. d. Univ. Göttingen
hydrodynamische Grundgleichungen I, 167
elektrische Konstante und Lichtgeschwindigkeit I, 197
Theorie des Magnetismus I, 326.
Weiss, Pierre (geb. 1865), Prof. d. Univ. Straßburg
Magneton I, 329.
Weyl, Hermann (geb. 1885), Prof. d. Mathematik a. d. techn. Hochsch. in Zürich
Gravitation und Elektrizität II, 241.
Wiechert, Emil (geb. 1861), Prof. d. Univ. Berlin
Kathodenstrahlen I, 307, 309
Elektron I, 325
Theorie der Röntgenstrahlung I, 334.
Wiedemann, Gustav (1826—1899), Prof. d. Univ. Leipzig
Elektrizitäts- und Wärmeleitung II, 136.
Wien, Wilhelm (geb. 1864), Prof. d. Univ. München
Strahlungsgesetz II, 153
Verschiebungsgesetz II, 155.
Wiener, Christian (1826—1896), Prof. d. Geometrie a. d. techn. Hochsch. in Darmstadt
Brownsche Bewegung II, 136.
Wiener, Otto (geb. 1862), Prof. d. Univ. Leipzig
stehende Lichtwellen I, 276.
Wilke, Johann Karl (1732—1796), lebte in Stockholm
spezifische Wärme II, 108.
Wilson, Charles T. R. (geb. 1869), Prof. d. Univ. Cambridge
elektrisches Elementarquantum I, 300
Photographie von α-Teilchen I, 346.

Young, Thomas (1773—1829), Prof. d. Royal Institution in London
Undulationstheorie I, 252
Superpositionsprinzip I, 253.
Wellenlängen der Farben I, 255—256.

Zeeman, Pieter (geb. 1865), Prof. d. Univ. Amsterdam
Zeeman-Effekt I, 320—325.

Sachverzeichnis zum zweiten Bande.

(Die Zahlen beziehen sich auf die Seiten.)

Aberration 180.
Abplattung der Erde 206.
Abschirmungskonstante 34.
Absorptionskoeffizient 148.
Absorptions-Röntgenspektrum 33.
adiabatisch 87.
Äquipartitionstheorem 92.
Äquivalenzprinzip 208.
Affinität 57.
Aggregatzustände 122.
Aktiniumreihe 66.
Alkalimetalle 37, 49, 54.
Alpha-Strahlen 68.
Alpha-Umwandlung 64.
Anionen 49.
Anregungsspannung 5.
Atomgewicht 197.
Atomkern, Mitbewegung 17—19.
Atomkern-Modell 40—42.
Atommodell von Bohr 8 ff.
Atomvolumen 53.
Atomwärme 142.
Ausdehnungskoeffizient 113, 147.
Ausgleich der Modulwerte 84.
Auswahlprinzip 27.

Bandenspektrum 38—39.
Basen 58.
Beharrungsprinzip 208.
Beta-Umwandlung 64.
Blei 62.
Bogenspektrum 55.
Boltzmannsche Konstante 108.
Brownsche Bewegung 136.

Chlor, Isotopie 63.
Coulombsches Gesetz, Abweichung 42.

Diamant, spez. Wärme 142.
Dichteschwankungen 137.
Dissipation der Energie 108.
Dopplersches Prinzip 178—179.
Drei-Indices-Symbol 226.
Druck 85.

Edelgase 49.
Eigenenergie 196.
Eigenmasse 188.
Eigenschwingungen 96.
Eigensystem 186.
Eigenzeit 185.
Elektrizitätsleitung 135—136.
Elektrolyse 48.
Elektronen, freie 135.
Elementarquantum, elektr. 15.
Ellipsenbahnen im Atom 23—24.
Emissionsvermögen 148.
Emulsionen 137.
Endlichkeit der Welt 242.
Energiedichte 99—101.
Energieelement 3.
Energieniveau 30.
Entropie 107.
Entropiegesetz von Boltzmann 108.

Feinstruktur der Spektrallinien 22—27, 192.
Feldgleichungen, Einsteinsche 231.
Feldpotential 205.
Feldtensor, elektromagnet. 203.
Feuchtigkeit 125.
Fluoreszenz 6.
freie Energie 80, 111.
Freiheitsgrade, statistische 85.
Frequenzbedingung 10.
Frequenz, maximale 145—146.
Fundamentaltensor 220.
Funkenspektrum 55.

Gas, ideales 128 ff.
Gasdichte 130.
Gasdruck 129, 130, 132.
Gaskonstante 130.
Gefrierpunktserniedrigung 126.
gemischter Tensor 219.
geodätische Linie 209, 223 ff.
Geschwindigkeitsaddition 174.
Geschwindigkeitsverteilung 134.
Gleichgewicht, statistisches 83.
—, thermodynam. 107—108.
Gleichverteilungssatz 92.
Gleichzeitigkeit 170.
Grammatom 15.
Gramm-Molekel 15.
Gravitationsgesetz 230 ff.
Gravitationsradius 237.
Grundstoffreihe 43—47.

H-Strahlen 68.
H-Theorem 135.

Halogene 49.
Hauptsatz, erster 107.
—, zweiter 107.
Hauptserie 36.
Heliumspektrum 13—14.
heteropolare Bindungen 58.
Hohlraumstrahlung 147—152.
homogen (statistisch) 85.
homöopolare Bindung 58.

Inertialsystem 206.
Irreversibilität 109—111.
isomodulisch 87.
isotherme Zustandsänderung 112.
Isothermen 139.
Isotopie 61 ff.

Kalorie 106.
Kalorimetrie 105—106.
Kanalstrahlenanalyse 62.
kanonische Verteilung 76 ff.
Kationen 49.
Kautschuk 118.
Kohäsion der Gase 137.
Kohlenstoff 58.
kolloidale Lösungen 137.
Kombinationsdifferenzen 31.
Kombinationsprinzip 11, 31.
Komplexion 72.
Komplexverbindung 59.
Kompression 117.
Kompressionsmodul 114.
Kontraktion durch Bewegung 161—162.
Kontravarianz 217.
kosmologische Gleichungen 243—244.
Kovarianz 217.
Kräfte, statistische 85.
—, thermische 111.
Kreisprozeß 87 ff.
Kristallbildung 59.
kritischer Zustand 139.
Krümmungstensor 230.

Lichtelektrischer Effekt 5.
Lichtgeschwindigkeit 22.
Lichtkegel 187.
Lichtquanten 3—6.
Lichtstrahlen, Biegung 239—241.
longitudinale Masse 193.
LOSCHMIDTsche Zahl 15, 155.

Masse der Energie 196—197.
—, träge und schwere 210—211.
Massendefekt 42, 197.
Materietensor 199.
Merkurbahn 240.
metrisches Feld 212.
MINKOWSKI-Geschwindigkeit 189.
— -Kraft 190.
— -Welt 184 ff.
Mischelement 61.
Mitführungskoeffizient 175.
Modul 78.
Molekelbildung 56.
molekulare Geschwindigkeit 132—133.
Molwärme 113.
multiple Proportionen 60.

Nebenserie 36.
Neon 63.

Ozon 59.

Parameter 76.
Partialdruck 130.
Passivität, chemische 49.
Perihelbewegung 239—240.
Periodizität, chemische 52 ff.
Phase 122.
Phasenraum 7.
Phasenregel 127.
Planetenbewegung 239—240.
Plejade 61.
Potential, thermodynam. 112.
Prinzipalserie 36.

Quantenzahl 8.

Raumgitter 144.
Reaktionswärme 122.
reduzierte Zustandsgrößen 140.
Reibung, innere 133.
Reibungswärme 103.
Relativitätsprinzip, mechan. 157.
—, EINSTEINsches 161 ff.
reversibel 79.
Röntgenlinien, Entstehung 33.
Röntgenspektren 29 ff., 46.
Röntgenstrahlung, Erregung 4—5.
Rotationsbildung 203.
Rotationsspektrum 38.
Rotverschiebung 241.
RYDBERGsche Schwingungszahl 14.

Sättigungsdruck 124.
Sättigungskurve 124.
Sättigungstemperatur 124.
Säuren 57.
Schalen des Atoms 28.
schiefsymmetrischer Tensor 201.
Schmelzpunkt, Konstanz 124.
Schwankungserscheinungen 135.
Sonnenfinsternis 241.
Spannkraft 125.
Spannungskoeffizient 114.
Spektralformel 10.
sphärischer Raum 243.
STARK-Effekt 28.
Stickstoff, Kernzertrümmerung 68.
Strahlungsdruck 152.
Strahlungsgesetz 153.
Stromwärme 103.
Szintillationen 68.

Taupunkt 125.
Temperatur 104.
—, absolute 129.
—, charakteristische 141.
—, thermodynamische 120—121.
Tensor 197, 218 ff.
Thermometrie 105.
Thoriumreihe 66.
Trägheitskräfte 206 ff.
Transformation, GALILEI- 168.
—, LORENTZ- 168.
transversale Masse 193.
Tripelpunkt 127.

Überhitzter Dampf 125.
Überlichtgeschwindigkeit 175.
Unterteilungszahl 93.
Uran 63.
Uranreihe 66.
Urkerne 69.

Valenz 48 ff.
Vektordivergenz 201—202.
Verjüngung der Tensoren 220.
Verschiebungsgesetz, WIENsches 155.
Verschiebungssatz der Grundstoffverwandlungen 64 ff.
—, spektroskopischer 55.
Verteilungsmodul 78.
Viererpotential 205.
Viererstrom 200.
Violettverschiebung der Heliumlinien 17.

Wärme 102.
Wärmeäquivalent 106, 132.
Wärmekapazität 113.
Wärmeleitung 136.
Wärmesatz, NERNSTscher 146—147.
Wärme, spezifische 113.
Wahrscheinlichkeit, statist. 72.
Wasser 57.
Wasserstoff 141.
Wasserstoffdublett 26.
Wasserstoffspektrum 11 ff.
Weglänge, freie 133—134.
Wellen, elastische 145.
Weltlinie 184.
Weltpunkt 184.
Wirkungsgrad 89.
Wirkungsquantum, elem. 3—4, 15, 153.

X_3 68.

Zeitbegriff 162.
Zustandsgleichung 85.
Zustandsgrößen 85.
Zustandsverteilung 72.

Berichtigungen von Druckfehlern und Irrtümern im ersten Bande.

(Die folgenden Berichtigungen verdanke ich ebenso wie viele wertvolle Verbesserungsvorschläge, die aber leider erst in einer etwaigen dritten Auflage berücksichtigt werden können, der großen Freundlichkeit des Herrn Dr. FRITZ LOTMAR, Privatdozenten für innere Medizin an der Universität in Bern.)

S. 80, in der Zeile nach Gl. 11 lies „Gl. 7" statt „Gl. 11".
S. 98, Al. 1, Z. 12 lies „in ihm" statt „in ihr".
S. 124, Anm. 1 lies „$AP + PB$" statt „$AP + BP$".
S. 132, Z. 11 nach Gl. 9 lies „seinen Wert" statt „ihren Wert".
S. 137, Z. 8 von unten im Haupttexte lies „unfreie Achse" statt „freie Achse".
S. 158, in der nicht numerierten Gleichung oberhalb der Gl. 7 lies „ΔA_x" statt „$\Delta \mathfrak{A}_x$".
S. 179, in der vorletzten Zeile von Anm. 3 lies „e_k" statt „e_h".
S. 192, in der auf die Gl. 14 folgenden Zeile lies „$\mathfrak{r}'$" statt „r'".
S. 215, sechstletzte Zeile des § 46 lies „ihr" statt „ihm".
S. 230, in der dritten Zeile nach Gl. 3 sind die Worte „nach der Zeit" zu streichen.
S. 235, Anm. 2 lies „proportional zu setzen" statt „gleichzusetzen".
S. 265, in der Zeile vor Gl. 3 lies „$c/\sqrt{\varepsilon_1}$" statt „$c\sqrt{\varepsilon_1}$".
S. 273, Anm. 2, Z. 5 und 6 lies „seine Elastizität" statt „ihre Elastizität".
S. 286 fehlt auf der rechten Seite der Gl. 23 ein Minuszeichen.
S. 291, Z. 2 lies „Gl. 15" statt „Gl. 8".
S. 305 fehlt auf der rechten Seite der Gl. 4 ein Minuszeichen.

FSC
www.fsc.org
MIX
Papier | Fördert
gute Waldnutzung
FSC® C083411

Zeitfracht Medien GmbH
Ferdinand-Jühlke-Straße 7
99095 Erfurt, Deutschland
produktsicherheit@kolibri360.de